量子光学基础与应用丛书

彭堃墀　主编

光场量子态制备及应用

贾晓军　闫智辉　彭堃墀　著

科学出版社

北　京

内 容 简 介

本书重点讲述连续变量光场量子态的制备方法及应用原理，以及相关的量子光学基础知识和实验方法，详细介绍了压缩态光场和纠缠态光场等非经典光场的产生系统，讨论了非经典光场在量子通信及量子精密测量中的重要应用。

本书适合作为物理类专业高年级本科生、研究生以及从事相关领域教学和研究人员的参考书。

图书在版编目(CIP)数据

光场量子态制备及应用/贾晓军，闫智辉，彭堃墀著. —北京：科学出版社，2024.5

(量子光学基础与应用丛书)

ISBN 978-7-03-076854-4

Ⅰ. ①光… Ⅱ. ①贾… ②闫… ③彭… Ⅲ. ①量子光学 Ⅳ. ①O431.2

中国国家版本馆 CIP 数据核字(2023)第 213792 号

责任编辑：周 涵 孔晓慧／责任校对：彭珍珍

责任印制：赵 博／封面设计：无极书装

科学出版社 出版

北京东黄城根北街 16 号

邮政编码：100717

http://www.sciencep.com

涿州市般润文化传播有限公司印刷

科学出版社发行 各地新华书店经销

*

2024 年 5 月第 一 版 开本：720 × 1000 B5

2024 年11月第二次印刷 印张：16 3/4

字数：336 000

定价：148.00 元

(如有印装质量问题，我社负责调换)

前　　言

压缩态光场和纠缠态光场是重要的非经典光场量子态。压缩态光场某一物理量的噪声和纠缠态光场的关联噪声可以低于经典光的散粒噪声极限，将其应用于量子计算、量子通信以及量子精密测量，能够提高器件的性能。压缩态光场与纠缠态光场是发展光场量子技术的基本资源，掌握制备非经典光场态的原理与方法是探索量子化光场高科技应用的基础。1985 年，中国科学院物理研究所吴令安研究员在得克萨斯大学的 Kimble 研究组攻读博士学位期间，首次利用光学参量下转换方法完成了压缩态光场的实验制备，压缩度达 3.5 dB。量子光学实验研究证明，光学参量过程是制备压缩态光场及纠缠态光场的最佳途径之一。山西大学光电研究所于 1992 年在国内首次制备了压缩态光场，三十多年来一直从事多种类型非经典光场的实验制备，在此基础上开展了非经典光场在量子信息中的应用研究。本书系统地介绍了非经典光场的概念、制备原理和方法，以及其在量子通信与量子精密测量中的一些应用实例。希望通过阅读本书，量子光学及量子信息相关专业的教师、研究人员、研究生和高年级本科生能够掌握非经典光场产生和应用的基础理论知识和实验方法。

本书共 7 章。第 1 章介绍量子光学基础知识，从量子力学的基本假设出发给出量子光学模型以及光场量子态的概念，并简单介绍几种常见光场量子态的定义。第 2 章介绍非经典光场的制备原理，包括利用光学参量过程和四波混频过程产生非经典光场的原理分析。第 3~6 章分别讨论压缩态光场、两组分纠缠态光场、多组分纠缠态光场以及连续变量偏振系统的设计和相关非经典光场的制备方法，重点介绍这些非经典光场产生和探测系统的设计及相关的实验程序。第 7 章介绍非经典光场在量子信息中的一些重要应用实例，其中包括利用纠缠态光场的非定域纠缠证明、量子隐形传态、量子纠缠交换、量子密集编码和量子秘密共享等量子通信方案，以及基于压缩态光场的类量子非破坏测量与量子干涉仪测量。

本书的内容主要来源于山西大学光电研究所非经典光场产生和应用实验室的教学和科研工作，感谢科技部、国家自然科学基金、山西省相关部门等的长期大力支持；感谢谢常德教授，她全面参与了本书的编写校对工作，感谢谭爱红教授在本书撰写校对过程中所做的贡献，感谢为本书提供宝贵意见的每一位老师和同学！

2024 年 3 月

目　　录

第 1 章　量子光学基础知识

在人们试图从物理学 (经典力学和量子力学) 的角度理解自然的过程中，对光的本质的研究起着十分重要的作用。20 世纪以前，无论是基于光的折射和反射现象的微粒说，还是基于麦克斯韦电磁场理论的波动说，对光的认识都停留在经典理论的范畴。20 世纪以后，普朗克与爱因斯坦先后从光的辐射与吸收实验出发，将电磁场量子化，很好地解释了黑体辐射和光电效应，促进了量子力学的形成。从此，人类对光的认识进入量子理论阶段。

20 世纪 60 年代之后，激光器的诞生促进了非线性光学与量子光学的发展。对激光产生及其传送、检测与统计性质的研究深化了对光量子性的认识。对 Hanbury-Brown-Twiss(HBT) 强度干涉实验的量子理论解释以及对单模光场与二能级原子相互作用的 Jaynes-Cummings(JC) 模型描述，推进了量子光学理论体系的建立与完善 [1]。

随着精密测量技术的发展，测量的灵敏度不断提高，但是，最终灵敏度受限于量子噪声。不同于经典噪声，量子噪声是量子系统固有的噪声，起源于由量子不确定性原理决定的真空零点起伏能量。Glauber 在相干性量子理论中引入了相干态的概念，作为区分经典光场和非经典光场的界限 [2]。相干态光场的量子噪声满足最小不确定条件，因此相干态光场的量子噪声是经典系统中的最小噪声，它反映了光的粒子性，称为散粒噪声极限 (shot noise limit，SNL)。例如，激光器产生的光场可以用相干态来描述，是量子理论允许的最逼近经典极限的光场。因此，通常用相干光场的噪声作为基准，判断所研究量子系统的非经典特性。如果光场的噪声低于相干态的噪声，则光场表现出量子特性。

为描述激光及光与物质相互作用的物理模型，人们建立了半经典理论和全量子理论。在半经典理论中，将激光场看作遵守麦克斯韦方程组的经典电磁场，将与激光发生相互作用的物质体系 (如电子、原子、分子、离子等) 看作遵守量子力学规律的微观粒子集合体。该理论解决了激光与物质相互作用过程中的许多问题，特别是能够描述相关的光学介质在强光作用下的各种非线性效应。此外，也可以对光场进行量子化处理，即把激光和物质体系都进行量子化，形成光学的全量子理论。这种理论能对辐射场的量子起伏以及涉及激光与物质相互作用的各种现象给予严格的描述。

目前，量子光学有了重要的研究进展，不仅实验上实现了压缩态、纠缠态等量子态的制备，验证了非定域性等量子力学基本问题；而且推动了量子信息科学的发展，使信息获取、处理和传送能力超越经典极限。本书主要介绍连续变量压缩态和纠缠态等量子化光场的物理特性、制备方法及其在量子信息中的应用。

1.1 量子光学基础

1.1.1 光场的量子噪声

在光的经典电磁理论中，人们用麦克斯韦方程组描述光场在自由空间的传播特性[3]。电磁场在无源的自由空间传播时，电场表示为

$$
\begin{aligned}
E_{\mathrm{c}}(r,t) &= \mathrm{i}\sum_{k,\sigma} e_\sigma \left(\frac{\hbar\omega_k}{2\varepsilon_0 V}\right)^{1/2} \left(\alpha_k \mathrm{e}^{-\mathrm{i}\omega_k t+\mathrm{i}k\cdot r} - \alpha_k^* \mathrm{e}^{\mathrm{i}\omega_k t-\mathrm{i}k\cdot r}\right) \\
&= \mathrm{i}\sum_{k,\sigma} e_\sigma \left(\frac{\hbar\omega_k}{2\varepsilon_0 V}\right)^{1/2} \left[\alpha_{k,\sigma}(t)\mathrm{e}^{\mathrm{i}k\cdot r} - \alpha_{k,\sigma}^*(t)\mathrm{e}^{-\mathrm{i}kr}\right] \\
&= -\sum_{k,\sigma} e_\sigma \left(\frac{\hbar\omega_k}{2\varepsilon_0 V}\right)^{1/2} \left[X_{k,\sigma}(t)\sin(k\cdot r) + Y_{k,\sigma}(t)\cos(k\cdot r)\right]
\end{aligned}
\tag{1.1}
$$

其中，e_σ 表示光的偏振矢量；波矢 $k \equiv (k_x,k_y,k_z) = \left(\frac{2\pi}{L}n_x, \frac{2\pi}{L}n_y, \frac{2\pi}{L}n_z\right)$，$n_x,n_y,n_z$ 均为整数 $(0,\pm1,\pm2,\cdots)$；波矢和偏振矢量满足电磁场的横场条件，$k\cdot e_\sigma = 0$；$\hbar$ 是约化普朗克常数；ε_0 为真空介电常数；ω_k 是电磁场的角频率；V 是以 L 为边的立方体体积，这个立方体不存在真实的边界条件，只是为了对行波场进行量子化而引入一个过渡的边界条件，当 $L\to\infty$ 时周期性边界条件消失，过渡到自由空间；$\alpha_k(t)$ 为电磁场模式 k 的复振幅，是一个无单位的复函数；$X_{k,\sigma}(t)$ 和 $Y_{k,\sigma}(t)$ 分别为电场正弦部分和余弦部分的正交振幅和正交相位，分别对应于复振幅 $\alpha_k(t)$ 的实部和虚部，都是正比于电场振幅的实函数。

通过将式 (1.1) 中的复振幅 α_j 与 α_j^* 替换为湮灭算符 $\hat{a}_j$ 和产生算符 $\hat{a}_j^\dagger$，并引入量子化条件 $\left[\hat{a}_i,\hat{a}_j^\dagger\right]=\delta_{ij}$，将经典电磁场量子化，得到量子化电场表达式：

$$
\begin{aligned}
\hat{E}_{\mathrm{q}}(r,t) &= \mathrm{i}\sum_{k,\sigma} e_\sigma \left(\frac{\hbar\omega_k}{2\varepsilon_0 V}\right)^{1/2} \left(\hat{a}_{k,\sigma} \mathrm{e}^{-\mathrm{i}\omega_k t+\mathrm{i}k\cdot r} - \hat{a}_{k,\sigma}^\dagger \mathrm{e}^{\mathrm{i}\omega_k t-\mathrm{i}k\cdot r}\right) \\
&= \mathrm{i}\sum_{k,\sigma} e_\sigma \left(\frac{\hbar\omega_k}{2\varepsilon_0 V}\right)^{1/2} \left[\hat{a}_{k,\sigma}(t)\mathrm{e}^{\mathrm{i}k\cdot r} - \hat{a}_{k,\sigma}^\dagger(t)\mathrm{e}^{-\mathrm{i}k\cdot r}\right]
\end{aligned}
$$

$$= \sum_{k,\sigma} e_\sigma \left(\frac{\hbar\omega_k}{2\varepsilon_0 V}\right)^{1/2} \left[\hat{X}_{k,\sigma}(t)\sin(k\cdot r) + \hat{Y}_{k,\sigma}(t)\cos(k\cdot r)\right] \tag{1.2}$$

对比式 (1.1) 和式 (1.2) 可以看出，经典电磁场和量子电磁场的对应关系为

$$\hat{E}_{\mathrm{q}}(r,t) \leftrightarrow E_{\mathrm{c}}(r,t) \tag{1.3}$$

$$\hat{X}_{k,\sigma}(t) \leftrightarrow X_{k,\sigma}(t) \tag{1.4}$$

$$\hat{Y}_{k,\sigma}(t) \leftrightarrow Y_{k,\sigma}(t) \tag{1.5}$$

$$\hat{a}_{k,\sigma}(t) \leftrightarrow \alpha_{k,\sigma}(t) \tag{1.6}$$

$$\hat{a}^\dagger_{k,\sigma}(t) \leftrightarrow \alpha^*_{k,\sigma}(t) \tag{1.7}$$

这种对应关系表明，在激发能量比 $\hbar\omega_k$ 大很多的极限条件下，对物理过程的量子力学描述与经典描述一致。应该注意的是，与正交振幅和正交相位算符不同，湮灭和产生算符的经典对应部分 $\alpha_{k,\sigma}(t)$ 和 $\alpha^*_{k,\sigma}(t)$，表征波矢为 k 的电磁场在总电磁场中所占的比例 (分别为傅里叶 (Fourier) 变换后正频和负频部分的系数)，并不直接对应一个可观测物理量。类似地，湮灭算符 $\hat{a}_{k,\sigma}(t)$ 和产生算符 $\hat{a}^\dagger_{k,\sigma}(t)$ 也是非厄米算符，属于不可观测的物理量。它们的作用是，当它们作用于能量的本征态时，对本征态湮灭或者产生一份能量 $\hbar\omega_k$。但是基于湮灭算符 $\hat{a}$ 和产生算符 $\hat{a}^\dagger$ 的正交振幅算符 $\hat{X}$ 和正交相位算符 $\hat{Y}$ 都是可观测的力学量：

$$\hat{X} = \frac{\hat{a} + \hat{a}^\dagger}{2} \tag{1.8}$$

$$\hat{Y} = \frac{\hat{a} - \hat{a}^\dagger}{2\mathrm{i}} \tag{1.9}$$

因此，在量子光学实验中，通常使用正交振幅算符 $\hat{X}$ 和正交相位算符 $\hat{Y}$ 描述光场的量子态。

根据湮灭算符 $\hat{a}$ 和产生算符 $\hat{a}^\dagger$ 的对易关系，可以得到光场正交振幅算符 $\hat{X}$ 和正交相位算符 $\hat{Y}$ 之间的对易关系为 $\left[\hat{X},\hat{Y}\right] = \frac{\mathrm{i}}{2}$，其中，$\hat{X}$ 和 $\hat{Y}$ 是一对共轭量。这些对易关系是量子化电磁场的必然结果，直接导致了电磁场的量子噪声。

由海森伯不确定性原理可以得到

$$\left\langle \left(\Delta\hat{X}\right)^2 \right\rangle \left\langle \left(\Delta\hat{Y}\right)^2 \right\rangle \geqslant \frac{1}{16} \tag{1.10}$$

其中，$\langle(\Delta\hat{X})^2\rangle$ 和 $\langle(\Delta\hat{Y})^2\rangle$ 分别是归一化到 SNL 的正交振幅算符与正交相位算符的不确定度，即正交振幅与正交相位的噪声。一般而言，任何引入的系统噪声原则上可以利用经典技术手段被完全消除。但是，依据光的量子理论，由海森伯不确定性原理所限定的量子噪声是量子系统的天然物理属性，始终存在，不可消除。

量子噪声由一对共轭变量的对易关系决定，每一变量的测量值既依赖于量子态，也和测量的方式有关，但是任何情况下，二者的测量结果不能违背海森伯不确定性原理。若光场的正交振幅算符 $\hat{X}$ 和正交相位算符 $\hat{Y}$ 的量子噪声满足如下等式：

$$\langle\Delta^2\hat{X}\rangle\langle\Delta^2\hat{Y}\rangle = 1/16 \tag{1.11}$$

则称为最小不确定态。

在量子光学中，常用正交振幅算符 $\hat{X}$ 和正交相位算符 $\hat{Y}$ 构成的相平面形象地表示一束光场的量子态特性，如图 1.1 所示。图 1.1(b) 中，某一相干态 $|\alpha\rangle$ 表示为以点 $(\langle\alpha|\hat{X}|\alpha\rangle,\langle\alpha|\hat{Y}|\alpha\rangle)$ 为中心的圆面积，面积的大小由 $\langle\Delta^2\hat{X}\rangle$ 和 $\langle\Delta^2\hat{Y}\rangle$，即正交振幅和相位确定的量子噪声大小决定。对于相干态，$\langle\Delta^2\hat{X}\rangle = \langle\Delta^2\hat{Y}\rangle$，表示不确定性分布的范围。不确定性面积代表量子噪声对测量精度的限制，只有当两个不确定性圆的面积没有重合时，两个量子态才是可区分的。

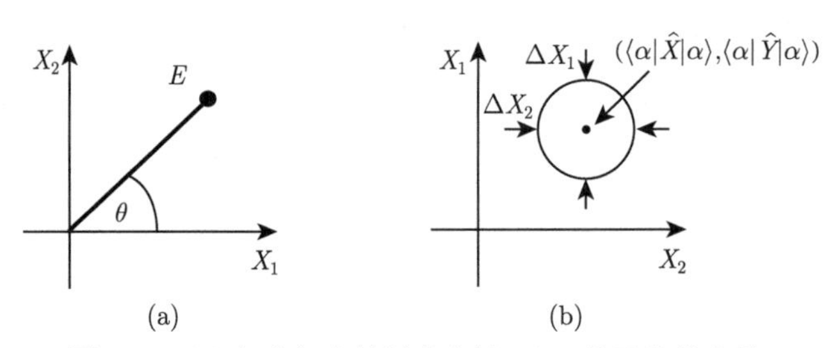

图 1.1　(a) 相空间中的经典光场；(b) 量子化的光场

从另一个角度看，量子噪声是经典的电磁场量子化后，由光子的统计分布特性决定的，光的粒子本性导致量子噪声。当光子之间没有相互作用时，光子被探测器探测到的时间是随机的，在某一时刻同时探测到 n 个光子的概率满足泊松分布，即系统的量子态可用泊松分布的光子数态表示。这时，用光电探测器进行探测，光电流的振幅起伏就服从泊松分布。可以证明，这种满足光子数泊松分布的量子态满足最小不确定关系，是最小不确定态。当非线性过程改变了光子之间的相互作用时，光子分布发生改变，从而改变了量子噪声分布，形成不同类型的光场量子态，最常用的为压缩态和纠缠态。

1.1.2 线性化算符

光场量子态的制备与应用主要涉及对光场量子噪声的操控，可以利用线性化算符方法将非线性方程进行线性化处理 [3]。用量子光学的线性化算符方法简化问题的处理，即当稳态的单模电磁场的振幅远大于其量子涨落时，将描述光场的湮灭算符写成如下形式：

$$\hat{a}(t) = \alpha + \delta\hat{a}(t) \tag{1.12}$$

式中，α 是一个常数，代表光场经典稳态部分，对应于经典部分；$\delta\hat{a}(t)$ 是湮灭算符随时间变化的起伏部分，对应于量子部分，假设：

$$\langle\delta\hat{a}(t)\rangle = 0 \tag{1.13}$$

$$|\delta\hat{a}(t)| \ll |\alpha| \tag{1.14}$$

第一个假设式 (1.13) 说明，量子涨落项 $\delta\hat{a}(t)$ 对光场的平均振幅没有贡献，且涨落以 0 为中心。第二个条件式 (1.14) 要求涨落远小于光场的经典稳态部分，从而可以取一级近似而略去与量子涨落有关的高阶项。由于只选取算符的一阶近似，所以会得到一个物理量的半经典表达式。将此线性化算符应用于电磁场的强度 (光子数) 算符，得到

$$\begin{aligned}\hat{n} &= \hat{a}^\dagger(t)\hat{a}(t)\\ &= \left[\alpha^* + \delta\hat{a}^\dagger(t)\right]\left[\alpha + \delta\hat{a}(t)\right]\\ &= |\alpha|^2 + \alpha\delta\hat{a}^\dagger(t) + \alpha^*\delta\hat{a}(t) + \delta\hat{a}^\dagger(t)\delta\hat{a}(t)\end{aligned} \tag{1.15}$$

假设 α 是一个实数，取第一级近似可得

$$\hat{n} = |\alpha|^2 + \alpha\delta\hat{X}_a \tag{1.16}$$

这里，$\delta\hat{a}^\dagger(t)\delta\hat{a}(t)$ 被忽略，$\delta\hat{X}_a = \delta\hat{a} + \delta\hat{a}^\dagger$ 是电磁场的正交振幅分量的起伏。前一项为光场的平均光子数 $\bar{n} = |\alpha|^2$，后一项表示光场中光子数的量子噪声。

在量子光学实验中，除了分析时域信号外，通常也需要分析频域信号。利用频谱分析仪对光探测器产生的光电流可以进行傅里叶分析，即对式 (1.12) 进行傅里叶变换得到

$$\hat{a}(\Omega) = \alpha\delta(\Omega) + \delta\hat{a}(\Omega) \tag{1.17}$$

其中，$\delta(\Omega)$ 为狄拉克 δ 函数；α 为光场振幅的平均值；Ω 为分析频率与光频 ν 的频率差。第一项 $\alpha\delta(\Omega)$ 表明，只有在中心光频处 $(\Omega = 0)$ 光场振幅的平均值

不为 0。而当 $\Omega \neq 0$ 时，$\hat{a}(\Omega) = \delta\hat{a}(\Omega)$，即频域的量子噪声算符 $\delta\hat{a}(\Omega)$ 可以用来描述频率为 Ω 模式的量子特性，满足对易关系：

$$\begin{aligned} \left[\hat{a}(\Omega), \hat{a}^{\dagger}(\Omega')\right] &= \delta(\Omega - \Omega') \\ \left[\hat{a}(\Omega), \hat{a}(\Omega')\right] &= 0 \end{aligned} \tag{1.18}$$

对式 (1.16) 进行傅里叶变换，可得傅里叶空间中光子数算符：

$$\hat{n}(\Omega) = |\alpha|^2\delta(\Omega) + \alpha\delta\hat{X}(\Omega) \tag{1.19}$$

式中，第一项表明平均能量集中于直流成分中；第二项正比于边带频率为 Ω 的正交振幅分量的起伏。傅里叶空间的正交振幅算符定义为

$$\hat{X}(\Omega) = \hat{a}(\Omega) + \hat{a}^{\dagger}(\Omega) \tag{1.20}$$

而 $\hat{a}^{\dagger}(\Omega) = \hat{a}(-\Omega)^{\dagger}$，则

$$\hat{X}(\Omega) = \hat{a}(\Omega) + \hat{a}(-\Omega)^{\dagger} \tag{1.21}$$

边带频率 Ω 处光子数算符的起伏为

$$V[\hat{n}(\Omega)] = \alpha^2 \left\langle \alpha \left| |\delta\hat{X}(\Omega)|^2 \right| \alpha \right\rangle = \alpha^2 V[\hat{X}(\Omega)] \tag{1.22}$$

光子数算符的测量值与光电探测器的光电流成正比，因此光电流的起伏表示量子态正交振幅的起伏。

1.1.3 边带模型

量子光学常用三种模型来处理量子噪声问题：将光描述为量子态的光子模型，将连续光束描述为辐射场模式的算符模型，以及将经典波动模型推广到描述调制和噪声的边带模型。三种模型各有优势，可以方便地应用于处理不同问题。这三种模型是等价的，当用它们描述相同的物理效应时，得到相同的结果。光子模型能够直观、清楚地解释辐射和探测过程。算符模型基于量子模式和算符，是描述连续光场最为严格的方法。边带模型是一种简单描述光学系统性能的方式，最为接近基于傅里叶变换的传统工程处理方法。它描述光场的单个傅里叶分量，利用量子噪声边带项表示量子特性，适用于通信等许多技术应用。此外，包括非线性介质在内的光学系统对光场的作用，可以表示为每一个单独边带在该系统中演化结果的总和。本书将主要利用边带模型处理量子光学实验中的问题 [3]。

在经典边带模型中，信息通过振幅调制或者相位调制加载到经典电磁场载波的边带上。以对频率为 ν_{L} 的光场进行振幅调制 (调制频率为 Ω_{mod}，调制深度为 M) 为例，调制后的电场表示为

$$
\begin{aligned}
\alpha(t) &= \alpha_0\left\{1-\frac{M}{2}\left[1-\cos\left(2\pi\Omega_{\mathrm{mod}}\,t\right)\right]\right\}\exp\left(\mathrm{i}2\pi\nu_{\mathrm{L}}t\right)\\
&= \alpha_0\left(1-\frac{M}{2}\right)\exp\left(\mathrm{i}2\pi\nu_{\mathrm{L}}t\right)+\alpha_0\frac{M}{4}\Big\{\exp\left[\mathrm{i}2\pi\left(\nu_{\mathrm{L}}+\Omega_{\mathrm{mod}}\right)t\right]\\
&\quad +\exp\left[\mathrm{i}2\pi\left(\nu_{\mathrm{L}}-\Omega_{\mathrm{mod}}\right)t\right]\Big\}
\end{aligned}
\tag{1.23}
$$

可见，产生了新频率 $(\nu_{\mathrm{L}}+\Omega_{\mathrm{mod}},\nu_{\mathrm{L}}-\Omega_{\mathrm{mod}})$ 的电场。人们称主频率 ν_{L} 电场为载波，频率为 $\nu_{\mathrm{L}}+\Omega_{\mathrm{mod}}$ 和 $\nu_{\mathrm{L}}-\Omega_{\mathrm{mod}}$ 的电场为边带。两个边带场的振幅和相位完全相同，且都与载波场的相位相同。而相位调制的情况比振幅调制复杂，只有在调制信号远小于载波幅度的情况下 (一级近似成立)，才能得到一对正比于贝塞尔函数一阶项的边带，两个边带场的振幅仍然相同，而相位 (以载波相位为基准) 相反。这一特性决定了仅使用强度探测器是无法探测到相位调制信号的。

人们利用类似于经典边带模型的方法来处理量子边带。采用线性化算符，光场的湮灭算符能够分解为经典稳态项和量子噪声项两部分 ($\hat{a}\left(t\right)=\alpha+\delta\hat{a}\left(t\right)$)。通过傅里叶变换，可以将随时间变化的量子噪声项表示为稳态的载频光场 ν 两边的边带 Ω。每个边带频率 (模式) 相互独立，可以单独用来传递不同的信息。图 1.2 为量子边带表象的概念性示意图。图 1.2(a) 为量子–经典对应关系的概念性示意图。电磁场的量子算符对应于它的经典物理量。应该注意的是，对于用算符表示的量子化电磁场，算符的顺序非常重要，除非两个算符对易，否则顺序不能交换。这一点与经典力学完全不同。$E_{\mathrm{c}}(t)$ 和 $\hat{E}_{\mathrm{q}}(t)$ 以及 $E_{\mathrm{c}}(\Omega)$ 和 $\hat{E}_{\mathrm{q}}(\Omega)$ 分别表示在时域以及频域空间描述的经典和量子电磁场。前者说明电磁场物理量 (如振幅、频率或相位等) 随时间的演化；后者分析电磁场所包含的不同频率的边模成分。两者用不同的坐标空间描写电磁场，相当于从不同角度观测同一物理体系。两种描述空间通过傅里叶变换相互联系，一一对应，均为分析电磁场信号的有效方法。例如，一个理想的相干时间无限长的单色平面波，若其振幅、频率和相位均不随时间变化，则当它由时域变换到频率空间时，将只存在一个特定的频率 (主模)，如果相干时间变短，则在频域空间的频谱将展宽。然而，理想经典电磁波是不存在的，即便所有经典噪声都被消除，也仍然存在源于不确定性关系的量子噪声。因此在频域空间，量子电磁场产生和湮灭算符的正负边带模 $\delta\hat{a}$ 和 $\delta\hat{a}^{\dagger}$ 始终存在，如图 1.2(b) 所示。

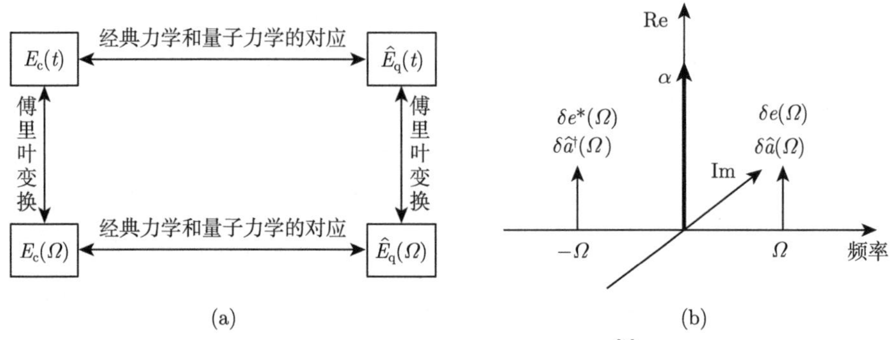

图 1.2　量子和经典边带对应关系 [3]

(a) 量子–经典对应关系的示意图，在量子力学中，量子化的电磁场用算符表示，通过傅里叶变化将时域和频域的电磁场联系起来；(b) 电磁场的边带模型，在频域中，Ω 代表一个特殊的边带频率，δe 和 δe^* 表示经典电磁场的正负边带，$\delta\hat{a}$ 和 $\delta\hat{a}^\dagger$ 代表量子场的湮灭和产生算符的正负边带

如果对所研究的量子光场进行振幅或者相位调制 $\delta S\left(\Omega_{\mathrm{mod}}\right)$，则

$$\hat{a}(\Omega)=\alpha\delta(\Omega)+\delta\hat{a}(\Omega)+\delta S\left(\Omega_{\mathrm{mod}}\right) \tag{1.24}$$

如果调制的能量远大于量子噪声的能量，则边带 Ω_{mod} 处的起伏表现为经典特性。如图 1.3 所示，(a)、(b) 和 (c) 分别表示振幅调制、相位调制和量子噪声。只有充分地抑制了经典噪声后，才能观测到量子噪声。反之，如果对光束进行小信号传递信息的调制，则信道的信噪比主要取决于量子噪声的大小。这种来自于光场量子性的噪声难以完全消除，但是可以通过特殊物理手段使它的正负边带之间产生量子关联，从而达到降低量子噪声的目的，这就是光场压缩态。

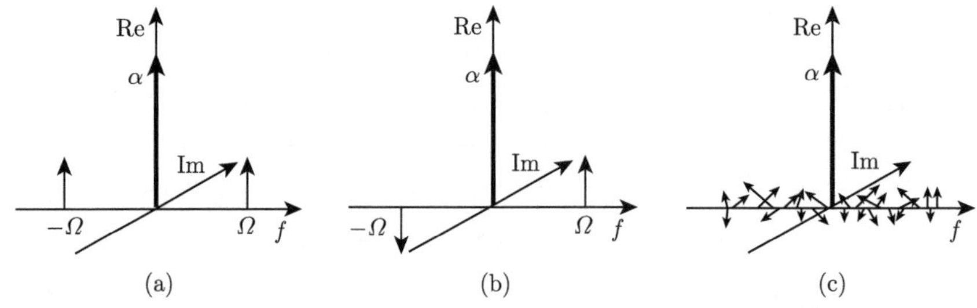

图 1.3　振幅调制、相位调制和量子噪声的边带模型 [3]

(a) 振幅调制; (b) 相位调制; (c) 量子噪声

如果调制频率处的边带初始为真空态，则经典调制相当于量子噪声算符的演化：

$$\delta\hat{a}(\Omega)\to\delta\hat{a}(\Omega)+\delta S\left(\Omega_{\mathrm{mod}}\right) \tag{1.25}$$

薛定谔表象中，相当于对真空噪声算符的移置：

$$|0\rangle_{\Omega} \rightarrow \hat{D}\left(\delta S\left(\Omega_{\text{mod}}\right)\right)|0\rangle_{\Omega} \tag{1.26}$$

可以看出，对量子光场的振幅或者相位调制 $\delta S(\Omega_{\text{mod}})$，相当于在调制频率边带处产生了一对完全相同的相干态：

$$|\psi'\rangle = |\delta S(\Omega)\rangle_{\Omega}|\delta S(-\Omega)\rangle_{-\Omega} \tag{1.27}$$

其中，

$$\delta S(\Omega) = \beta\left[\delta\left(\Omega + \Omega_{\text{mod}}\right) + \delta\left(\Omega - \Omega_{\text{mod}}\right)\right] \tag{1.28}$$

$$\beta = \frac{M_{\text{a}}}{4} + \mathrm{i}\frac{M_{\text{p}}}{4} \tag{1.29}$$

这里 M_{a}、M_{p} 分别为振幅和相位调制深度。

1.2 光场量子态

不同类型光场的根本区别在于量子统计特性不同。光源按其量子统计特性可分为三类。第一类是激光诞生以前人们广泛使用的热光源，其发光机制是自发辐射，具有完全随机的辐射噪声。第二类是激光，发光机制是受激辐射，产生的光场用相干态来描述。相干态是最接近理想经典单色光场的量子态，具有由不确定性原理限定的最小量子噪声，该噪声称为 SNL，这个极限最终限制着经典光信息处理和传送的能力。第三类为非经典光场，如压缩态光场。虽然其总的量子噪声仍受限于不确定性原理，但是它的某个物理量的噪声可低于它对应的 SNL。因而可以将光场压缩态应用于量子信息系统，使其信噪比突破 SNL。

1.2.1 光场的模式与态

就物理本质而言，光是一种电磁波。量子化的电磁场既遵从电动力学的麦克斯韦方程组，也服从量子力学的薛定谔方程。这两组方程均为线性方程，因此，量子化电磁场具有双重线性关系，可以使用两个交织的希尔伯特空间——经典模式空间和量子态空间来描述 [4]。

1. 经典模式空间

麦克斯韦方程组在真空中的一个给定解 $E^{(\dagger)}(r,t)$ 可以用其在真空中的归一化函数 $f(r,t)$ 表示为

$$E^{(\dagger)}(r,t) = E_0 f(r,t) \tag{1.30}$$

其中，E_0 为常数；$r \equiv (x,y,z)$；$f(r,t)$ 为电磁场的模式，表示电磁场的时空分布规律 (也可以认为是特定频率的能量集中在特定的结构中，例如在谐振器中就是谐振频率及谐振形式)，满足波动方程，且 $\dfrac{1}{V}\displaystyle\int_V \mathrm{d}^3 r|f(r,t)|^2 = 1$(模式的能量有限)。电磁场的模式可以用希尔伯特空间中的一个单位矢量表示。

由麦克斯韦方程组的线性特性可知，麦克斯韦方程组解的线性叠加仍然是其解，每一个解都对应于电磁场的一个模式，形成一个模式集，即是说电磁场模式的叠加仍然是该电磁场模式集中的另一个模式。这样，根据光源和光学系统研究的需要，就可以用 Schmidt 正交化方法 (由线性无关的一组向量，先经过正交化，再单位化而得到一组正交单位向量组的方法) 从一个已知的模式 $f_1(r,t)$，构建出一组适用的标准正交模式基 $\{f_m(r,t)\}$。因此，可以对给定的光场矢量 $E^{(\dagger)}(r,t)$(麦克斯韦方程组的给定解) 进行分解，将任意的复数场 $E^{(\dagger)}(r,t)$ 表示为

$$E^{(\dagger)}(r,t) = \sum_m \varepsilon_m f_m(r,t) \tag{1.31}$$

其中，$f_m(r,t)$ 是模式空间的单位矢量，满足正交归一化条件，在时间和空间上可以满足空间分布方程：

$$\left(\nabla^2 + \frac{\omega_m^2}{c^2}\right) f_m(r,t) = 0 \tag{1.32}$$

式中，$\{f_m(r,t)\}$ 是一组完备的标准正交模式基集合，对于一个模式空间，可以有多种不同的选择。ε_m 是复数场 $E^{(\dagger)}(r,t)$ 投影到 $f_m(r,t)$ 模式上的复振幅，表示 $f_m(r,t)$ 模式中的电场分量。对于给定的标准正交模式基 $\{f_m(r,t)\}$，复数场 $E^{(\dagger)}(r,t)$ 可以完全由列矢量 $(\varepsilon_1,\varepsilon_2,\cdots)^{\mathrm{T}}$ 表示。在驻波场的边界条件下，电磁场的模式可以是分立的，但这并不是“量子化”的结果。与数学中一个矢量选定坐标系后，可以用它在该坐标系中的一组分量表示一样，模式基变换等同于数学中的坐标系变换，同一个电磁场可以用不同的模式基表示。

对于一个给定的光场矢量，有许多可以选择的标准正交模式基，这些模式基可以通过幺正变换相互联系 (模式基 $\{f_m(r,t)\}$ 到模式基 $\{g_n(r,t)\}$ 的幺正变换可以通过内积得到，$f_m(r,t)\cdot g_n(r,t) = U_n^m$)，即对同一个态，若进行不同种类的测量，将相应于不同的模式基展开。最广泛使用的模式基是平面波模式，数学处理方法比较简单，但它是非物理的 (能量发散的)，因为真实世界不能获得理想的平面波。实验上常用的模式基还有空间 Hermite-Gauss 模式基、时间或频率的 Hermite-Gauss 模式基等。选择不同的模式基，表示复数场 $E^{(\dagger)}(r,t)$ 的列矢量也会发生相应的改变 (列矢量的矩阵元为 $E^{(\dagger)}(r,t)\cdot f_m(r,t)$)，相当于从不同的角度 (坐标系) 对给定的物理系统进行观测。

为简化所讨论的一般性问题，假设所研究的电磁场满足近轴近似 (波矢量接近平均值 k_0，且假设 k_0 平行于 z 轴) 和窄带近似 (频率接近中心频率 $\omega_0 = c|k_0|$) 条件，则复数场可以写成

$$E^{(\dagger)}(r,t) = \mathrm{e}^{\mathrm{i}(k_0 z - \omega_0 t)} \sum_m F_m f_m(r,t) \tag{1.33}$$

其中，$\mathrm{e}^{\mathrm{i}(k_0 z - \omega_0 t)}$ 是载波平面波 (单频、单模电磁场确定的传播常数)；$\sum\limits_m F_m f_m(r,t)$ 是 $E^{(\dagger)}(r,t)$ 的包络函数 (载波框架下的电磁场分布规律)；$f_m(r,t)$ 是载波框架下的模式基，它们在光周期尺度上是时间的慢变函数，在波长的尺度上是位置的慢变函数。进一步假设 $f_m(r,t)$ 的横向因子、纵向因子、极化自由度，可分解得到

$$f_m(r,t) = \epsilon_i f_p^{(\mathrm{T})}(x,y,z) f_r^{(\mathrm{L})}(t,z) \tag{1.34}$$

其中，$\epsilon_i(i=1,2)$ 是 xy 平面上两个正交的极化单位矢量，对应模式的偏振特性；$f_p^{(\mathrm{T})}(x,y,z)$ 是模式的横向 (或空间) 分布，对应模式的空间形态；$f_r^{(\mathrm{L})}(t,z) = f_r(\tau = t - z/c)$ 是模式的纵向 (或时间) 分布，对应模式的时间效应；m 是 (i,p,r) 的缩写。

当所研究的电磁场偏振和空间模式不发生变化时，复数场可以写成

$$E^{(\dagger)}(r,t) = \epsilon_1 \mathrm{e}^{-\mathrm{i}\omega_0 \tau} f_1^{(\mathrm{T})}(x,y,z) \sum_r \varepsilon_r f_r^{(\mathrm{L})}(\tau) \tag{1.35}$$

这时，$\sum\limits_r \varepsilon_r f_r^{(\mathrm{L})}(\tau)$ 代表电磁场在偏振矢为 ϵ_1、空间分布为 $f_1^{(\mathrm{T})}(x,y,z)$ 及平面载波为 $\mathrm{e}^{-\mathrm{i}\omega_0 \tau}$ 的确定框架下的分布，描述在参考坐标系中以光速沿 z 方向传播的脉冲。其傅里叶变换 $\tilde{E}^{(\dagger)}(r,\omega)$ 可以在频率模式基 $\tilde{f}_r^{(\mathrm{L})}(\omega)$ 上展开：

$$\widetilde{E}^{(\dagger)}(\varOmega) = \epsilon_1 f_1^{(\mathrm{T})}(x,y,z) \sum_r \tilde{\varepsilon}_r \tilde{f}_r^{(\mathrm{L})}(\varOmega + \varOmega\varOmega_0) \tag{1.36}$$

时间模式和频率模式非常适合光脉冲及其关联的量子描述。

2. 量子态空间

在量子力学中，量子态是量子系统所处的状态，可以用希尔伯特空间中的矢量抽象地表示。光场的量子态通过电磁场的量子化过程得到，通常就是将麦克斯韦方程组的解进行量子化，即在量子化条件下，对电磁场进行进一步的精确刻画。

在量子光学中，通常选择平面波模式基对电磁场进行进一步研究 (因为电磁场本身的特性就表现为正弦波和余弦波，则用平面波描述最为方便)，即电场模式分解式中的 $f_m(r,t)$ 取为平面波模式：

$$u_l(r,t)=\epsilon_l \mathrm{e}^{\mathrm{i}(k_l\cdot r-\omega_l t)} \tag{1.37}$$

其中，ϵ_l 为单位极化矢量。通过将电场模式的复振幅 ε_m 视作场算符 $\hat{a}_m$，并引入量子化条件 $\left[\hat{a}_m,\hat{a}_k{}^{\dagger}\right]=\delta_{mk}$，可以在海森伯表象上将量子化的电场算符 $\hat{E}^{(\dagger)}(r,t)$ 表示为

$$\hat{E}^{(\dagger)}(r,t)=\sum_l \varepsilon_l^{(1)}\hat{a}_l u_l(r,t) \tag{1.38}$$

其中，$\varepsilon_l^{(1)}=\sqrt{\dfrac{h\omega_l}{2\varepsilon_0 V}}$ 为模式 $u_l(r,t)$ 中单光子的电场；$\hat{a}_l$ 为平面波 $u_l(r,t)$ 模式中定义的光子湮灭算符。与经典的复数场 $E^{(\dagger)}(r,t)$ 类似，对于给定的标准正交平面波模式基 $\{u_l(r,t)\}$，海森伯表象上的电场算符可以完全由列矢量 $\left(\varepsilon_1^{(1)}\hat{a}_1,\varepsilon_2^{(1)}\hat{a}_2,\cdots\right)^{\mathrm{T}}$ 表示，每一项 $\varepsilon_l^{(1)}\hat{a}_l$ 表示平面波 $u_l(r,t)$ 模式中量子化的电磁场所处的量子态，与量子态的希尔伯特空间以及光场的粒子性相联系。电磁场的每一个模式 $u_l(r,t)$ 仍然是经典的电磁场模式，与经典光学、麦克斯韦方程组解的希尔伯特模式空间以及光的波动特性相联系。但在量子化的电场算符中，模式是量子系统的一个可测变量，代表一个独立的量子自由度，提供了探测光子概率在时间和空间上的形态；其中的量子化电磁场能级间距为 $h\omega_l$，即模式 $u_l(r,t)$ 中一个光子的能量为 $h\omega_l$。

湮灭算符 $\hat{a}_l$ 定义在特定的模式 $u_l(r,t)$ 中，使得模式基 $\{u_l(r,t)\}$ 与湮灭算符 $\{\hat{a}_l\}$ 通过量子化电场算符的模式分解式 (1.38)，构成一一对应的映射关系。改变模式空间中的模式基 $\{u_l(r,t)\}$，算符 $\varepsilon_l^{(1)}\hat{a}_l$ 也将发生相应的变化；对于相同的物理系统，表现为所观察到的量子态随模式基的变化而变化。通过改变模式基，可以改变量子态，相当于从不同的视角研究相同的量子系统。

下面将介绍几个常用的光场量子态。

1.2.2　数态

量子化的光场需要用湮灭算符来描述。首先定义产生算符：

$$g_n=\sum_{m=1}^{N}U_n^m f_m \tag{1.39}$$

其中，模式形状为

$$f_m = \sum_l U_m^l u_l \tag{1.40}$$

单光子状态为

$$|1 : f_m\rangle = \hat{b}_m^\dagger|0\rangle = \sum_l U_m^l \, |1 : u_l\rangle \tag{1.41}$$

通常称 $|0\rangle$ 为平面波基 $\{u_l\}$ 中的真空态，由 $\hat{a}_l|0\rangle = 0\forall l$ 定义。从式 (1.39) 也可以得到 (对所有的 m)

$$\hat{b}_m|0\rangle = \sum_l U_m^{l*}\hat{a}_l|0\rangle = 0 \tag{1.42}$$

同样的, 态 $|0\rangle$ 也是新的模式基 $\{f_m\}$ 的真空态。可以定义任意模式 f_m 下单光子态的量子态 $|1 : f_m\rangle$，并将其用平面波单光子表示为

$$|1 : f_m\rangle = \hat{b}_m^\dagger|0\rangle = \sum_l U_m^l \, |1 : u_l\rangle \tag{1.43}$$

注意，产生算符 (1.39)、模式形状 (1.40) 和单光子状态 (1.41) 使用了相同的幺正变换 U。

单光子态 $|1 : f_m\rangle$ 不能描述一个与经典粒子完全相似的物理对象，因为它的属性取决于定义它的模式。光子不仅仅是“从发光物质中发射出来的非常小的物体”，它们必须被认为是模式 f_m 的第一激发。如果幺正变换 U 混合了不同频率的模式，则单光子态不再是哈密顿量能量 $\hbar\omega$ 的本征态：它描述了一个非稳定的“单光子波包”。如果幺正变换 U 混合不同波矢量的模式，单光子态不再是本征值为 $\hbar k$ 的动量本征态：它描述了一个更复杂的单光子波形，如偶极模式中受激原子自发发射的单个光子。

对于与任意两个模式 f 和 g 相对应的任意两个单光子态：

$$\langle 1 : f \mid 1 : g\rangle = \frac{1}{V}\int \mathrm{d}^3 r f^*(r,t)\cdot g(r,t) = f^{T*}\cdot g \tag{1.44}$$

当处理单光子态时，量子内积等于模式内积。因此，在单光子量子态 $|1 : f\rangle$ 和相应的时空模式振幅 $f(r,t)$ 之间存在一种精确的映射关系，通常可以方便地将 f 视为单光子的“波函数”。

$$\left[\hat{b}_f, \hat{b}_g^\dagger\right] = \frac{1}{V}\int \mathrm{d}^3 r f(r,t)\cdot g^*(r,t) = f^{T*}\cdot g \tag{1.45}$$

式 (1.45) 中也很容易得出下列关系：

$$b_f|1:g\rangle = \left(f^{T*}\cdot g\right)|0\rangle \tag{1.46}$$

其中，$\hat{b}_f$ 为模式 f 中的湮灭算符。

数态是光子数算符的本征态。光子数算符被定义为 $\hat{N}_m=\hat{b}_m^{\dagger}\hat{b}_m$，它们的本征态是 $|n_m:f_m\rangle$，其中 n_m 是整数，$|n_m:f_m\rangle$ 是 $f_m\left(r,t\right)$ 模式下的数态。光子数算符 $\hat{N}_m$ 是模式 f_m 中的光子数算符，与单模电磁场哈密顿算符 $\hat{H}_m=\hbar\omega(\hat{N}_m+1/2)$ 相互对易，有共同的本征态，即光子数态 $|n_m:f_m\rangle$。满足本征方程：

$$\hat{N}_m\left|n_m:f_m\right\rangle = n_m\left|n_m:f_m\right\rangle \tag{1.47}$$

当 $n_m=0$ 时，光子数态 $|n_m:f_m\rangle$ 变为真空态 $|0\rangle$。

数态可以通过产生算符在真空态上的叠加操作产生，即

$$|n\rangle = \frac{\left(\hat{a}^{\dagger}\right)^n}{\sqrt{n!}}|0\rangle \tag{1.48}$$

例如，产生算符 $\hat{a}^{\dagger}$ 作用于电磁场模的基态 (真空态) 上产生单光子态，$\hat{a}^{\dagger}\left|0\right\rangle=\left|1\right\rangle$。一般情况，光子数为 n 的光场数态 $|n\rangle$ 服从下式：

$$\hat{a}^{\dagger}|n\rangle = \sqrt{n+1}|n+1\rangle \quad (n\text{为正整数}) \tag{1.49}$$

同样，湮灭算符 $\hat{a}$ 湮灭一个单光子态，即 $\hat{a}\left|1\right\rangle=\left|0\right\rangle$，它作用于数态时，有

$$\hat{a}|n\rangle = \sqrt{n}|n-1\rangle \tag{1.50}$$

数态构成了光子数算符的正交特征向量，等同于 $\hat{n}\left|n\right\rangle = n\left|n\right\rangle$，称为 Fock 态 (数态) 基矢。光子数态可以构成一组正交完备的基矢，满足 $\langle k\mid n\rangle=\delta_{k,n}$，$\sum\limits_{n=0}^{\infty}|n\rangle\langle n|=1$，因此，任意一个量子态都能够以数态为基矢展开为

$$|\psi\rangle = \left(\sum_n |n\rangle\langle n|\right)|\psi\rangle = \sum_n c_n|n\rangle \tag{1.51}$$

其中，$c_n=\langle n\mid\psi\rangle$。

数态 $|n\rangle$ 的电场的平均值为

$$\langle n|\hat{E}^{(\dagger)}(z,t)|n\rangle = \varepsilon_0\sin(kz)\left(\langle n|\hat{a}|n\rangle + \left\langle n\left|\hat{a}^{\dagger}\right|n\right\rangle\right) = 0 \tag{1.52}$$

$$\langle\hat{X}\rangle = \langle\hat{Y}\rangle = 0 \tag{1.53}$$

也就是说其平均场为 0。但是对应的能量密度的场算符的平均值不为 0：

$$\begin{aligned}\langle n|\hat{E}^2(z,t)|n\rangle &= \varepsilon_0^2\sin^2(kz)\left(\langle n|\hat{a}^{\dagger^2}+\hat{a}^2+\hat{a}^\dagger\hat{a}+\hat{a}\hat{a}^\dagger|n\rangle\right)\\ &= 2{\varepsilon_0}^2\sin^2(kz)\left(n+\frac{1}{2}\right)\end{aligned} \tag{1.54}$$

因此，对于数态 $|n\rangle$，光场的起伏为

$$\langle\left[\Delta\hat{E}^{(\dagger)}(z,t)\right]^2\rangle = \sqrt{2}\varepsilon_0\sin(kz)\sqrt{n+\frac{1}{2}} \tag{1.55}$$

$$\langle(\Delta\hat{X})^2\rangle = \langle(\Delta\hat{Y})^2\rangle = \frac{1}{4}(2n+1) \tag{1.56}$$

当 $n=0$ 时，场的涨落不为 0，即电磁场的真空态虽然平均光子数为零，但依然存在电磁场的量子噪声，即真空不“空”：

$$\langle(\Delta\hat{X})^2\rangle = \langle(\Delta\hat{Y})^2\rangle = \frac{1}{4} \tag{1.57}$$

$$\langle(\Delta\hat{X})^2\rangle\langle(\Delta\hat{Y})^2\rangle = \frac{1}{16} \tag{1.58}$$

真空中的噪声满足最小不确定关系，所以真空态是最小不确定态。不确定性原理所预测的 SNL，$\langle\Delta^2\hat{X}\rangle = \langle\Delta^2\hat{Y}\rangle = 1/4$，也就是常说的真空噪声。当正交振幅和正交相位的量子噪声相等且均为最小值 1/4 时，光场的噪声起伏达到经典极限，称为相干态光场。光学相干态是介于经典与量子边界的电磁场态。

1.2.3 相干态

相干态是 Glauber 在量子光学中引入的用来描述激光的量子态，是严格意义上的相干光场，也是没有经典噪声、最接近经典极限的量子光场。在量子力学薛定谔表象中，单模相干态是湮灭算符 $\hat{a}$ 的本征态，本征值为 α，即

$$\hat{a}|\alpha\rangle = \alpha|\alpha\rangle \tag{1.59}$$

可以看出，相干态湮灭一个光子后，状态不发生改变，即探测不影响相干光场，因此相干光可以看作经典光场。与此等价，还可以将相干态定义为平移算符作用在真空态上的结果，即

$$\widehat{D}(\alpha)|0\rangle = |\alpha\rangle \tag{1.60}$$

其中，平移算符 $\hat{D}(\alpha) = \mathrm{e}^{\alpha\hat{a}^\dagger - \alpha^*\hat{a}}$。平移算符有很多性质，例如，

$$\hat{D}^\dagger(\alpha) = \hat{D}(-\alpha) = [\hat{D}(\alpha)]^{-1}$$

$$\hat{D}^{\dagger}(\alpha)\hat{a}\hat{D}(\alpha)=\hat{a}+\alpha$$
$$\hat{D}^{\dagger}(\alpha)\hat{a}^{\dagger}\hat{D}(\alpha)=\hat{a}^{\dagger}+\alpha^{*} \tag{1.61}$$

可以看出，$\hat{D}(\alpha)$ 对 $\hat{a}$ 和 $a^{\dagger}$ 的作用是使它们分别平移一个复数量 α 和 α^{*}。而

$$\hat{D}^{\dagger}(\alpha)|\alpha\rangle=\hat{D}(-\alpha)|\alpha\rangle=|0\rangle \tag{1.62}$$

所以 $\hat{D}(\alpha)$ 和 $\hat{D}^{\dagger}(\alpha)$ 可以看成是相干态 $|\alpha\rangle$ 的“产生算符”和“湮灭算符”。

平移算符不改变光场的噪声分布，因此相干态的噪声分布与真空态一样。其正交分量的平均值和起伏分别为

$$\langle\hat{X}+\mathrm{i}\hat{Y}\rangle=2\alpha \tag{1.63}$$

和

$$\langle(\Delta\hat{X})^{2}\rangle=\langle(\Delta\hat{Y})^{2}\rangle=\frac{1}{4}$$
$$\langle(\Delta\hat{X})^{2}\rangle\langle(\Delta\hat{Y})^{2}\rangle=\frac{1}{16} \tag{1.64}$$

真空态光场和相干态光场在相空间的正交分量起伏如图 1.4 所示。真空态虽然振幅为零，但存在量子涨落，在相空间的分布为一中心在原点的圆。而相干态在相空间的分布与真空态相比平移了一段距离，但在平移过程中，光场的量子噪声保持不变。因此，相干态的量子噪声实质上是真空中的量子噪声。也就是说，在计算相干态光场的量子噪声时，只存在真空光子数起伏的作用，即只有来源于光粒子性的贡献，称之为散粒噪声。因为相干态中表征波动性的所有参数是绝对稳定的，全部噪声都源于量子化光场的粒子性，所以相干态是最接近于理想经典平面波的量子态。

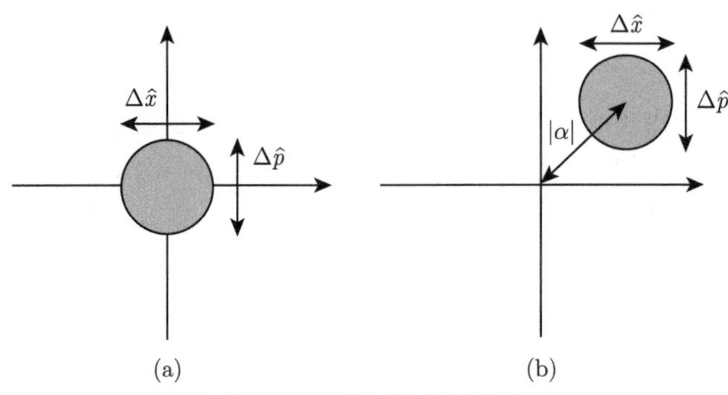

图 1.4　正交分量起伏分布

(a) 真空态光场；(b) 相干态光场

如果两个相干态 $|\alpha\rangle$ 和 $|\beta\rangle$ 的本征值分别为 α 和 β，则一般而言它们是非正交的，只有在 α 和 β 相差很大的情况下才接近正交，即

$$|\langle\alpha \mid \beta\rangle|^2 = \mathrm{e}^{-|\alpha-\beta|^2} \neq 0 \tag{1.65}$$

同时，相干态光场的完备性 (一组向量的线性组合能够展开整个向量空间) 表明：

$$\frac{1}{\pi}\int \mathrm{d}^2\alpha|\alpha\rangle\langle\alpha| = 1 \tag{1.66}$$

相干态是一组超完备 (态间非线性独立) 非正交基矢。

相干态光场还具有以下特性：相干态的光子数服从泊松分布，其分布函数为

$$P(n) = \frac{|\alpha|^{2n}\mathrm{e}^{-|\alpha|^2}}{n!} \tag{1.67}$$

相干态的平均光子数与光子数起伏分别为

$$\langle\hat{n}\rangle = |\alpha|^2 \tag{1.68}$$

$$\langle\Delta^2\hat{n}\rangle = |\alpha|^2 \tag{1.69}$$

1.2.4 单模压缩态

光场量子噪声的散粒量子极限最终限制了经典光通信与光学测量的精确度。为了进一步提高测量和通信的信噪比，使之突破散粒量子极限，首要条件是使所用光源的噪声达到低于真空噪声的水平，即必须应用非经典光场。根据不确定性原理，任何一个量子态的两个正交分量的标准方差都满足式 (1.10)，但它只限定了两个正交分量量子噪声乘积的最小值，而对单一分量的起伏值没有限制。因此，如果用某种方法使其中一个正交分量的量子噪声小于相干态的起伏，则同时另一个正交分量的量子噪声大于相干态的起伏，依然遵循量子力学不确定性原理。此时，该光场中某个正交分量的量子噪声被压缩到相应的 SNL 以下，称为压缩态光场。若量子态的正交振幅分量起伏方差 $(\Delta X)^2 < 1/4$，则称为正交振幅压缩态；若正交相位 $(\Delta Y)^2 < 1/4$，即为正交相位压缩态。图 1.5 为相干态光场、振幅压缩光场和相位压缩光场的噪声随时间变化的曲线及其在相空间的表示。可见，相干光在不同的时间点噪声基本相同，在相空间近似圆形分布。而压缩光在不同的时间点噪声不同。正交振幅压缩光在波峰和波谷处噪声最小，在零点处噪声最大；而正交相位压缩光的噪声在零点处最小，在波峰和波谷处最大。在相空间中，压缩光是椭圆形分布。

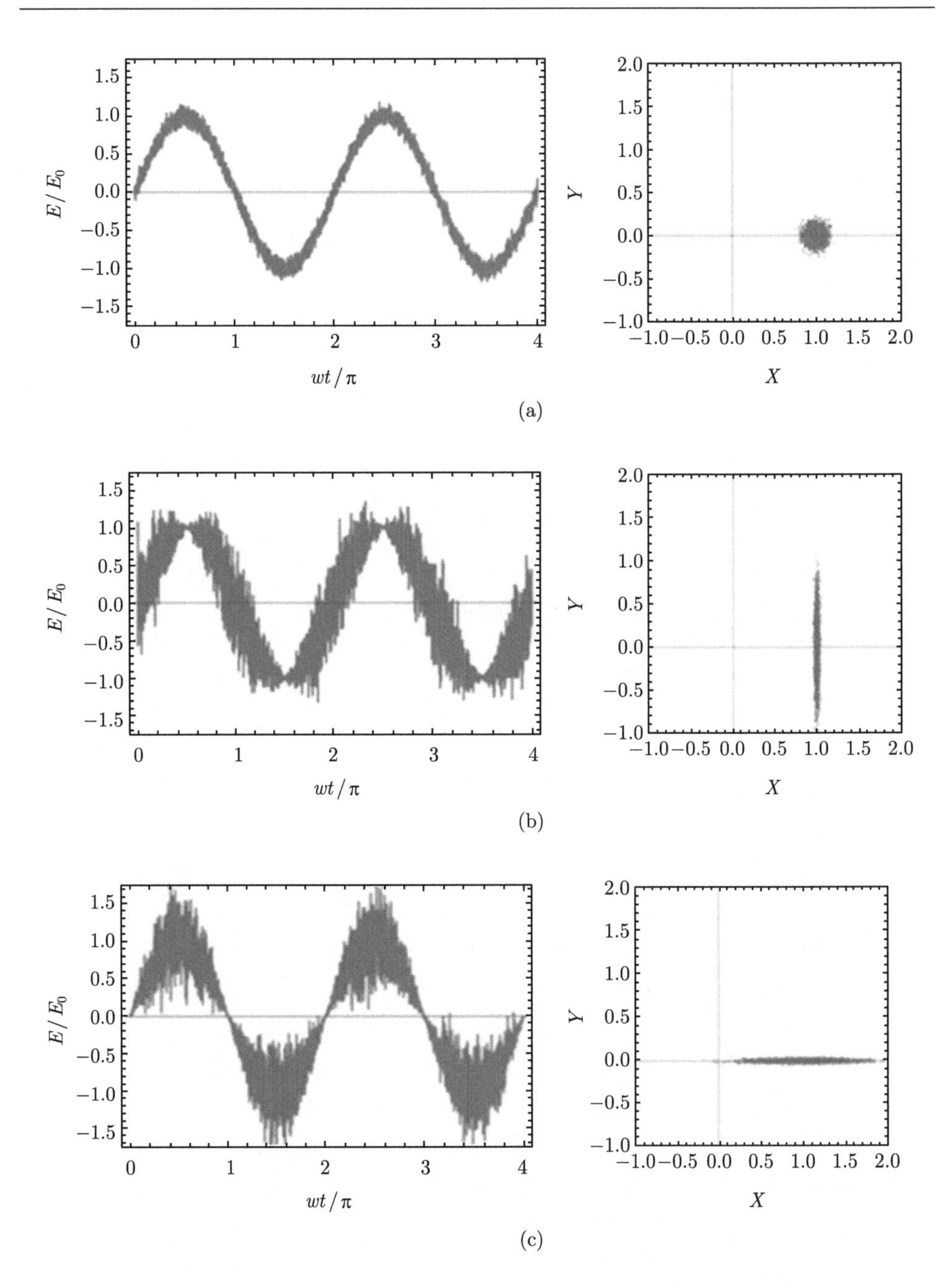

图 1.5　(a) 相干态光场、(b) 振幅压缩光场和 (c) 相位压缩光场的噪声随时间变化的曲线及其在相空间的表示

图 1.6 为最小不确定态的噪声曲线。由图可见，相干态只是压缩态的特例，是

噪声对称分布的最小不确定态。压缩态在两个正交分量上的量子噪声不对称，但仍然是最小不确定态，压缩态是比相干态更普遍的一类最小不确定态。曲线右上方区域是物理上允许存在 (满足海森伯不确定性原理，但不是最小不确定态) 的量子态。

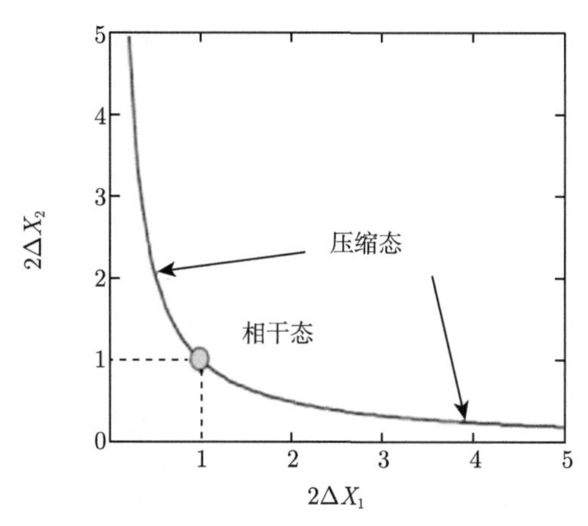

图 1.6 最小不确定态的噪声曲线

引入压缩算符 $\hat{S}(\zeta)$，即

$$\begin{gathered}\hat{S}(\zeta)=\exp\left[\frac{1}{2}\zeta^{*}\hat{a}^{2}-\frac{1}{2}\zeta\left(\hat{a}^{\dagger}\right)^{2}\right]\\ \hat{S}^{\dagger}(\zeta)=\hat{S}^{-1}(\zeta)=\hat{S}(-\zeta),\quad \zeta=r\mathrm{e}^{\mathrm{i}\phi}\end{gathered}\tag{1.70}$$

其中，ζ 为压缩系数，是一个复函数，与压缩态产生系统的耦合系数和相互作用时间有关；r 为压缩参数，与压缩度大小有关，$r\geqslant 0$；ϕ 为压缩角，在相空间中表示压缩方向与正交振幅分量的夹角，$0\leqslant\phi\leqslant 2\pi$。$r$ 和 ϕ 是描写压缩态物理特性所需要的两个独立变量。

压缩算符 $\hat{S}(\zeta)$ 作用在真空态 $|0\rangle$ 上，获得压缩真空态 $|0,\zeta\rangle$；而作用在相干态 $|\alpha\rangle$ 上，可获得压缩相干态 $|\alpha,\zeta\rangle$：

$$\begin{gathered}|0,\zeta\rangle=\hat{S}(\zeta)|0\rangle\\ |\alpha,\zeta\rangle=\hat{S}(\zeta)|\alpha\rangle=\hat{S}(\zeta)\hat{D}(\alpha)|0\rangle\\ |\alpha,\zeta\rangle=\hat{D}(\alpha)\hat{S}(\zeta)|0\rangle\end{gathered}\tag{1.71}$$

由于 $\hat{S}(\zeta)$ 和 $\hat{D}(\alpha)$ 并不对易，先压缩后平移 (产生压缩真空态后进行平移操作) 所产生的相干压缩态和先平移后压缩 (对相干态进行压缩操作) 所产生的压缩相干态并不相同，但是可以证明，两种压缩态的量子噪声是相同的。图 1.7 为一些压缩态在相空间的表示。

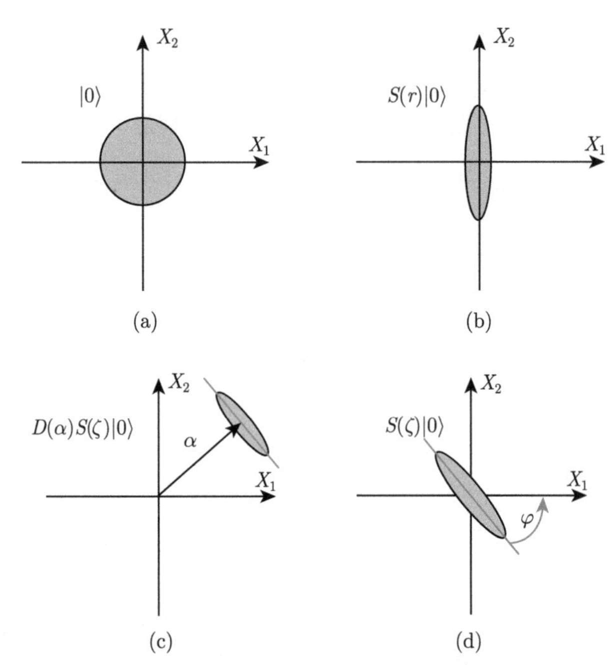

图 1.7　压缩态在相空间的表示

(a) 为相干态；(b) 和 (d) 为真空压缩态；(c) 为压缩相干压缩态

根据压缩算符作用于产生、湮灭算符的性质：

$$\begin{aligned}\hat{S}^{\dagger}(\zeta)\,\hat{a}\hat{S}(\zeta) &= \hat{a}\cosh r - \hat{a}^{\dagger}\mathrm{e}^{\mathrm{i}\phi}\sinh r \\ \hat{S}^{\dagger}(\zeta)\hat{a}^{\dagger}\hat{S}(\zeta) &= \hat{a}^{\dagger}\cosh r - \hat{a}\mathrm{e}^{-\mathrm{i}\phi}\sinh r\end{aligned} \tag{1.72}$$

可以计算在压缩真空态中，电磁场正交振幅算符和正交相位算符的平均值和量子噪声起伏分别为

$$\begin{aligned}\langle\hat{X}\rangle &= \langle\hat{Y}\rangle = 0 \\ \langle\Delta^2\hat{X}\rangle &= \cosh^2 r + \sinh^2 r - 2\sinh r\cosh r\cos\phi \\ \langle\Delta^2\hat{Y}\rangle &= \cosh^2 r + \sinh^2 r + 2\sinh r\cosh r\cos\phi\end{aligned} \tag{1.73}$$

可见，压缩真空态的正交振幅和正交相位的量子噪声不仅与压缩参数 r 有关，与压缩角 ϕ 也密切相关。

为了更方便地描述一般方向的压缩，引入下列旋转正交分量 (图 1.8)：

$$\begin{aligned}\hat{X}_1 &= \cos\frac{\varphi}{2}\hat{X} + \sin\frac{\varphi}{2}\hat{Y} = \frac{1}{2}\left(\hat{a}\mathrm{e}^{-\mathrm{i}\varphi/2} + \hat{a}^{+}\mathrm{e}^{\mathrm{i}\varphi/2}\right) \\ \hat{Y}_1 &= -\sin\frac{\varphi}{2}\hat{X} + \cos\frac{\varphi}{2}\hat{Y} = \frac{1}{2\mathrm{i}}\left(\hat{a}\mathrm{e}^{-\mathrm{i}\varphi/2} - \hat{a}^{+}\mathrm{e}^{\mathrm{i}\varphi/2}\right)\end{aligned} \tag{1.74}$$

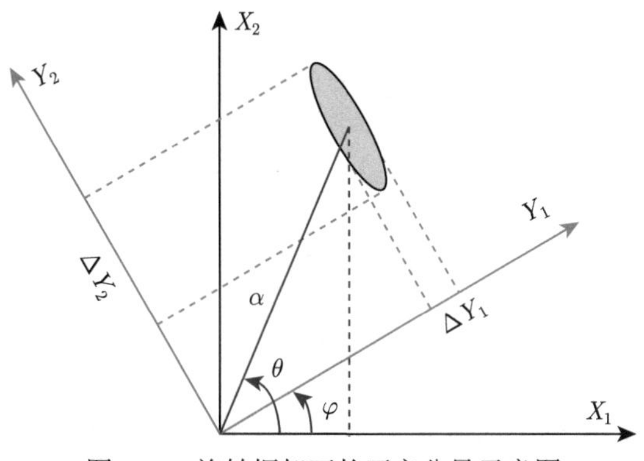

图 1.8 旋转框架下的正交分量示意图

图 1.9 为不同旋转角下，对于压缩角为 $\phi=-\pi/3$、不同压缩参量的压缩态的情况下，$\hat{X}_1$ 分量的噪声起伏。从图中可以看出，$\hat{X}_1$ 分量的噪声起伏是旋转角的周期函数，周期为 π，因为压缩光场在相空间的噪声分布呈椭圆形分布。当旋转角 φ 等于压缩角 ϕ 时，$\hat{X}_1$ 分量的噪声起伏达到最小，同时 $\hat{Y}_1$ 分量的噪声起伏达到最大。随着压缩参量的增加，噪声起伏可以达到的最小值变小，同时可以达到的最大值变大。

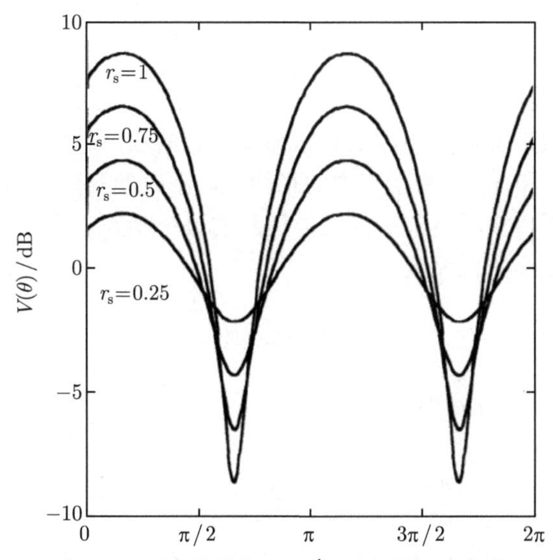

图 1.9 不同旋转角下，$\hat{X}_1$ 分量的噪声起伏

图中曲线对应的压缩角为 $\phi=-\pi/3$，压缩参量分别为 0.25、0.5、0.75、1.00

当旋转角 φ 等于压缩角 ϕ 时，压缩真空态的旋转正交分量 $\hat{X}_1$ 和 $\hat{Y}_1$ 的平均

值和方差分别为

$$\begin{aligned}\langle\hat{X}_1\rangle &= \langle\hat{Y}_1\rangle = 0\\ \langle(\hat{X}_1)^2\rangle &= \frac{1}{4}\mathrm{e}^{-2r}\\ \langle(\hat{Y}_1)^2\rangle &= \frac{1}{4}\mathrm{e}^{2r}\\ \langle(\hat{X}_1)^2\rangle\langle(\hat{Y}_1)^2\rangle &= \frac{1}{16}\end{aligned}\tag{1.75}$$

旋转正交分量 $\hat{X}_1$ 的噪声起伏达到最小，而正交分量 $\hat{Y}_1$ 的噪声起伏达到最大，它们的乘积满足海森伯不确定性原理要求的最小值。而对于压缩相干态，旋转正交分量 $\hat{X}_1$ 和 $\hat{Y}_1$ 的平均值和方差分别为

$$\begin{aligned}\langle\hat{X}_1\rangle &= \frac{1}{2}\left(\alpha\mathrm{e}^{-\frac{\mathrm{i}\theta}{2}}+\alpha^*\mathrm{e}^{\frac{\mathrm{i}\theta}{2}}\right)\\ \langle\hat{Y}_1\rangle &= \frac{1}{2\mathrm{i}}\left(\alpha\mathrm{e}^{-\frac{\mathrm{i}\theta}{2}}-\alpha^*\mathrm{e}^{\frac{\mathrm{i}\theta}{2}}\right)\\ \langle(\hat{X}_1)^2\rangle &= \frac{1}{4}\mathrm{e}^{-2r}\\ \langle(\hat{Y}_1)^2\rangle &= \frac{1}{4}\mathrm{e}^{2r}\\ \langle(\hat{X}_1)^2\rangle\langle(\hat{Y}_1)^2\rangle &= \frac{1}{16}\end{aligned}\tag{1.76}$$

可以看到，压缩相干态的噪声起伏和压缩真空态的噪声起伏相同，而平移算符只改变正交算符 $\hat{X}_1$ 和 $\hat{Y}_1$ 在量子态中的平均值，不改变其量子涨落。

在许多情况下，实验更加关注可能达到的最小噪声。将正交分量最小噪声起伏的对数定义为光场的压缩度 s，即

$$s = -10\log_{10}\langle(\hat{X}_1)^2\rangle \tag{1.77}$$

当旋转角 φ 等于压缩角 ϕ 时，

$$s = -10\log_{10}\left(\mathrm{e}^{-2r}\right) = \frac{20}{\ln 10}r \tag{1.78}$$

压缩真空态光场的平均光子数和光子数方差分别为

$$\begin{aligned}\langle\hat{n}\rangle &= \left\langle\hat{a}^+\hat{a}\right\rangle = \sinh^2 r\\ \langle\Delta^2\hat{n}\rangle &= 2\cosh^2 r\sinh^2 r\end{aligned}\tag{1.79}$$

说明压缩真空态的平均光子数不为零，那是因为在压缩的过程中 (非线性光学效应)，通过泵浦场向真空场注入了能量，才形成压缩场。所以，压缩真空不再是一般意义的真空场，而是包含了实光子，压缩度越高、光子数越多，则能量越大，极限压缩的能量无限大，实验无法实现，只能无限接近。对于包括相干态在内的一切经典光场，光子数起伏 $\langle\Delta^2\hat{n}\rangle \geqslant \langle\hat{n}\rangle$，如果光场的光子数起伏 $\langle\Delta^2\hat{n}\rangle < \langle\hat{n}\rangle$，则其起伏小于普通的经典光源，这样的光场是一种非经典光场，称为光子数压缩态光场。根据海森伯不确定性原理，光子数算符 $\hat{n}$ 的共轭量为相位算符 $\hat{\varphi}$，满足 $\langle\Delta^2\hat{n}\rangle\langle\Delta^2\hat{\varphi}\rangle \geqslant 1$。对于相干态，满足 $\langle\Delta^2\hat{n}\rangle\langle\Delta^2\hat{\varphi}\rangle = 1, \langle\Delta^2\hat{n}\rangle = \langle\hat{n}\rangle$。

对于压缩相干态光场，它的平均光子数和光子数方差分别为

$$\begin{aligned} |n\rangle &= \sinh^2 r + |\alpha|^2 \\ \langle\Delta^2\hat{n}\rangle &= \left|\alpha\cosh r - \alpha^* \mathrm{e}^{\mathrm{i}\phi}\sinh r\right|^2 + 2\cosh^2 r\sinh^2 r \end{aligned} \tag{1.80}$$

令 $\alpha = |\alpha|\,\mathrm{e}^{\mathrm{i}\varphi}$，当 $\phi = \varphi$ 时，旋转正交分量 $\hat{X}_1$ 的噪声起伏达到最小，此时的光子数起伏为

$$\langle\Delta^2\hat{n}\rangle = |\alpha|^2\mathrm{e}^{-2r} + 2\cosh^2 r\sinh^2 r \tag{1.81}$$

其平均光子数是由相干部分 $|\alpha|^2$ 和压缩部分 $\sinh^2 r$ 相加而成。而光子数起伏也是由两项组成，分别是被压缩的相干振幅对光子数起伏的贡献和压缩真空的光子数起伏。只有当平均光子数足够大，即 $|\alpha|^2 \gg 2\mathrm{e}^{2r}\cosh^2 r\sinh^2 r$ 时，第一项占主导地位，第二项可以忽略，显然满足 $\langle\Delta^2\hat{n}\rangle < \langle\hat{n}\rangle$。此时光场不仅是正交分量压缩光场，而且也是粒子数压缩态光场。压缩参量固定时，正交振幅的压缩度不随光子的增加而变化；而光子数的起伏随着光子数的增加而减小，光子数的分布由超泊松分布过渡到亚泊松分布。光子数一定时，随着压缩参量的增加，正交振幅的压缩度不断变大，而光子数分布由亚泊松分布逐步过渡到超泊松分布。

在低于阈值运转的光学参量振荡器产生压缩真空态实验中，压缩真空态具有很少的光子，很难满足 $|\alpha|^2 \gg 2\mathrm{e}^{2r}\cosh^2 r\sinh^2 r$ 的条件，通常只是正交分量压缩态，而不是光子数压缩态。而在半导体激光器各种反馈的情况下和二次谐波倍频过程中，产生的压缩光包含很多光子，一般情况下都能满足 $|\alpha|^2 \gg 2\mathrm{e}^{2r}\cosh^2 r\sinh^2 r$ 关系，这时候的压缩光不仅是正交分量压缩光，而且也是光子数压缩光。

压缩态光场可以被应用于量子精密测量中，使测量精确度突破 SNL。例如，它可以填补干涉仪真空通道来提高干涉仪测量灵敏度，也被用于小位移测量以及光学相位估计等。

1.2.5 双模压缩态

双模压缩态包括两个独立的模式，$\hat{a}_1(\hat{a}_1^\dagger)$ 和 $\hat{a}_2(\hat{a}_2^\dagger)$ 分别为两个模式的湮灭和产生算符，满足

$$[\hat{a}_1, \hat{a}_1^\dagger] = [\hat{a}_2, \hat{a}_2^\dagger] = 1 \tag{1.82}$$

双模压缩算符为 $\hat{S}(\varepsilon)$

$$\hat{S}(\varepsilon) = \exp(\varepsilon \hat{a}_1^\dagger \hat{a}_2^\dagger - \varepsilon^* \hat{a}_1 \hat{a}_2) \tag{1.83}$$

其中，$\varepsilon = r\mathrm{e}^{\mathrm{i}\theta}$。将压缩算符和平移算符作用在双模真空态上，得到双模压缩相干态 $|\alpha_1, \alpha_2, \varepsilon\rangle$：

$$\begin{aligned} |\alpha_1, \alpha_2, \varepsilon\rangle &= D(\alpha_1) D(\alpha_2) \hat{S}(\varepsilon)|0,0\rangle \\ |\varepsilon, \alpha_1, \alpha_2\rangle &= \hat{S}(\varepsilon) D(\alpha_1) D(\alpha_2) |0,0\rangle \end{aligned} \tag{1.84}$$

其中，$\alpha_1 = |\alpha_1| \mathrm{e}^{\mathrm{i}\varphi_1}$，$\alpha_2 = |\alpha_2| \mathrm{e}^{\mathrm{i}\varphi_2}$。

根据压缩算符作用于产生、湮灭算符的性质：

$$\begin{aligned} \hat{S}^\dagger(\varepsilon) \hat{a}_1 \hat{S}(\varepsilon) &= \hat{a}_1 \cosh r + \hat{a}_2^\dagger \mathrm{e}^{\mathrm{i}\theta} \sinh r \\ \hat{S}^\dagger(\varepsilon) \hat{a}_2 \hat{S}(\varepsilon) &= \hat{a}_2 \cosh r + \hat{a}_1^\dagger \mathrm{e}^{\mathrm{i}\theta} \sinh r \end{aligned} \tag{1.85}$$

并根据耦合模式的正交分量 $\hat{X}$ 和 $\hat{Y}$：

$$\begin{aligned} \hat{X} &= \hat{a}_1 + \hat{a}_1^\dagger + \hat{a}_2 + \hat{a}_2^\dagger = \hat{X}_1 + \hat{X}_2 \\ \hat{Y} &= \frac{1}{2\mathrm{i}} \left(\hat{a}_1 - \hat{a}_1^\dagger + \hat{a}_2 - \hat{a}_2^\dagger \right) = \hat{Y}_1 + \hat{Y}_2 \end{aligned} \tag{1.86}$$

当 $\theta = 0$ 时，可得耦合模式的噪声为

$$\begin{aligned} \langle \Delta^2 X \rangle &= \mathrm{e}^{-2r} \\ \langle \Delta^2 Y \rangle &= \mathrm{e}^{2r} \end{aligned} \tag{1.87}$$

由于形式上与单模压缩态相同，单模压缩态的量子噪声特性都适用于双模压缩态。

强度差压缩态是双模压缩态的一种特例。当两个模 $\hat{a}_1$ 与 $\hat{a}_2$ 频率简并、偏振非简并时，其耦合模为双模压缩态，它同时具有正交振幅与正交相位关联。当两个模 $\hat{a}_1$ 与 $\hat{a}_2$ 频率不简并时，难以得到恒定的相位关联，所以其耦合模相位噪声很大，但两模的强度 (光子数) 是量子关联的，所以其强度差噪声低于 SNL。当两个模

式通过一定手段分开时，可以测量两模式的强度差噪声：$\langle\Delta^2\hat{I}_-\rangle=\langle\Delta^2(\hat{I}_a-\hat{I}_b)\rangle$，如果其强度差分量起伏低于 SNL，而共轭变量 (相位和) 噪声高于 SNL，则称之为强度差压缩态。强度差压缩不要求相位关联，所以易于产生。目前，通过光学参量过程和四波混频 (FWM) 过程都可以获得正交压缩态和强度差压缩态。

1.2.6 两组分纠缠态

量子纠缠不仅是量子力学的重要内容，而且是实现量子信息的核心资源。这种难以从经典物理角度理解的量子“奇幻”特性，是实现超越经典手段的量子通信与量子计算的物理基础。最早的纠缠态是在著名的关于“薛定谔 (Schrödinger) 猫态”和“EPR(Einstein-Podolsky-Rosen) 佯谬”两篇文章中提出的 [5,6]，因此，人们有时也称两组分纠缠态为 EPR 纠缠态。1935 年，爱因斯坦 (Einstein) 等在《量子力学对物理实在的描述完备吗?》一文中，提出了一种希望按照量子力学的逻辑来论证量子力学不完备的假象实验 [6]。文中研究了由系统 I 和 Ⅱ 构成的组合一维系统 S。在该组合系统中，系统 I 和 Ⅱ 在 $t=0$ 到 $t=T$ 间相互作用，而在 $t>T$ 后不再有相互作用的系统。系统 I 和 Ⅱ 的位置和动量分别记为 (x_1,p_1)，(x_2,p_2)。在坐标表象中，一维系统 S 的整体状态由以下波函数描写：

$$\Psi\left(x_1,x_2\right)=\int_{-\infty}^{+\infty}\mathrm{e}^{(2\pi\mathrm{i}/\hbar)(x_1-x_2+x_0)p}\mathrm{d}p \tag{1.88}$$

其中，x_0 为常数，表示两个系统间的距离；p 为动量变量，整个系统的总动量为 0。

首先，系统 I 的坐标本征函数可以写成 $v_x\left(x_1\right)=\delta\left(x_1-x\right)$，对应的坐标本征值为 x。由于对应不同 x 值的 δ 函数全体构成一个完备集，态 $\Psi\left(x_1,x_2\right)$ 可以用这个完备集展开：

$$\Psi\left(x_1,x_2\right)=\int_{-\infty}^{+\infty}\varphi_x\left(x_2\right)v_x\left(x_1\right)\mathrm{d}x \tag{1.89}$$

其中，展开系数 $\varphi_x\left(x_2\right)=\displaystyle\int_{-\infty}^{+\infty}\mathrm{e}^{(2\pi\mathrm{i}/\hbar)(x-x_2+x_0)p}\mathrm{d}p=\delta\left(x-x_2+x_0\right)$，是系统 Ⅱ 的坐标本征函数，对应的本征值为 $x+x_0$，是第二个粒子的坐标。

另一方面，系统 I 的动量本征函数可以写成 $U_p\left(x_1\right)=\mathrm{e}^{(2\pi\mathrm{i}/\hbar)px_1}$，对应的动量本征值为 p。由于对应不同 p 值的本征函数 $U_p\left(x_1\right)$ 构成一个完备集，态 $\Psi\left(x_1,x_2\right)$ 可以用这个完备集展开：

$$\Psi\left(x_1,x_2\right)=\int_{-\infty}^{+\infty}\psi_p\left(x_2\right)U_p\left(x_1\right)\mathrm{d}p \tag{1.90}$$

其中，展开系数 $\psi_p(x_2)=\mathrm{e}^{-(2\pi\mathrm{i}/\hbar)(x_2-x_0)p}$，是系统 Ⅱ 的动量本征函数，对应的本征值为 $-p$，即系统 Ⅱ 的动量。

因此，在时刻 t_1 测量系统 I 的位置 x_1，可以推知系统 Ⅱ 的位置 $x_2=x_1+x_0$，根据物理实在的判据，可知 x_2 是系统 Ⅱ 的一个物理实在要素；在时刻 t_2 测量系统 I 的动量 p_1，可以推知系统 Ⅱ 的动量 $p_2=-p_1$，同样根据物理实在的判据，可知 p_2 也是系统 Ⅱ 的一个物理实在要素；两次测量都没有干扰系统 Ⅱ，所以得出结论：不对易的两个物理量可以同时具有物理实在性。这个结论否定了量子力学用波函数描述物理实在的完备性。然而，量子光学实验表明，EPR 佯谬中所构造的两系统态，就是量子力学中最能体现这种“非局域性”的纠缠态。

纠缠态的两个子系统看成是一个不可分割的系统，对复合系统 S 构造对易算符 $[\hat{x}_1-\hat{x}_2,\hat{p}_1+\hat{p}_2]=0$，式 (1.88) 是它们的共同本征态，本征值分别为

$$\begin{aligned}x_1-x_2&=x_0\\p_1+p_2&=0\end{aligned}\tag{1.91}$$

EPR 佯谬问题的实质就是两个相互对易的物理量 $\hat{x}_1-\hat{x}_2$，$\hat{p}_1+\hat{p}_2$ 可以同时精确测量的问题。

一般情况下，纠缠表征的是由两个或者多个子系统构成的复合系统的特性。以最简单的只包含两个量子系统 A 和 B 的复合系统为例，其所处的希尔伯特空间等于 A 子系统和 B 子系统的希尔伯特空间的直积 $H_{AB}=H_A\otimes H_B$。如果这个系统能用波函数 $|\varPsi\rangle_{AB}$ 来描述，则对于可观测量算符 $\hat{\varLambda}=\hat{\varLambda}_A+\hat{\varLambda}_B$，$\hat{\varLambda}_A$ 表示对 A 系统进行的测量，本征值为 λ_i 的本征态为 $|\lambda_i\rangle_A$；同样，$\hat{\varLambda}_B$ 表示对 B 系统进行的测量，本征值为 λ_j 的本征态为 $|\lambda_j\rangle_B$，即

$$|\varPsi\rangle_{AB}=\sum_{i,j=1}^{N}\varPsi_{ij}|\lambda_i\rangle_A\otimes|\lambda_j\rangle_B\tag{1.92}$$

其中，$\sum\limits_{i,j=1}^{N}|\varPsi_{ij}|^2=1$。当 $|\varPsi\rangle_{AB}$ 能写成两个子系统波函数 $|\varPsi\rangle_A$ 和 $|\varPsi\rangle_B$ 的直积形式 $|\varPsi\rangle_A\otimes|\varPsi\rangle_B$ 时，则有

$$|\varPsi\rangle_{AB}=\sum_{i=1}^{N}A_i|\lambda_i\rangle_A\otimes\sum_{j=1}^{N}B_j|\lambda_j\rangle_B,\quad\sum_{i=1}^{N}|A_i|^2=\sum_{j=1}^{N}|B_j|^2=1\tag{1.93}$$

$$\hat{\varLambda}|\lambda_i\rangle_A\otimes|\lambda_j\rangle_B=\hat{\varLambda}_A|\lambda_i\rangle_A\otimes|\lambda_j\rangle_B+|\lambda_i\rangle_A\otimes\hat{\varLambda}_B|\lambda_j\rangle_B=(\lambda_i+\lambda_j)|\lambda_i\rangle_A\otimes|\lambda_j\rangle_B$$

可见，对直积态的两个子系统测量，得到相应值的可能性是独立事件。

如果 $|\Psi\rangle_{AB}$ 不能写成两个子系统波函数 $|\Psi\rangle_A$ 和 $|\Psi\rangle_B$ 的直积形式,即 $|\Psi\rangle_{AB} \neq |\Psi\rangle_A \otimes |\Psi\rangle_B$，例如，$\frac{1}{\sqrt{2}}\left(|\lambda_1\rangle_A \otimes |\lambda_2\rangle_B + |\lambda_3\rangle_A \otimes |\lambda_4\rangle_B\right)$，则测量系统 A 后，若得到 λ_1，系统塌缩后的新态只能是 $|\lambda_1\rangle_A \otimes |\lambda_2\rangle_B$，对系统 B 的测量结果也同时被确定了。这时由系统 A 和 B 构成的复合量子体系的量子态就称为纠缠态。理论与实验均已证明，频率简并偏振非简并的非简并光学参量放大器 (NOPA) 产生的双模压缩态光场所包含的一对耦合模之间具有量子非局域关联，是 EPR 纠缠态。如 1.2.5 节所述，当 $\varphi_1 = \varphi_2 = \theta = 0$ 时，双模压缩态的两个耦合模的正交振幅和正交相位分量可以表示为

$$\begin{aligned} x_1 &= x_{01}\cosh r + x_{02}\sinh r \\ y_1 &= y_{01}\cosh r - y_{02}\sinh r \\ x_2 &= x_{02}\cosh r + x_{01}\sinh r \\ y_2 &= y_{02}\cosh r - y_{01}\sinh r \end{aligned} \tag{1.94}$$

其中，x_{01}、x_{02} 和 y_{01}、y_{02} 分别是压缩操作前双模真空态的正交振幅和正交相位，即 NOPA 两个输入真空场的正交振幅和正交相位；r 为压缩参量，$r > 0$，依赖于参量作用的时间与强度。

另外，两束单模正交分量压缩光在分束器 (BS) 上干涉也可以产生纠缠态 (图 1.10)。例如，具有相同压缩参量的正交相位压缩光与正交振幅压缩光在分束器上耦合，产生的两个耦合模的正交振幅和正交相位分量可以表示为

$$\begin{aligned} x_1 &= \left(x_{01}\mathrm{e}^{r} + x_{02}\mathrm{e}^{-r}\right)/\sqrt{2} \\ y_1 &= \left(y_{01}\mathrm{e}^{-r} + y_{02}\mathrm{e}^{r}\right)/\sqrt{2} \\ x_2 &= \left(x_{01}\mathrm{e}^{r} - x_{02}\mathrm{e}^{-r}\right)/\sqrt{2} \\ y_2 &= \left(y_{01}\mathrm{e}^{-r} - y_{02}\mathrm{e}^{r}\right)/\sqrt{2} \end{aligned} \tag{1.95}$$

两种情况的正交振幅和正交相位分量的关联起伏方差分别为

$$\begin{aligned} \left\langle \delta^2\left(x_1 - x_2\right)\right\rangle &= \left\langle \delta^2\left(y_1 + y_2\right)\right\rangle = 2\mathrm{e}^{-2r} \\ \left\langle \delta^2\left(x_1 + x_2\right)\right\rangle &= \left\langle \delta^2\left(y_1 - y_2\right)\right\rangle = 2\mathrm{e}^{2r} \end{aligned} \tag{1.96}$$

当压缩参量 $r \to \infty$ 时，

$$\begin{aligned} \langle \delta^2 (x_1 - x_2) \rangle = \langle \delta^2 (y_1 + y_2) \rangle \to 0 \\ \langle \delta^2 (x_1 + x_2) \rangle = \langle \delta^2 (y_1 - y_2) \rangle \to \infty \end{aligned} \tag{1.97}$$

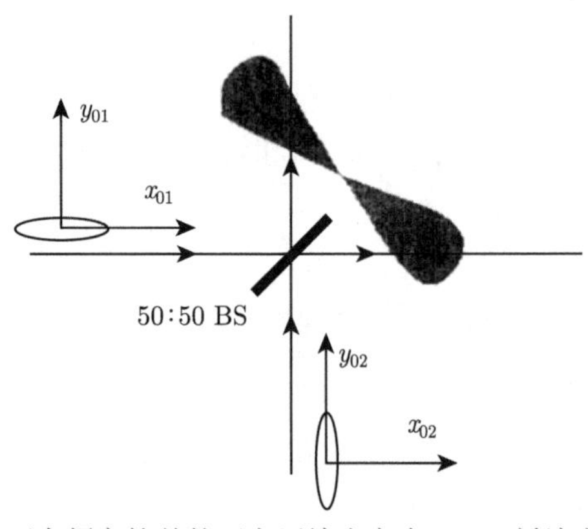

图 1.10 两束频率简并的正交压缩光产生 EPR 纠缠光束示意图

这种类型的 EPR 纠缠态光场同时具有正交振幅分量正关联和正交相位分量负关联的特性 (图 1.11)。

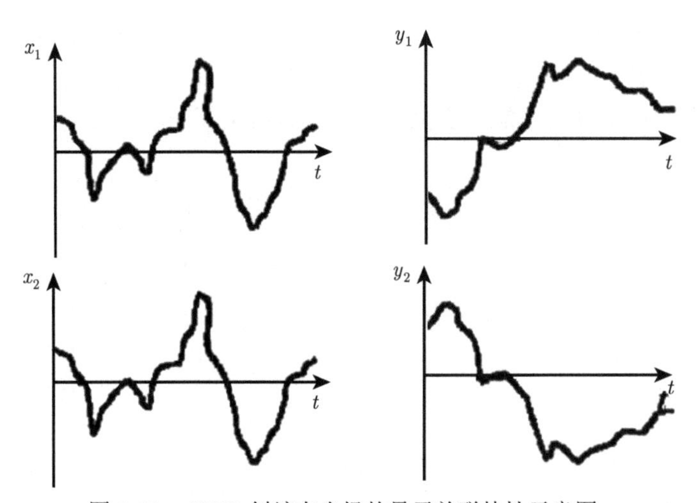

图 1.11 EPR 纠缠态光场的量子关联特性示意图

此外，还存在另一种类型的 EPR 纠缠态，它们的正交分量具有如下的关联特性：

$$\begin{aligned}\langle\delta^2(x_1+x_2)\rangle=\langle\delta^2(y_1-y_2)\rangle=2\mathrm{e}^{-2r}\\\langle\delta^2(x_1-x_2)\rangle=\langle\delta^2(y_1+y_2)\rangle=2\mathrm{e}^{2r}\end{aligned}\tag{1.98}$$

当关联参量和压缩参量 $r\to\infty$ 时，

$$\begin{aligned}\langle\delta^2(x_1+x_2)\rangle=\langle\delta^2(y_1-y_2)\rangle\to 0\\\langle\delta^2(x_1-x_2)\rangle=\langle\delta^2(y_1+y_2)\rangle\to\infty\end{aligned}\tag{1.99}$$

也就是说，这类 EPR 纠缠态光场的正交振幅分量负关联，而正交相位分量正关联。$\hat{x}_j$ 和 $\hat{y}_k$ 分别代表正交振幅和正交相位分量，$[\hat{x}_j,\hat{y}_k]=\mathrm{i}\delta_{jk}\ (j,k=1,2)$。

纠缠态是一个不可分态，其密度矩阵不能写成两个子系统密度矩阵的直积形式。Duan 和 Simon 等均研究了连续变量不可分判据 [7,8]。Simon 的判据相当于 Duan 等所提出的判据的充分必要条件 [8]。该判据考虑了以下形式的联合变量：

$$\begin{aligned}\hat{a}=\alpha+\delta\hat{a}\\\hat{v}=|\alpha|\hat{p}_1-\frac{1}{\alpha}\hat{p}_2\end{aligned}\tag{1.100}$$

其中，α 为任一非零实数。该判据在满足式 (1.100) 的情况下推导了 $\hat{u}$ 和 $\hat{v}$ 的起伏，从而证明满足以下不等式的任一双模态为不可分态：

$$V(\hat{u})+V(\hat{v})<\alpha^2+\frac{1}{\alpha^2}\tag{1.101}$$

其中，$V(\hat{u})$ 和 $V(\hat{v})$ 分别代表 $\hat{u}$ 和 $\hat{v}$ 的起伏方差。符号 $V(\hat{A})$ 表示任意量子力学变量 $\hat{A}$ 的起伏方差，即 $V(\hat{A})=\langle\hat{A}^2\rangle-\langle\hat{A}\rangle^2$。这里 $V(\hat{u})=\langle\hat{u}^2\rangle-\langle\hat{u}\rangle^2$ 和 $V(\hat{v})=\langle\hat{v}^2\rangle-\langle\hat{v}\rangle^2$。定义 $\hat{x}=\hat{x}_1+g\hat{x}_2$，$\hat{y}=\hat{y}_1-g\hat{y}_2$ 为一组联合变量，则两光束正交分量之间的关联可以由 $V_{\mathrm{sq}}^{\pm}(\hat{x}),V_{\mathrm{sq}}^{\mp}(\hat{y})$ 表征，即

$$\begin{aligned}V_{\mathrm{sq}}^{\pm}(\hat{x})=\frac{V(\hat{x}_1\pm g\hat{x}_2)}{V(\hat{x}_{1,\mathrm{SN}}+g\hat{x}_{2,\mathrm{SN}})}\\V_{\mathrm{sq}}^{\mp}(\hat{y})=\frac{V(\hat{y}_1\mp g\hat{y}_2)}{V(\hat{y}_{1,\mathrm{SN}}+g\hat{y}_{2,\mathrm{SN}})}\end{aligned}\tag{1.102}$$

因此，两态不可分判据也可以写为

$$V_{\mathrm{sq}}^{\pm}(\hat{x})+V_{\mathrm{sq}}^{\mp}(\hat{y})<2\tag{1.103}$$

光场纠缠态起源于两个量子关联系统的相互耦合，这两个子系统同时具有正交振幅与正交相位的量子关联，即使将它们分离，若没有外界干扰，其量子关联特性也不变，也就是说它们是一对纠缠态光场。

1.2.7　多模量子态

在给定的模式基 $\{f_m\}$ 下，光场量子态一般可以写为

$$|\psi\rangle = \sum_{n_1} \cdots \sum_{n_m} \cdots C_{n_1,\cdots,n_m} |n_1 : f_1\rangle \otimes \cdots \otimes |n_m : f_m\rangle \tag{1.104}$$

其中，$|n_m : f_m\rangle = \dfrac{\left(b_f^\dagger\right)^{n_m} |0\rangle^\dagger}{\sqrt{n_m!}}$，$n_i$ 为 f_i 模式基中光子数 $(i = 0, 1, 2, \cdots, m)$。根据 $b_f^\dagger = \sum_l U_m^l \hat{a}_l^\dagger$，可以在任何模式基 $\{u_l\}$ 上直接写出 $|\psi\rangle$ 的光子数态表达式。这意味着，为了刻画一个给定的多模量子态，除了可以选择量子态基，还可以选择一个新的自由度——模式基。

如果量子态在两个模式 f_1 和 f_2 上展开，则称为双模量子态，它是一种基本的多模量子态。首先考虑 Hong-Ou-Mandel 双光子纯态：

$$|\psi\rangle = |1 : f_1\rangle \otimes |1 : f_2\rangle \tag{1.105}$$

将 f_1 和 f_2 进行幺正变换，可以构成一对新的模式基 $f_+ = \dfrac{f_1 + f_2}{\sqrt{2}}$ 和 $f_- = \dfrac{f_1 - f_2}{\sqrt{2}}$，量子态在新的模式基中表示为

$$|\psi\rangle = (|2 : f_+\rangle \otimes |0 : f_-\rangle - |0 : f_+\rangle \otimes |2 : f_-\rangle) \sqrt{2} \tag{1.106}$$

可以看到，$|\psi\rangle$ 在第一个模式基中是可以分解的乘积态，而在第二个模式基中是互相纠缠的；同时，在不同模式中的两个光子，不能通过幺正变换“合并”成一个单一模式中的双光子态 $|2 : f_m\rangle$。由两个在基 (f_1, f_2) 上具有相等压缩度的压缩真空态的积所组成的双模连续变量量子态 $|\psi'\rangle$ 也具有同样的性质；经过分束器耦合，在基 (f_+, f_-) 上，$|\psi'\rangle$ 成为一个“EPR 纠缠态”。

在以上例子中，量子态是否纠缠，取决于模式基的选择，这是因为人们感兴趣的物理系统并没有唯一的物理二分法，分为“Alice”部分和“Bob”部分，所有可能的模式组合都以相同的概率出现。可以说，$|\psi\rangle$ 或 $|\psi'\rangle$ 描述了一种固有的量子资源，它在一种基上表现为非经典态的积，而在另一种基上表现为纠缠态。实际上任何模式的幺正算符都可以用一系列分束器变换来构造。通过这项技术，可以使用单个单模压缩态或几个单模压缩态产生多组分纠缠和量子网络。

1.2.8　光场量子态的描述

对量子态光场有了初步的认识之后，为了在实验中更加形象直观地描述量子态，下面主要介绍两种量子态的描述方法：协方差矩阵和维格纳 (Wigner) 函数。

1. 协方差矩阵

协方差矩阵是用来描述量子态的有效方式。利用量子态的协方差矩阵，可以通过矩阵运算直接描述对量子态所执行的高斯操作。

单模高斯量子态可以用一个 2×2 的协方差矩阵来表示：

$$\sigma=\begin{bmatrix}\langle\hat{x}^2\rangle-\langle\hat{x}\rangle^2 & \left\langle\dfrac{1}{2}\{\hat{x},\hat{y}\}-\langle\hat{x}\rangle\langle\hat{y}\rangle\right\rangle\\ \left\langle\dfrac{1}{2}\{\hat{x},\hat{y}\}-\langle\hat{x}\rangle\langle\hat{y}\rangle\right\rangle & \langle\hat{y}^2\rangle-\langle\hat{y}\rangle^2\end{bmatrix}\tag{1.107}$$

其中，$\{\hat{x},\hat{y}\}=\hat{x}\hat{y}+\hat{y}\hat{x}$ 表示算符的反对易，可以看出，协方差矩阵的不同矩阵元表示的是相应模式的正交分量之间的起伏。例如，最小不确定态的协方差矩阵表示为

$$\sigma_\alpha=\begin{bmatrix}\langle\Delta^2\hat{x}\rangle & 0\\ 0 & \langle\Delta^2\hat{y}\rangle\end{bmatrix}\tag{1.108}$$

其对角元分别表示正交振幅和正交相位的起伏均等于标准极限 (归一化到 1/2)，非对角元为 0，表示单模光场的两个正交分量之间没有关联。同理，正交振幅方向被压缩的压缩热态光场协方差矩阵表示为

$$\sigma_\xi=\begin{bmatrix}\langle\Delta^2\hat{x}\rangle & 0\\ 0 & \langle\Delta^2\hat{y}\rangle\end{bmatrix}=\frac{1}{2}\begin{bmatrix}\mathrm{e}^{-2r} & 0\\ 0 & \mathrm{e}^{2r+2r'}\end{bmatrix}\tag{1.109}$$

将单模高斯量子态的协方差矩阵进行扩展，则 N 模系统可以用 $2N\times 2N$ 的矩阵进行描述，其矩阵元为

$$\sigma_{i,j}=\mathrm{Cov}(\hat{X}_i,\hat{X}_j)=\frac{1}{2}\langle\hat{X}_i\hat{X}_j+\hat{X}_j\hat{X}_i\rangle-\langle\hat{X}_i\rangle\langle\hat{X}_j\rangle\tag{1.110}$$

其中，$\hat{X}=(\hat{x}_1,\hat{y}_1,\cdots,\hat{x}_N,\hat{y}_N)^{\mathrm{T}}\,(i,j=1,2,\cdots,2N)$ 表示 N 模系统的正交振幅和相位算符组成的列向量，即协方差矩阵的矩阵元表示的是相应正交分量之间的起伏。为了简化描述，N 模系统的协方差矩阵可以写成若干 2 阶矩阵的集合。以双模量子态为例，其协方差矩阵可以简化为

$$\sigma=\begin{bmatrix}\sigma_1 & \sigma_{12}\\ \sigma_{12}^{\mathrm{T}} & \sigma_2\end{bmatrix}\tag{1.111}$$

其中，$\sigma_1=\begin{bmatrix}\langle\Delta^2\hat{x}_1\rangle & 0\\ 0 & \langle\Delta^2\hat{y}_1\rangle\end{bmatrix}$ 是模式 1 的协方差矩阵；$\sigma_2=\begin{bmatrix}\langle\Delta^2\hat{x}_2\rangle & 0\\ 0 & \langle\Delta^2\hat{y}_2\rangle\end{bmatrix}$

是模式 2 的协方差矩阵；$\sigma_{12}=\begin{bmatrix}\mathrm{Cov}(\hat{x}_1,\hat{x}_2) & \mathrm{Cov}(\hat{x}_1,\hat{y}_2)\\ \mathrm{Cov}(\hat{x}_2,\hat{y}_1) & \mathrm{Cov}(\hat{y}_1,\hat{y}_2)\end{bmatrix}$ 表示两个模式之间的交叉关联矩阵。

根据 N 模系统协方差矩阵的定义，正交振幅正关联正交相位反关联的纠缠态光场的协方差矩阵为一个 4×4 的方阵，表示为

$$\sigma_{\xi_2}=\begin{bmatrix}\sigma_a & \sigma_{ab}\\ \sigma_{ab}^{\mathrm{T}} & \sigma_b\end{bmatrix}=\frac{1}{2}\begin{bmatrix}\cosh 2r & 0 & \sinh 2r & 0\\ 0 & \cosh 2r & 0 & \sinh 2r\\ \sinh 2r & 0 & \cosh 2r & 0\\ 0 & -\sinh 2r & 0 & \cosh 2r\end{bmatrix}\tag{1.112}$$

2. Wigner 函数

相空间表象是一种常见的数学描述方法，可将其应用到物理学当中，相空间的坐标系由系统的自由度展开，即正则位置 x 和正则动量 p。经典谐振子由于具有明确的位置和动量，其状态可以表示为相空间中的一个点，只要对经典谐振子的位置和动量进行探测就会得到确定的值。但由于不确定性原理的限制，量子谐振子的位置和动量无法同时确定，其状态无法在相空间直接标定。在这种情况下，可以用相空间的概率分布 $P(x,y)$ 来描述量子谐振子的状态，在任意区域 A 内观察到谐振子的概率为 $\iint_A P(x,y)\mathrm{d}x\mathrm{d}y$。对量子态进行测量，当 x 的测量精度为 Δx 时，相应的 y 至少会有 $\dfrac{1}{2\Delta x}$ 的不确定度。

Wigner 函数是量子态在相空间的准概率分布，能够完备地描述一个量子态。1932 年，E. P. Wigner 将与普通概率分布具有某些相同性质的相空间函数引入量子力学当中，命名为 Wigner 函数 [9]。Wigner 函数是量子态正交振幅和正交相位在相空间的准概率分布函数，可以直观地表征光场的量子态。重构出的 Wigner 函数是了解各种量子态，包括光子数态、薛定谔猫态等非经典态的重要技术手段 [10,11]。Wigner 函数表示为

$$W(x,p)=\frac{1}{2\pi}\int \mathrm{e}^{\mathrm{i}yp}\left\langle x-\frac{y}{2}\right|\hat{\rho}\left|x+\frac{y}{2}\right\rangle \mathrm{d}y\tag{1.113}$$

其中，$\hat{\rho}$ 为量子态的密度矩阵。Wigner 函数与量子态的密度矩阵是对应的，能够包含量子态的全部信息，满足归一化条件，即

$$\iint W(x,p)\mathrm{d}x\mathrm{d}p=1\tag{1.114}$$

Wigner 函数满足算符的线性叠加、概率完备性等条件。然而作为准概率分布函数，Wigner 函数不能被直接观测，可以通过对其自身参量的积分 (对应于经典的边缘分布) 得到参量的概率分布，即关于 x 和 p 的边缘概率分布为

$$\begin{aligned} P_r(x) &= \int_{-\infty}^{\infty} W(x,p)\mathrm{d}p \\ P_r(p) &= \int_{-\infty}^{\infty} W(x,p)\mathrm{d}x \end{aligned} \tag{1.115}$$

对于更一般的正交分量 $\hat{x}_\theta$ 而言，有

$$P_r(x,\theta) = \int_{-\infty}^{\infty} W(x\cos\theta - p\sin\theta, x\sin\theta + p\cos\theta)\mathrm{d}p \tag{1.116}$$

对于包含 N 模的高斯量子态，Wigner 函数可以通过其协方差矩阵和正交分量算符的平均值进行计算：

$$W(X) = \frac{1}{(2\pi)^N\sqrt{\det\sigma}}\exp\left[-\frac{1}{2}(X-\bar{X})^{\mathrm{T}}\sigma^{-1}(X-\bar{X})\right] \tag{1.117}$$

其中，$X = (\hat{x}_1, \hat{p}_1, \cdots, \hat{x}_N, \hat{p}_N)^{\mathrm{T}}$ 表示 N 模系统构成的 $2N$ 维的相空间矢量；$\bar{X} = (\langle\hat{x}_1\rangle, \langle\hat{p}_1\rangle, \cdots, \langle\hat{x}_N\rangle, \langle\hat{p}_N\rangle)^{\mathrm{T}}$ 是 $2N$ 个正交分量的平均值构成的矢量；σ 表示 N 模系统的协方差矩阵。

相干态的 Wigner 函数可以表示为

$$W_{|\alpha\rangle}(x,p) = \frac{1}{\pi}\mathrm{e}^{-(x-x_\alpha)^2-(p-p_\alpha)^2} \tag{1.118}$$

它是以 α 为中心，实部、虚部的方差均为 1/2 的高斯函数。

真空压缩态与明亮压缩态的 Wigner 函数分别表示为

$$W_{|\xi\rangle}(x,p) = \frac{1}{\pi}\mathrm{e}^{-\frac{x^2}{2\langle\Delta^2\hat{x}\rangle}-\frac{p^2}{2\langle\Delta^2\hat{p}\rangle}} \tag{1.119}$$

$$W_{|\xi\rangle}(x,p) = \frac{1}{\pi}\mathrm{e}^{-\frac{(x-x_0)^2}{2\langle\Delta^2\hat{x}\rangle}-\frac{(p-p_0)^2}{2\langle\Delta^2\hat{p}\rangle}} \tag{1.120}$$

如图 1.12 所示，分别为真空态与 −3 dB 真空压缩态光场的 Wigner 函数，插图部分表示在相空间的正交分量起伏。从图中可以看出，压缩态光场与真空态 $|0\rangle$ 相比，在某一方向的正交分量被压缩，而与其正交的另一个方向则被放大。

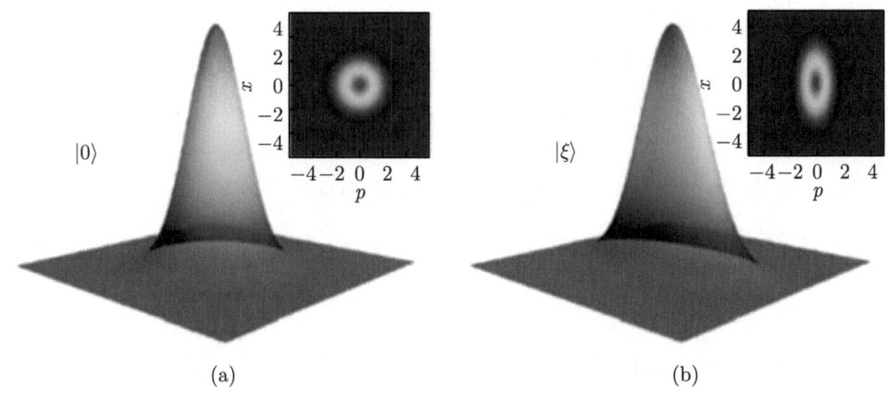

图 1.12　真空态与真空压缩态的 Wigner 函数
(a) 真空态；(b) 真空压缩态

双模纠缠态的 Wigner 函数为

$$W_{|\xi\rangle_2}(x_a, p_a, x_b, p_b) = \frac{1}{\pi^2} \mathrm{e}^{-\frac{(x_a - x_b)^2}{2\langle\Delta^2\hat{x}\rangle} - \frac{(x_a + x_b)^2}{2\langle\Delta^2\hat{p}\rangle} - \frac{(p_a - p_b)^2}{2\langle\Delta^2\hat{p}\rangle} - \frac{(p_a + p_b)^2}{2\langle\Delta^2\hat{x}\rangle}} \tag{1.121}$$

只考虑其中任一子模时，对双模纠缠态的 Wigner 函数进行部分求迹，可得如下表达式：

$$\int W_{|\xi\rangle_2} = \frac{1}{\pi\left(\langle\Delta^2\hat{x}\rangle + \langle\Delta^2\hat{p}\rangle\right)} \mathrm{e}^{-\frac{(x+p)^2}{\langle\Delta^2\hat{x}\rangle + \langle\Delta^2\hat{p}\rangle}} \tag{1.122}$$

即双模纠缠态中的两个子模单独均为热光场态，只有联合的两个态才能表现出压缩性质。

Wigner 函数又称为准概率分布，函数的每一个值并不代表概率振幅，而是表示概率的积分。与经典分布最主要的区别就是可以取负值，Wigner 函数的负性有时被用来判定非经典态，比如单光子态的 Wigner 函数具有负值。

参 考 文 献

[1] Scully M O, Zubairy M S. Quantum Optics. Cambridge: Cambridge University Press, 1997.

[2] Glauber R J. The quantum theory of optical coherence. Phys. Rev. Lett., 1963, 130: 2529.

[3] Bachor A, Ralph T C. A Guide to Experiments in Quantum Optics. Weinheim: Wiley-VCH, 2004.

[4] Fabre C, Treps N. Modes and states in quantum optics. Rev. Mod. Phys., 2020, 92: 035005.

[5] Schrödinger E. Discussion of probability relations between separated systems. Proc. Cambridge Philos. Soc., 1935, 31: 555-563.
[6] Einstein A, Podolsky B, Rosen N. Can quantum-mechanical description of physical reality be considered complete? Phys. Rev., 1935, 47: 777.
[7] Duan L M, Giedke G, Cirac J I, et al. Inseparability criterion for continuous variable systems. Phys. Rev. Lett., 2000, 84: 2722.
[8] Simon R. Peres-Horodecki separability criterion for continuous variable systems. Phys. Rev. Lett., 2000, 84: 2726.
[9] Wigner E P. On the quantum correction for thermodynamic equilibrium. Phys. Rev., 1932, 40(5): 749.
[10] Drexler W, Fujimoto J G. Optical Coherence Tomography Technology and Applications. 2nd ed. New York: Springer Press, 2015.
[11] Lvovsky A I, Raymer M G. Continuous-variable optical quantum-state tomography. Rev. Mod. Phys., 2009, 81: 299.

第 2 章　非经典光场的制备原理

在光信息系统中，光场作为信息载体，其自身物理量的随机起伏形成背景噪声，限制了信息获取的信噪比。光场噪声包括由技术不完善导致的经典噪声和由光的粒子本性形成的量子噪声两大部分。原则上可以用各种技术手段消除系统的全部经典噪声，以达到信噪比的经典极限。因此，系统的信息传送和处理能力最终受量子噪声的限制。一方面，由于作为信息载体的光场本身存在不可避免的量子噪声，这将限制获得信息的灵敏度。另一方面，光的探测过程本身也是一个量子过程。按不确定性原理，量子测量不可避免地对被测系统产生影响，即量子测量会对被测系统产生反作用，导致被测系统产生附加噪声，测量精度越高，反作用噪声越大，从而限制提取信息的灵敏度。

为了突破光信息系统的经典极限，最常用的方法是使用光场噪声低于相干光的非经典光场作为信息载体。压缩态和纠缠态是最基本的非经典光场。虽然压缩光场总的量子噪声仍受限于不确定性原理，但是它的某个物理量的噪声可低于对应的 SNL，因而可以应用于量子信息系统，使其灵敏度突破 SNL。纠缠态光场物理量的关联噪声可低于对应的 SNL，从而也能够应用于量子信息系统，使信噪比超越经典极限。此外，为了克服测量系统反作用对测量精度的影响，科学家提出了一种量子非破坏测量 (quantum non-demolition detection，QND) 方案，可以进一步提高测量精确度。

非线性光学研究光和物质相互作用时的各种非线性效应，可以用于产生非经典光场。当光与物质相互作用时，若光场的频率远离介质原子的共振频率，则电磁场使物质系统产生极化，极化强度依赖于介质的极化系数与光的电场强度 E[1−3]。一般而言，极化强度 $P(t)$ 可以展开为光电场强 $E(t)$ 的幂级数：

$$P = \varepsilon_0\chi^{(1)} \cdot E + \varepsilon_0\chi^{(2)} : EE + \varepsilon_0\chi^{(3)} : EEE + \cdots \tag{2.1}$$

式中，ε_0 是自由空间 (真空) 的介电常数；$\chi^{(1)}, \chi^{(2)}, \cdots, \chi^{(n)}$ 是物质常数，它们表示物质系统对电磁场作用的响应程度。其中，$\chi^{(1)}$ 是介质的线性极化率；$\chi^{(2)}, \chi^{(3)}, \cdots, \chi^{(n)}$ 分别称为二阶、三阶、$\cdots$、n 阶非线性极化率，是表征光与物质非线性相互作用的基本参量。理论和实验测量证明，极化率 $\chi^{(n)}$ 随着阶数 n 的增加而急剧减小，所以实际应用中，一般都不考虑高于三阶非线性效应的影响 [1]。

激光问世之前，经典光学都停留于线性光学的范畴，普通光源所产生的光场即使经过聚焦也很难产生可观测的非线性光学现象。20 世纪 60 年代，光强比普通光源高几个数量级的激光出现，当激光与物质作用时，线性光学中的叠加原理不再成立，介质的折射率和吸收系数等光学参数变得与光强有关。而且，光场通过介质时，介质系统的极化可以产生新的电磁辐射，从而改变原始入射场的特性。例如，对于频率为 ω 的单频光场，在介质中引起的极化强度不仅具有频率为 ω 的分量，而且还具有频率为 2ω、3ω 的分量和直流分量，相应这些不同频率的极化强度，将出现辐射频率为 2ω、3ω 的光波。如果考虑更高阶次的非线性极化强度，就将有更高次的谐波产生。

对于线性介质如普通玻璃，通常只考虑线性作用 $\chi^{(1)}$，而非线性作用 $\chi^{(n)} \to 0(n > 1)$，因此只保留线性项 $P = \varepsilon_0\chi^{(1)}E$，这是线性光学研究的内容。对于某些非线性介质，如铌酸锂、磷酸钛氧钾 (KTP) 等各向异性晶体存在偶数项极化率，在强光作用下将产生二阶非线性效应。另外有一些各向同性介质，偶数项极化率为零，但奇数项不为零，在强激光作用下能产生三阶非线性光学效应，如克尔 (Kerr) 非线性效应。与 $\chi^{(2)}$ 有关的二阶非线性光学效应通常包括二次谐波产生 (SHG)、和频产生 (SFG)、差频产生 (DFG)、光学参量振荡 (OPO) 和光学参量放大 (OPA)，如图 2.1 所示。这些过程的一个共同特征是它们都涉及三个光场的相互作用，因此，与 $\chi^{(2)}$ 有关的二阶非线性光学过程也称为三波混频过程。这个过程可以分为参量上转换和参量下转换两类。与 $\chi^{(3)}$ 有关的三阶非线性光学效应通常包括三倍频、光克尔效应、四波混频、双光子吸收、饱和吸收、受激拉曼散射等 [2,3]。

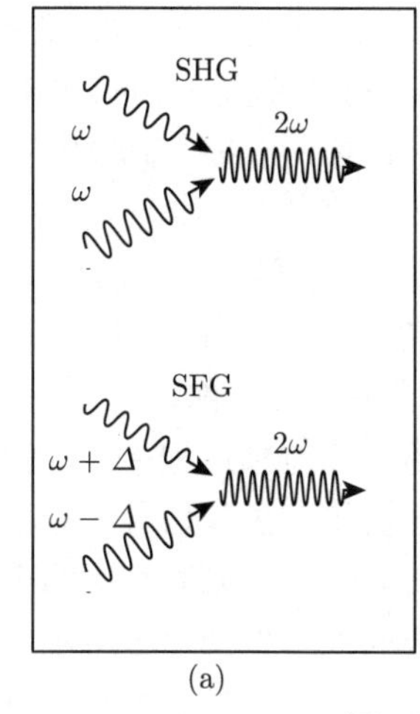

(a)

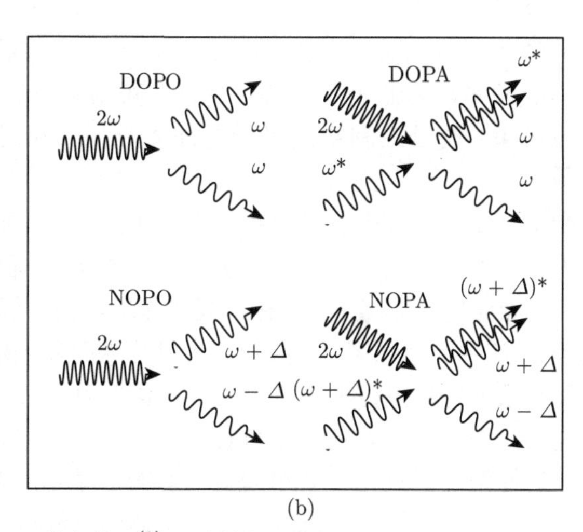

(b)

图 2.1　基本的 $\chi^{(2)}$ 非线性相互作用

(a) 二次谐波产生、和频产生的上转换过程；(b) 下转换过程，上两图为简并光学参量振荡器，下两图分别为非简并光学参量振荡器和放大器参量上转换过程是将两个频率较低的光场转换为一个频率较高的光场，包括倍频过程、和频过程。两个频率为 ω_1 的低频光场经过非线性作用转化为频率为 $\omega_3 = 2\omega_1$ 的高频光场，就是倍频过程；当两个入射的低频光场频率不同，即 $\omega_1 \neq \omega_2$ 时，合成高频光场 $\omega_3 = \omega_1 + \omega_2$ 的非线性过程称为光学和频。

参量下转换过程将一个频率较高的光场转换为两个频率较低的光场。例如，频率为 ω_3 的高频光场经过非线性晶体的非线性作用转换为两个频率分别为 ω_1 和 $\omega_2 = \omega_3 - \omega_1$ 的低频光场 (通常称为信号光场和闲置光场)，这就是自发参量下转换 (SPDC)。自发参量下转换是制备单光子和纠缠光子对的有效方法。但是由于二阶非线性系数较小，产生单光子和孪生光子对的效率比较低。使用光学参量振荡器，将非线性晶体置于谐振腔中，谐振腔内高能量密度可以提高参量过程的转换效率。但光学参量振荡器具有阈值功率，若低于该阈值，高频光场就不能转换为较低频率的可直接测量的输出光场。根据两个频率较低光场物理参数 (频率或者偏振) 的可区分性，光学参量振荡过程被区分为简并和非简并光学参量振荡 (DOPO 和 NOPO)，光学参量放大过程被区分为简并和非简并光学参量放大 (DOPA 和 NOPA)。在简并情况下，两个下转换光场的物理性质完全一致，不可区分，而在非简并情况下，两个光场存在某些不相同的物理参数，可以区分。与上转换过程不同，通过 $\chi^{(2)}$ 进行的下转换通常与阈值功率相关。图 2.1(b) 右列中 DOPA 和 NOPA 工作在阈值以下，而左列中 DOPO 和 NOPO 工作在阈值以上。DOPA 和 NOPA 可以将谐振腔锁定在注入光场的频率上，有利于非线性过程的稳定运转，同时，输出光场的平均值不为零，也有利于非经典光场的应用。在 NOPA 中，通过注入信号光场的方法，可以控制输出光场的频率，采用 Ⅱ 类非线性晶体，实验上可以获得频率简并而偏振非简并的孪生光束；通过控制泵浦光场与注入光场的相对相位，可以控制输出光场压缩分量。

参量下转换过程也包括差频过程，如果入射光场为 ω_1 和 ω_3，由于二阶非线性作用，产生频率为 $\omega_2 = \omega_3 - \omega_1$ 的非线性极化强度，从而产生频率为 ω_2 的光场。人们将强的高频激光 ω_3 称为泵浦光场，弱的低频激光 ω_1 称为信号光场 (种子光场)，产生的新频率 ω_2 的输出光场称为闲置光场。在差频过程中，闲置光场同时又与泵浦光场发生非线性耦合，再由二阶非线性极化产生和信号光频率一样的激光 $\omega_1 = \omega_3 - \omega_2$。在这个过程中，每湮灭一个高频光子，同时产生两个低频光子，这样两个低频光子获得增益，弱的信号光场被放大，如图 2.2 所示。在谐振腔中，信号光、闲置光同泵浦光多次通过非线性晶体，则信号光场和闲置光场得到多次放大，因此称之为光学参量放大器。当增益超过损耗时，就可以从噪声中建立起相当强的信号光及闲置光。本章将主要介绍利用光学参量过程和四波混频过程制备非经典光场的原理。

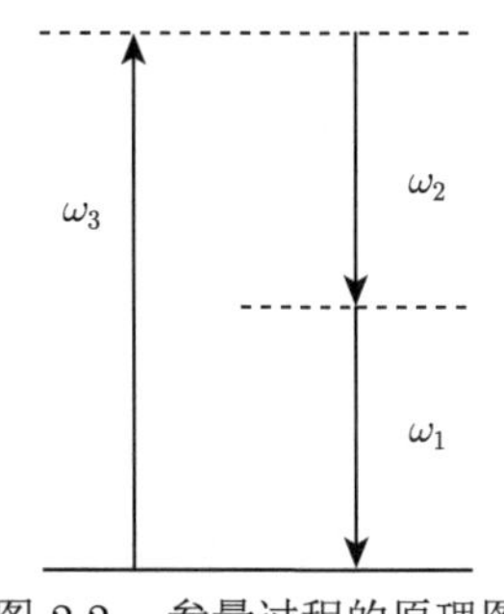

图 2.2 参量过程的原理图

2.1 内腔光学参量的经典性质

光与物质的非线性作用存在两种过程：非参量过程和参量过程。非参量过程与相位匹配无关，即非参量过程中各种有关相位总是自行匹配的，并且非线性介质的原子在散射之后的终态与初态不同。参量过程中必须运用相位匹配技术。此外，非线性介质的原子在散射之后能够回到它的初态，即在参量过程中，非线性介质本身不参与相互作用过程的能量交换，只是在几个光场之间的能量转换中起中介作用。在光学参量转换的过程中，各光场之间必须符合能量守恒和动量守恒，例如，三波混频必须满足 $\omega_1+\omega_2=\omega_3$，$k_1+k_2=k_3$。

2.1.1 光学参量过程

由二阶非线性极化引起的三波混频现象可以应用于产生非经典光场。当非线性晶体对频率为 ω_1、ω_2、ω_3 光场的损耗均可以忽略不计时，三波混频的耦合场方程组具有以下形式 [2]：

$$\frac{\mathrm{d}A_1}{\mathrm{d}z}=\frac{\mathrm{i}\omega_1^2}{k_1c^2}\chi_{\mathrm{eff}}^{(2)}A_3A_2^*\mathrm{e}^{-\mathrm{i}\Delta kz} \tag{2.2}$$

$$\frac{\mathrm{d}A_2}{\mathrm{d}z}=\frac{\mathrm{i}\omega_2^2}{k_2c^2}\chi_{\mathrm{eff}}^{(2)}A_3A_1^*\mathrm{e}^{-\mathrm{i}\Delta kz} \tag{2.3}$$

$$\frac{\mathrm{d}A_3}{\mathrm{d}z}=\frac{\mathrm{i}\omega_3^2}{k_3c^2}\chi_{\mathrm{eff}}^{(2)}A_1A_2\mathrm{e}^{\mathrm{i}\Delta kz} \tag{2.4}$$

其中，A_1、A_2、A_3 分别表示频率为 ω_1、ω_2、ω_3 的光场标量复振幅；$\chi_{\mathrm{eff}}^{(2)}$ 为有效非线性极化率，是一个标量，用来度量三个光场之间的耦合强度；z 为入射场方向光波传播距离；$\Delta k=k_3-k_1-k_2$ 表示在 z 方向的投影。当 $\Delta k\neq0$ 时，下转换光场的相位因子是 z 的函数，意味着不同 z 处产生的光场不能同相位叠加，有时甚至相互抵消，使得输出端的输出光场很小。只有当 $\Delta k=0$ 时，相位因子才

与 z 无关，不同 z 处所发射的下转换场在输出端同相位叠加，使得输出场达到最大值。满足 $\Delta k=0$ 时，称为相位匹配，此时下转换效率最高；而 $\Delta k\neq 0$ 时，相位失配，下转换效率大大降低。

相位匹配 $\Delta k=k_3-k_1-k_2=0$ 是实现非线性光学过程的必要条件。满足相位匹配条件 $\Delta k=k_3-k_1-k_2=0$ 时，非线性过程就可以只考虑频率为 ω_1、ω_2、ω_3 的光波耦合。如果三束光波在同一直线上，相应的相位匹配称为共线相位匹配；三束光波的波矢不在同一直线上的相位匹配称为非共线相位匹配。由 $k=\dfrac{n\omega}{c_0}$ 可知，k 与折射率 n 和光场频率 ω 有关，而光场的频率由参量转换过程中的能量守恒条件决定，而相位匹配条件主要考虑的是折射率的条件。例如在 DOPO 中，由 $\omega_3=2\omega_1$，相位匹配条件 $\Delta k=k_3-k_1-k_2=0$ 变为 $n(\omega_1)=n(\omega_3)$。在大多数晶体中，折射率是光频率的函数，$n(\omega_1)=n(\omega_3)$ 条件很少满足。但是利用晶体的双折射特性补偿晶体的色散效应，可以实现三种方式的相位匹配：I 类相位匹配、II 类相位匹配和准相位匹配。

双折射晶体可以分为单轴晶体 ($n_1=n_2\neq n_3$，其中，$n_1=n_2=n_{\rm o}, n_3=n_{\rm e}$) 和双轴晶体 ($n_1\neq n_2\neq n_3$)，不同偏振的光在晶体内的折射率不同。单轴晶体又包括正单轴晶体 ($n_1=n_2<n_3$) 和负单轴晶体 ($n_1=n_2>n_3$)，如图 2.3 所示。这里，n_1、n_2 和 n_3 分别代表折射率椭球的三个主轴方向，是与主介电常数 (ε_{xx}、ε_{yy}、ε_{zz}) 相对应的主折射率，$n_{\rm o}$、$n_{\rm e}$ 分别为寻常光和非常光的折射率。

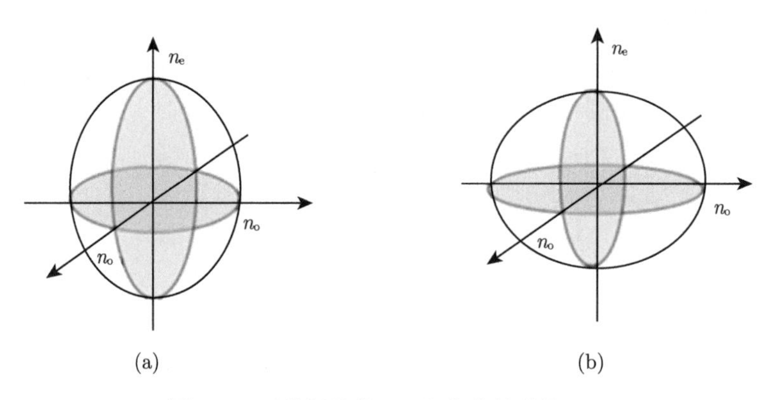

图 2.3　正单轴晶体 (a) 与负单轴晶体 (b)

由于晶体是双折射的，相对于晶体轴偏振角度的改变可以改变光束的折射率。因此，可以通过调整入射波的偏振方式来寻找相位匹配状态。当两个低频光波 ω_1 和 ω_2 具有相同偏振方向，即两者都是寻常光或者非常光时，称为 I 类相位匹配；而当它们的偏振相互正交时，即一束是寻常光，另一束是非常光，则称为 II 类相位匹配。匹配条件如表 2.1 所示。

表 2.1 单轴晶体的相位匹配条件

	正单轴 ($n_\mathrm{e} > n_\mathrm{o}$)	负单轴 ($n_\mathrm{e} < n_\mathrm{o}$)
Ⅰ类相位匹配	$n_3^\mathrm{o}\omega_3 = n_1^\mathrm{e}\omega_1 + n_2^\mathrm{e}\omega_2$	$n_3^\mathrm{e}\omega_3 = n_1^\mathrm{o}\omega_1 + n_2^\mathrm{o}\omega_2$
Ⅱ类相位匹配	$n_3^\mathrm{o}\omega_3 = n_1^\mathrm{o}\omega_1 + n_2^\mathrm{e}\omega_2$	$n_3^\mathrm{e}\omega_3 = n_1^\mathrm{e}\omega_1 + n_2^\mathrm{o}\omega_2$

实验中可以使用角度调谐 (临界相位匹配) 和温度调谐 (非临界相位匹配) 来寻找相位匹配状态。在临界相位匹配过程中，通过选择特定的光传播方向和偏振方向实现相位匹配，此方法虽然简单易操作，却只能在特定的晶体上实现固定波长的相位匹配，并且在Ⅱ类相位匹配时会导致明显的走离效应：因为参与非线性作用的低频光场选取了不同的偏振态，使得有限孔径内的光束间产生分离，例如，当寻常光的波法线方向与光束方向一致，而非常光的波法线方向与光束方向不一致时，在整个晶体长度中，不同偏振态的光场沿光束方向逐渐分离，从而使得转换效率下降。如果能够调整相位匹配角，使得垂直于光轴的方向上实现相位匹配，就可以消除光束走离效应的限制。为了实现这种相位匹配，人们采用温度相位匹配技术，即利用有些晶体 (如铌酸锂晶体、KDP 等) 折射率的双折射量与色散是其温度敏感函数的特点，通过精确控制非线性晶体的温度来改变光在晶体中的折射率，从而达到相位匹配的要求。由于这种相位匹配方式是通过调节温度实现的，所以称为温度相位匹配。又由于温度相位匹配对角度的偏离不甚敏感，所以又称为非临界相位匹配。此方法既可以消除走离效应，也不需要严格控制入射光场与晶体之间的夹角，但是对温度控制的要求比较严格。

另一种常用相位匹配技术，称为准相位匹配，它是利用非线性介质光学性质的周期性分布补偿相位失配，实现非线性光学频率转换效率的增强。这种准相位匹配方式对于非线性介质中的耦合光波没有波矢方向和偏振方向的限制，没有走离效应，降低了对入射角的要求，可以使用较长的晶体，从而可以获得较大的转换效率；并且只需要选择介质合适的周期性结构，而与材料的内在特性无关，理论上能够利用晶体的整个透光范围；通过选择适当的极化周期，能够在任意工作点实现非临界相位匹配，获得较高的转换效率。

在实际情况中，参与频率转换的强光场通常都比弱光场强得多，在频率转换过程中，泵浦光场 ω_3 所损失或得到的能量与其总能量相比很小，可以忽略其强度的变化，将其振幅当作常数。因此，对三波混频过程一般只需求解式 (2.2) 和式 (2.3) 即可。考虑相位匹配的情况，即 $\Delta k = k_3 - k_1 - k_2 = 0$，将式 (2.3) 对 z 进行微分，并引入式 (2.4) 的复共轭以消除 $\mathrm{d}A^*/\mathrm{d}z$，得到频率为 ω_2 的输出光波方程：

$$\frac{\mathrm{d}^2 A_2}{\mathrm{d}z^2} = k^2 A_2 \equiv k^2 A_2 \tag{2.5}$$

其中，实耦合常数为 $k^2 = \dfrac{4\omega_1^2\omega_2^2 d_{\text{eff}}^2}{k_1 k_2 c^4}|A_3|^2$。该方程的通解是

$$A_2(z) = C\sinh(kz) + D\cosh(kz) \tag{2.6}$$

其中，C 和 D 为积分常数，其值与边界条件有关。$A_2(0) = 0$，$A_1(0)$ 为任意值。满足这些边界条件的方程解是

$$A_1(z) = A_1(0)\cosh(kz) \tag{2.7}$$

$$A_2(z) = \mathrm{i}\left(\frac{n_1\omega_2}{n_2\omega_1}\right)^{\frac{1}{2}} \frac{A_3}{|A_3|} A_1^*(0)\sinh(kz) \tag{2.8}$$

频率为 ω_1、ω_2 的输出光波的幅度如图 2.4 所示。差频过程产生的光场 ω_2 和信号光场 ω_1 在非线性过程中同时单调地增大。频率为 ω_1 的光场保持其初始相位，并被相互作用简单地放大；而频率为 ω_2 的生成光场的相位既取决于泵浦光波的相位，也取决于频率为 ω_1 的光波的相位。

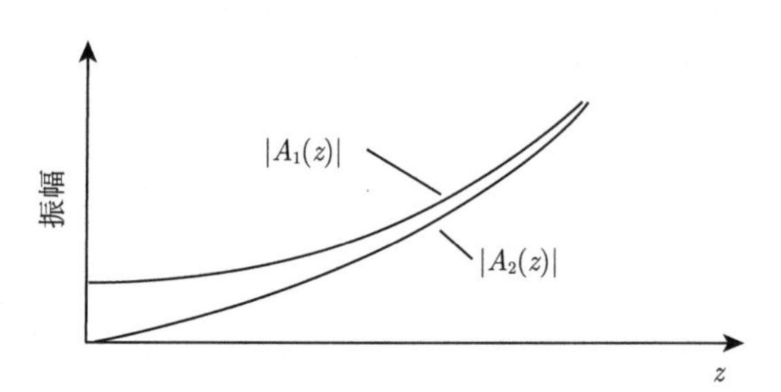

图 2.4　在恒定泵浦近似产生差频中 $\Delta k = 0$ 的情况下，A_1 和 A_2 的空间演变

2.1.2　内腔参量下转换

光学谐振腔可以有效增强参量过程的相互作用。通过内腔光学参量下转换过程可以高效制备压缩态及纠缠态光场。为简单起见，我们以环形谐振腔为例讲解参量过程。如图 2.5 所示，系统包括由输入耦合镜 M_1、输出耦合镜 M_2 及全反镜 M 构成的谐振腔，二阶非线性晶体被放置在腔内。这里，以 Ⅱ 类相位匹配非线性晶体为例进行讨论。泵浦场 $a_0(t)$、信号光场 $a_1(t)$ 及闲置光场 $a_2(t)$ 由输入耦合镜 M_1 注入腔内，其中信号光场 $a_1(t)$ 和闲置光场 $a_2(t)$ 的频率简并，偏振方向相互垂直。三波耦合的哈密顿量可写为 [3]

$$H = \hbar\omega_1\hat{a}_1^\dagger\hat{a}_2 + \hbar\omega_2\hat{a}_2^\dagger\hat{a}_2 + \hbar\omega_0\hat{a}_0^\dagger\hat{a}_0 + \frac{1}{2}\mathrm{i}\hbar k\left(\hat{a}_1^\dagger\hat{a}_2^\dagger\hat{a}_0 - \hat{a}_1\hat{a}_2\hat{a}_0^\dagger\right)$$

$$+\mathrm{i}\hbar\left(E_1\hat{a}_1^\dagger\mathrm{e}^{-\mathrm{i}\omega_1 t}+E_2\hat{a}_2^\dagger\mathrm{e}^{-\mathrm{i}\omega_2 t}+E_2\hat{a}_2^\dagger\mathrm{e}^{-\mathrm{i}\omega_2 t}+\text{h.c.}\right)$$
$$+\left(\hat{a}_1\hat{\varGamma}_1^\dagger+\hat{a}_1^\dagger\hat{\varGamma}_1+\hat{a}_2\hat{\varGamma}_2^\dagger+\hat{a}_2^\dagger\hat{\varGamma}_2+\hat{a}_0\hat{\varGamma}_0^\dagger+\hat{a}_0^\dagger\hat{\varGamma}_0\right) \tag{2.9}$$

式中，$\hat{a}_i$ 和 $\omega_i(i=0,1,2$分别表示泵浦模、信号模、闲置模) 分别表示各注入模的湮灭算符和角频率；k 是二阶非线性系数；E_i 表示各注入模 (泵浦模、信号模、闲置模) 的电场强度；$\hat{\varGamma}_i$ 是各模的热库算符，由腔的透射损耗决定；h.c. 表示厄米共轭。上式中前三项表示各模独自的能量，第四项表示三模的相互作用，第五项表示各注入场对总哈密顿量的贡献，最后一项表示各模在热库作用下的衰减。

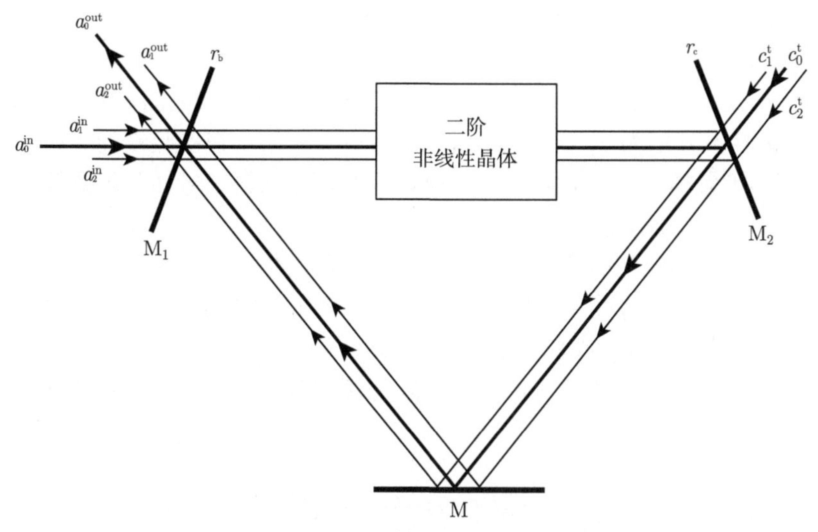

图 2.5 光学参量放大过程

式 (2.9) 包含了所有二阶非线性相互作用过程的经典动力学和量子动力学。虽然用标准的量子光学方法可以严格求解这个哈密顿量的主方程，但以下只考虑系统的半经典解，即采用边带模型方法，通过将量子力学算符 $\hat{a}_i$ 替换为相应的复数场振幅 $\alpha_i(t)+\delta\hat{a}_i(t)$，得到系统的半经典运动方程。因为采用半经典方法的物理图像比全量子理论清晰，其稳态方程包含了系统全部的经典特性，而量子噪声方程表示其量子性，且所得结果与全量子理论相同。

量子朗之万方程是利用光与物质相互作用的全量子理论得到的量子开放系统运动方程。强泵浦光与弱信号光在光学腔内，经非线性晶体产生参量相互作用，服从朗之万方程组。腔内泵浦模和两个下转换光学模的运动方程可以表示为

$$\tau\frac{\mathrm{d}\hat{a}_0(t)}{\mathrm{d}t}=-\gamma_0\hat{a}_0(t)\mp k\hat{a}_1(t)\hat{a}_2(t)+\sqrt{2\gamma_{0b}}\hat{a}_0^{\text{in}}(t)+\sqrt{2\gamma_{0c}}\hat{b}_0^{\text{in}}(t)$$

$$\tau\frac{\mathrm{d}\hat{a}_1(t)}{\mathrm{d}t}=-\gamma\hat{a}_1(t)\pm k\hat{a}_0(t)\hat{a}_2^\dagger(t)+\sqrt{2\gamma_b}\hat{a}_1^{\mathrm{in}}(t)+\sqrt{2\gamma_c}\hat{b}_1^{\mathrm{in}}(t) \tag{2.10}$$

$$\tau\frac{\mathrm{d}\hat{a}_2(t)}{\mathrm{d}t}=-\gamma\hat{a}_2(t)\pm k\hat{a}_0(t)\hat{a}_1^\dagger(t)+\sqrt{2\gamma_b}\hat{a}_2^{\mathrm{in}}(t)+\sqrt{2\gamma_c}\hat{b}_2^{\mathrm{in}}(t)$$

其中，$\hat{a}_j^{\mathrm{in}}$ 和 $\hat{a}_j$ 分别表示注入和腔内的光场模的湮灭算符；$\hat{b}_j^{\mathrm{in}}$ 代表内腔损耗引入的真空噪声。用 $\hat{a}_j^{\mathrm{out}}$ 表示从光学腔输出的光学模 (j =0,1,2 分别表示泵浦模、信号模以及闲置模)。$\gamma_{0b}=T_0/2$ 和 $\gamma_b=T/2$ 分别表示输入耦合镜对泵浦光场和注入光场带来的损耗 (假定两个注入光场模的损耗相同)，这里 T_0 和 T 分别表示腔的输入耦合镜对泵浦场和注入光场的透射率；$\gamma_{0c}=L_0/2$ 表示泵浦光场的其他额外损耗，这里 L_0 表示输出耦合镜对泵浦模的损耗率；$\gamma_c=L/2$ 为输入–输出耦合镜对信号和闲置光场的额外损耗 (假定两个模式的损耗相同)，这里 L 表示输出耦合镜对信号模和闲置模的透射损耗率；输入–输出耦合镜对泵浦模和信号模 (闲置模) 的总损耗率分别为 $\gamma_0=\gamma_{0b}+\gamma_{0c}$ 和 $\gamma=\gamma_b+\gamma_c$。在实验设计中，一般尽量让信号模和闲置模损耗相同以达到平衡，因此可以认为信号模和闲置模的输出功率相同。$\tau=l/c$ 表示光场在腔内往返一周所用的时间 (驻波腔的 l 等于腔长的两倍；环形腔的 l 等于腔的腔长；c 表示真空介质中的光速)。光学参量过程可以工作在参量放大状态或者是反放大状态，它们均表示在式 (2.10) 中，分别对应于第二项的上面符号 $(-,+,+)$ 和下面符号 $(+,-,-)$。

对光场进行线性化处理，可以将光场的湮灭算符写成它的平均值和起伏算符之和：

$$\hat{a}_j(t)=\alpha_j(t)+\delta\hat{a}_j(t) \tag{2.11}$$

这样，腔的注入光场、腔内光场、输出光场以及由内腔损耗引入的真空模均可以由上式表示。由于腔内真空噪声 $\hat{b}_j^{\mathrm{in}}$ 的平均值为 0，所以 $\hat{b}_j^{\mathrm{in}}(t)=\delta\hat{b}_j^{\mathrm{in}}(t)$。将式 (2.11) 代入腔的运动方程 (2.10) 中，可以得到腔内各模的平均值运动方程：

$$\tau\frac{\mathrm{d}\alpha_0(t)}{\mathrm{d}t}=-\gamma_0\alpha_0(t)\mp k\alpha_1(t)\alpha_2(t)+\sqrt{2\gamma_{0b}\alpha_0^{\mathrm{in}}}(t)$$

$$\tau\frac{\mathrm{d}\alpha_1(t)}{\mathrm{d}t}=-\gamma\alpha_1(t)\pm k\alpha_0(t)\alpha_2(t)+\sqrt{2\gamma_b\alpha_1^{\mathrm{in}}}(t) \tag{2.12}$$

$$\tau\frac{\mathrm{d}\alpha_2(t)}{\mathrm{d}t}=-\gamma\alpha_2(t)\pm k\alpha_0(t)\alpha_1(t)+\sqrt{2\gamma_b\alpha_2^{\mathrm{in}}}(t)$$

内腔场的各个模式达到稳态后，式 (2.12) 的左边对应于 0，于是得到内腔场的稳态方程：

$$
\begin{aligned}
0 &= -\gamma_0\bar{\alpha}_0 e^{i\theta_0} - k\bar{\alpha}_1\bar{\alpha}_2 e^{i(\theta_1+\theta_2)} + |\varepsilon| e^{i\varphi_p} \\
0 &= -\gamma\bar{\alpha}_1 e^{i\theta_1} + k\bar{\alpha}_0\bar{\alpha}_2 e^{i(\theta_0-\theta_1)} + \sqrt{2\gamma_b}\beta e^{i\varphi_1} \\
0 &= -\gamma\bar{\alpha}_2 e^{i\theta_2} + k\bar{\alpha}_0\bar{\alpha}_1 e^{i(\theta_0-\theta_1)} + \sqrt{2\gamma_b}\beta e^{i\varphi_2}
\end{aligned} \tag{2.13}
$$

式中,$|\varepsilon| = \sqrt{2\gamma_{0b}}a_0^{\text{in}}$ 为相干泵浦场的振幅；β 为注入信号光场 a_1^{in} 和闲置光场 a_2^{in} 的平均值，相位分别为 φ_1 和 φ_2；通常也假定信号模和闲置模幅度相等，即 $\bar{\alpha} = \bar{\alpha}_1 = \bar{\alpha}_2$，相位分别为 θ_1 和 θ_2；同时认为信号与闲置模内腔损耗相等，每一个模的总损耗为 $\gamma = \gamma_b + \gamma_c$。$\theta_0$ 为泵浦光场的相位，φ_{p} 为注入泵浦光场的相位。当 $\theta_0 = \theta_1 + \theta_2$，且 $\varphi_{\text{p}} = \varphi_1 + \varphi_2$ 或 $\varphi_{\text{p}} = \varphi_1 + \varphi_2 + \pi$ 时，方程组的稳态解为

$$
\alpha_0 = \frac{|\varepsilon| - k\bar{\alpha}^2}{\gamma_0} = \frac{\gamma}{k} - \frac{\sqrt{2\gamma_b}\beta}{k\bar{\alpha}} \tag{2.14}
$$

$$
0 = \bar{\alpha}^3 - \frac{k\varepsilon - \gamma\gamma_0}{k^2}\bar{\alpha} - \frac{\gamma_0\sqrt{2\gamma_b}\beta}{k^2} \tag{2.15}
$$

当无注入信号光场和闲置光场时 ($\beta = 0$)，得到稳态 NOPO 的运动方程。由式 (2.15) 可以得到 NOPO 振荡阈值 $\varepsilon^{\text{th}} = \gamma_0\gamma/k$。当泵浦功率低于阈值时，内腔信号光场和闲置光场的振幅平均值为 0。此时，内腔泵浦光场随泵浦功率的增大而线性增大。当泵浦功率大于阈值时，内腔信号光场和闲置光场开始在腔内振荡，内腔泵浦光场不再随泵浦功率的增大而增大，NOPO 输出偏振垂直、频率简并的孪生光束，输出光场的平均光强大于零：

$$
\begin{aligned}
\bar{\alpha}_0 &= \frac{\gamma}{k} \\
\bar{\alpha}_1 = \bar{\alpha}_2 &= \sqrt{\frac{\varepsilon - \varepsilon^{\text{th}}}{k}}
\end{aligned} \tag{2.16}
$$

其中，$\sigma = \sqrt{\dfrac{P}{P_0}} = \sqrt{\dfrac{2k\gamma_{0b}}{\gamma_0^2\gamma^2}}\bar{\alpha}_0^{\text{in}}$ 代表泵浦参数。$\sigma > 1$ 表示 NOPO 运转于阈值以上，输出信号和闲置光场的平均强度将不为零。$\sigma = 1$ 对应的泵浦功率为 $P_0 = \gamma_0^2\gamma^2/(2k\gamma_0)$。$\sigma < 1$ 表示 NOPO 运转于阈值以下，当泵浦功率没有达到阈值时，输出信号光场与闲置光场的平均光强为零。

参量放大或者反放大状态依赖于泵浦光场与信号光场之间的相对相位。图 2.6 给出了在固定泵浦光场和信号光场平均功率的情况下，内腔幅度随泵浦光场与信

号光场之间的相对相位的关系。当信号光场与泵浦光场的相对相位为 π 的偶数倍 (参量放大) 时，它们同相位，内腔幅度达到最大值；当信号光场与泵浦光场的相对相位为 π 的奇数倍 (参量反放大) 时，内腔幅度达到最小值。

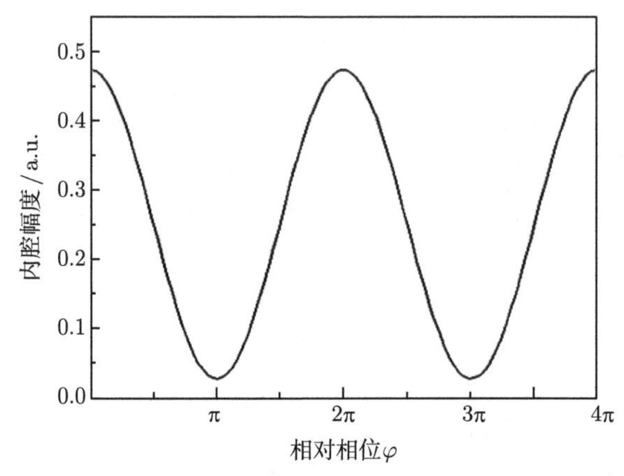

图 2.6　内腔幅度随泵浦光场与信号光场之间的相对相位的关系

2.2　内腔光学参量的量子性质

光学参量放大器是实现内腔参量下转换过程的有效器件。非简并光学参量放大器 (NOPA) 产生的两个下转换光场 (信号光场与闲置光场) 模式不同，特别有用的情况是，可以通过简单的技术手段使信号与闲置模具有相同的频率，而偏振方向相互正交。这样，当它们被空间分离时，形成一对纠缠态光场，而二者耦合则成为双模压缩态。简并光学参量放大器 (DOPA) 产生的一对下转换信号与闲置光场模式完全一致，相互耦合形成单模压缩态。2.1 节已经讲述了光学参量过程的经典特性，本节将分析工作在阈值以下的 NOPA、DOPA，以及阈值以上的 NOPO 中各光学模式的量子性质。

2.2.1　阈值以下内腔光学参量过程

DOPA 是 NOPA 的一种特殊情况，首先讨论非简并光学参量放大器。非简并光学参量放大器的注入光场有两束，一束是频率为 ω_{p} 的泵浦光场 $\hat{a}_{\mathrm{p}}^{\mathrm{in}}$，另一束是频率为 $\omega_{\mathrm{s}}=\omega_{\mathrm{i}}=\omega_{\mathrm{p}}/2$ 的注入信号光。由于 NOPA 内的非线性晶体为 II 类相位匹配，当注入信号光的偏振与晶体的光轴成 45° 角时，能在晶体内产生强度相等、偏振垂直的信号光 $\hat{a}_{\mathrm{s}}^{\mathrm{in}}$ 和闲置光 $\hat{a}_{\mathrm{i}}^{\mathrm{in}}$。一个泵浦光子经参量下转换产生一对信号与闲置光子，这一对光子来源于同一个泵浦光子，它们之间具有完全的量子关联性。

为研究光学参量放大器的量子特性，首先将式 (2.12) 作线性化处理，即用 $\alpha_i = \bar{\alpha}_i + \delta\alpha_i$ 表示所有内腔场，可以得到腔内各模的噪声场运动方程 [3]：

$$
\begin{aligned}
\tau\frac{\mathrm{d}\delta\hat{a}_0(t)}{\mathrm{d}t} =& -\gamma_0\delta\hat{a}_0(t) \mp k\left[\alpha_2(t)\delta\hat{a}_1(t) + \alpha_1(t)\delta\hat{a}_2(t)\right] \\
& + \sqrt{2\gamma_{0b}}\delta\hat{a}_0^{\mathrm{in}}(t) + \sqrt{2\gamma_{0c}}\delta\hat{b}_0^{\mathrm{in}}(t)\tau\frac{\mathrm{d}\delta\hat{a}_1(t)}{\mathrm{d}t} \\
=& -\gamma\delta\hat{a}_1(t) \pm k\left[\alpha_2(t)\delta\hat{a}_0(t) + \alpha_0(t)\delta\hat{a}_2^{\dagger}(t)\right] \\
& + \sqrt{2\gamma_b}\delta\hat{a}_1^{\mathrm{in}}(t) + \sqrt{2\gamma_c}c\delta\hat{b}_1^{\mathrm{in}}(t)\tau\frac{\mathrm{d}\delta\hat{a}_2(t)}{\mathrm{d}t} \\
=& -\gamma\delta\hat{a}_2(t) \pm k\left[\alpha_1(t)\delta\hat{a}_0(t) + \alpha_0(t)\delta\hat{a}_1^{\dagger}(t)\right] \\
& + \sqrt{2\gamma_b}\delta\hat{a}_2^{\mathrm{in}}(t) + \sqrt{2\gamma_c}\delta\hat{b}_2^{\mathrm{in}}(t)
\end{aligned} \tag{2.17}
$$

首先定义两耦合模 $\hat{d}_1 = \frac{1}{\sqrt{2}}(\hat{a}_1 + \hat{a}_2)$，$\hat{d}_1^{\dagger} = \frac{1}{\sqrt{2}}\left(\hat{a}_1^{\dagger} + \hat{a}_2^{\dagger}\right)$，$\hat{d}_2 = \frac{1}{\sqrt{2}}(\hat{a}_1 - \hat{a}_2)$，$\hat{d}_2^{\dagger} = \frac{1}{\sqrt{2}}\left(\hat{a}_1^{\dagger} - \hat{a}_2^{\dagger}\right)$。由于假定 $\bar{\alpha}_1 = \bar{\alpha}_2$，因此 $\hat{d}_1$ 与 $\hat{d}_2$ 分别对应两偏振相互垂直的亮模和暗模，它们的正交分量分别为

$$
\begin{aligned}
\hat{X}_{d_1} &= \frac{1}{2}\left(\hat{d}_1 + \hat{d}_1^{\dagger}\right) = \frac{1}{2\sqrt{2}}\left(\hat{a}_1 + \hat{a}_2 + \hat{a}_1^{\dagger} + \hat{a}_2^{\dagger}\right) \\
\hat{Y}_{d_1} &= \frac{1}{2\mathrm{i}}\left(\hat{d}_1 - \hat{d}_1^{\dagger}\right) = \frac{1}{2\sqrt{2}}\left(\hat{a}_1 + \hat{a}_2 - \hat{a}_1^{\dagger} - \hat{a}_2^{\dagger}\right) \\
\hat{X}_{d_2} &= \frac{1}{2}\left(\hat{d}_2 + \hat{d}_2^{\dagger}\right) = \frac{1}{2\sqrt{2}}\left(\hat{a}_1 - \hat{a}_2 + \hat{a}_1^{\dagger} - \hat{a}_2^{\dagger}\right) \\
\hat{Y}_{d_2} &= \frac{1}{2\mathrm{i}}\left(\hat{d}_2 - \hat{d}_2^{\dagger}\right) = \frac{1}{2\sqrt{2}}\left(\hat{a}_1 - \hat{a}_2 - \hat{a}_1^{\dagger} + \hat{a}_2^{\dagger}\right)
\end{aligned} \tag{2.18}
$$

如果平均场为实数，则 $\hat{X}$ 分量和 $\hat{Y}$ 分量分别代表场的振幅和相位分量。它们的起伏分别代表光场的正交振幅和正交相位起伏。同样采用线性化的方法，可以得

到正交分量的起伏表示式：

$$
\begin{aligned}
\delta\hat{X}_{d_1} &= \frac{1}{2\sqrt{2}}\left[\delta\hat{a}_1(t)+\delta\hat{a}_2(t)+\delta\hat{a}_1^\dagger(t)+\delta\hat{a}_2^\dagger(t)\right]\\
\delta\hat{Y}_{d_1} &= \frac{1}{2\sqrt{2}\mathrm{i}}\left[\delta\hat{a}_1(t)+\delta\hat{a}_2(t)-\delta\hat{a}_1^\dagger(t)-\delta\hat{a}_2^\dagger(t)\right]\\
\delta\hat{X}_{d_2} &= \frac{1}{2\sqrt{2}}\left[\delta\hat{a}_1(t)-\delta\hat{a}_2(t)+\delta\hat{a}_1^\dagger(t)-\delta\hat{a}_2^\dagger(t)\right]\\
\delta\hat{Y}_{d_2} &= \frac{1}{2\sqrt{2}\mathrm{i}}\left[\delta\hat{a}_1(t)-\delta\hat{a}_2(t)-\delta\hat{a}_1^\dagger(t)+\delta\hat{a}_2^\dagger(t)\right]
\end{aligned}
\tag{2.19}
$$

由式 (2.17) 与式 (2.19) 求得正交分量噪声场的运动方程为

$$
\begin{aligned}
\delta\hat{X}_{d_1} &= -\left(\gamma-k\bar{\alpha}_0\right)\delta\hat{X}_{d_1}+\sqrt{2}k\bar{\alpha}\delta\hat{X}^0(t)+\sqrt{2\gamma_b}\delta\hat{X}^b(t)+\sqrt{2\gamma_c}\delta\hat{X}^c(t)\\
\delta\hat{Y}_{d_1} &= -\left(\gamma+k\bar{\alpha}_0\right)\delta\hat{X}_{d_1}+\sqrt{2}k\bar{\alpha}\delta\hat{Y}^0(t)+\sqrt{2\gamma_b}\delta\hat{Y}^b(t)+\sqrt{2\gamma_c}\delta\hat{Y}^c(t)\\
\delta\hat{X}_{d_2} &= -\left(\gamma+k\bar{\alpha}_0\right)\delta\hat{X}_{d_2}+\sqrt{2}k\bar{\alpha}\delta\hat{X}^0(t)+\sqrt{2\gamma_b}\delta\hat{X}^b(t)+\sqrt{2\gamma_c}\delta\hat{X}^c(t)\\
\delta\hat{Y}_{d_2} &= -\left(\gamma-k\bar{\alpha}_0\right)\delta\hat{X}_{d_1}+\sqrt{2}k\bar{\alpha}\delta\hat{Y}^0(t)+\sqrt{2\gamma_b}\delta\hat{Y}^b(t)+\sqrt{2\gamma_c}\delta\hat{Y}^c(t)
\end{aligned}
\tag{2.20}
$$

式中，$\delta\hat{X}^0(t)=\frac{1}{2}\left(\delta\hat{a}_0+\delta\hat{a}_0^\dagger\right)$，$\delta\hat{Y}^0(t)=\frac{1}{2\mathrm{i}}\left(\delta\hat{a}_0-\delta\hat{a}_0^\dagger\right)$ 分别表示泵浦模式的振幅和相位起伏；$\delta\hat{X}^b(t)$，$\delta\hat{Y}^b(t)$ 和 $\delta\hat{X}^c(t)$，$\delta\hat{Y}^c(t)$ 分别代表由耦合损耗和额外损耗给耦合模带来的振幅和相位起伏，同时，$\delta\hat{X}_{d_1}$ 与 $\delta\hat{Y}_{d_2}$ 以及 $\delta\hat{Y}_{d_1}$ 与 $\delta\hat{X}_{d_2}$ 具有相同的运动方程，这就说明亮模的振幅分量与暗模的相位分量具有相同的量子噪声，而亮模的相位分量与暗模的振幅分量具有相同的量子噪声。也就是说，如果亮模的相位分量噪声被压缩，那么暗模的振幅分量噪声将被压缩；反之亦然。由于输入亮模与暗模的偏振正好相互垂直，那么注入泵浦与明亮信号和真空信号的相对相位正好相差 π；如果亮模被放大，则暗模将会被缩小，因此一个为正交相位分量压缩态，另一个则为正交振幅分量压缩态。以下以亮模 d_1 为例，计算其量子噪声。在频域中，Ω 为噪声谱频率，式 (2.20) 经过傅里叶变换并整理得

$$
\begin{aligned}
\delta\hat{X}_{d_1}(\Omega) &= \frac{1}{(\gamma-k\alpha_0)+\mathrm{i}\Omega}\left[\sqrt{2}k\bar{\alpha}\delta\hat{X}^0(\Omega)+\sqrt{2\gamma_b}\delta\hat{X}^b(\Omega)+\sqrt{2\gamma_c}\delta\hat{X}^c(\Omega)\right]\\
\delta\hat{Y}_{d_1}(\Omega) &= \frac{1}{(\gamma+k\alpha_0)+\mathrm{i}\Omega}\left[\sqrt{2}k\bar{\alpha}\delta\hat{Y}^0(\Omega)+\sqrt{2\gamma_b}\delta\hat{Y}^b(\Omega)+\sqrt{2\gamma_c}\delta\hat{Y}^c(\Omega)\right]
\end{aligned}
\tag{2.21}
$$

使用边界条件 $\alpha^{\text{out}}(\varOmega)=\sqrt{2\gamma_b}\alpha(\varOmega)-\alpha^{\text{in}}(\varOmega)$，可以得到输出场的起伏谱为

$$\begin{aligned}\delta\hat{X}_{d_1}^{\text{out}}(\varOmega)=&\frac{\sqrt{2\gamma_b}}{(\gamma-k\alpha_0)+\mathrm{i}\varOmega}\left[\sqrt{2}k\bar{\alpha}\delta\hat{X}^0(\varOmega)+\sqrt{2\gamma_c}\delta\hat{X}^c(\varOmega)\right.\\&\left.+\frac{(\gamma_b-\gamma_c+k\alpha_0)-\mathrm{i}\varOmega}{(\gamma-k\alpha_0)+\mathrm{i}\varOmega}\delta\hat{X}^b(\varOmega)\right]\\\delta\hat{Y}_{d_1}^{\text{out}}(\varOmega)=&\frac{\sqrt{2\gamma_b}}{(\gamma+k\alpha_0)+\mathrm{i}\varOmega}\left[\sqrt{2}k\bar{\alpha}\delta\hat{Y}^0(\varOmega)+\sqrt{2\gamma_c}\delta\hat{Y}^c(\varOmega)\right.\\&\left.+\frac{(\gamma_b-\gamma_c+k\alpha_0)-\mathrm{i}\varOmega}{(\gamma+k\alpha_0)+\mathrm{i}\varOmega}\delta\hat{Y}^b(\varOmega)\right]\end{aligned}\tag{2.22}$$

真空噪声被定义为 1/4。如果假定泵浦模、信号模和闲置模的额外损耗相同，则它们的归一化 SNL 为

$$\begin{aligned}\langle\Delta^2\hat{X}^0(\varOmega)\rangle&=\langle\Delta^2\hat{Y}^0(\varOmega)\rangle=\langle\Delta^2\hat{X}^b(\varOmega)\rangle=\langle\Delta^2\hat{Y}^b(\varOmega)\rangle\\&=\langle\Delta^2\hat{X}^c(\varOmega)\rangle=\langle\Delta^2\hat{Y}^c(\varOmega)\rangle=\frac{1}{4}\end{aligned}\tag{2.23}$$

由式 (2.22) 可以得到输出场的起伏为

$$\begin{aligned}\langle\Delta^2\hat{X}_{d_1}^{\text{out}}(\varOmega)\rangle=&\frac{4\gamma_b\gamma_c}{(\gamma-k\alpha_0)^2+\varOmega^2}+\frac{4\gamma_b k^2\bar{\alpha}^2}{(\gamma-k\alpha_0)^2+\varOmega^2}+\frac{(\gamma_b+\gamma_c+k\alpha_0)^2+\varOmega^2}{(\gamma-k\alpha_0)^2+\varOmega^2}\\=&\langle\Delta^2\hat{Y}_{d_2}^{\text{out}}(\varOmega)\rangle\\\langle\Delta^2\hat{Y}_{d_1}^{\text{out}}(\varOmega)\rangle=&\frac{4\gamma_b\gamma_c}{(\gamma+k\bar{\alpha}_0)^2+\varOmega^2}+\frac{4\gamma_b k^2\bar{\alpha}^2}{(\gamma+k\bar{\alpha}_0)^2+\varOmega^2}+\frac{(\gamma_b-\gamma_c-k\bar{\alpha}_0)^2+\varOmega^2}{(\gamma+k\bar{\alpha}_0)^2+\varOmega^2}\\=&\langle\Delta^2\hat{X}_{d_2}^{\text{out}}(\varOmega)\rangle\end{aligned}\tag{2.24}$$

如果此起伏小于 1/4，就说明该分量被压缩，其噪声低于相应的真空起伏。根据非简并光学参量放大器输出场的噪声特性，可以得到亮模正交振幅压缩态的归一化噪声谱，如图 2.7 所示。其中，腔参数被取为：增益 $G=15$，输入–输出耦合镜透过率 $\gamma=0.10$，内腔损耗 $\gamma_b=0.005$。由此可以看出，分析频率越低，噪声

越低。但是，由于在计算中未考虑激光器的弛豫振荡、热噪声等低频噪声的影响，而这些低频噪声又难以消除，所以在真实情况下一般只能在兆赫兹范围内观测到最大压缩。若需要应用低频压缩，则应该采取技术措施，降低或消除泵浦激光器的低频噪声。

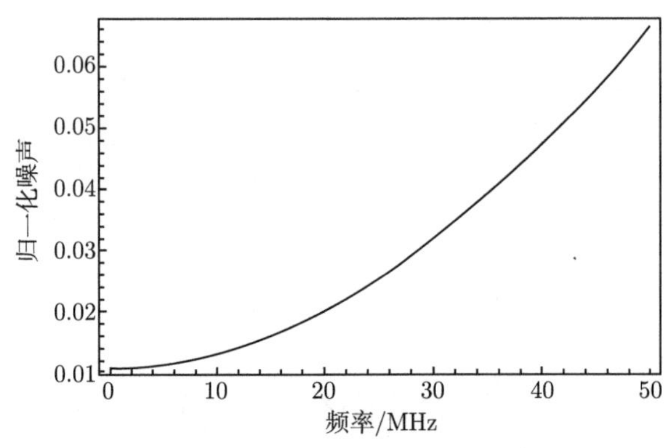

图 2.7　正交振幅压缩态的归一化噪声谱

非简并光学参量放大器不仅可以用于产生双模压缩态光场，而且能够用于制备纠缠态光场 [4]。非简并光参量放大器产生的信号光场和闲置光场由若干频率简并偏振正交的纠缠光子对组成，它们具有很强的量子关联特性，其耦合模形成双模压缩态。如果利用偏振分束器将信号光场和闲置光场分开，则获得一对空间分离的两组分纠缠态光场。

以下以运转于反放大状态下的非简并光学参量放大器为例讨论两模量子纠缠。根据非简并光学参量放大器腔噪声场的运动方程 (2.20)，可以得到工作在参量反放大状态的非简并光学参量放大器输出信号光场和闲置光场的量子关联噪声，结果显示，正交振幅分量的反关联噪声与正交相位分量的正关联噪声相等，即

$$\langle\Delta^2\left(\hat{X}_{a_1}^{\text{out}}+\hat{X}_{a_2}^{\text{out}}\right)\rangle=\langle\Delta^2\left(\hat{Y}_{a_1}^{\text{out}}-\hat{Y}_{a_2}^{\text{out}}\right)\rangle=2\left[1-\frac{4\gamma_1 k}{(k+\gamma_1+\gamma_2)^2+(\omega\tau)^2}\right] \tag{2.25}$$

当 $\gamma_1=0$ 或 $k=0$ 时，关联噪声为

$$\langle\Delta^2\left(\hat{X}_{a_1}^{\text{out}}+\hat{X}_{a_2}^{\text{out}}\right)\rangle=\langle\Delta^2\left(\hat{Y}_{a_1}^{\text{out}}-\hat{Y}_{a_2}^{\text{out}}\right)\rangle=2 \tag{2.26}$$

对应于 SNL。

当 $4\gamma_1 k=(-k+\gamma_1+\gamma_2)^2+(\omega\tau)^2$ 时，关联噪声为

$$\langle\Delta^2\left(\hat{X}_{a_1}^{\text{out}}+\hat{X}_{a_2}^{\text{out}}\right)\rangle=\langle\Delta^2\left(\hat{Y}_{a_1}^{\text{out}}-\hat{Y}_{a_2}^{\text{out}}\right)\rangle=0 \tag{2.27}$$

对应于完美量子纠缠。

在设计非简并光学参量放大器时，γ_2 和 k 常常为确定参量，唯一的可调参量是输出耦合镜的透射率 T。由式 (2.25) 可以得到非简并光学参量放大器输出光场的量子关联噪声与输出耦合镜对信号光的透射率 T 之间的关系，如图 2.8 所示，其中曲线 1 表示 SNL，曲线 2 表示输出光场的量子关联噪声。参数的取值分别为：$\tau = 0.36 \times 10^{-9}$，$\varOmega = 2\text{MHz}$，$\gamma_2 = 0.025$，$k = 0.1$。当 T <12.5%时，输出光场的量子关联噪声随 T 的增加而下降，即纠缠度随 T 的增加而增加。但是由于 T 越大，引入的真空噪声也会相应增加，因此，当 T >12.5%时，输出光场的量子关联噪声反而随 T 的增加而增加。实验中选取透射率 T =12.5%时，有功损耗与无功损耗达到平衡，输出光场的量子关联噪声最小，对应的纠缠度达到最高。

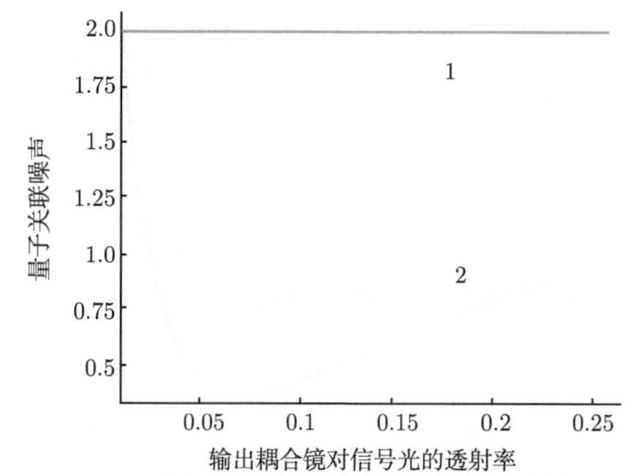

图 2.8 非简并光学参量放大器输出光场的量子关联噪声与输出耦合镜对信号光的透射率 T 之间的关系曲线图

图中曲线 1 为 SNL，曲线 2 为输出纠缠光场的量子关联噪声

当 $\hat{a}_1 \neq \hat{a}_2$ 时，内腔信号与闲置模不相同，即非简并，上述量子朗之万方程 (2.17) 用于描述非简并光学参量放大器；当 $\hat{a}_1 = \hat{a}_2$ 时，信号与闲置模简并，方程 (2.17) 描述简并光学参量放大器。由此，可以通过取 $\hat{a}_1 = \hat{a}_2$，直接将非简并光学参量放大器的结果运用于简并光学参量放大器。但因为信号与闲置模完全相同，不能直接将它们空间分离，由一个简并光学参量放大器只可能直接产生单模压缩态。可以由式 (2.24) 得到简并光学参量放大器输出压缩态光场的正交振幅与相位分量的起伏为

$$\begin{aligned}
\langle \Delta^2 \hat{X}^{\text{out}}(\varOmega) \rangle &= \frac{4\gamma_b\gamma_c}{(\gamma - k\alpha_0)^2 + \varOmega^2} + \frac{(\gamma_b + \gamma_c + k\alpha_0)^2 + \varOmega^2}{(\gamma - k\alpha_0)^2 + \varOmega^2} \\
\langle \Delta^2 \hat{Y}^{\text{out}}(\varOmega) t \rangle &= \frac{4\gamma_b\gamma_c}{(\gamma + k\bar{\alpha}_0)^2 + \varOmega^2} + \frac{(\gamma_b - \gamma_c - k\bar{\alpha}_0)^2 + \varOmega^2}{(\gamma + k\alpha_0)^2 + \varOmega^2}
\end{aligned} \tag{2.28}$$

如果此起伏小于 1/4(SNL)，则该正交分量被压缩。当简并光学参量放大器工作在参量放大 (反放大) 状态时，正交相位 (振幅) 噪声小于 1/4，得到正交相位 (振幅) 压缩态。此外，用一对频率相同的压缩态，经分束器执行幺正变换可以获得多模纠缠态，这一内容将在后面讲述。

2.2.2 阈值以上内腔光学参量过程

光学参量振荡器所产生的一对下转换信号与闲置模的平均光子数不为零，且两模的频率非简并，它们形成一对强度起伏、量子关联的明亮孪生光束。腔内三个模的噪声运动方程如下 [4]：

$$\tau\delta\hat{a}_1+\gamma\delta\hat{a}_1=\gamma\delta\hat{a}_2^*+\sqrt{\gamma_0\gamma(\sigma-1)}\delta\hat{a}_0+\sqrt{2\gamma_b}\delta\hat{a}_1^{\mathrm{in}}+\sqrt{2\gamma_c}\delta\beta_1^{\mathrm{in}} \tag{2.29a}$$

$$\tau\delta\hat{a}_2+\gamma\delta\hat{a}_2=\gamma\delta\hat{a}_1^*+\sqrt{\gamma_0\gamma(\sigma-1)}\delta\hat{a}_0+\sqrt{2\gamma_b}\delta\hat{a}_1^{\mathrm{in}}+\sqrt{2\gamma_c}\delta\beta_1^{\mathrm{in}} \tag{2.29b}$$

$$\begin{aligned}\tau\delta\hat{a}_0+\gamma_0\delta\hat{a}_0=&-\sqrt{\gamma_0\gamma(\sigma-1)}\delta\hat{a}_2-\sqrt{\gamma_0\gamma(\sigma-1)}\delta\hat{a}_1+\sqrt{2\gamma_{0b}}\delta\hat{a}_0^{\mathrm{in}}\\&+\sqrt{2\gamma_{0c}}\delta\beta_0^{\mathrm{in}}\end{aligned} \tag{2.29c}$$

首先分析其振幅差噪声谱。根据正交振幅的定义：$\hat{X}_i=\delta\hat{a}_i+\delta\hat{a}_i^*$，由式 (2.29a) 和式 (2.29b) 可得信号光场和闲置光场的运动方程为

$$\begin{aligned}\tau\frac{\mathrm{d}\hat{X}_1}{\mathrm{d}t}+\gamma\hat{X}_1&=\gamma\hat{X}_2+\sqrt{\gamma_0\gamma(\sigma-1)}\hat{X}_0+\sqrt{2\gamma_b}\hat{X}_1^{\mathrm{in}}+\sqrt{2\gamma_c}\hat{X}_1^{\mathrm{in}}\\\tau\frac{\mathrm{d}\hat{X}_2}{\mathrm{d}t}+\gamma\hat{X}_2&=\gamma\hat{X}_1+\sqrt{\gamma_0\gamma(\sigma-1)}\hat{X}_0+\sqrt{2\gamma_b}\hat{X}_2^{\mathrm{in}}+\sqrt{2\gamma_c}\hat{X}_2^{\mathrm{in}}\end{aligned} \tag{2.30}$$

在正交振幅噪声正关联的情况下，$\hat{X}=\frac{1}{\sqrt{2}}\left(\hat{X}_1-\hat{X}_2\right)$。将上述两式相减并做傅里叶变换，使用输入–输出关系 $\hat{X}_{\mathrm{out}}\left(\varOmega\right)=\sqrt{2\gamma_b}\hat{X}\left(\varOmega\right)-\hat{X}^{\mathrm{in}}\left(\varOmega\right)$，可得

$$\hat{X}(\varOmega)=\frac{1}{2\gamma+\mathrm{i}\varOmega\tau}\left[\sqrt{2\gamma_b}\hat{X}^{\mathrm{in}}(\varOmega)+\hat{X}'^{\mathrm{in}}(\varOmega)\right] \tag{2.31}$$

这里，$\hat{X}^{\mathrm{in}}$ 是由腔镜透射引入的真空噪声模的正交振幅；$\hat{X}'^{\mathrm{in}}$ 是由内腔损耗引入的真空噪声。这个公式中不包括泵浦模，也就是说，振幅差噪声不依赖于泵浦光的强度，而且与泵浦光的额外振幅和相位噪声没有关系。可以得到信号光和闲置光振幅噪声的正关联谱如下：

$$\langle\Delta^2\left(\hat{X}(\varOmega)\right)\rangle=1-\frac{4\gamma_b\gamma}{4\gamma^2+\varOmega^2\tau^2} \tag{2.32}$$

从上式可以看出，如果没有内腔损耗，则在零频边带处振幅差是完全压缩的。这个结果是自然的，因为两个下转换光子是湮灭一个泵浦光子时同时产生的。信号光与闲置光的强度涨落完全正关联。然而，内腔损耗是随机的，它将破坏部分量子关联，所以可以用减少内腔损耗及增大输出镜透射率的方法来增大振幅差的压缩度。由内腔损耗 $\delta=2\gamma_c$，腔镜对下转换光的透射率 $T=2\gamma_b$，总损耗 $T^{'}=T=\delta$，则振幅正关联谱式 (2.32) 可写为

$$\langle\Delta^2\left(\hat{X}(\Omega)\right)\rangle=1-\frac{TT'}{T'^2+\Omega^2\tau^2} \tag{2.33}$$

图 2.9 是在 3 MHz 处振幅差噪声谱随非简并光学参量振荡器 (NOPO) 腔输出镜对下转换光的透射率 T 的函数曲线。可以看出，随着输出镜透射率 T 的增大，强度正关联噪声会减小，开始时很快降低，之后趋于平稳。

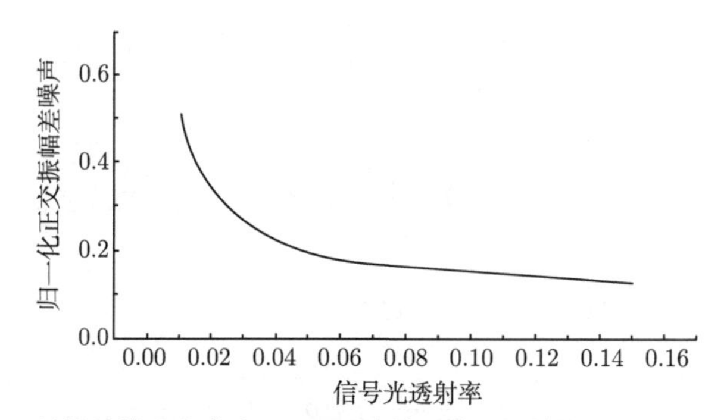

图 2.9 3 MHz 处振幅差噪声谱随 NOPO 腔输出镜对下转换光的透射率 T 的函数曲线

下面分析其相位和噪声谱。在低泵浦精细度情况下，定义光场的正交相位 $\hat{Y}_i=-\mathrm{i}\left(\delta\alpha_i-\delta\alpha_i^*\right)$，由噪声模运动方程 (2.29) 可得

$$\mathrm{i}\Omega\tau\hat{Y}_1+\gamma\hat{Y}_1=-\gamma\hat{Y}_2+\sqrt{\gamma_0\gamma(\sigma-1)}\hat{Y}_0+\sqrt{2\gamma_b}\hat{Y}_1^{\mathrm{in}}+\sqrt{2\gamma_c}\hat{Y}_{\beta1}^{\mathrm{in}} \tag{2.34a}$$

$$\mathrm{i}\Omega\tau\hat{Y}_2+\gamma\hat{Y}_2=-\gamma\hat{Y}_1+\sqrt{\gamma_0\gamma(\sigma-1)}\hat{Y}_0+\sqrt{2\gamma_b}\hat{Y}_2^{\mathrm{in}}+\sqrt{2\gamma_c}\hat{Y}_{\beta2}^{\mathrm{in}} \tag{2.34b}$$

$$\mathrm{i}\Omega\tau\hat{Y}_0+\gamma_0\hat{Y}_0=-\sqrt{\gamma_0\gamma(\sigma-1)}\hat{Y}_2-\sqrt{\gamma_0\gamma(\sigma-1)}\hat{Y}_1+\sqrt{2\gamma_{0b}}\hat{Y}_0^{\mathrm{in}}+\sqrt{2\gamma_{0c}}\hat{Y}_{\beta0}^{\mathrm{in}} \tag{2.34c}$$

假设 $\Omega\tau$ 远小于泵浦损耗，因此式 (2.34c) 可近似为

$$\gamma_0\hat{Y}_0=-\gamma\sqrt{(\sigma-1)}\hat{Y}_2-\sqrt{\gamma_0\gamma(\sigma-1)}\hat{Y}_1+\sqrt{2\gamma_{0b}}\hat{Y}_0^{\mathrm{in}}+\sqrt{2\gamma_{0c}}\hat{Y}_{\beta0}^{\mathrm{in}} \tag{2.35}$$

定义相位和起伏：$\hat{Y} = \frac{1}{\sqrt{2}}\left(\hat{Y}_1 + \hat{Y}_2\right)$。输入场也可写为耦合模，即

$$
\begin{aligned}
\hat{Y}^{\text{in}} &= \frac{1}{\sqrt{2}}\left(\hat{Y}_1^{\text{in}} + \hat{Y}_2^{\text{in}}\right) \\
\hat{Y}_\beta^{\text{in}} &= \frac{1}{\sqrt{2}}\left(\hat{Y}_{\beta 1}^{\text{in}} + \hat{Y}_{\beta 2}^{\text{in}}\right)
\end{aligned} \tag{2.36}
$$

则由式 (2.34a) 和式 (2.34b) 可得

$$
\mathrm{i}\Omega\tau\hat{Y}(\Omega) = -2\gamma\hat{Y} + \sqrt{2}\sqrt{\gamma_0\gamma(\sigma-1)}\hat{Y}_0 + \sqrt{2\gamma_b}\hat{Y}^{\text{in}} + \sqrt{2\gamma_c}\hat{Y}_\beta^{\text{in}} \tag{2.37}
$$

将式 (2.35) 代入式 (2.37) 可得

$$
\begin{aligned}
\hat{Y}(\Omega) =& \frac{1}{2\gamma\sigma + \mathrm{i}\Omega\tau}\left[\sqrt{2}\sqrt{\frac{\gamma(\sigma-1)}{\gamma_0}}\left(\sqrt{2\gamma_{0b}}\hat{Y}_0^{\text{in}}\right.\right. \\
&\left.\left.+\sqrt{2\gamma_{0c}}\hat{Y}_{\beta 0}^{\text{in}}\right) + \sqrt{2\gamma_b}\hat{Y}^{\text{in}} + \sqrt{2\gamma_c}\hat{Y}_\beta^{\text{in}}\right]
\end{aligned} \tag{2.38}
$$

由输入–输出关系 $\hat{Y}^{\text{out}}(\Omega) = \sqrt{2\gamma_b}\hat{Y}(\Omega) - \hat{Y}^{\text{in}}(\Omega)$，可得

$$
\begin{aligned}
\hat{Y}^{\text{out}}(\Omega) =& \frac{1}{2\gamma\sigma + \mathrm{i}\Omega\tau}\left[\sqrt{2}\sqrt{2\gamma_b\gamma}\sqrt{\frac{\gamma(\sigma-1)}{\gamma_0}}\left(\sqrt{2\gamma_{0b}}\hat{Y}_0^{\text{in}} + \sqrt{2\gamma_{0c}}\hat{Y}_{\beta 0}^{\text{in}}\right)\right. \\
&\left.+ 2\sqrt{\gamma_b\gamma_c\hat{Y}_\beta^{\text{in}}}\right] + \frac{(2\gamma_b - 2\gamma\sigma - \mathrm{i}\Omega\tau)\hat{Y}^{\text{in}}}{2\gamma\sigma + \mathrm{i}\Omega\tau}
\end{aligned} \tag{2.39}
$$

在 OPO 情况下，输入场 $\hat{Y}_{\beta 0}^{\text{in}}$，$\hat{Y}_{\beta 0}^{\text{in}}$，$\hat{Y}^{\text{in}}$ 均为真空场，所以它们的起伏方差均为 1。如果假设泵浦输入场为标准相干态光场，其相位噪声起伏方差也为 1，则 NOPO 输出场的相位和噪声谱为

$$
\begin{aligned}
\langle\Delta^2\left(\hat{Y}(\Omega)\right)\rangle &= \frac{1}{4\gamma^2\sigma^2 + \Omega^2\tau^2}[8\gamma_b\gamma(\sigma-1) + 4\gamma_b\gamma_c + (2\gamma_b - 2\gamma\sigma)^2 + \omega^2\tau^2] \\
&= \frac{4\gamma^2\sigma^2 + \omega^2\tau^2 - 8\gamma_b\gamma + 4\gamma_b(\gamma_b + \gamma_c)}{4\gamma^2\sigma^2 + \Omega^2\tau^2} \\
&= 1 - \frac{4\gamma_b\gamma}{4\gamma^2\sigma^2 + \Omega^2\tau^2}
\end{aligned} \tag{2.40}
$$

由内腔损耗 $d=2g_c$，腔镜透射率 $T=2g_b$，总损耗 $T'=T+d$，则相位和噪声与实验参数更接近的表达式为

$$\langle\Delta^2\left(\hat{Y}(\Omega)\right)\rangle=1-\frac{TT'}{T'^2\sigma^2+\Omega^2\tau^2} \tag{2.41}$$

图 2.10 是在 3MHz 处相位和噪声随 NOPO 腔输出镜对下转换光的透射率 T 的函数曲线。可以看出，随着输出镜透射率 T 的增大，相位和噪声会减小。然而，泵浦光总是有额外的相位噪声存在，定义泵浦光相位噪声为 $\langle\delta^2\hat{Y}_0^{\text{in}}\rangle=1+E\left(\Omega\right)$。如果考虑泵浦光额外噪声，则输出场的相位和噪声为

$$\langle\Delta^2\left(\hat{Y}(\Omega)\right)\rangle=1-\frac{TT'}{T'^2\sigma^2+\omega^2\tau^2}+\frac{2TT'(\sigma-1)}{T'^2\sigma^2+\omega^2\tau^2}E(\Omega) \tag{2.42}$$

这个公式可用来描述对泵浦光精细度较低的 NOPO 在泵浦光有额外相位噪声时输出场的相位关联。

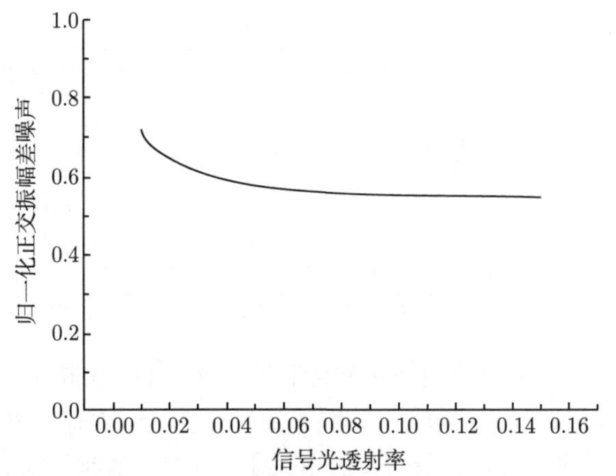

图 2.10　3 MHz 处振幅差噪声随 NOPO 腔输出镜对下转换光的透射率 T 的函数曲线 ($s=1.39$，$t=0.4\text{ns}$)

前面考虑了 NOPO 腔对泵浦光的精细度很低的近似情形，式 (2.34c) 由式 (2.35) 代替。现在考虑更为一般的情况，直接解式 (2.34)，就可解得 NOPO 腔对泵浦光的精细度为任意值时输出场的相位和噪声谱。具体求解过程如下：首先由式 (2.34c) 可得

$$\hat{Y}_0(\Omega)=\frac{1}{\mathrm{i}\Omega\tau+\gamma_0}\left[-\sqrt{\gamma_0\gamma(\sigma-1)}(\hat{Y}_1+\hat{Y}_2)+\sqrt{2\gamma_{0b}}\hat{Y}_0^{\text{in}}+\sqrt{2\gamma_{0c}}\hat{Y}_{\beta0}^{\text{in}}\right] \tag{2.43}$$

将上式代入式 (2.38)，可得

$$\hat{Y}_0(\Omega)=\frac{\sqrt{2}\sqrt{\gamma_0\gamma(\sigma-1)}(\sqrt{2\gamma_{0b}}\hat{Y}_0^{\rm in}+\sqrt{2\gamma_{0c}}\hat{Y}_{\beta 0}^{\rm in})\left(\mathrm{i}\Omega\tau+\gamma_0\right)\left(\sqrt{2\gamma_b}\hat{Y}^{\rm in}+\sqrt{2\gamma_c}\hat{Y}_\beta^{\rm in}\right)}{\mathrm{i}\omega\tau\left(\mathrm{i}\Omega\tau+\gamma_0\right)+2\gamma\mathrm{i}\Omega\tau+2\gamma\gamma_0\sigma} \tag{2.44}$$

同样，由输入–输出关系 $\hat{Y}_{\rm out}=\sqrt{2\gamma_b}\hat{Y}\left(\Omega\right)-\hat{Y}^{\rm in}$，可得

$$\begin{aligned}\hat{Y}^{\rm out}=&\frac{\sqrt{2\gamma_b}\sqrt{2}\sqrt{\gamma_0\gamma(\sigma-1)}\left(\sqrt{2\gamma_{0b}}\hat{Y}_0^{\rm in}+\sqrt{2\gamma_{0c}}\hat{Y}_{\beta 0}^{\rm in}\right)+\left(\mathrm{i}\Omega\tau+\gamma_0\right)2\sqrt{\gamma_b\gamma_c}\hat{Y}_\beta^{\rm in}}{2\gamma\gamma_0\sigma-\Omega^2\tau^2+\mathrm{i}\Omega\tau\left(\gamma_0+2\gamma\right)}\\&+\frac{\left[\mathrm{i}\Omega\tau\left(2\gamma_b-2\gamma-\gamma_0\right)+2\gamma_0\gamma_b-2\gamma\gamma_0\sigma+\Omega^2\tau^2\right]\hat{Y}^{\rm in}}{2\gamma\gamma_0\sigma-\Omega^2\tau^2+\mathrm{i}\Omega\tau\left(\gamma_0+2\gamma\right)}\end{aligned} \tag{2.45}$$

如果所有输入场的噪声起伏均为 1，则得到不同精细度下 NOPO 输出场的相位和噪声谱为

$$\langle\Delta^2\left(\hat{Y}(\Omega)\right)\rangle=1-\frac{4\gamma_b\gamma_0^2\gamma+4\gamma_b\Omega^2\tau^2\gamma}{\left(2\gamma\gamma_0-\Omega^2\tau^2\right)^2+\Omega^2\tau^2\left(\gamma_0+2\gamma\right)^2} \tag{2.46}$$

由内腔损耗 $\delta=2\gamma_c$，腔镜透射率 $T=2\gamma_b$，总损耗 $T^{'}=T+\delta$，则利用实验参数的相位和噪声表达式为

$$\langle\Delta^2\left(\hat{Y}(\Omega)\right)\rangle=1-\frac{TT'T_0'^2+4TT'\Omega^2\tau^2}{\left(TT_0'\sigma-2\Omega^2\tau^2\right)^2+\Omega^2\tau^2\left(T_0'+2T'\right)^2} \tag{2.47}$$

图 2.11 为由式 (2.47) 得出的归一化相位和噪声与 NOPO 腔对泵浦光的透射率的函数关系曲线。可以看出，当输入镜绿光透射率大于 5%时，相位反关联与泵浦透射率几乎没有关系；而且，绿光透射率大于 7%时，低频压缩大。因此，在实际测量中，要适当选择测量频率。

如果考虑泵浦光额外相位噪声，则输出场的相位和噪声为

$$\begin{aligned}\langle\Delta^2\left(\hat{Y}(\Omega)\right)\rangle=&1-\frac{TT'T_0'^2+4TT'\omega^2\tau^2}{\left(TT_0'\sigma-2\omega^2\tau^2\right)^2+\omega^2\tau^2\left(T_0'+2T'\right)^2}\\&+\frac{TT'T_0'T_0(\sigma-1)}{\left(TT_0'\sigma-2\omega^2\tau^2\right)^2+\omega^2\tau^2\left(T_0'+2T'\right)^2}E(\omega)\end{aligned} \tag{2.48}$$

图 2.12 是在不同泵浦精细度下，相位和噪声与泵浦额外相位噪声的关系。可以看出，相位和噪声随着泵浦额外相位噪声的增加而线性增加。

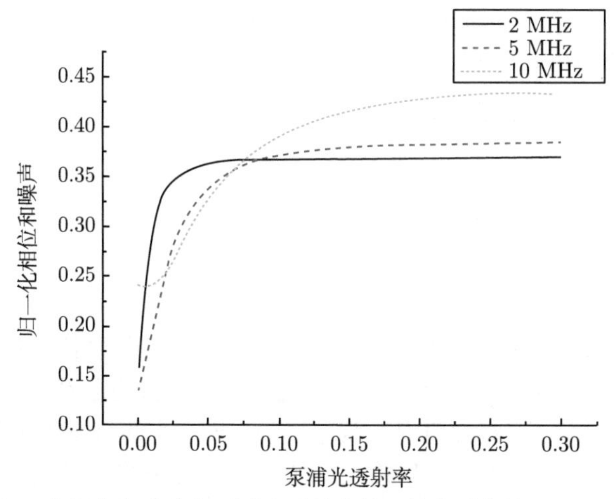

图 2.11 归一化相位和噪声与泵浦光透射率的函数关系曲线 ($s = 1.2$，$T = 0.05$，$d_0 = d = 0.5\%$)

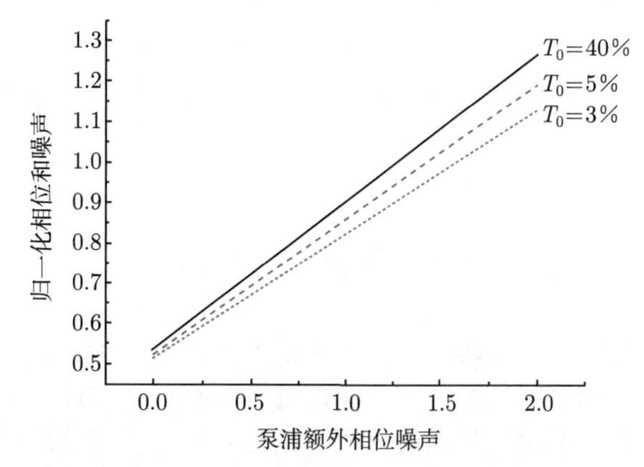

图 2.12 相位和噪声与泵浦额外相位噪声的关系 ($T = 5\%$，$wt = 0.005$，$s = 1.4$，$d_0 = d = 0.5\%$)

根据上述理论分析，如果泵浦场没有额外相位噪声，则相位反关联总是存在的。但是，泵浦光在穿过非线性晶体时，非线性晶体会成为一种噪声增益介质，将泵浦光噪声放大，产生内腔寄生噪声，破坏相位反关联。因此，引入噪声增益因子，这样内腔场的朗之万相位运动方程可写为

$$
\begin{aligned}
\tau\hat{Y}_1 + \gamma\hat{Y}_1 &= -\gamma\hat{Y}_2 + \sqrt{\gamma_0\gamma(\sigma-1)}\hat{Y}_0 + \sqrt{2\gamma_b}\hat{Y}_1^{\text{in}} + \sqrt{2\gamma_c}\hat{Y}_{\beta 1}^{\text{in}} \\
\tau\hat{Y}_2 + \gamma\hat{Y}_2 &= -\gamma\hat{Y}_1 + \sqrt{\gamma_0\gamma(\sigma-1)}\hat{Y}_0 + \sqrt{2\gamma_b}\hat{Y}_2^{\text{in}} + \sqrt{2\gamma_c}\hat{Y}_{\beta 2}^{\text{in}} \\
\tau\hat{Y}_0 + (\gamma_0-\varepsilon)\hat{Y}_0 &= -\sqrt{\gamma_0\gamma(\sigma-1)}\left(\hat{Y}_1+\hat{Y}_2\right) + \sqrt{2\gamma_{0b}}\hat{Y}_0^{\text{in}} + \sqrt{2\gamma_{0c}}\hat{Y}_{\beta 0}^{\text{in}}
\end{aligned} \tag{2.49}
$$

如同前面的方法，考虑泵浦场存在额外相位噪声，并考虑内腔噪声放大作用时，NOPO 输出场的相位和关联表达式为

$$\langle\Delta^2\left[\hat{Y}(\Omega)\right]\rangle = 1 - \frac{TT'\left(T_0'^2 + 4\omega^2\tau^2\right) + 4T\varepsilon\left(2T'\varepsilon - T'T_0'\sigma^2 - T\varepsilon\right)}{\left(T'T_0'\sigma - 2\omega^2\tau^2 - 2T'\varepsilon\right)^2 + \omega^2\tau^2\left(T_0' + 2T' - 2\varepsilon\right)^2} + \frac{2TT'T_0'T_0(\sigma-1)}{\left(T'T_0'\sigma - 2\omega^2\tau^2 - 2T'\varepsilon\right)^2 + \omega^2\tau^2\left(T_0' + 2T' - 2\varepsilon\right)^2}E \quad (2.50)$$

一般情况下，从 NOPO 输出的信号光和闲置光，会经过反射镜、波片、棱镜等光学元件再进入探测器，因此也会产生损耗。此外，光电探测器具有一定的量子效率，相当于探测损耗，所有这些都将引入真空噪声，导致实测压缩度低于由 NOPO 直接获得的压缩度。那么 NOPO 的输出场的相位和噪声谱最终表示为

$$\langle\Delta^2\left[\hat{Y}(\Omega)\right]\rangle = 1 - \eta\frac{TT'\left(T_0'^2 + 4\omega^2\tau^2\right) + 4T\varepsilon\left(2T'\varepsilon - T'T_0'\sigma^2 - T\varepsilon\right)}{\left(T'T_0'\sigma - 2\omega^2\tau^2 - 2T'\varepsilon\right)^2 + \omega^2\tau^2\left(T_0' + 2T' - 2\varepsilon\right)^2} + \eta\frac{2TT'T_0'T_0(\sigma-1)}{\left(T'T_0'\sigma - 2\omega^2\tau^2 - 2T'\varepsilon\right)^2 + \omega^2\tau^2\left(T_0' + 2T' - 2\varepsilon\right)^2}E \quad (2.51)$$

2.3　四波混频过程

一个完整的量子信息处理系统，不仅需要非经典光场，也包含原子系综，通过光与原子的高效相互作用而完成信息的处理与存储。因此，非经典态光场的频率和线宽应该与原子能级结构精确匹配。利用原子介质直接产生与其匹配的非经典态光场，这是最直接的途径。

虽然原子气体可以作为非线性光学材料，但它属于各向同性介质，因此所有偶数项非线性极化率，如 $\chi^{(2)}$、$\chi^{(4)}$、$\cdots$ 均为零，只存在奇数项极化率，如 $\chi^{(3)}$、$\chi^{(5)}$、$\cdots$。四波混频过程是四种不同波长的光波在非线性材料中相互作用所产生的三阶非线性光学效应 $\chi^{(3)}$，在非线性介质中四束光波相互之间进行能量和动量转换。以铯原子蒸气为例，如图 2.13(a) 所示，强的泵浦光将铯原子的两个基态 $6\mathrm{S}_{1/2}, F=3$ 和 $6\mathrm{S}_{1/2}, F=4$ 耦合到 $6\mathrm{P}_{1/2}, F'=4$ 蓝失谐的两个虚能态 (非真实存在的失谐能级) 上，当一束弱的信号光场调谐至 $6\mathrm{S}_{1/2}, F=4 \rightarrow 6\mathrm{P}_{1/2}, F'=4$ 并与其中一束泵浦光达到近似双光子共振时，光与非线性铯原子介质的相互作用类似两个拉曼过程，吸收两个泵浦光子的同时释放一个信号光子和一个共轭光子，共轭光场与信号光场的频率对应于两个基态的能级差。

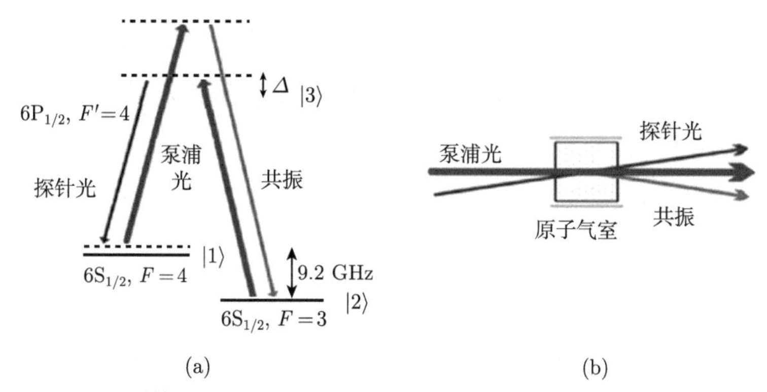

图 2.13 (a) ^{133}Cs 原子 D1 线双 Λ 型能级结构；(b) 四波混频过程示意图

在四波混频过程中，参与三阶非线性相互作用的泵浦光场、信号光场和共轭光场必须满足能量守恒和动量守恒：

$$2\omega_{\mathrm{p}} = \omega_{\mathrm{pr}} + \omega_{\mathrm{c}}, \quad 2k_{\mathrm{p}} = k_{\mathrm{pr}} + k_{\mathrm{c}} \tag{2.52}$$

其中，$\omega_{\mathrm{p}},\omega_{\mathrm{pr}},\omega_{\mathrm{c}}$ 和 $k_{\mathrm{p}},k_{\mathrm{pr}},k_{\mathrm{c}}$ 分别为泵浦光场、信号光场和共轭光场的频率和波矢。如图 2.14 所示，将动量矢量分解为标量形式，可得

$$\begin{aligned} 0 &= k_{\mathrm{c}}\sin\varphi - k_{\mathrm{pr}}\sin\theta \\ 2k_{\mathrm{p}} &= k_{\mathrm{c}}\cos\varphi + k_{\mathrm{pr}}\cos\theta \end{aligned} \tag{2.53}$$

其中，θ 和 φ 分别为探针光和共轭光与泵浦光的传播方向 (x) 之间的夹角。

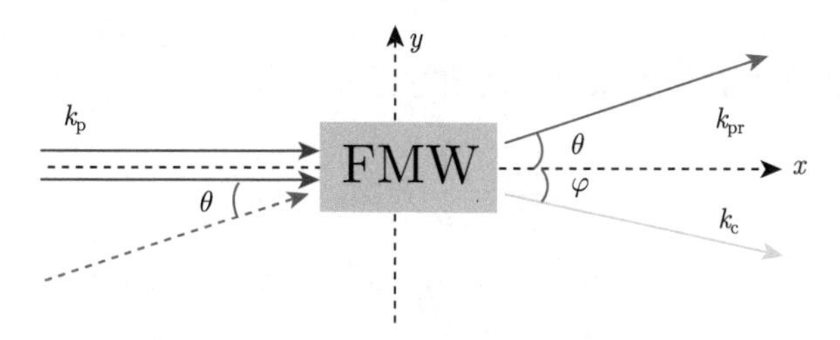

图 2.14 四波混频中相位匹配关系示意图

求解式 (2.53) 得出共轭光的波矢量绝对值及其方向角 φ 满足

$$\begin{aligned} k_{\mathrm{c}}^2 &= {k_{\mathrm{pr}}}^2 + 4{k_{\mathrm{p}}}^2 - 4k_{\mathrm{pr}}k_{\mathrm{p}}\cos\theta \\ \sin\varphi &= \frac{k_{\mathrm{pr}}}{k_{\mathrm{c}}}\sin\theta \end{aligned} \tag{2.54}$$

将波矢量的大小与角频率的关系 $k_i = \dfrac{\omega_i n_i}{c}$ 代入上式，一般情况下 ω_{pr} 与 ω_{c} 相差不大，可以近似认为原子介质对信号光场和共轭光的折射率相同，即 $n_{\mathrm{pr}} \approx n_{\mathrm{c}}$，$\omega_{\mathrm{pr}} \approx \omega_{\mathrm{c}}$。由此得出

$$\sin\varphi = \frac{\omega_{\mathrm{pr}} n_{\mathrm{pr}}}{\omega_{\mathrm{c}} n_{\mathrm{c}}}\sin\theta \approx \sin\theta \tag{2.55}$$

即 $\varphi \approx \theta$，由下式可以求得 θ 的精确值：

$$\cos\theta = \frac{{k_{\mathrm{pr}}}^2 + 4{k_{\mathrm{p}}}^2 - {k_{\mathrm{c}}}^2}{4k_{\mathrm{pr}}k_{\mathrm{p}}} = \frac{4{n_{\mathrm{p}}}^2 - 5{n_{\mathrm{c}}}^2 + {n_{\mathrm{pr}}}^2 + 4}{4} \tag{2.56}$$

利用泰勒公式 $\cos\theta \approx 1 - \dfrac{\theta^2}{2}$，以及折射率与极化率的关系 $n \approx \sqrt{1+\chi}$，可以得出 θ 为

$$\theta = \sqrt{\frac{5\chi_{\mathrm{c}} - 4\chi_{\mathrm{p}} - \chi_{\mathrm{pr}}}{2}} \tag{2.57}$$

只有在真空条件下，即 $\chi = 0$ 时，四束光波才能满足同向传播。但是实验中原子介质的极化率不可能为 0，且对于不同频率的光极化率各不相同，因此实验中必须选取合适的夹角来满足相位匹配条件。

上面解释了四波混频的非线性光学过程，下面用量子光学理论说明该过程是如何产生非经典光场量子态的。四波混频的双模压缩算符可以表示为

$$\hat{H} = \mathrm{i}\hbar\chi\hat{a}^{\dagger}\hat{c}^{\dagger} - \mathrm{i}\hbar\chi^{*}\hat{a}\hat{c} \tag{2.58}$$

探针光和共轭光在海森伯表象中的运动方程分别为

$$\begin{aligned}\frac{\mathrm{d}\hat{a}}{\mathrm{d}t} &= \frac{\mathrm{i}}{\hbar}[\hat{H},\hat{a}] = \chi\hat{c}^{\dagger}\\ \frac{\mathrm{d}\hat{c}^{\dagger}}{\mathrm{d}t} &= \frac{\mathrm{i}}{\hbar}\left[\hat{H},\hat{c}^{\dagger}\right] = \chi^{*}\hat{a}\end{aligned} \tag{2.59}$$

求解式 (2.59)，可以得到输出探针光和共轭光的湮灭与产生算符：

$$\hat{a}_{\mathrm{out}} = \hat{a}_{\mathrm{in}}\cosh(\chi t) + \hat{c}_{\mathrm{in}}^{\dagger}\sinh(\chi t) \tag{2.60}$$

$$\hat{c}_{\mathrm{out}}^{\dagger} = \hat{c}_{\mathrm{in}}^{\dagger}\cosh(\chi t) + \hat{a}_{\mathrm{in}}\sinh(\chi t) \tag{2.61}$$

其中，$\hat{a}_{\mathrm{in}}$ 为输入信号光的湮灭算符；$\hat{c}_{\mathrm{in}}^{\dagger}$ 为共轭光的产生算符。

在输入共轭光为真空态,即 $\langle \hat{N}_{c(\text{in})} \rangle = 0$,输入探针光为相干态,即 $\langle \hat{N}_{a(\text{in})} \rangle \gg 1$ 时,输出探针光和共轭光的强度分别为

$$\begin{aligned}\langle \hat{N}_{a(\text{out})} \rangle &= \langle \hat{a}^\dagger_{\text{out}} \hat{a}_{\text{out}} \rangle \\ &= \langle \left[\hat{a}^\dagger_{\text{in}} \cosh(\chi t) + \hat{c}_{\text{in}} \sinh(\chi t)\right] \left[\hat{a}_{\text{in}} \cosh(\chi t) + \hat{c}^\dagger_{\text{in}} \sinh(\chi t)\right] \rangle \\ &= \langle \hat{a}^\dagger_{\text{in}} \hat{a}_{\text{in}} \rangle \cosh^2(\chi t) + \sinh^2(\chi t) = G \langle \hat{a}^\dagger_{\text{in}} \hat{a}_{\text{in}} \rangle + (G-1) \end{aligned} \tag{2.62}$$

以及

$$\langle \hat{N}_{c(\text{out})} \rangle = \langle \hat{c}^\dagger_{\text{out}} \hat{c}_{\text{out}} \rangle = (G-1) \langle \hat{a}^\dagger_{\text{in}} \hat{a}_{\text{in}} \rangle + (G-1) \tag{2.63}$$

其中,$G = \cosh^2(\chi t)$。

四波混频后,探针光被放大,其光子数起伏为

$$\begin{aligned}\text{Var}(\hat{N}_{a(\text{out})}) =& \text{Var}\left(\left[\hat{a}^\dagger_{\text{in}}\ \cosh(\chi t) + \hat{c}_{\text{in}}\ \sinh(\chi t)\right] [\hat{a}_{\text{in}} \cosh(\chi t) \right. \\ & \left. + \hat{c}^\dagger_{\text{in}}\ \sinh(\chi t)]\right) \\ =& \text{Var}[\cosh^2(\chi t) \hat{a}^\dagger_{\text{in}} \hat{a}_{\text{in}} + (\hat{a}^\dagger_{\text{in}} \hat{c}^\dagger_{\text{in}} + \hat{c}_{\text{in}} \hat{a}_{\text{in}}) \cosh(\chi t) \sinh(\chi t) \\ & + \hat{c}_{\text{in}} \hat{c}^\dagger_{\text{in}}\ \sinh^2(\chi t)] \\ =& \cosh^4(\chi t)\, \text{Var}(\hat{a}^\dagger_{\text{in}} \hat{a}_{\text{in}}) + \cosh^2(\chi t) \sinh^2(\chi t)\, \text{CoVar}(\hat{a}^\dagger_{\text{in}} \hat{c}^\dagger_{\text{in}}, \hat{c}_{\text{in}} \hat{a}_{\text{in}}) \end{aligned} \tag{2.64}$$

其中,$\text{Var}(\hat{a}^\dagger_{\text{in}} \hat{a}_{\text{in}}) = \langle \hat{a}^\dagger_{\text{in}} \hat{a}_{\text{in}} \rangle$,$\text{CoVar}(\hat{a}^\dagger_{\text{in}} \hat{c}^\dagger_{\text{in}}, \hat{c}_{\text{in}} \hat{a}_{\text{in}}) \approx \langle \hat{a}^\dagger_{\text{in}} \hat{a}_{\text{in}} \rangle$,于是得到

$$\begin{aligned}\text{Var}(\hat{N}_{a(\text{out})}) &= \cosh^4(\chi t) \langle \hat{a}^\dagger_{\text{in}} \hat{a}_{\text{in}} \rangle + \cosh^2(\chi t) \sinh^2(\chi t) \langle \hat{a}^\dagger_{\text{in}} \hat{a}_{\text{in}} \rangle \\ &= \cosh^2(\chi t) (\cosh^2(\chi t) + \sinh^2(\chi t)) \langle \hat{a}^\dagger_{\text{in}} \hat{a}_{\text{in}} \rangle \\ &= G(2G-1) \langle \hat{a}^\dagger_{\text{in}} \hat{a}_{\text{in}} \rangle \end{aligned} \tag{2.65}$$

同理,被放大的共轭光的光子数起伏为

$$\text{Var}(\hat{N}_{c(\text{out})}) = (G-1)(2G-1) \langle \hat{a}^\dagger_{\text{in}}\ \hat{a}_{\text{in}} \rangle \tag{2.66}$$

放大后的探针光与相应共轭光之间的强度差噪声为

$$\begin{aligned}\text{Var}(\hat{N}_{a(\text{out})} \hat{N}_{c(\text{out})}) &= \text{Var}\left[\hat{a}^\dagger_{\text{in}}\ \hat{a}_{\text{in}} - \sinh^2(\chi t) - \hat{c}^\dagger_{\text{in}} \hat{c}_{\text{in}} + \sinh^2(\chi t)\right] \\ &= \text{Var}(\hat{a}^\dagger_{\text{in}} \hat{a}_{\text{in}}) \end{aligned}$$

$$= \langle \hat{a}_{\rm in}^{\dagger} \hat{a}_{\rm in} \rangle \tag{2.67}$$

可以看出，虽然四波混频过程输出的探针光和共轭光的噪声起伏均被放大，但是它们之间的强度差起伏仍然不变，等于未放大之前入射光子的起伏，也就是说，输出探针光与共轭光的强度之间存在量子关联，其强度差起伏低于 SNL。在计算压缩度时，定义强度与输出探针光和共轭光的总强度相等的相干光的起伏为相应的 SNL：$(2G-1)\langle \hat{a}_{\rm in}^{\dagger} \hat{a}_{\rm in} \rangle$，于是四波混频产生的探针光与共轭光之间的强度差压缩为

$$S = 10\log_{10}\frac{1}{2G-1} \tag{2.68}$$

参 考 文 献

[1] Boyd R W. Nonlinear Optics. 3rd ed. New York: Academic Press, 2008.

[2] 石顺祥. 非线性光学. 2 版. 西安: 西安电子科技大学出版社, 2012.

[3] Zhang Y, Su H, Xie C D, et al. Quantum variances and squeezing of output field from NOPA. Phys. Rev. A, 1999, 259(3-4): 171-177.

[4] Reid M D, Drummond P D. Correlations in nondegenerate parametric oscillation: Squeezing in the presence of phase diffusion. Phys. Rev. A, 1989, 40: 4493.

第 3 章　压缩态光场的实验制备

自 20 世纪 80 年代起，量子光学领域的科学家们就对压缩态光场的制备开展了研究。非线性光学作用可以使光场某一正交分量的起伏压缩到 SNL 以下，理论和实验证明，光学参量和四波混频过程是产生压缩态光场的有效途径。1985 年，美国贝尔实验室 Slusher 教授等首次利用四波混频方法得到了约 0.3 dB 的正交压缩态光场，相当于光场某一正交分量的量子噪声被压缩到 SNL 的 93%[1]。同年，美国得克萨斯大学 Kimble 教授研究组另辟蹊径，通过简并参量放大过程产生了 3.5 dB 的单模正交压缩真空态，即量子噪声被压缩到 SNL 的 45%。这个实验是由中国科学院物理研究所吴令安研究员在该研究组攻读博士学位期间完成的 [2]。2016 年，德国马克斯 • 普朗克科学促进协会 Schnabel 教授研究组利用包含周期极化 KTP(PPKTP) 晶体的 NOPA 获得的压缩度达到了 15 dB，此时量子噪声已经被压缩到 SNL 的 3%[3]。国内在 20 世纪 80 年代中期开展了非经典光场的理论与实验研究。1992 年，山西大学光电研究所用内腔倍频稳频掺钕钇铝石榴石 (Nd:YAG) 激光器作泵浦源，泵浦由两块 KTP 晶体反向串接的 NOPA，避免了 NOPO 腔内下转换光的走离效应，得到了双模正交压缩真空态光场 [4]；为了使压缩度进一步提高，山西大学光电研究所进行了一系列的技术改进，利用 PPKTP 晶体构成的 DOPA 得到了 12.6 dB 的正交压缩态光场，将一个正交分量的量子噪声压缩到 SNL 的 5%[5]。

此外，利用光学参量和四波混频过程也从实验上制备出强度差压缩态光场。1987 年，法国居里大学的 Fabre 研究组用稳频氩离子激光器作为光源泵浦非简并光学参量振荡器，首次获得了强度相关的孪生光束，测得其强度差噪声功率压缩到散粒噪声水平的 70%[6]。1997 年，山西大学光电研究所采用 KTP 晶体作非线性介质，获得强度差噪声压缩到 SNL 的 12%的孪生光束 [7]。另一种产生强度差压缩态光场的方法是基于原子系综中四波混频 [8,9]，例如在铷原子、铯原子系综中通过四波混频作用制备强度差压缩态光场。本章将分别讲述正交压缩态光场和强度差压缩态光场的实验制备方法。

3.1　正交压缩态光场的制备

通过光学参量放大过程中的二阶非线性效应可以产生正交压缩态，使一个正交分量的量子噪声低于 SNL，同时其共轭分量的起伏将相应增加。根据第 2 章的理论分析可知，当简并光参量放大器的泵浦光场和信号光场的相对相位为 π 的偶数 (奇数) 倍时，产生的下转换光场的强度相对于注入信号光场的强度将被放大 (缩小)，对应于参量放大 (反放大) 状态。由于处于放大 (反放大) 状态的简并光学参量放大器产生的两个简并下转换光场信号光和闲置光的边带之间具有量子特性，因此，其耦合模的正交相位分量噪声被压缩 (反压缩)，正交振幅分量噪声被反压缩 (压缩)。

下面以基于简并光学参量放大器的正交振幅压缩态光场制备为例进行讨论，其制备系统如图 3.1 所示。图 3.1(a) 为原理方框图，泵浦激光器输出的泵浦光 (频率为 ω) 分为三部分，主光束用于泵浦倍频器 (SHG)，产生频率为 2ω 的倍频光，用于泵浦 DOPA，获得频率为 ω 的正交振幅压缩态光场 ω_{q}，其压缩度被平衡零拍探测器 (BHD) 探测。泵浦光的另外两部分分别作为简并光学参量放大器的注入信号光和 BHD 的本地振荡 (LO) 光。

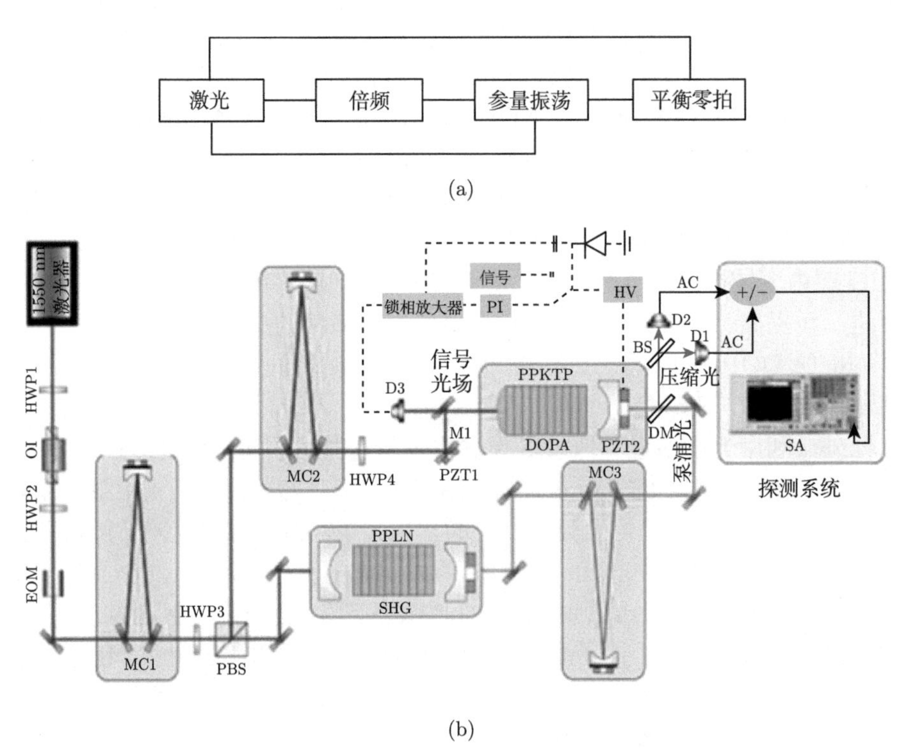

(a)

(b)

图 3.1 正交压缩态光场制备系统的 (a) 原理方框图和 (b) 实验装置图

各光学器件的具体代号含义如下：EOM-电光调制器；HWP1～HWP4-半波片；OI-光学隔离器；MC1～MC3-模式清洁器；PBS-偏振分束器；PZT1,PZT2-压电陶瓷；SHG-泵浦倍频器；DOPA-简并光学参量放大器；PI-比例积分电路；HV-高压放大器；D1～D3-光电探测器；BS-50:50 分束器；SA-频谱分析仪

图 3.1(b) 为制备明亮正交振幅压缩态光场的实验装置图。激光器输出端的光学隔离器 (OI) 用来防止后续光学元件反射的激光影响激光器运转状态。这里用自制的模式清洁器 (MC) 降低光纤激光器输出激光的额外噪声。电光调制器 (electro-optic modulator，EOM) 用来为激光加载高频调制信号，利用 Pound-Drever-Hall(PDH) 稳频技术锁定 MC 的腔长，使其与注入的激光完全共振。

实验中，用半波片 (HWP3) 和偏振分束器 (PBS) 将模式清洁器 MC1 透射的激光分成两束，功率低的一束注入模式清洁器 MC2 进行二次过滤后，出射激光的强度噪声在分析频率为 4 MHz 处达到了 SNL。该低噪声激光经固定在 PZT1 上的平面镜 M1 反射后注入简并光学参量放大器腔中，作为简并光学参量放大器腔的注入信号光。MC1 和 MC2 为腔长均为 1 m 且精细度为 500(S 偏) 的模式清洁器。锁定模式清洁器 MC1 和 MC2 的腔长后，从 MC1 透射的大部分激光被用来进行外腔谐振倍频产生倍频光。为了满足简并光学参量放大器腔对噪声的要求，MC3 被用来过滤倍频光的额外噪声，使其强度噪声在分析频率为 4MHz 处达到了 SNL。MC3 的腔长也为 1 m，精细度为 400(S 偏)。

简并光学参量放大器腔是由平凹镜和 PPKTP 晶体构成的半整块驻波腔，腔长为 32 mm，平凹镜凹面的曲率半径 $R = 30$ mm，为泵浦光的输入耦合镜和产生的下转换光场的输出耦合镜，其凹面对信号光镀膜的透射率为 $T = 13\%$，对泵浦光镀膜的反射率为 R =20%；平面对信号光和泵浦光镀减反膜。PPKTP 晶体的一端面被加工成曲率半径 $r = 12$ mm 的凸面，对信号光和泵浦光镀高反膜，另一端面为平面，对信号光和泵浦光镀减反膜。PPKTP 晶体放置在导热性良好的紫铜控温炉内，通过温度控制仪驱动佩尔捷 (Peltier) 元件实现对 PPKTP 晶体温度的高精度控制。

3.1.1 阈值以下内腔光学参量过程

在正交压缩态光场的产生系统中，简并光学参量放大器是其核心器件，由光学谐振腔和非线性晶体构成。下面首先介绍提供光学反馈的关键组件，即光学谐振腔。以驻波腔为例，通过腔的一次往返的光程是 p，光在光学谐振腔内多次反射，所有这些波都会相互干涉，形成多光束干涉，如图 3.2 所示。对于 p 是入射光波长的整数倍的情况，由于相长干涉，光学谐振腔和光场处于共振状态。共振频率满足条件：

$$\nu_{\text{cav}} = \frac{jc}{p} \tag{3.1}$$

其中，j 为整数；c 为光在真空中的传播速度。对于线性腔，光学长度为 $p = 2nd_{12}$，其中 d_{12} 是两个反射镜之间的物理距离，n 是传送介质的折射率。如果扫描腔长度或光的波长，腔谐振频率将呈现等距周期分布，两个相邻谐振频率之间的差称为自由光谱区 (FSR)，即

$$\mathrm{FSR} = \frac{c}{p} \tag{3.2}$$

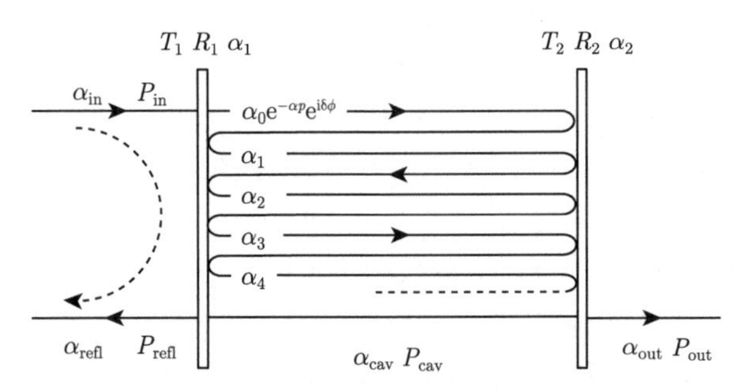

图 3.2　线性腔内的多振幅干涉

T_1-输入镜的透射率；T_2-输出镜的透射率；R_1-输入镜的反射率；R_2-输出镜的反射率；P_{in}-入射光场的功率；P_{out}-透射光场的功率；P_{refl}-反射光场的功率

下面计算光学谐振腔中内腔光场、反射光场和透射光场的强度及其相对相位。考虑输入镜为 M_1，输出镜为 M_2 的光学谐振腔。M_1 和 M_2 的光强透射率分别为 T_1 和 T_2。振幅为 α_{in} 的入射场部分地通过 M_1，在 M_1 之后的内场振幅为 $\alpha_0 = \sqrt{T}_1 \alpha_{\mathrm{in}}$。它将在腔内循环，并且在每次往返期间，其幅度都会减小一个因子 g_{m}：

$$g_{\mathrm{m}} = \sqrt{R_1 R_2 \exp(-\alpha p)} \tag{3.3}$$

其中，g_{m} 被称为损耗参数，描述光学谐振腔往返一周腔内光场强度的损耗，包括反射镜的振幅反射率和内部损耗；$R_1 = 1 - T_1$ 和 $R_2 = 1 - T_2$ 分别为 M_1 和 M_2 的光强反射率；α 代表腔内吸收和散射的损耗系数；$\exp(-\alpha p)$ 为光学谐振腔往返一周的强度损耗，相邻两次往返的内腔场之间形成 $\delta\phi = \dfrac{2\pi(\nu_{\mathrm{L}} - \nu_{\mathrm{cav}})p}{c}$ 的相位差。假设腔内光场经过多次反射达到稳态，其复振幅 α_{cav} 是所有往返复振幅之和：

$$\alpha_{\mathrm{cav}} = \alpha_0 + \alpha_1 + \alpha_2 + \alpha_3 + \cdots = \sum_{j=0}^{\infty} \alpha_j \tag{3.4}$$

根据递推关系：

$$\alpha_{j+1} = g_{\mathrm{m}} \exp[-\mathrm{i}\delta\phi(\nu)]\, \alpha_j = g(\nu)\, \alpha_j \tag{3.5}$$

这里 $g(\nu)$ 是复数，描述光学谐振腔在一个往返行程中的振幅变化。腔内光场表示为

$$\alpha_{\mathrm{cav}} = \alpha_0 \left[1 + g(\nu) + g(\nu)^2 + g(\nu)^3 + g(\nu)^4 + \cdots\right] = \frac{\alpha_0}{1 - g(\nu)} \tag{3.6}$$

腔内光场的功率为

$$
\begin{aligned}
p_{\text{cav}} \propto | \left|\alpha_{\text{cav}}\right|^2 &= \frac{\left|\alpha_0\right|^2}{\left|1-g\left(\nu\right)\right|^2} \\
&= \frac{\left|\alpha_0\right|^2}{\left|1-g_{\text{m}}\exp\left(-\text{i}\phi\right)\right|^2} \\
&= \frac{\left|\alpha_0\right|^2}{\left(1-g_{\text{m}}\right)^2+4g_{\text{m}}\sin^2\left(\dfrac{\delta\phi}{2}\right)}
\end{aligned}
\tag{3.7}
$$

因此，可以得到

$$
p_{\text{cav}} = p_{\max}\frac{1}{1+\left(\dfrac{2F}{\pi}\right)^2\sin^2\left(\dfrac{\delta\phi}{2}\right)}
\tag{3.8}
$$

其中，$p_{\max}=\left(\dfrac{\alpha_0}{1-g_{\text{m}}}\right)^2$，腔的精细度 $F=\dfrac{\pi\sqrt{g_{\text{m}}}}{1-g_{\text{m}}}$。

注入光场的振幅 α_{in}、内腔光场的振幅 (α_{cav} 为腔镜 M_1 内侧的场) 和反射光场的振幅 (α_{refl}) 满足谐振腔的边界条件：

$$
\begin{gathered}
\alpha_0=\sqrt{T_1}\alpha_{\text{in}} \\
\alpha_{\text{out}}=\sqrt{T_2}\exp(-\alpha d_{12}+\text{i}\delta\phi/2)\alpha_{\text{cav}}=\frac{\sqrt{T_2}g\left(\nu\right)}{\sqrt{R_1R_2}}\alpha_{\text{cav}} \\
\alpha_{\text{refl}}=-\sqrt{R_1}\alpha_{\text{in}}+\sqrt{T_1}\sqrt{R_1}\alpha_{\text{cav}}
\end{gathered}
\tag{3.9}
$$

计算 α_{out} 时考虑了 M_1 到 M_2 间的内部损耗和 M_2 的透射。α_{refl} 的前一项是入射光被 M_1 直接反射的部分，由于反射镜的半波损耗，它将产生 π 的相位差；后一项是从腔内通过 M_1 镜“漏”出的光强度。结合式 (3.6) 和式 (3.9)，可以得到透射光场强 α_{out}、反射光场强 α_{refl}、腔内光强 α_{cav} 和入射光强 α_{in} 的比例关系，即透射光场功率 P_{out}、内腔光场功率 P_{cav} 和反射光场功率 P_{refl} 与入射光场功率 P_{in} 之比为

$$
\frac{P_{\text{out}}}{P_{\text{in}}}=\frac{T_1T_2g\left(\nu\right)}{\sqrt{R_1R_2}\left|1-g\left(\nu\right)\right|^2}
\tag{3.10a}
$$

$$
\frac{P_{\text{cav}}}{P_{\text{in}}}=\frac{T_1}{\left|1-g\left(\nu\right)\right|^2}
\tag{3.10b}
$$

$$
\frac{P_{\text{refl}}}{P_{\text{in}}}=\frac{\left|R_1-g\left(\nu\right)\right|^2}{R_1\left|1-g\left(\nu\right)\right|^2}
\tag{3.10c}
$$

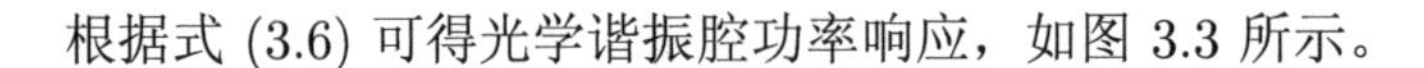

根据式 (3.6) 可得光学谐振腔功率响应，如图 3.3 所示。

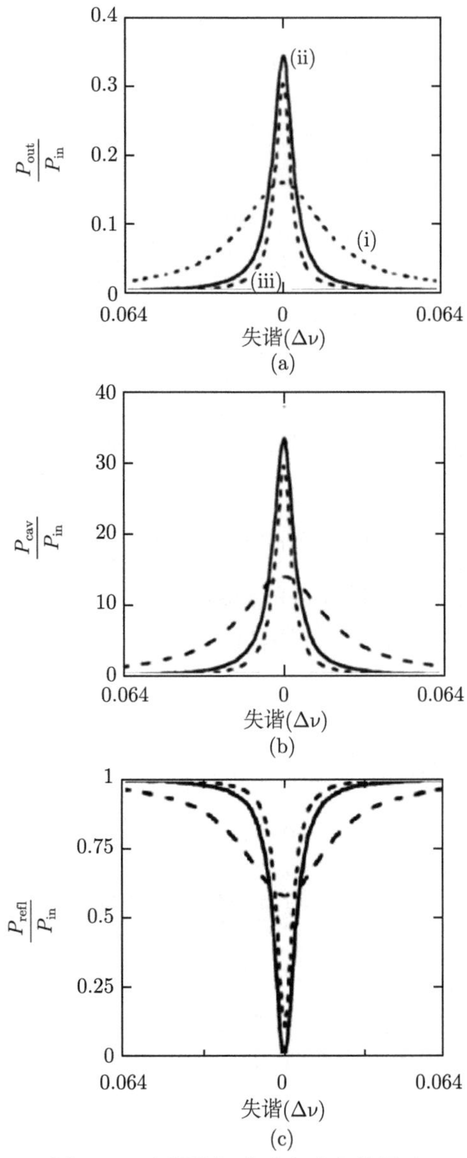

图 3.3　光学谐振腔功率响应的图示

腔的精细度 $F = 300$。(a) 是透射光场，(b) 是腔内光场，(c) 是反射光场 [1,3]。对于每个光场，将显示三种不同的情况：(i) 欠耦合情况 (长虚线)，(ii) 阻抗匹配情况 (实线)，(iii) 过耦合情况 (虚线)

为了保证 OPA 高效运转，实验过程中首先需要考虑阻抗匹配和模式匹配，并根据非线性光学晶体的性质，实现相位匹配。以下分别介绍这几类匹配的物理含义，以及匹配原理和方法。

1. 阻抗匹配

与电子学中的传送线匹配类似，这里称光学腔入射场的反射能量干涉相消时 ($P_{\text{refl}}=0$) 为“阻抗匹配”。在阻抗匹配的条件下，反射光场接近于零，注入光场几乎全部进入光学谐振腔中。根据式 (3.10c) 中所包含的两项的大小关系，可以把谐振状态下的反射光场分为三种状态：

$$\text{欠耦合：}\quad R_1 < R_2\exp(-\alpha p) \tag{3.11a}$$

$$\text{阻抗匹配：}\quad R_1 = R_2\exp(-\alpha p) \tag{3.11b}$$

$$\text{过耦合：}\quad R_1 > R_2\exp(-\alpha p) \tag{3.11c}$$

结合式 (3.10c)，不论镜片和腔长的组合处在欠耦合还是过耦合状态，反射功率都不会达到最小。两种情形都会导致反射功率不为零，但是反射光场的相位不同，振幅的符号 (正负) 会发生变化。

阻抗匹配对应于式 (3.11c) 的情况，式 (3.9) 指出，此时被输入镜 M_1 直接反射的光强与经输入镜 M_1 透射出的内场光强恰好平衡。由式 (3.10c) 明显看到，匹配情况下输入镜 M_1 的透射刚好与腔内损耗相互抵消，也就是 $R_1=g_{\text{m}}$。于是，反射功率 $P_{\text{refl}}=0$，没有反射，意味着在不考虑镜片损耗的前提下所有能量都将输出，即 $P_{\text{out}}=P_{\text{in}}$，这里 P_{in} 为输入镜 M_1 前注入的光功率，P_{out} 为经输入镜 M_2 后出射的光功率。

2. 模式匹配

为提高参量转换效率，在谐振腔内相互作用的几个光学模应该具有相同的时空分布模式，这称为模式匹配。但由于光学谐振腔具有自身的本征横向模式，所以对于不同光学谐振腔，要借助于外加适当的透镜组实现模式匹配。此外，为提高平衡零拍探测系统的探测效率，也要求信号光场和本地振荡光场达到模式匹配。光学谐振腔和探测系统中干涉光的模式匹配效率直接影响压缩态的产生与测量结果，匹配不完善相当于引入附加真空噪声，导致压缩度降低。

共焦法布里–珀罗 (F-P) 腔是一类重要的光学腔，它对共振频率光束的所有模式均能匹配，可用来监视模式是否单频。其他光学谐振腔则需要选取合适的透镜组，通过细致的焦距与相对位置调节，使入射场模尽可能接近模式清洁器的本征模式，达到模式匹配的状态，让基模获取更大的功率响应，从而提升压缩态光场的质量。

例如，通常输入光场为高斯光束，可以用参量 q 描述 [10]： $\dfrac{1}{q}=\dfrac{1}{R}-\mathrm{i}\dfrac{\lambda M^2}{\pi w^2}$，其中 ω 为高斯光束的宽度，R 为光束的等相面曲率半径 (腰斑 ω_0 处 $R\to\infty$)，

M^2 为光束的空间束宽积 (对于 TEM_{00} 模 $M^2=1$)。如图 3.4(a) 所示，q 经过光学器件的变换可以用矩阵光学 [9] 中的 $ABCD$ 模型计算:$q'=\dfrac{Aq+B}{Cq+D}$。选择合适的器件组合，如自由传送 $\begin{bmatrix}1 & l\\ 0 & 1\end{bmatrix}$、薄透镜 $\begin{bmatrix}1 & 0\\ -\dfrac{1}{f} & 1\end{bmatrix}$ 等，可匹配出腔的本征模式 $\dfrac{1}{q}=\dfrac{D'-A'}{2B'}\pm\dfrac{\mathrm{i}}{B'}\sqrt{1-\left(\dfrac{A'+D'}{2}\right)^2}$。满足模式匹配的光学腔的输出模式如图 3.4(b) 所示。

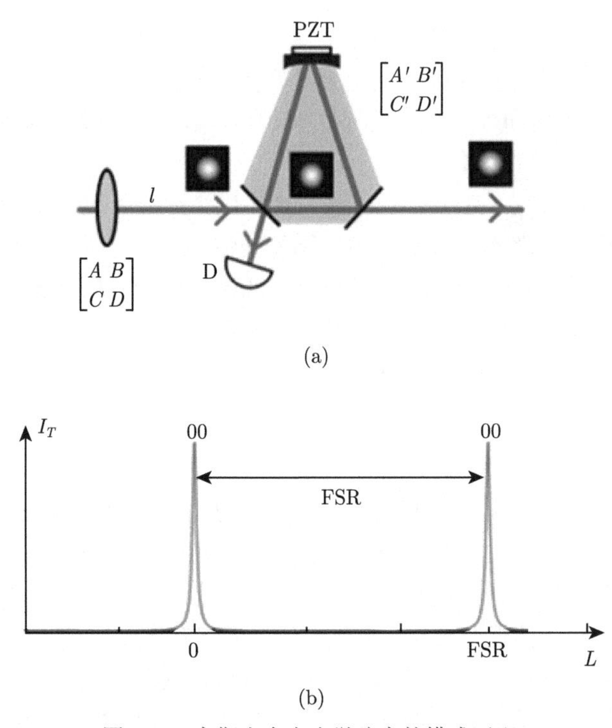

图 3.4 高斯光束在光学腔中的模式匹配

(a) 模式匹配的方法；(b) 模式匹配条件下光学腔的输出模式

3. 相位匹配

为了实现 OPA 中非线性晶体的相位匹配条件 ($\Delta k=0$)，需要仔细控制晶体对三个光场的折射率。通常相位匹配是通过以下三种方法完成的。

1) 临界相位匹配

临界相位匹配是利用晶体的各向异性实现相位匹配，又称角度匹配。该方法涉及晶体相对于入射光传播方向的角度取向。以单轴晶体的情况为例，垂直于传播矢量 k 和光轴所在平面方向偏振的光称为寻常偏振，这种光的折射率用 n_{o} 表示；在包含传播矢量 k 和光轴的平面上偏振的光称为非寻常偏振，其折射率 $n_{\mathrm{e}}(\theta)$ 依赖于光在晶体内的传播方向。若光轴和传播矢量 k 之间的夹角为 θ，则

$$\frac{1}{n_{\mathrm{e}}(\theta)}=\frac{\sin^2\theta}{\bar{n}_{\mathrm{e}}^2}+\frac{\cos^2\theta}{n_{\mathrm{o}}^2} \tag{3.12}$$

这里 $\bar{n}_{\mathrm{e}}$ 是非寻常折射率的主值，对应于 $\theta=90°$，即 $n_{\mathrm{e}}(\theta)=\bar{n}_{\mathrm{e}}$；当 $\theta=0°$ 时，有 $n_{\mathrm{e}}(\theta)=n_{\mathrm{e}}(0)=n_{\mathrm{o}}$。相位匹配是通过调整角度 θ，改变 $n_{\mathrm{e}}(\theta)$ 的值以满足条件 $\Delta k=0$。

作为角度相位匹配的一个例子，这里考虑在负单轴晶体 $(n_1=n_2>n_3)$ 中产生二次谐波的情况，如图 3.5 所示。由于负单轴晶体的 n_{e} 小于 n_{o}，因此选择基频光作为寻常光传播，选择二次谐波作为非寻常光传播，以便材料的双折射可以补偿色散。相位匹配条件公式 $n(\omega)=n(2\omega)$ 则变为

$$n_{\mathrm{e}}(2\omega,\theta)=n_{\mathrm{o}}(\omega) \tag{3.13}$$

或

$$\frac{\sin^2\theta}{\bar{n}_{\mathrm{e}}(2\omega)^2}+\frac{\cos^2\theta}{n_{\mathrm{o}}(2\omega)^2}=\frac{1}{n_{\mathrm{o}}(\omega)^2} \tag{3.14}$$

为了简化这个方程，将 $\cos^2\theta$ 替换为 $1-\sin^2\theta$ 并求解 $\sin^2\theta$ 以获得

$$\sin^2\theta=\frac{\dfrac{1}{n_{\mathrm{o}}(\omega)^2}-\dfrac{1}{n_{\mathrm{o}}(2\omega)^2}}{\dfrac{1}{\bar{n}_{\mathrm{e}}(2\omega)^2}-\dfrac{1}{n_{\mathrm{o}}(2\omega)^2}} \tag{3.15}$$

该等式显示了晶体应如何定向以实现相位匹配条件。

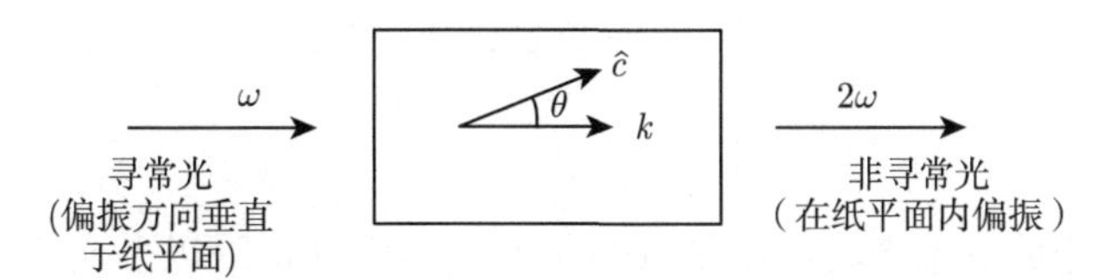

图 3.5 负单轴晶体情况下的二次谐波相位匹配的角度调谐几何图

2) 非临界相位匹配

在临界相位匹配中，当传播方向与光轴之间的角度 θ 具有 0° 或 90° 以外的值时，坡印亭矢量 S 和传播矢量 k 对于非寻常光线来说是不平行的，就会导致具

有平行传播向量的寻常和非寻常光线在通过晶体传播时会迅速分离。这种走离效应破坏了两个波的空间重叠，从而降低了两波之间的非线性相互作用效率。采用非临界相位匹配方法可以使这一问题得到解决。

非临界相位匹配是通过调节非线性介质的温度实现相位匹配，又称温度匹配。对于某些晶体，双折射效应的强弱对温度有很强的依赖性。因此，可以通过将 θ 固定在 $90°$ 并改变晶体的温度来实现晶体中两束光之间的相位匹配。

3) 准相位匹配

准相位匹配利用周期极化技术补偿非零波矢失配，使之近似满足相位匹配条件。准相位匹配的概念如图 3.6 所示，图 3.6(a) 和 (b) 分别表示非线性光学晶体是单轴晶体结构和周期极化材料。在周期极化材料中，一个晶轴 (通常是铁电材料的 c 轴) 的取向是位置的函数，它随位置周期性反转，进而使晶体的有效极化率 d_{eff} 的符号产生周期性改变，从而补偿非零波矢失配 Δk。这种效应的性质如图 3.7 所示。该图的曲线 (i) 表明，在普通单轴晶体非线性光学材料中，达到完美相位匹配相互作用的情况，产生的波的场强随传播距离而线性增长。在存在波矢失配 (曲线 (iii)) 的情况下，生成波的场振幅随传播距离而振荡。曲线 (ii) 说明了准相位匹配的性质。由于波矢量失配，每次产生的光场振幅在即将开始减小时，d_{eff} 的符号就会发生反转，从而允许场振幅继续单调增长。

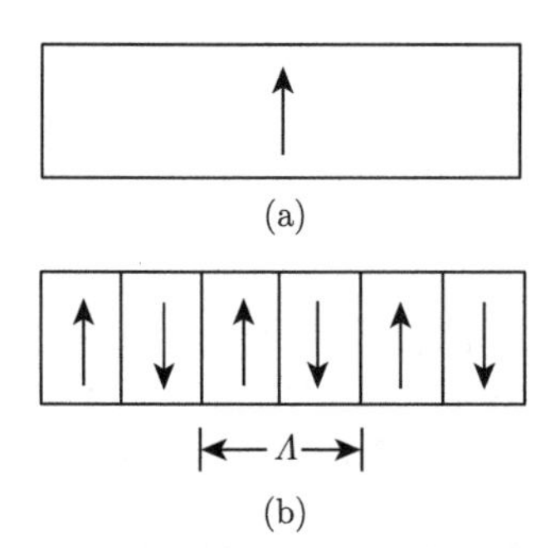

图 3.6　(a) 单轴晶体和 (b) 周期极化材料形式的二阶非线性光学材料的示意图

其中正 c 轴在方向上随周期 Λ 变化

4. 锁定方法

光学谐振腔是量子光场产生系统的重要光学元件，除以上介绍的光学参量放大器与谐振器之外，常在系统中使用的模式清洁器也是一种光学谐振腔，运转中它们都需要被锁定于与光场共振的状态。因此腔锁定是实验量子光学的重要技术手段。一般利用 PDH 技术实现光学腔锁定，图 3.8 为 PDH 锁定系统示意图。通常选用稳定的光学谐振腔或者原子吸收线作为参考，通过锁定对象的测量参数与之比较而获得误差信号，并且将其反馈回锁定目标，实现腔参数的锁定。隔离器

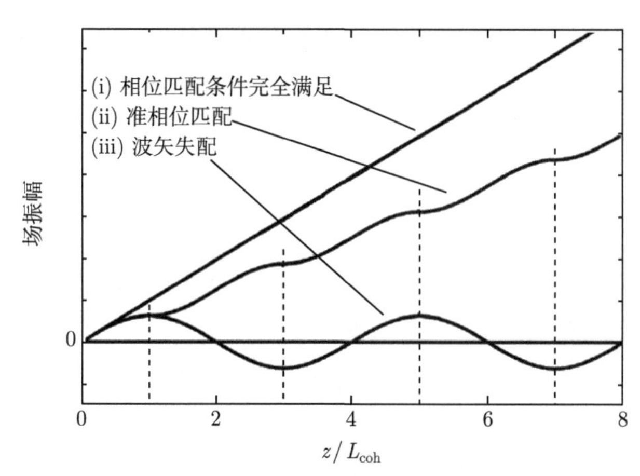

图 3.7 三种不同相位匹配条件下非线性光学相互作用中产生的波的场振幅的空间变化比较

纵轴表示下转换产生信号场的振幅，横轴为光在晶体中的传播距离 z 与相干长度 L_{coh} 之比。曲线 (i) 假设相位匹配条件完全满足，因此场振幅随传播距离而线性增长。曲线 (iii) 假设波矢失配 Δk 非零，因此产生的波的场振幅随距离而周期性振荡。曲线 (ii) 假设存在准相位匹配相互作用，在这种情况下，场振幅随传播距离而单调增长，但增长速度低于完全相位匹配的情况

一方面用于防止光学谐振腔的反射光返回而影响激光器的稳定性；另一方面可以将光学谐振腔的反射光场注入探测器 (PD)，得到包含光学谐振腔的信息。探测器的输出是通过混频器 (mixer) 与正弦调制信号 (SG) 进行比较，混频器输出是其输入的乘积，输出包含直流 (或极低频率) 和两倍调制频率的信号，经过低通滤波

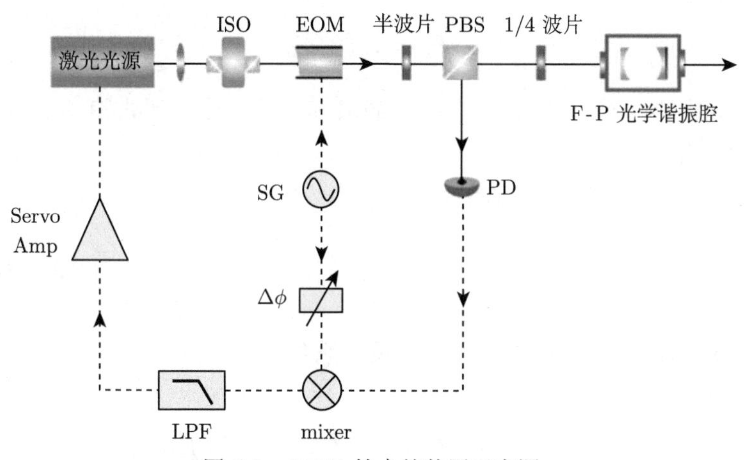

图 3.8 PDH 技术的装置示意图

ISO-光学隔离器；EOM-电光调制器；PD-光电探测器；PBS-偏振分束器

器 (LPF) 将这个低频信号分离出来，然后通过伺服放大器 (Servo Amp) 进入激光器的调谐端口，将腔长锁定在与信号光场共振的长度。

激光器的输出电磁场强度为

$$E_{\text{inc}} = E_0 \mathrm{e}^{\mathrm{i}\omega t} \tag{3.16}$$

式中，E_0 为激光的振幅；ω 为激光的频率。经加载正弦调制信号的 EOM 调制后，入射简并光学参量放大器的激光的电磁场强度为

$$E_{\text{EOM}} = E_0 \mathrm{e}^{\mathrm{i}(\omega t + \beta \sin \Omega t)} \tag{3.17}$$

其中，β 为所加载的调制信号的调制深度；Ω 为调制频率。将公式 (3.17) 用贝塞尔展开为

$$E_{\text{EOM}} \approx E_0 \left[\mathrm{J}_0(\beta) \mathrm{e}^{\mathrm{i}\omega t} + \mathrm{J}_1(\beta) \mathrm{e}^{\mathrm{i}(\omega+\Omega)t} - \mathrm{J}_1(\beta) \mathrm{e}^{\mathrm{i}(\omega-\Omega)t} \right] \tag{3.18}$$

入射到光学谐振腔的激光有下边带频率 $\omega - \Omega$、载波频率 ω、上边带频率 $\omega + \Omega$ 这三种频率，即频率为 ω 的波包络里有频率 ω 和 Ω 的拍频。设激光输出的总能量为 $P_0 \equiv |E_0|^2$，则载波的能量为

$$P_{\text{c}} = \mathrm{J}_0^2(\beta) P_0 \tag{3.19}$$

边带的能量为

$$P_{\text{s}} = \mathrm{J}_1^2(\beta) P_0 \tag{3.20}$$

由贝塞尔函数的性质：当 $\beta < 1$ 时，载波和一阶边带几乎占有所有的能量，即 $P_{\text{c}} + 2P_{\text{s}} \approx P_0$。

经简并光学参量放大器后的反射光场为

$$E_{\text{ref}} = E_0 \left[F(\omega) \mathrm{J}_0(\beta) \mathrm{e}^{\mathrm{i}\omega t} + F(\omega+\Omega) \mathrm{J}_1(\beta) \mathrm{e}^{\mathrm{i}(\omega+\Omega)t} - F(\omega-\Omega) \mathrm{J}_1(\beta) \mathrm{e}^{\mathrm{i}(\omega-\Omega)t} \right] \tag{3.21}$$

式中，$F(\omega)$ 为简并光学参量放大器的反射系数：

$$F(\omega) = \frac{E_{\text{ref}}}{E_{\text{inc}}} = \frac{r\left(\mathrm{e}^{\frac{\mathrm{i}\omega}{\Delta\nu_{\text{FSR}}}} - 1\right)}{1 - r^2 \mathrm{e}^{\frac{\mathrm{i}\omega}{\Delta\nu_{\text{FSR}}}}} \tag{3.22}$$

其中，r 表示腔镜的反射系数；$\Delta\nu_{\text{FSR}}$ 为简并光学参量放大器的相邻两纵模之间

的间隔，即自由光谱区 (FSR)。光电探测器探测得到的光功率为

$$\begin{aligned}P_{\mathrm{ref}}=\left|E_{\mathrm{ref}}\right|^2=P_{\mathrm{c}}\left|F\left(\omega\right)\right|^2+P_{\mathrm{s}}[\left|F\left(\omega+\varOmega\right)\right|^2+\left|F\left(\omega-\varOmega\right)\right|^2\\+2\sqrt{P_{\mathrm{c}}P_{\mathrm{s}}}\left\{\mathrm{Re}\left[F(\omega)F^*(\omega+\varOmega)-F^*(\omega)F(\omega-\varOmega)\right]\cos\varOmega t\right.\\\left.+\mathrm{Im}[F(\omega)F^*(\omega+\varOmega)-F^*(\omega)F(\omega-\varOmega)]\sin\varOmega t\right\}\\+\cdots\end{aligned}\tag{3.23}$$

上式中的前两项为探测器接收到的平均光功率即直流部分，第三项来自于载波和边带之间的干涉，而 $2\varOmega$ 项来自于边带之间相互干涉。但人们感兴趣的是调制频率 $\varOmega$ 振荡的两项 ($\sin\varOmega t$、$\cos\varOmega t$)，因为它们携带了反射载波的相位，可以用混频器和低通滤波器将其分离出来。混频器输入端的两条信号路径几乎总是存在不相等的延迟，需要用相移器对这两条信号路径进行补偿，用以匹配进入混频器的两个信号的相位。将此信号与相移后的调制信号 $S=A\cos(\varOmega t+\Delta\phi)$ 混频后经过低通滤波器，得到 PDH 技术的误差信号为

$$\begin{aligned}\varepsilon=2\sqrt{P_{\mathrm{c}}P_{\mathrm{s}}}\left\{\mathrm{Re}\left[F(\omega)F^*(\omega+\varOmega)-F^*(\omega)F(\omega-\varOmega)\right]\cos\Delta\phi\right.\\\left.-\mathrm{Im}\left[F(\omega)F^*(\omega+\varOmega)-F^*(\omega)F(\omega-\varOmega)\right]\sin\Delta\phi\right\}\end{aligned}\tag{3.24}$$

在低调制频率下 ($\varOmega\ll\delta\nu$，$\delta\nu$ 为简并光参量放大器的纵模宽度即线宽)，相移器调整相位 $\Delta\phi=0$，混频器过滤掉其他部分只留下余弦项，而正弦项为 0，此时误差信号为

$$\varepsilon=2\sqrt{P_{\mathrm{c}}P_{\mathrm{s}}}\mathrm{Re}\left[F\left(\omega\right)F^*\left(\omega+\varOmega\right)-F^*\left(\omega\right)F\left(\omega-\varOmega\right)\right]\approx2\sqrt{P_{\mathrm{c}}P_{\mathrm{s}}}\frac{\mathrm{d}\left|F\left(\omega\right)\right|^2}{\mathrm{d}\omega}\varOmega\tag{3.25}$$

图 3.9 给出了低调制频率情况下的误差信号。

在高调制频率下 ($\varOmega\gg\delta\nu$)，调制频率接近简并光学参量放大器的谐振频率，可以假设边带被全反射，则 $F\left(\omega\pm\varOmega\right)\approx1$，相移器调整相位 $\Delta\phi=\pi/2$，混频器过滤掉其他部分只留下正弦项，余弦项为 0，此时误差信号为

$$\varepsilon=-2\sqrt{P_{\mathrm{c}}P_{\mathrm{s}}}\mathrm{Im}\left[F\left(\omega\right)F^*\left(\omega+\varOmega\right)-F^*\left(\omega\right)F\left(\omega-\varOmega\right)\right]\approx-2\sqrt{P_{\mathrm{c}}P_{\mathrm{s}}}\mathrm{Im}\left[F\left(\omega\right)\right]\tag{3.26}$$

图 3.10 给出了高调制频率情况下的误差信号。

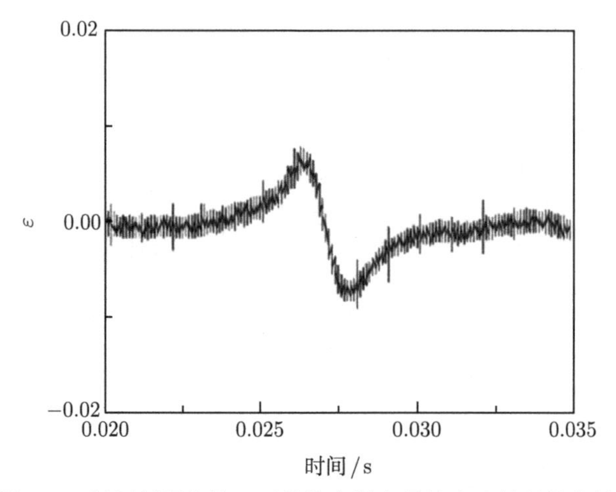

图 3.9　低调制频率情况下简并光学参量放大器的误差信号

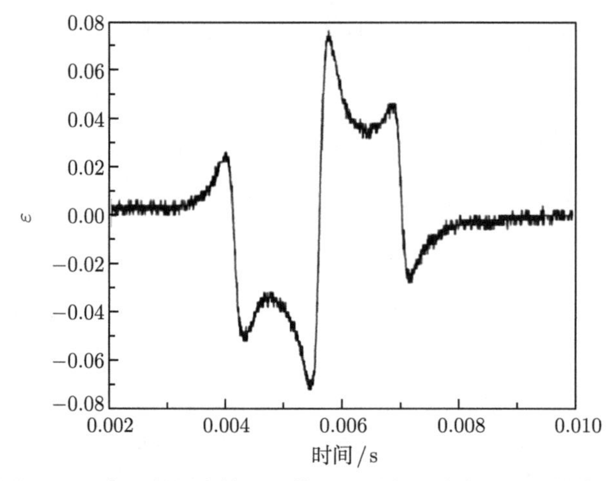

图 3.10　高调制频率情况下简并光学参量放大器的误差信号

1) 光学模式清洁器的锁定

由于激光器的输出波长有 $\Delta\lambda$ 的微小漂移，在红外光路中加入三镜环形结构的模式清洁器 MC1，作为激光器的锁定参考腔，利用锁相放大器将激光频率锁定在红外模式清洁器上，从而达到激光器输出相干光场的波长更加稳定的要求。此外，从激光器直接输出的激光，噪声相对较大，需要滤除。而且，为了达到模式匹配的要求，作为简并光学参量放大器的泵浦光场，需要具有高的光束质量，在实验中可以使用一个三镜环形结构的模式清洁器来实现上述要求。为了使模式清洁器的谐振模式与注入激光模式共振，应该将模式清洁器的腔长锁定在激光器输出波长共振处，其原理如图 3.11 所示。锁相放大器自身能够产生一个频率、相位等相关参数可调的正弦波信号，将该正弦波信号通过高压放大器 HV2 加载到红外模式清洁器的压电陶瓷上，对其腔长进行扫描，使得红外模式清洁器的腔长不断发生微小变化，这样模式清洁器后面的探测器探测到的光信号就携带了腔的失谐信息。锁相放大器将探测器探测到的失谐信息与自身内部的正弦波信号进行混频滤波处理得到误差信号，再输入比例积分器 (PI) 中进行比例积分变换，变换后的信号通过高压放大器 HV1 反馈到能够扫描激光器腔长的压电陶瓷上，使激光器的腔长发生相应的变化，一直保持与红外模式清洁器的频率发生共振，实现了对激光器频率的锁定。

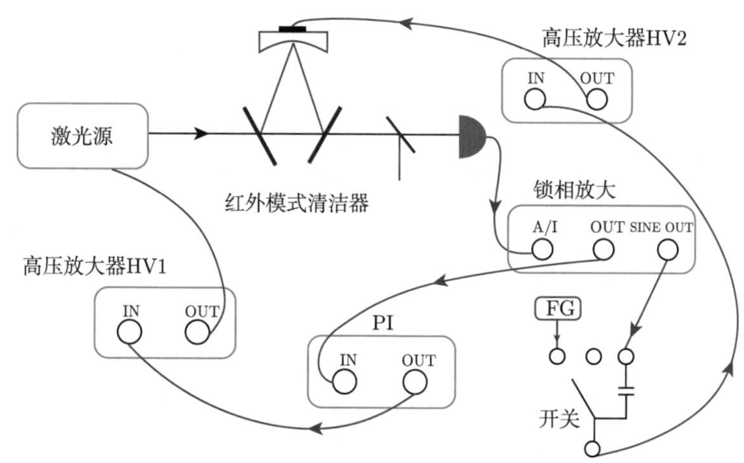

图 3.11 光学模式清洁器锁定的原理图

FG-函数发生器

2) 简并光学参量放大器的锁定

图 3.12 为简并光学参量放大器腔长锁定的原理图。调节高频信号源 (信号 1) 使其产生正弦波信号，然后输入分束器上将该信号分成功率相等的两束，其中一束通过功放 (RA) 将功率放大后加载到激光光路中的相位调制器 (PM) 上，这样简并光学参量放大器后的探测器探测到的光信号就携有腔失谐的信息。正弦波信号的另一束先是通过相位延迟器 (延迟) 对光场的相位进行调节，然后与探测器探测到的光信号一起通过混频器混频再通过低通滤波器 (低通) 便可得到误差信号，误差信号通过比例积分器处理后加载到接有高压放大器的简并光学参量放大器腔镜的压电陶瓷上，对其腔长进行扫描使其不断变化，从而实现对腔长的锁定。

以上描述锁定的方法中，用光作为信息载体，将经过调制器的光场输入光学腔内，通过光学腔的反射光场实现对腔长的锁定。图 3.13 表示简并光学参量放大器处于扫描状态和锁定状态时误差信号和腔共振模式在示波器上的显示图。

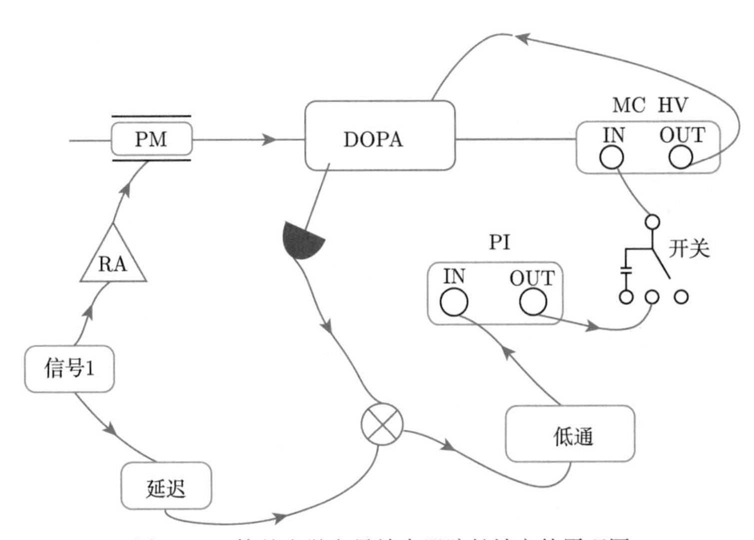

图 3.12　简并光学参量放大器腔长锁定的原理图

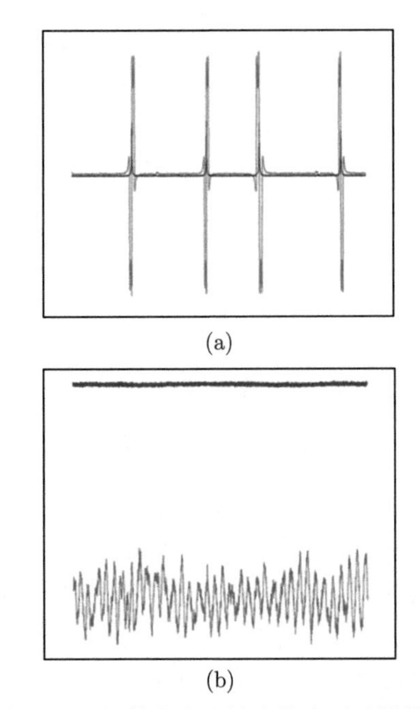

图 3.13　简并光学参量放大器处于扫描状态和锁定状态时误差信号和腔共振模式在示波器上的显示图

(a) 表示简并光学参量放大器处于扫描状态，(b) 表示简并光学参量放大器处于锁定状态。红色曲线代表误差信号，蓝色曲线代表共振模式

在简并光学参量放大器腔长锁定的基础上，通过控制泵浦光和信号光的相对

相位可以得到不同类型的压缩态光场。图 3.14 是光学参量放大器泵浦光与信号光相对相位锁定示意图。通过扫描泵浦光和信号光的相位来得到放大和反放大的信号光。之后，可以利用 PDH 技术，使光学参量放大器被锁定运转于放大或反放大状态。

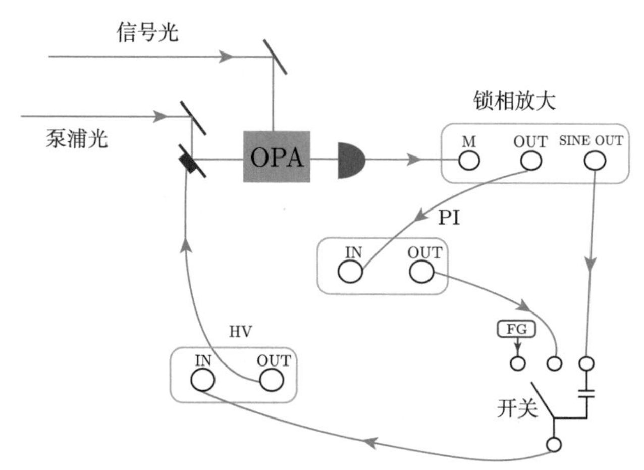

图 3.14　光学参量放大器泵浦光与信号光相对相位锁定示意图

3.1.2　光场量子态的测量

在量子光学实验与应用系统中，光学分束器是最常用的光场耦合器件。分束器工作原理如图 3.15 所示，用 R 和 T 分别表示它的反射率和透射率 ($R+T=1$)，则两束光场 $\hat{a}$ 和 $\hat{b}$ 经过分束器后的出射光场为 $\hat{c}$ 和 $\hat{d}$，其关系为

$$\begin{pmatrix} \hat{c} \\ \hat{d} \end{pmatrix} = \begin{pmatrix} \sqrt{R} & \sqrt{T} \\ \sqrt{T} & -\sqrt{R} \end{pmatrix} \begin{pmatrix} \hat{a} \\ \hat{b}\mathrm{e}^{\mathrm{i}\theta} \end{pmatrix} \tag{3.27}$$

其中，θ 表示输入光场 $\hat{a}$ 和 $\hat{b}$ 之间的相对相位；矩阵中 $\sqrt{R}$ 前面的“$-$”号表示输入光场 $\hat{b}$ 由空气入射到分束器的反射点 o 时的振动方向与反射光场离开反射点 o

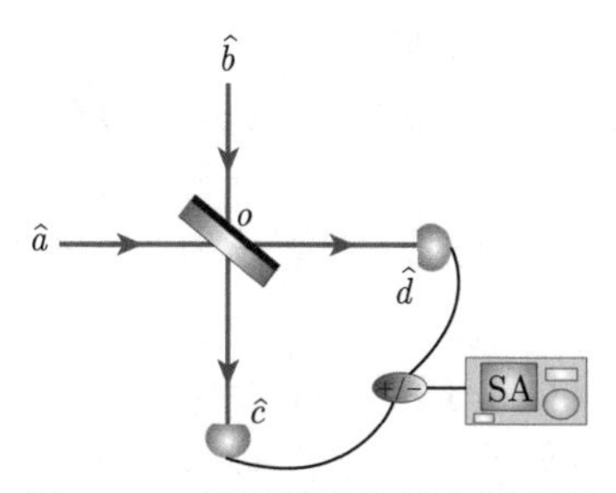

图 3.15　探测系统的基本原理图

时的振动方向相差半个周期而引入的半波损耗，而对于折射光，它的振动方向相较于入射光场不会改变。

在线性介质中，两束光场在分束器上耦合，属于波的叠加，导致光场强度的重新分布。在多数情况下，两个入射光场为具有相同频率和相同偏振方向的简谐波。此时，两个输入光场的简谐标量波的复振幅表示为

$$\begin{cases} \tilde{U}_1(P) = A_1 \mathrm{e}^{\mathrm{i}\varphi_1} \\ \tilde{U}_2(P) = A_2 \mathrm{e}^{\mathrm{i}\varphi_2} \end{cases} \tag{3.28}$$

其中，A_1，A_2 和 φ_1，φ_2 分别表示 $\hat{a}$ 和 $\hat{b}$ 的振幅和相位。在分束器上耦合后的光场为

$$\tilde{U} = \tilde{U}_1 + \tilde{U}_2 = A_1 \mathrm{e}^{\mathrm{i}\varphi_1(P)} + A_2 \mathrm{e}^{\mathrm{i}\varphi_2(P)} \tag{3.29}$$

相应的光场强度是

$$I = \tilde{U}\tilde{U}^* = I_1 + I_2 + 2\sqrt{I_1 I_2}\cos(\varphi_1 - \varphi_2) \tag{3.30}$$

其中，I_1，I_2，$\varphi_1 - \varphi_2 = \theta$ 分别表示两束光波单独传播时在 P 点的光强以及两者之间的相位差。干涉效率 $\eta = \dfrac{I(P)_{\max} - I(P)_{\min}}{I(P)_{\max} + I(P)_{\min}} = \dfrac{4\sqrt{I_1(P) I_2(P)}}{2[I_1(P) + I_2(P)]}$，当 $I_1(P) = I_2(P)$ 时，干涉效率为 1，是理想情况。

这里分别用两个探测器对经过分束器变换后的光场 $\hat{c}$ 和 $\hat{d}$ 进行测量，根据式 (3.27) 可计算测量到的光电流为

$$\begin{cases} \hat{c}^\dagger \hat{c} = R\hat{a}^\dagger \hat{a} + T\hat{b}^\dagger \hat{b} + \sqrt{RT}\hat{a}^\dagger \hat{b}\mathrm{e}^{\mathrm{i}\theta} + \sqrt{RT}\hat{b}^\dagger \hat{a}\mathrm{e}^{-\mathrm{i}\theta} \\ \hat{d}^\dagger \hat{d} = T\hat{a}^\dagger \hat{a} + R\hat{b}^\dagger \hat{b} - \sqrt{RT}\hat{a}^\dagger \hat{b}\mathrm{e}^{\mathrm{i}\theta} - \sqrt{RT}\hat{b}^\dagger \hat{a}\mathrm{e}^{-\mathrm{i}\theta} \end{cases} \tag{3.31}$$

两个光电流通过加法器和减法器分别处理后的输出信号为

$$\begin{cases} \hat{c}^\dagger \hat{c} + \hat{d}^\dagger \hat{d} = (R+T)(\hat{a}^\dagger \hat{a} + \hat{b}^\dagger \hat{b}) \\ \hat{c}^\dagger \hat{c} - \hat{d}^\dagger \hat{d} = (R-T)(\hat{a}^\dagger \hat{a} - \hat{b}^\dagger \hat{b}) + 2\sqrt{RT}\hat{a}^\dagger \hat{b}\mathrm{e}^{\mathrm{i}\theta} + 2\sqrt{RT}\hat{b}^\dagger \hat{a}\mathrm{e}^{-\mathrm{i}\theta} \end{cases} \tag{3.32}$$

其中，算符 $\hat{a}$ 和 $\hat{b}$ 进行线性化处理，可表示为 $\hat{a} = \alpha + \delta\hat{a}$，$\hat{b} = \beta + \delta\hat{b}$。

1) 自零拍探测

自零拍探测的原理图如图 3.15 所示，其中分束器是 50:50 的分束比例，光场 $\hat{a}$ 是要测量的光场，光场 $\hat{b}$ 是真空光场，即 $R = 1/2, T = 1/2, \beta = 0, \theta = 0$。因为光场的量子效应起源于光学模式的量子噪声，所以一般经过加法和减法器测量

到的光电流分别表示为

$$\begin{cases} \delta\hat{c}^{\dagger}\delta\hat{c} + \delta\hat{d}^{\dagger}\delta\hat{d} = \alpha\delta\hat{X}_a \\ \delta\hat{c}^{\dagger}\delta\hat{c} - \delta\hat{d}^{\dagger}\delta\hat{d} = \alpha\delta\hat{X}_b \end{cases} \tag{3.33}$$

根据式 (3.33) 可以看出，两个交流信号相加得到被测光场的正交振幅分量 $\hat{X}_a$ 的噪声起伏 $\delta\hat{X}_a$，信号相减测量到真空场起伏 $\delta\hat{X}_b$，即 SNL。但是，自零拍探测的方法没有相位标准，从而不能测量到光场随相位的起伏。

2) 平衡零拍探测系统

与信号光场 $\hat{a}$ 具有相同频率和给定相位差，且有一定强度的相干光场，称为本地振荡光，用本地振荡光替代原理图 3.15 中真空光场 $\hat{b}$，即成为通常的平衡零拍探测。被探测到的两个输出光电流信号相减得

$$\hat{c}^{\dagger}\hat{c} - \hat{d}^{\dagger}\hat{d} = \hat{a}^{\dagger}\hat{b}\mathrm{e}^{\mathrm{i}\theta} + \hat{b}^{\dagger}\hat{a}\mathrm{e}^{-\mathrm{i}\theta} \tag{3.34}$$

在平衡零拍探测中，本地振荡光场的强度 β 应该远大于被测信号光场的强度 α，于是可以将本地振荡光场处理为经典光场，此时，式 (3.34) 写成

$$\Delta\hat{n} = \hat{c}^{\dagger}\hat{c} - \hat{d}^{\dagger}\hat{d} = \beta\left(\hat{a}^{\dagger}\mathrm{e}^{\mathrm{i}\theta} + \hat{a}\mathrm{e}^{-\mathrm{i}\theta}\right) \tag{3.35}$$

平衡零拍探测系统通过探测信号光和本地振荡光的干涉强度测量信号光场的正交振幅或者正交相位的量子噪声。信号光场 $\hat{a}_{\mathrm{s}}$ 与本地振荡光场 $\hat{a}_{\mathrm{LO}}$ 在 50:50 的光学分束器上耦合，两束光之间的相对相位 θ 可以由压电陶瓷控制，耦合后的输出光场 $\hat{a}_1$ 和 $\hat{a}_2$ 分别进入两个探测器，最后将两个探测器的光电流相减即可得到信号光的正交分量起伏。当信号光场 $\hat{a}_{\mathrm{s}}$ 与本地振荡光场 $\hat{a}_{\mathrm{LO}}$ 之间的相对相位为 $\theta = k\pi$(k 为整数) 时，平衡零拍探测输出正交振幅分量；当信号光场 $\hat{a}_{\mathrm{s}}$ 与本地振荡光场 $\hat{a}_{\mathrm{LO}}$ 之间的相对相位为 $\theta = \pi/2 + k\pi$(k 为整数) 时，平衡零拍探测输出正交相位分量。通过控制信号光场 $\hat{a}_{\mathrm{s}}$ 与本地振荡光场 $\hat{a}_{\mathrm{LO}}$ 之间的相对相位，可以得到信号光场任意角度的正交分量起伏。在实际操作中要保证信号光场与本地振荡光场的空间模式一致，从而提高它们之间的干涉对比度。当注入信号光场时，测得信号光场的正交分量起伏；当挡住信号光场时，相当于注入真空态，测量结果相应于 SNL。在测量光场量子特性的实验中，如果将平衡零拍探测系统的交流输出接入频谱分析仪，即能通过傅里叶变换将光场的时域起伏变换为相应的频率谱，得到正交分量起伏的频域谱；如果将平衡零拍探测系统的交流输出接到示波器，则可以直接显示正交分量随时域的起伏。

由于压缩态光场的量子噪声依赖于正交相位，所以在测量中需要控制和锁定信号光与本地光之间的相对相位。例如，可以用本地光 (i_{LO}) 上加载的压电陶瓷

来调制两个光场之间的光程差。锁定在 0 或者是 π 时，其方法类似于激光器频率的锁定；锁定在 π/2 相位时，探测器测量到的干涉直流信号可以直接作为误差信号反馈给压电陶瓷，来完成相位差的锁定。锁定任意两束光场之间相对相位的原理图如图 3.16 所示。

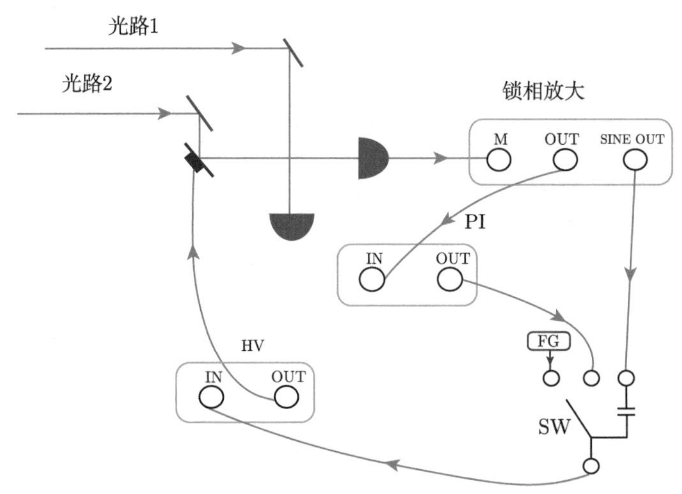

图 3.16　锁定任意两束光场之间相对相位的原理图

作为一个例子，这里给出图 3.1 实验系统在分析频率 3 MHz 边带处的明亮正交振幅压缩态光场噪声随信号光场 $\hat{a}_{\mathrm{s}}$ 与本地振荡光场 $\hat{a}_{\mathrm{LO}}$ 之间的相对相位的变化，如图 3.17 所示。图中横坐标为本地光相位的扫描时间，对应于扫描变化的相位。当相对相位为 $\theta = k\pi(k$ 为整数) 时，平衡零拍探测系统测得光场在 3 MHz 边带处的正交振幅分量。光学参量放大的经典增益越大，表明非线性作用越强，但是高经典增益对系统稳定性要求也越高，因此，通常选取几十倍的经典增益。此时，平衡零拍探测系统直接测量得到了正交相位压的噪声比 SNL 低 12.6 dB，也就是正交分量噪声的最低值。当相对相位为 $\theta = \pi/2 + k\pi(k$ 为整数) 时，平衡零拍探测系统测得光场在 3 MHz 边带处的正交相位分量。此时，平衡零拍探测系统直接测量得到了正交相位的噪声比 SNL 高 21.4 dB，也就是正交分量噪声的最高值。真空压缩态可以通过挡住简并光学参量放大器的注入信号光场而获得。用一束辅助光将简并光参量放大器锁定在共振点。由于更低分析频率处有更好的压缩特性，并且真空态的注入可以避免激光的低频噪声，因此，为了获得更好的效果，分析频率选取为 1 MHz 进行测量。平衡零拍探测系统直接测量得到了光场在 1 MHz 边带处的 13.2 dB 的真空压缩态。

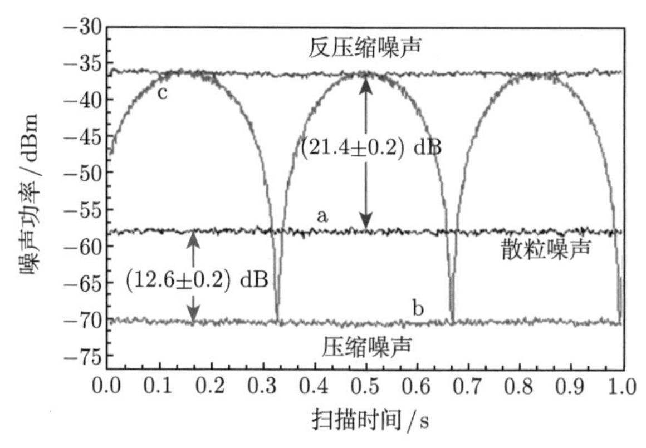

图 3.17 平衡零拍探测得到的明亮正交振幅压缩态

3.1.3 Wigner 函数的重构

Wigner 函数是用来描述量子态在相空间的准概率分布的一种方法。由于不确定性原理，所以不可能同时测量光场的两个正交分量的确定值，而 Wigner 函数直观地给出了在相空间的准概率分布。Wigner 分布函数提供了量子力学中的协方差矩阵和经典概率分布之间的联系。根据平衡零拍探测的结果，利用量子层析技术和最大或然近似方法，均可以完成 Wigner 函数的重构。

1. *量子层析技术*

量子层析技术利用逆 Radon 变换可以完成 Wigner 函数的重构 [11]。通过测量信号光场与本地振荡光在不同相对相位 (θ) 下的量子态的噪声幅度，得到不同噪声的边缘分布，再进一步重构出量子态的 Wigner 函数。由 BHD 的输出结果可知，当信号光场与本地振荡光之间的相对相位 $\theta = 0$ 时，BHD 测量到的是信号光场的正交振幅分量；当相对相位 $\theta = \pi/2$ 时，测量到的是正交相位分量；当相对相位 θ 从 0 到 $\pi/2$ 变化时，即可测量到该量子态随时间变化的噪声起伏。量子层析技术数据采集示意图如图 3.18 所示。通过扫描加在本地振荡光路中的压电陶瓷的长度来扫描两束光的相对相位并由 BHD 进行探测，BHD 的交流信号与经过确定相移的一个高频信号混频，之后经由低通滤波器与前置放大器 (LPF & AMP) 将射频噪声信号解调到零频，从而使得高频的噪声信号可以通过存储示波器以合适的采样率进行数据采集。

存储示波器采集的数据如图 3.19 所示。为了进一步进行重构，这里选取其中半个周期数据，将其分为 100 等份，每一份对应 $\pi/100$ 的相位区间。然后，再将每一个相位区间中的电压值等分为 80 个幅值区间，并对该幅值区间内出现的数据点数作统计得出点分布的概率曲线，该结果即为对应的相位角下的边缘分布。也就是说，在此情况下可以得到不同相位角下的 100 个边缘分布。采用逆 Radon 变

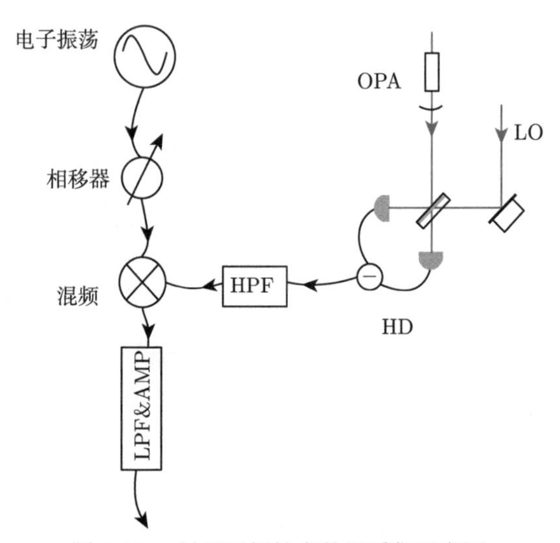

图 3.18　量子层析技术数据采集示意图

HPF-高通滤波器；LPF & AMP-低通滤波器和前置放大器

换的方法，就能利用不同相位角下的边缘分布重构出 Wigner 函数，相当于对边缘分布的傅里叶变换作双重傅里叶积分。

$$\Pr\left(x_\theta,\theta\right)=\frac{1}{2\pi}\int\tilde{p}\left(\eta,\theta\right)\mathrm{e}^{-\mathrm{i}\eta x_\theta}\mathrm{d}\eta \tag{3.36}$$

$$W\left(\alpha\right)=\frac{1}{\pi^2}\int\tilde{w}\left(\zeta\right)\exp\left(\alpha\zeta^*-\alpha^*\xi\right)\mathrm{d}^2\zeta \tag{3.37}$$

其中，$\tilde{p}\left(\eta,\theta\right)$、$\tilde{w}\left(\xi\right)$ 分别为 x_θ 及 Wigner 函数的特征函数，由 $\alpha=x+\mathrm{i}p$，$\xi=\dfrac{\mathrm{i}\eta\mathrm{e}^{\mathrm{i}\theta}}{2}$ 可以得到

$$W_{\hat{\rho}}(x,p)=\frac{1}{\pi^2}\int\tilde{p}(\eta,\theta)\exp[-\mathrm{i}\eta(x\cos\theta+p\sin\theta)]\mathrm{d}^2\left(\frac{\mathrm{i}\eta\mathrm{e}^{\mathrm{i}\theta}}{2}\right) \tag{3.38}$$

对上式进行坐标变换，将积分转化到极坐标中有

$$W_{\hat{\rho}}\left(x,p\right)=\left(\frac{1}{2\pi}\right)^2\int_{-\infty}^{\infty}\int\left(x_\theta,\theta\right)\exp\left[\mathrm{i}\eta\left(x_\theta-x\cos\theta-p\sin\theta\right)\right]_\theta\int_0^{\pi}\int_{-\infty}^{\infty}\Pr \tag{3.39}$$

于是有

$$W_{\hat{\rho}}\left(x,p\right)=\left(\frac{1}{2\pi}\right)^2\int_{-\infty}^{\infty}\int\left(x_\theta,\theta\right)\left(x\cos\theta+p\sin\theta-x_\theta\right)_\theta\int_0^{\pi}\Pr \tag{3.40}$$

其中，$K(x)=\dfrac{1}{2}\displaystyle\int_{-\infty}^{\infty}|\xi|\mathrm{e}^{-\mathrm{i}\xi x}\mathrm{d}\xi$ 为核函数，对它在有限区间 $[-k_\mathrm{c},k_\mathrm{c}]$ 取积分可得到

$$K\left(x\right)=\frac{1}{x^2}\left[\cos\left(k_\mathrm{c}x\right)+k_\mathrm{c}x\sin\left(k_\mathrm{c}x\right)-1\right] \tag{3.41}$$

利用实验中获得的边缘分布可以重构出 Wigner 函数。

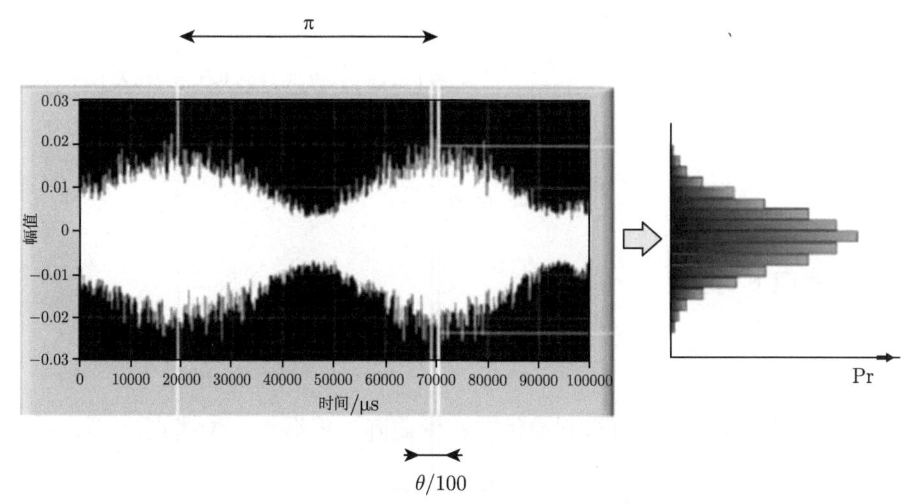

图 3.19 量子层析技术时域数据分布示意图

2. 最大或然近似方法

最大或然近似方法是根据已有的数据，通过迭代的方法逐渐逼近并最终选择出最符合已有数据的函数结构。利用最大或然近似方法也可以重构 Wigner 函数，该方法具有广泛和高效的适用性。对于一些分布服从量子力学理论而不可直接被观测到的物理量，最大或然近似的方法可以对其进行逆变换并且具有极大的优势。利用最大或然近似法进行 Wigner 函数的重构，具有三方面的优势：其一，在重构过程中，该方法可以考虑量子态的损耗，进一步还原无损耗情况下量子态的 Wigner 函数；其二，该方法可以融合密度矩阵正定性和迹等于 1 的特性进行重构；其三，该方法具有目前最高的重构准确率。

重构过程选择量子态的密度矩阵来进行迭代拟合，最终选择出可以代表这些数据点的密度矩阵 ρ，首先假设初始的密度矩阵为单位矩阵，即 $\hat{\rho}^{(0)}=N\left[\hat{1}\right]$，其中 N 表示归一化系数，然后根据采集到的数据点迭代得到最终的密度矩阵，最后由密度矩阵得到 Wigner 函数。将 BHD 的输出结果表示为 $\{\theta_j,x_j,f_j\}$，其中，f_j 表示频率。则可将密度矩阵的近似项表示为

$$L(\hat{\rho})=\prod_j P(\theta_j,x_j)^{f_j} \tag{3.42}$$

其中，$P(\theta_j,x_j)=\mathrm{Tr}\left[\hat{\Pi}(\theta_j,x_j)\hat{\rho}\right]$ 为概率分布，这里 $\hat{\Pi}(\theta_j,x_j)$ 为投影算符，在光子数表象下对于给定的相位，投影算符可以表示为

$$\hat{\Pi}_{mn}(\theta,x)=\left\langle m\left|\hat{\Pi}(\theta,x)\right|n\right\rangle=\langle m|\theta,x\rangle\langle\theta,x|n\rangle \tag{3.43}$$

式中，$\langle\theta,x|n\rangle=\mathrm{e}^{in\theta}\left(\dfrac{2}{\pi}\right)^{\frac{1}{4}}\dfrac{H_n\left(\sqrt{2}x\right)}{\sqrt{2^n n!}}\exp\left(-x^2\right)$。为实现迭代，引入迭代算符

$$\hat{R}(\hat{\rho})=\sum_j\frac{f_j}{P(\theta_j,x_j)}\hat{\Pi}(\theta_j,x_j) \tag{3.44}$$

每次迭代按照下式进行：

$$\hat{\rho}^{(k+1)}=N\left[\hat{R}\left(\hat{\rho}^{(k)}\right)\hat{\rho}^{(k)}\hat{R}\left(\hat{\rho}^{(k)}\right)\right] \tag{3.45}$$

将实验点迭代完成后，即可得到最优的密度矩阵。根据如下表达式：

$$W\hat{\rho}(x,y)=\sum_{k,l}\rho_{k,l}W_{|k\rangle\langle l|}(x,y)$$

$$W_{|k\rangle\langle l|}(x,y)=\frac{(-1)^l}{2\pi\sigma_0^2}\sqrt{\frac{l!}{k!}}\left(\frac{x-\mathrm{i}p}{\sigma_0}\right)^{k-l}\mathrm{e}^{-\frac{\left(x^2+p^2\right)}{2\sigma_0^2}}\mathrm{L}_l^{k-l}\left(\frac{x^2+p^2}{\sigma_0^2}\right) \tag{3.46}$$

可完成到 Wigner 函数的变换，其中 L_l^{k-l} 为缔合拉盖尔多项式，在 $k\geqslant 1$ 时方程为真，在 $k<1$ 时取 $W_{|k\times l|}=W^*_{|k\times l|}(x,y)$。利用最大或然近似法进行 Wigner 函数的重构的主要特征为：在重构的过程中可以考虑实验过程中由损耗引起的量子态的变化，从而还原无损耗时的量子态的特性。考虑到损耗的影响，投影算符表示为

$$\widehat{\Pi}_\eta(x_\theta)=\sum_{m,n,k}B_{m+k,m}(\eta)B_{n+k,n}(\eta)\langle n\mid x_\theta\rangle\langle x_\theta\mid m\rangle|n+k\rangle\langle m+k| \tag{3.47}$$

其中，$B_{n+k,n}(\eta)=\sqrt{\begin{pmatrix}n+k\\n\end{pmatrix}\eta^n(1-\eta)^k}$，因此可以重构出不受损耗影响的 Wigner 函数。

3.2 强度差压缩态光场的制备

除正交压缩态光场之外，强度差压缩态也有广泛的应用前景。下面分别介绍利用光学参量振荡和四波混频两类非线性光学效应制备强度差压缩态光场的实验方法。

3.2.1 阈值以上内腔光学参量过程

强度差压缩态光场具有较高的光强度，并且其制备系统与测量方法相对简单，在高灵敏测量、量子成像等领域均可以获得应用。此外，利用信号光场和闲置光场之间具有非定域量子强度关联，强度差压缩态光场可以用于量子随机数产生及超量子极限光学测量。此外，光学参量振荡器产生的频率非简并、量子关联的光束可以称为双色量子光源，用于连接不同性质的量子系统，从而在构建大规模量子信息网络中获得应用 [12]。

利用运转于阈值以上的非简并光学参量振荡器，可以产生强度差压缩态光场。强度差压缩态通常是通过光学参量下转换过程获得。非简并光学参量振荡器工作在阈值以上，其信号光场、闲置光场和泵浦光场均与光学谐振腔共振。利用泵浦光锁定非简并光学参量振荡器的腔长，使泵浦光和非简并光学参量振荡器共振。KTP 晶体温度匹配范围较宽，可以通过调节晶体温度，在相位匹配范围内达到腔内模式匹配。而当注入泵浦光功率高于非简并光学参量振荡器运转阈值时，在满足能量守恒和动量守恒的条件下，大部分泵浦光的模式和非简并光学参量振荡器发生下转换产生信号光和闲置光，它们以最小的光学损耗经过模式竞争后也在腔内发生共振，此时，非简并光学参量振荡器输出功率稳定的下转换强度差压缩态。

以下用一个实验系统为例，讲述内腔倍频强度差压缩态光场的制备，图 3.20 是系统示意图。光源是 Nd:YVO_4/LBO(掺钕钒酸钇/三硼酸锂) 内腔倍频激光器，同时输出基频和倍频激光。激光器的频率特性由一个两镜 F-P 光学腔监视。激光器输出的两束不同频率的光用一个双色分束器分开，分开后的红外光和红光分别经过 MCI 和 MCR 两个模式清洁器，对光束的空间模式以及额外噪声进行过滤，最后将两个模式清洁器腔长锁定。此时，两个模式清洁器分别输出功率稳定的倍频红光和基频红外光相干光束，它们具有良好的空间模式。在分析频率处，线宽范围以外的额外噪声应该达到 SNL。强度差压缩态光场的产生装置 NOPO 采用两镜驻波腔结构。输入镜镀有对基频光高反，同时对倍频光场具有设定透射率的光学薄膜，输出镜镀有对基频光具有设定透射率以及对倍频光高反的光学薄膜。NOPO 中心放有 PPKTP 晶体，两端均镀对基频光场和倍频光场的高透膜。当 NOPO 被调整到三共振状态时，泵浦光、信号光、闲置光同时共振，从而可以降低注入泵浦光功率。实验中，通过在相位匹配范围内精确调节晶体温度和 NOPO

腔长，实现三模共振。在实验过程中，首先完成红外光光束与 NOPO 的模式匹配以及测量光路校准。为了得到稳定输出的强度差压缩态光场，利用电光调制器 (EOM) 给红光加载调制，用以产生误差信号，并利用 PDH 技术将 NOPO 腔长锁定。红光光束经过 NOPO 后携带有腔的信号，利用探测器 PD2 对其探测，并将得到的交流信号和另外一个加载在 EOM 上的正弦信号混频而得到鉴频信号。然后经过低通滤波后输入比例积分微分处理器 (PID) 中，处理后的信号反馈到高压放大器 (HV)，利用高压放大器输出的电压控制压电陶瓷 (PZT)，由此实现 NOPO 腔长的锁定。光电探测器 (PD2、PD3) 用来监视红光、红外光与 NOPO 的匹配模式。当用功率高于 NOPO 阈值的水平偏振倍频光泵浦 NOPO 时，经内腔下转换，制备获得强度差压缩态光场。最后，利用自零拍探测系统对产生光场的强度差噪声功率进行测量，完成实验验证。

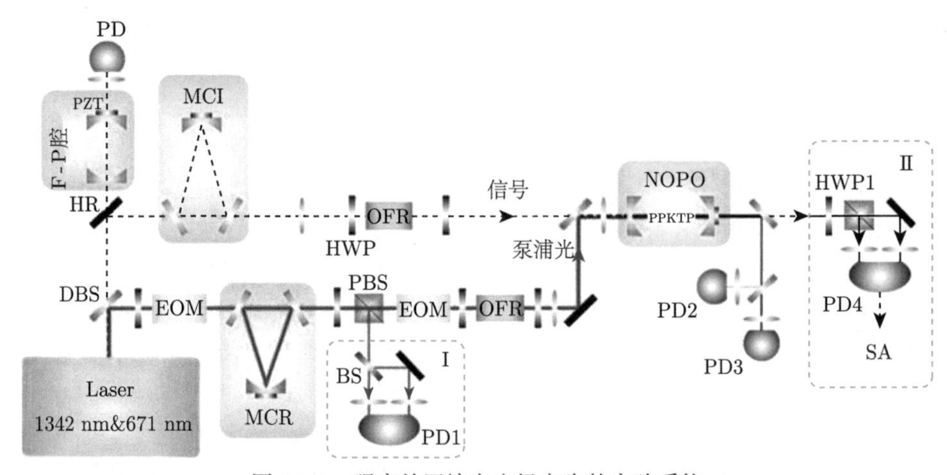

图 3.20　强度差压缩态光场产生的实验系统

Laser-Nd:YVO_4/LBO 激光器；DBS-双色分束器；HR-高反镜，反射率大于 99.95%；EOM-电光调制器；MCR(MCI)-红光模式清洁器 (红外模式清洁器)；OFR-光学法拉第旋转器；HWP-半波片；PBS-偏振分束器；BS-50:50 分束器；NOPO-非简并光学参量振荡器；PD-光电探测器；PZT-压电陶瓷；SA-频谱分析仪

NOPO 输出的孪生光束的强度差噪声功率谱由频谱分析仪记录。当图 3.21 中 HWP1 转为 0° 时，半波片没有对 NOPO 输出光场的偏振作任何改变，偏振分束器 (PBS) 直接将偏振垂直的孪生光束分开，它们的强度分别被探测器 PD4 和 PD5 测量，其差值给出强度差压缩态光场的噪声功率。当半波片 (HWP1) 转为 22.5°(波片轴与偏振轴之间的夹角) 时，两光均匀混合，其差值对应孪生光束的 SNL。在这种情况下，半波片和偏振分束器的组合相当于一个 50:50 分束器。在实验中，对产生的强度差压缩态光场在 3 MHz 分析频率处的时域和频域信号进行了同时测量。利用一对单探头的光电探测器，分别探测被偏振分离的两个

孪生光束。探测系统将每个探测器的交流信号分为两部分，分别用于频域噪声测量和时域信号测量。将光电探测器交流端信号相减，并输入频谱分析仪，得到如图 3.22 所示的强度差压缩态光场的噪声功率谱，分析频率为 3 MHz，其中曲线 (i) 对应 SNL，曲线 (ii) 为强度差压缩态光场噪声，可以看出其噪声水平低于对应 SNL 的 (8.2 ± 0.2) dB。将探测器 PD4 和 PD5 探测到的光电交流信号分别与频率为 3 MHz 的正弦信号混频，并经过低通滤波 (LP)、前置放大 (PA) 后输入双线

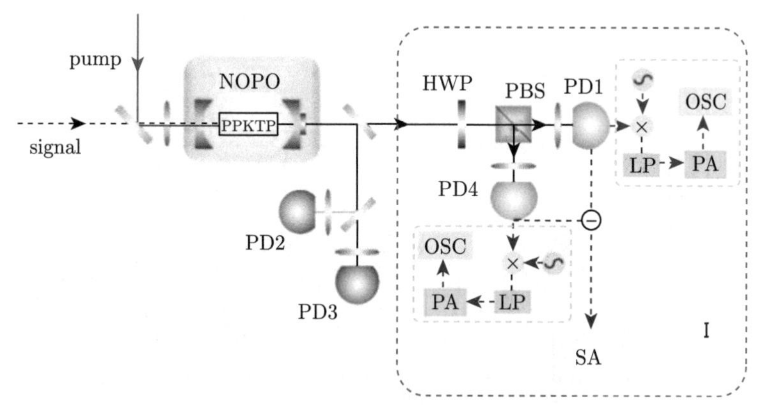

图 3.21 强度差压缩态光场噪声测量系统

signal-信号光；pump-泵浦光；HWP-半波片；PD1～PD4-光电探测器；NOPO-简并光学参量振荡器；SA-频谱分析仪

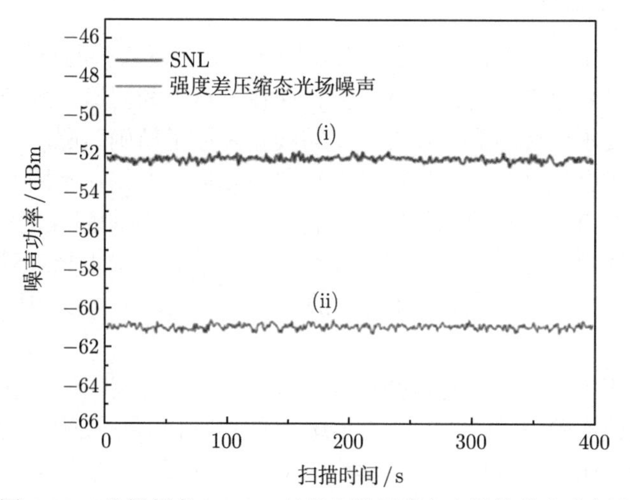

图 3.22 分析频率 3 MHz 处强度差压缩态光场的噪声功率谱

示波器 (OSC)，同时记录到它们的时域信号，如图 3.23 所示。两孪生光场的时域强度信号具有强度正关联特性，因此产生强度差量子噪声压缩。

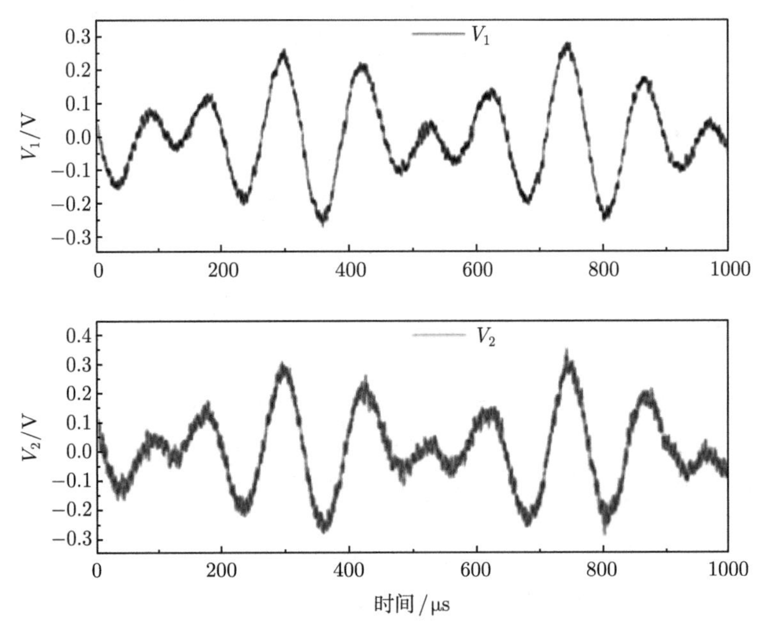

图 3.23　分析频率 3 MHz 处强度差压缩态光场的时域信号

3.2.2　四波混频过程

在量子网络中，为了执行信息处理，经常需要光场直接与原子系统相互作用，一般是利用光在各个节点之间传递信息，而在节点上利用原子系统完成信息处理与存储，这就要求非经典态光场的频率与线宽和原子精确匹配。最简单的办法是利用相同的原子介质产生与其匹配的非经典态光场。人们在不同原子气室中开展了压缩态制备的研究。在热原子气室中利用双 Λ 型能级非简并四波混频 (FWM) 产生了量子关联孪生光束对 [9]，获得了强度差压缩态。孪生光束对的制备可以在室温下的碱金属原子 (如铯和钾原子) 的蒸气中完成，也可以利用亚稳态氦原子实现。

下面以基于 ^{85}Rb 原子的强度差压缩态光场制备为例，说明利用四波混频产生光场压缩态的实验方法，图 3.24 为系统示意图。利用介质三阶非线性效应，通过四波混频过程产生一对强度关联的孪生光束 (信号光场及其共轭光场)，这两束光具有强度关联特性，其强度差噪声低于 SNL。但是原子的吸收和原子自发辐射引起的退相干将限制强度差噪声的降低，实验中应尽可能降低它们的影响。在 ^{85}Rb 蒸气泡内将 D1 线附近调谐的强泵浦与弱信号光束耦合，通过四波混频过程，使信号光束放大，并产生一个共轭光束。这两束光之间存在强度差压缩。该设置采用连续波环腔单模钛宝石 (Ti:Sa) 激光器，将其稳定在 ^{85}Rb 的 D1 线 ($5s_{1/2} \rightarrow 5p_{1/2}$) 附近。主要部分 (2.5 W) 可用作泵浦光，探测光束是通过衍射工作在 1.5GHz 左右的双通声光调制器 (AOM) 中的剩余功率获得的，获得的光功率范围为 0 ~ 300 μW。泵浦光束和信号光束之间的频率失谐可以在 ^{85}Rb 基态 (3.036 GHz) 的超精细分裂附近进行调整。泵浦光束和探探光束分别为 650 μm 和 350 μm 束腰，并在 L = 12.5 mm 长的铷池内以很小的角度 (1 mrad) 交叉，铷池的温度范围为 80~200 ℃。泵浦光和探针光是线性交叉偏振的，因此可以使用偏振分束器 (消光比 $\approx 10^{-5}$) 过滤掉大部分泵浦光。输入信号光场是相干态，输入共轭光是真空态，该四波混频是一个相位不敏感的放大过程，可以产生具有强度关联的孪生光束。通过优化系统参数，即泡的温度、泵浦功率、原子气室温度、泵浦功率、单光子失谐和双光子失谐，可以提高强度差压缩。利用两个噪声非常低、量子效率高的光电二极管组成的测量系统进行测量，所有测量的分辨率带宽为 100 kHz，视频带宽为 10 Hz。图 3.25 描述了经过电子噪声校正后，信号光和闲频光的强度

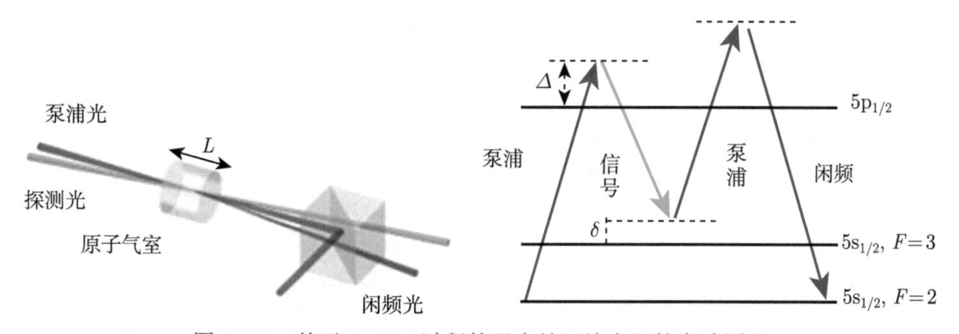

图 3.24 基于 FWM 过程的强度差压缩光源的实验原理

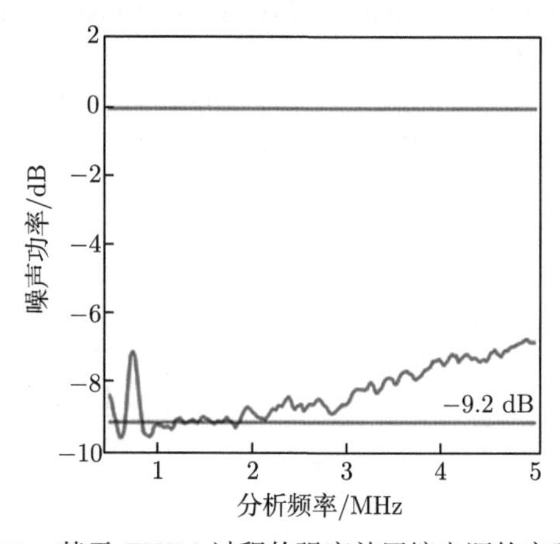

图 3.25 基于 FWM 过程的强度差压缩光源的实验结果

差的噪声功率结果。在信号模式和闲频模式之间的强度差上获得了高达 (9.2±0.5) dB 的量子噪声降低。

参 考 文 献

[1] Slusher R E, Hollberg L W, Yurke B, et al. Observation of squeezed states generated by four-wave mixing in an optical cavity. Phys. Rev. Lett., 1985, 55: 2409.

[2] Wu L A, Kimble H J, Hall J L, et al. Generation of squeezed states by parametric down conversion. Phys. Rev. Lett., 1986, 57: 2520.

[3] Vahlbruch H, Mehmet M, Danzmann K, et al. Detection of 15 dB squeezed states of light and their application for the absolute calibration of photoelectric quantum efficiency. Phys. Rev. Lett., 2016, 117: 110801.

[4] 彭堃墀, 黄茂全, 刘晶, 等. 双模光场压缩态的实验研究. 物理学报, 1993, 42(7): 1079-1085.

[5] Yang W H, Shi S P, Wang Y J, et al. Detection of stably bright squeezed light with the quantum noise reduction of 12.6 dB by mutually compensating the phase fluctuations.Opt. Lett., 2017, 42(21): 4553-4556.

[6] Heidmann A, Horowicz J, Reynaud S. et al. Observation of quantum noise reduction on twin laser beams. Phys. Rev. Lett., 1987, 59: 2555-2557.

[7] Gao J, Cui F, Xue C, et al. Generation and application of twin beams from an optical parametric oscillator including an α-cut KTP crystal. Opt. Lett., 1998, 23: 870.

[8] McCormick C F, Boyer V, Arimondo E, et al. Strong relative intensity squeezing by four-wave mixing in rubidium vapor. Opt. Lett., 2007, 32(2): 178-180.

[9] Qin Z, Jing J, Zhou J, et al. Compact diode-laser-pumped quantum light source based on four-wave mixing in hot rubidium vapor. Opt. Lett., 2012, 37: 3141.

[10] 吕百达. 激光光学: 光束描述、传输变换与光腔技术物理. 3 版. 北京: 高等教育出版社, 2003.

[11] Lvovsky A I, Raymer M G. Continuous-variable optical quantum-state tomography. Rev. Mod. Phys., 2009, 81: 299 .

[12] Villar A S, Cruz L S, Cassemiro K N, et al. Generation of bright two-color continuous variable entanglement. Phys. Rev. Lett., 2005, 95: 243603.

第 4 章　两组分纠缠态光场的实验制备

随着量子信息这一新兴领域的蓬勃发展，量子纠缠成为人们关注的研究热点。纠缠的概念可以追溯到量子力学诞生之初。1935 年，Einstein、Podolsky 和 Rosen 反对量子理论的概率解释，提出了 “EPR 佯谬”[1]；并且薛定谔将他们的观点提炼为 “量子纠缠”。有趣的是，量子纠缠的存在被无数的物理实验证实，并发展为量子光学与量子信息科学的基石。一般而言，当体系的量子态在任何量子力学表象中都无法表示为各子系统的量子态的直积形式时，这些子系统之间将表现出量子纠缠。如果将纠缠的各子系统彼此空间分离，对一个子系统的测量必然影响其他子系统的状态，各子系统不是互相独立的。这是一种空间非定域关联，存在于由两个或两个以上子系统构成的量子体系中，没有任何经典对应。在以光子的量子比特或光场的量子模式为载体的量子信息系统中，量子纠缠是完成量子信息处理的基本物理资源。

非线性光学效应是产生光子或光场量子纠缠的一种有效途径。自发参量下转换过程可以产生单光子之间的偏振纠缠态，而内腔参量振荡或参量放大则常常被用于产生光场之间的正交分量纠缠态。20 世纪 90 年代初，美国加州理工学院的 H. J. Kimble 教授研究组分别用连续波 YAG 和 YAP 激光器作泵浦源，经内腔参量下转换产生了波长 1064 nm 和 1080 nm 的量子纠缠态光场 [2,3]。彭堃墀 (山西大学访问学者) 和欧泽宇当时是 Kimble 研究组的主要成员，直接参与了这一重要实验。山西大学光电研究所在 2000 年利用非简并光学参量放大器获得了明亮 EPR 纠缠态光场 [4]；继后又改善实验系统，利用 Ⅱ 类楔角 KTP 晶体经非简并光学参量放大，制备了 8.4 dB 的纠缠态光场 [5]。本章将介绍两组分正交分量纠缠态光场的制备。

4.1　频率简并内腔光学参量过程

目前利用参量下转换制备 EPR 纠缠态光场的方法主要有如图 4.1 所示的三种：第一种是将含有 Ⅱ 类非线性晶体的运转于阈值以下的非简并光学参量放大器所输出的下转换光场直接用一个棱镜分开，制备频率简并、偏振正交的一对纠缠态光场 (图 4.1(a))[4]；第二种是将两个由同一激光源泵浦的简并光学参量放大器所产生的一对正交分量压缩态光场在 50:50 光学分束器上耦合，其输出光场为频率简并的纠缠态光场 (图 4.1(b))[6]；第三种是将含有 Ⅱ 类非线性晶体的运转于阈值以上的非简并光学参量振荡器所输出的频率和偏振均不简并的光场直接用一个棱镜分开，得到频率非简并纠缠态光场 (图 4.1(a))[7]。此外，通过原子中四波混频也可以得到频率非简并纠缠态光场。

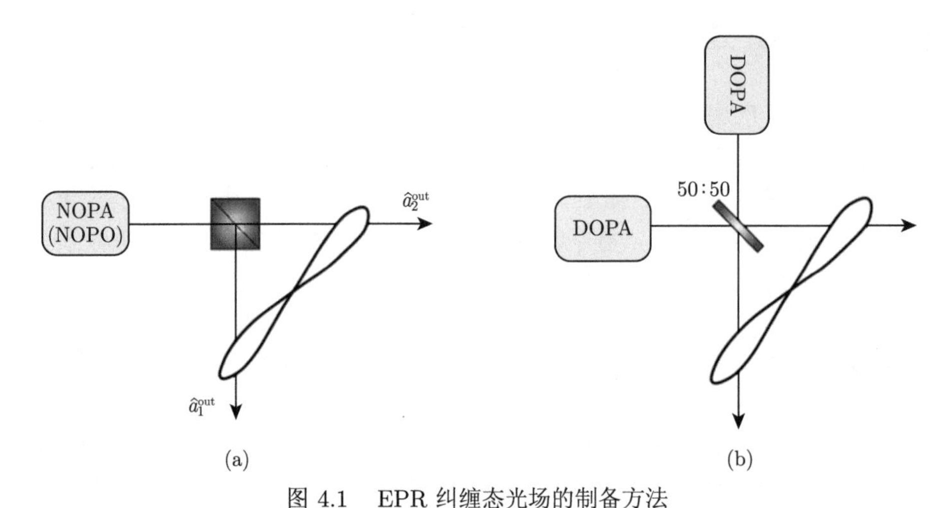

图 4.1　EPR 纠缠态光场的制备方法

(a) 表示利用非简并光学参量放大器或非简并光学参量振荡器直接产生纠缠态；(b) 表示通过单模压缩态耦合得到纠缠态

4.1.1　偏振非简并内腔光学参量过程

考虑到 Nd:YAG 激光器发出的 1064 nm 激光在 KTP 晶体内不可能实现 II 类 90° 非临界相位匹配，信号光与闲置光在倍频晶体中的光束走离效应导致偏振混合、倍频效率下降，而且难以在内腔参量变换过程中实现三模共振，虽然可以采用两块 KTP 晶体反向串接来消除光束走离效应，但这将不可避免地增加内腔损耗，破坏光子对之间的量子相关，从而降低输出场的压缩度。而 Nd:YAP 激光晶体发出的 1080 nm 光波，可在 α-切割的 KTP 晶体内实现 II 类 90° 非临界相位匹配，从而可以完全消除光束走离效应。以偏振方向与 KTP 晶体两本征偏振方向夹角为 45° 的基频光作为种子波，注入运转于阈值以下的非简并光学参量放大器，并将腔锁定在种子光频率上，能够得到频率简并、偏振正交的纠缠光束，其耦合模为明亮正交相位压缩态光场。

具有正交振幅分量以及正交相位分量量子关联的纠缠态光场是进行连续变量量子信息研究的最基本的量子资源，设计并构建高质量的连续变量纠缠态光场制备装置是非常重要的。这里通过一系列技术改进，由包含楔形 KTP 晶体的三共振非简并光学参量放大器可以直接产生 8.4 dB 的纠缠光场 [5]。以下将以非简并光学参量放大器为例，讨论光场纠缠态的实验制备。

系统的光路设计如图 4.2 所示，实验装置总共包含三部分：全固态内腔倍频激光源，由楔角晶体构成的三共振非简并光学参量放大器以及最后的平衡零拍探测系统，具体的实验装置图如图 4.3 所示。Nd:YAP/LBO 激光器输出绿光和红外光，分别作为非简并光学参量放大器的泵浦光场和信号光场。由于激光器的输出波长有 $\Delta\lambda$ 的微小漂移，所以在红外光路与绿光光路中分别用三镜环形结构的模式清洁器 MC1 和 MC2 锁定激光波长，改善光束质量和过滤光场噪声。MC1 输出的绿光作为非简并光学参量放大器的泵浦光；MC2 输出的红外光一部分作为两套平衡零拍探测器 BHD1 和 BHD2 的本地振荡光场，另一部分经过一个半波片，选取合适的角度转动波片的位置，使通过晶体的光场分为偏振互相垂直的两束，分别作为非简并光学参量放大器的信号光场和闲置光场。调节非简并光学参量放大器中晶体的控温系统及位置，使得腔内的泵浦光场、信号光场和闲置光场同时共振。将非简并光学参量放大器输出的光场用偏振分束器分开，分别用平衡零拍探测系统进行测量，将信号光场和本地振荡光场的相对相位锁定在 0° 或 90°，可分别对输出光场的正交振幅和相位分量进行测量。工作在参量反放大状态的非简并光学参量放大器可以得到正交振幅反关联，正交相位正关联的 EPR 纠缠态光场，通过将两个平衡零拍探测系统的振幅测量结果相加，以及相位测量结果相减而进行测量。

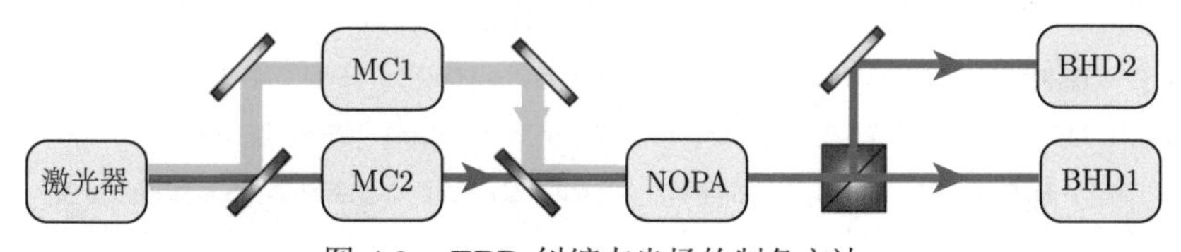

图 4.2 EPR 纠缠态光场的制备方法

光学参量放大器是产生非经典光场的关键部分，其性能的好坏将直接影响所产生的非经典光场的质量。传统结构非简并光学参量放大器是将晶体放置到光学谐振腔内。由于泵浦光场可在 α-切割的 KTP 晶体中实现类非临界相位匹配，从而完全消除光束走离效应，因此选用 α-切割的 KTP 晶体作为非线性介质。除传统结构外，非简并光学参量放大器也可以采用半整块腔和整块腔结构。决定非简并光学参量放大器输出信号与闲置光场之间量子关联度的最关键因素是其内腔损耗，因此，内腔损耗越小，输出场的关联度越大。若采用半整块结构，KTP 晶体的一个端面兼作泵浦光场输入镜，这样就减少了一个腔镜，降低内腔损耗。若采用整块结构，KTP 晶体的两个端面分别作为泵浦光场输入镜和输出镜，这样不需要腔镜，进一步降低内腔损耗。

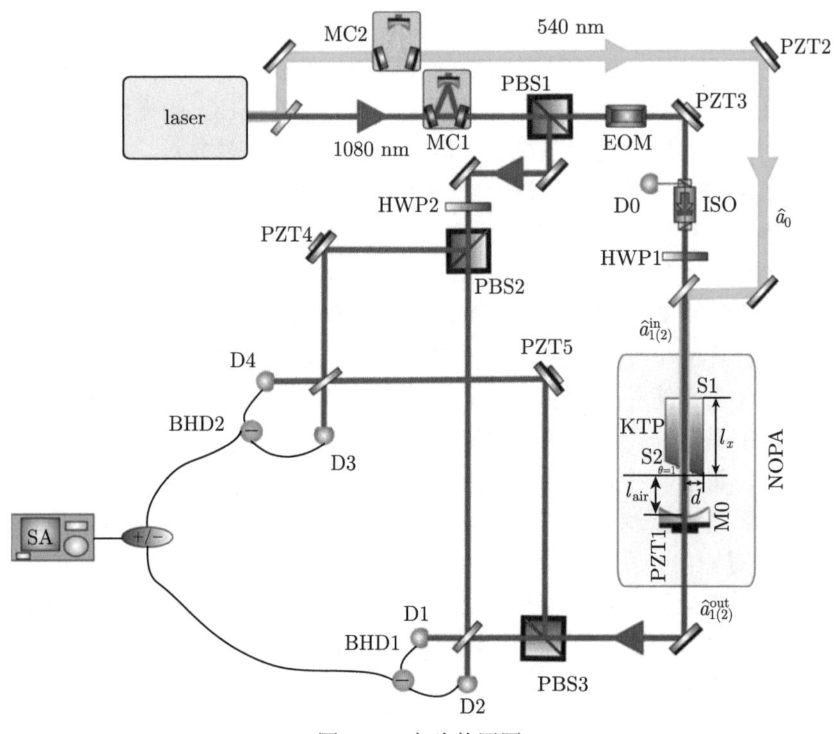

图 4.3　实验装置图

各光学器件的具体代号含义如下：laser-Nd:YAP/LBO 激光器；HWP1，HWP2-半波片；MC1-红外 (信号光) 模式清洁器；MC2-绿光 (泵浦光) 模式清洁器；ISO-光学隔离器；PBS1～PBS3-偏振分束器；D1～D4-光电探测器；BHD1，BHD2-平衡零拍探测器；(−)-减法器；(+/−)-加减法器；SA-频谱分析仪

1. NOPA

图 4.4 所示为半整块非简并光学参量放大器的结构。实验中 KTP 晶体置于高精度的控温炉中，右端的平凹镜是信号光场的耦合输出镜，固定在压电陶瓷上，用于腔长的扫描和锁定。

非线性晶体放置在非简并光学参量放大器腔的腰斑处，腰斑半径由非简并光学参量放大器腔的几何结构决定。对于半整块结构的非简并光学参量放大器，晶体左端面腰斑半径可表示为

$$\omega_0=\sqrt{\frac{\lambda}{\pi}\sqrt{L_{\mathrm{e}}\left(r-L_{\mathrm{e}}\right)}} \tag{4.1}$$

其中，λ 为光波长 ($\lambda_{\mathrm{s}}=1080\ \mathrm{nm}$，$\lambda_{\mathrm{p}}=540\ \mathrm{nm}$)；$L_{\mathrm{e}}$ 为非简并光学参量放大器的有效长度，$L_{\mathrm{e}}=L-l\left(1-\dfrac{1}{n}\right)$，这里 L 为非简并光学参量放大器腔长，n

为 KTP 晶体折射率 ($n = 1.7$)；r 是红外耦合输出镜的曲率半径 ($r = 50$ mm)。图 4.5 为非简并光学参量放大器腰斑半径随腔长 L 的变化曲线。其中，ω_s 为红外光场的腰斑半径；ω_p 为泵浦光场的腰斑半径。当腔长 $L = 52$ mm 时，信号光场和泵浦光场的腰斑分别为 $\omega_s \approx 59$ μm，$\omega_p \approx 42$ μm。

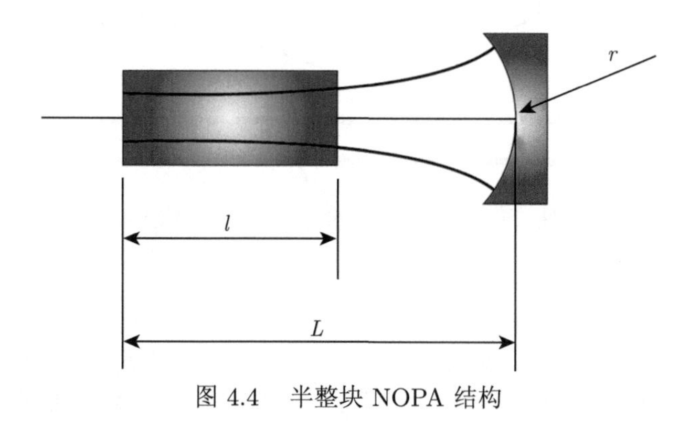

图 4.4 半整块 NOPA 结构

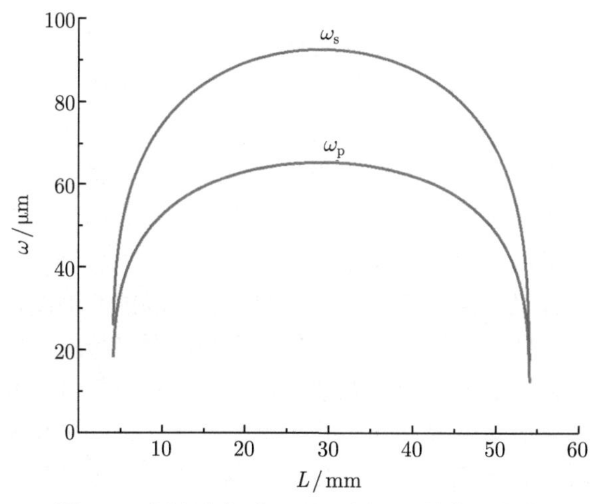

图 4.5 腰斑半径随 OPA 腔长 L 的变化曲线

为了保证非简并光学参量放大器的稳定运转，首先要使非简并光学参量放大器具有良好的机械稳定性。如图 4.6 所示，将两个镜架分别固定在两块钢板上，两钢板用殷钢棒牢固连接成一体，将控温炉和压电陶瓷分别粘合在两个镜架上。KTP 晶体固定在控温炉内，红外输出镜粘合在压电陶瓷上。将整个腔密封起来，避免空气流动、温度扰动等造成的不稳定因素，从而使非简并光学参量放大器具有很高的稳定性。

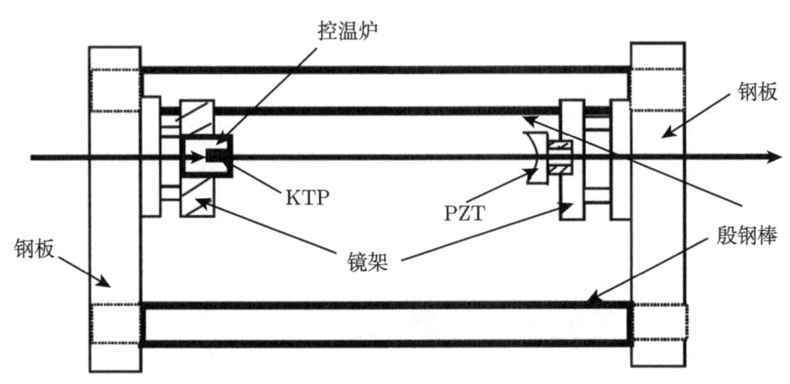

图 4.6　非简并光学参量放大器腔结构图

对于双共振非简并光学参量放大器，泵浦光场单次通过谐振腔，只有信号光场、闲置光场在腔内共振，实验中只需要调节一个物理参量——KTP 晶体的温度，即可以实现信号光场和闲置光场在腔内同时共振 [4]。为了实现谐振腔的三模共振运转，虽然可以在腔内充入惰性气体或者是加入光楔等元件，通过改变光在晶体之外光路中的折射率，补偿泵浦光场和信号光场之间在晶体内产生的频率色散，实现三模式同时共振，但是额外元件的加入，必然引起谐振腔内腔损耗的增加，从而影响输出 EPR 纠缠态光场的关联度。为了实现泵浦光、信号光与闲置光同时在腔内共振，又不引入额外损耗，这里用带楔角的非线性晶体取代原来的垂直入射面，通过微调晶体的倾角改变晶体内的光程，找到泵浦光和信号光同时共振的合适位置，再经过细致调温，实现三模式共振。在三模式共振情况下内腔功率密度增加，需要的泵浦功率降低。

要想提高非简并光学参量放大器输出纠缠态光场的纠缠度，最有效的方法是增加它的有功输出，即提高输出镜对信号光场和闲置光场的透射率。虽然提高输出镜对信号光的透射率能使非简并光学参量放大器输出信号与闲置光场之间的量子关联度提高，但同时也会提高非简并光学参量放大器的泵浦阈值。根据非简并光学参量放大器阈值表达式，其输入与输出镜对信号和泵浦光场的透射率均会影响腔的阈值。腔的阈值与 T 之间的函数曲线如图 4.7 所示。其中曲线 1 和 2 分别表示当 $T_0 = 1$ 和 $T_0 = 20\%$时，腔的阈值随 T 变化的关系曲线。在曲线 1 和 2 的情况下，当输出镜对信号光场的透射率分别为 5%、10%、12.5%, $T_0 = 1$ 时，相对应的非简并光学参量放大器的泵浦光阈值分别为 45 mW、115 mW、150 mW。由此可见，泵浦阈值比 $T_0 = 20\%$时高许多倍，因此选取合适的 T_0 也十分重要。

如图 4.8 所示，非简并光学参量放大器采用两镜半整块法布里–珀罗干涉仪 (F-P 腔) 结构，为了避免晶体内 o 光和 e 光的走离效应，这里选用沿 α 轴切割的 II 类匹配 KTP 晶体来实现频率下转换。晶体楔形面切角为 1°。晶体 S1 的镀膜参数为对信号光场高反，对泵浦光场有一定透射率 T_0，被用作非简并光学参量放大器的输入耦合镜；S2 表面对泵浦和信号光波长双增透。凹镜 M 作为 F-P 腔的输出耦合镜，对泵浦光场高反，对信号光场有一定的透射率 T。

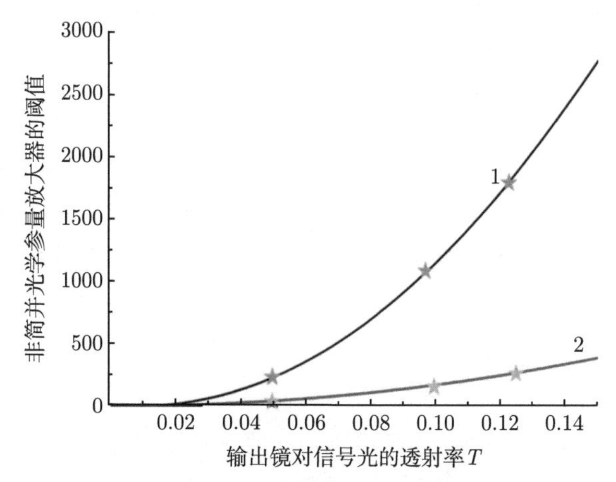

图 4.7 非简并光学参量放大器的阈值与输出镜对信号光的透射率 T 之间的关系曲线图

曲线 1 表示当 $T_0 = 1$ 时，腔的阈值随 T 变化的曲线图；曲线 2 表示当 $T_0 = 20\%$时，腔的阈值随 T 变化的曲线图。图中的星号表示输出镜对信号光的透射率分别为 5%、10%、12.5%时，相对应的非简并光学参量放大器的泵浦光阈值

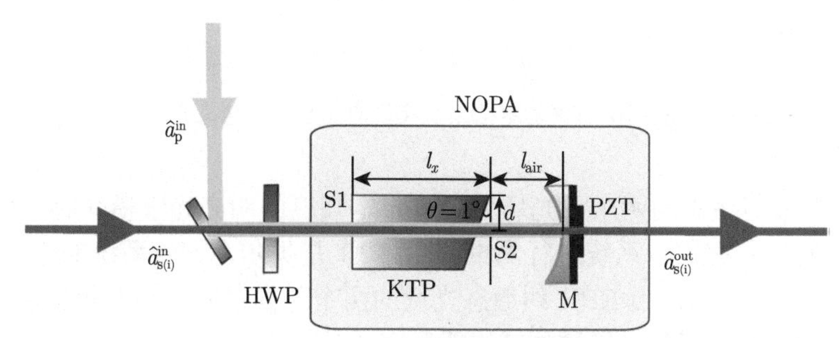

图 4.8 具有三共振结构的非简并光学参量放大器

各光学器件的具体代号含义如下：HWP-半波片；PZT-压电陶瓷

由于晶体的 S2 表面有 1° 的楔形角，如果在垂直于光传播方向的平面内前后移动晶体的位置，等同于改变了光在晶体中传播的光程，精细调节晶体的位置，可以找到满足信号光场、闲置光场和泵浦光场同时共振的晶体长度。当这三束光场在非简并光学参量放大器内的光程均满足下面条件时，达到三模式共振，即要求

$$l(n_j, d) = 2n_j \times (l_x - d \times \tan\theta) + 2(l_{\text{air}} + d \times \tan\theta) = A_j \times \lambda_j \quad (A_j\text{为整数}) \tag{4.2}$$

其中，$j = \mathrm{s,i,p}$(s、i、p 分别表示信号光场、闲置光场、泵浦光场)；n_j 表示不同的光在 KTP 晶体里的折射率；l_x 和 l_{air} 分别表示晶体的长度和光在非简并光学参量放大器内空气中的长度。微微移动晶体的位置，并且通过调节 KTP 晶体的温度，可以使三束光同时满足式 (4.2) 而实现三模共振。

2. 测量方法

正交分量可以通过信号光场和本地振荡光场的干涉来测量，利用双平衡零拍探测和贝尔 (Bell) 态探测等系统可以探测量子纠缠度。为了测量 EPR 纠缠态光场的量子纠缠度，这里需要用两套平衡零拍探测系统分别测量两束光场 (EPR1 和 EPR2) 的正交振幅分量和相位分量的量子噪声，之后再通过加 (减) 法器测量它们正交分量之间的关联噪声，如图 4.9 所示。

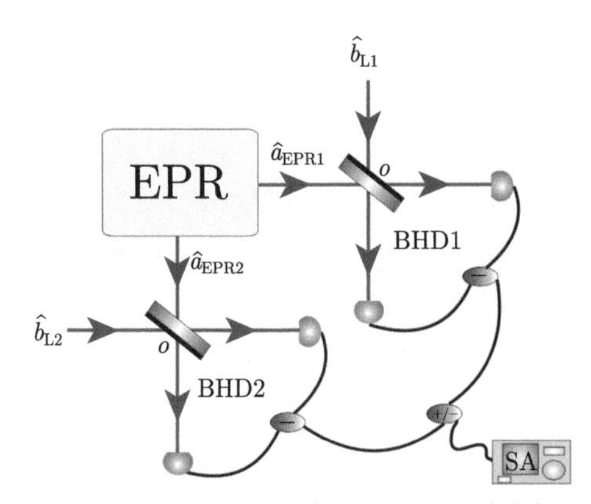

图 4.9　利用两套平衡零拍系统实现对 EPR 纠缠态光场的测量

当 EPR 纠缠态的两个子光场为具有一定强度的明亮光学模式时，可以采用更为简单的贝尔态探测系统进行测量。图 4.10 是贝尔态探测系统的原理示意图。取 $R = 1/2, T = 1/2$，当 EPR 纠缠态光场的两个子模之间的相对相位锁定在 π/2 时，输出光场的交流信号经过加减法器后表示为

$$\begin{cases} \delta\hat{c}^\dagger\delta\hat{c} + \delta\hat{d}^\dagger\delta\hat{d} = \alpha\delta\hat{X}_a + \beta\delta\hat{X}_b = \alpha(\delta\hat{X}_a + \delta\hat{X}_b) \\ \delta\hat{c}^\dagger\delta\hat{c} - \delta\hat{d}^\dagger\delta\hat{d} = \beta\delta\hat{Y}_a - \alpha\delta\hat{Y}_b = \alpha(\delta\hat{Y}_a - \delta\hat{Y}_b) \end{cases} \tag{4.3}$$

其中，α 和 β 分别为 EPR1 和 EPR2 的光强度，一般情况下，$\alpha = \beta$，所以用加法器测量到的是纠缠态光场两个子模正交振幅和 $(\delta\hat{X}_a + \delta\hat{X}_b)$ 的关联噪声，用减法器测量结果为纠缠态光场正交相位差 $(\delta\hat{Y}_a - \delta\hat{Y}_b)$ 的关联噪声，用相同能量的相干光场替代 EPR1 和 EPR2，即可得到相应的散粒噪声极限。这种方法的局限性在于只能测量振幅和与相位差关联噪声，因而只能用以探测具有正交振幅反关

联 $\delta\hat{X}_a+\delta\hat{X}_b<\text{SNL}$ 和正交相位正关联 $\delta\hat{Y}_a-\delta\hat{Y}_b>\text{SNL}$ 的明亮纠缠态光场，不能测量具有正交振幅正关联相位与反关联的纠缠，也不能测量由压缩真空合成的低光子数光场纠缠态。

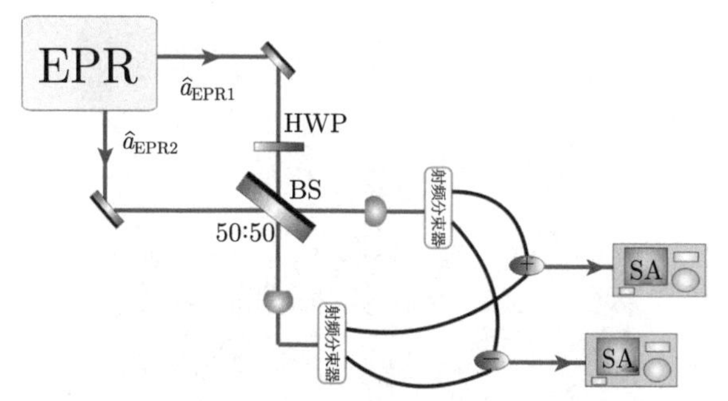

图 4.10 利用贝尔态探测系统实现对 EPR 纠缠态光场的测量

3. 实验结果

为了实现非简并光学参量放大器内的泵浦、信号和闲置光场三共振，需要同时调节两个物理参量：一个是 KTP 晶体的温度，使晶体能够满足 II 类非临界相位匹配条件；另一个是调节三个光学模式在非简并光学参量放大器光学腔内的有效光程，使之满足三模共振的条件。为了调节第一个物理参量，这里将晶体放在导热性良好的铜材质控温炉内，并将控温炉放在佩尔捷半导体制冷片上进行精密控温。第二个物理参量的调节方法是将放有入射面为楔形的 KTP 晶体的控温系统放在一个平移架上，通过移动底座，改变光束在晶体中的实际传送长度。三束光在晶体中的折射率不同，利用色散差异和位置微调，可以寻找到三个光学模式在腔内同时共振的合适位置。

经典增益是检验非简并光学参量放大器中光学参量转换效果的重要指标，用它可以检验非简并光学参量放大器是否已调节到最佳状态。用 V_{mean} 表示非简并光学参量放大器在无泵浦光而仅有信号光注入情况下，探测器所测量到的输出光电流信号在示波器上显示的电压值，用 $V_{\max}$ 和 $V_{\min}$ 分别表示非简并光学参量放大器在有泵浦光注入情况下，探测到的输出光电流在示波器上所显示最大值和最小电压值。于是，经典增益为 $g=(V_{\max}-V_{\min})/V_{\text{mean}}$。通过调节 KTP 晶体的温度和位置以获得最大经典增益。在实验操作过程中，首先挡住信号光，测量非简并光学参量放大器的阈值，注入泵浦绿光和信号种子光。此时示波器上看到的三个模式 (泵浦光、信号光、闲置光) 如图 4.11(a) 所示，最上面的红色线是扫描的三角波，中间的蓝色线是非简并光学参量放大器内泵浦光的模式，最下面的黄色线为信号光和闲置光的模式。首先通过调节 KTP 晶体的温度，使得信号光和闲置光同时在腔内共振，达到双峰重合，如图 4.11(b) 所示，上下峰错位，泵浦光没有与信号光共振。这时，慢慢移动 KTP 晶体的横向位置，并在匹配范围内精确调节温度，达到三模共振，如图 4.11(c) 所示。当增益达到最大时，非简并

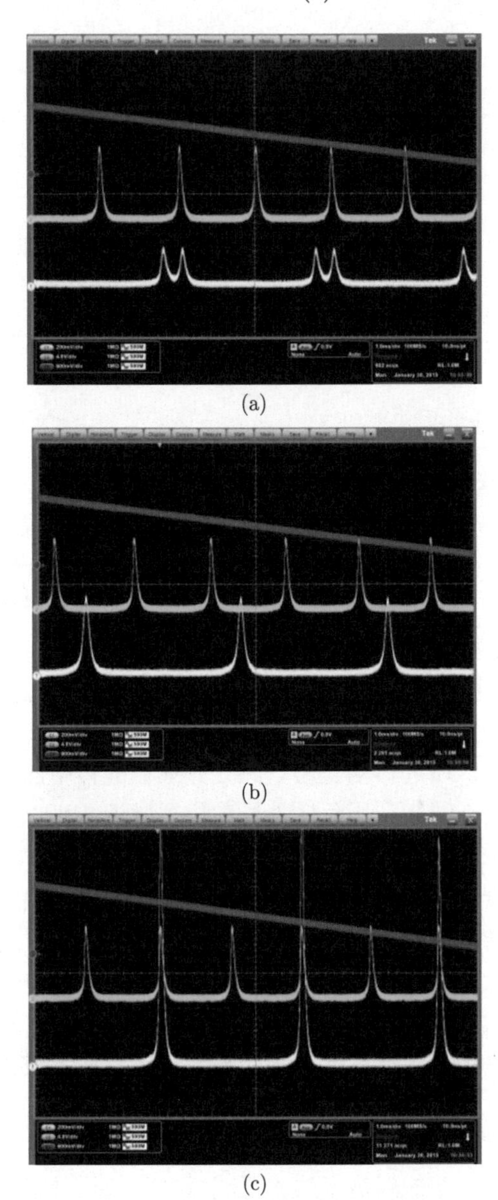

图 4.11　实验实现三模共振的模式图

最上面的红色线是扫描的三角波，中间的蓝色线是非简并光学参量放大器内泵浦光的模式，最下面的黄色线是信号光和闲置光的模式

光学参量放大器则已调好。该实验系统的最大增益为 30。调好后，如果将泵浦光场和信号光场的相对相位锁定为 π，非简并光学参量放大器即工作在参量反放大状态，此时可以获得正交振幅反关联、正交相位正关联的纠缠态输出光场。

输出的偏振相互垂直的一对纠缠态光束用一个偏振分束器分开，调节各个偏振光束与本地振荡光场在 50:50 分束器上的干涉效率，使之达到最高值。该系统的干涉效率为 98%。之后将本地振荡光场和输出光场的相对相位锁定在 0(π/2)，再将两套平衡零拍测量系统中探测器的交流信号通过加 (减) 法器接在频谱分析仪上，分别对纠缠态光场的正交振幅分量与正交相位分量进行测量，在分析频率为 2 MHz 处，测量到非简并光学参量放大器输出光场的量子关联噪声，如图 4.12 所示。曲线 (i) 表示散粒噪声极限，挡住非简并光学参量放大器的输出光场，只有本地振荡光场输入平衡零拍测量系统，此时，在频谱分析仪上测量到的曲线即为散粒噪声极限。图 4.12(a) 中的曲线 (ii) 表示信号光场和闲置光场的振幅和的关联噪声，它低于散粒噪声极限 (8.40±0.18) dB；图 4.12(b) 中的曲线 (ii) 表示信号光场和闲置光场的相位差的关联噪声，低于散粒噪声极限 (8.38±0.16) dB，图 4.12(a)、(b) 中的曲线 (iii) 分别表示信号光场和闲置光场的正交振幅差和正交相位和的反关联噪声，高于散粒噪声极限二十几分贝。曲线 (iv) 表示平衡零拍探测器的电子学噪声。

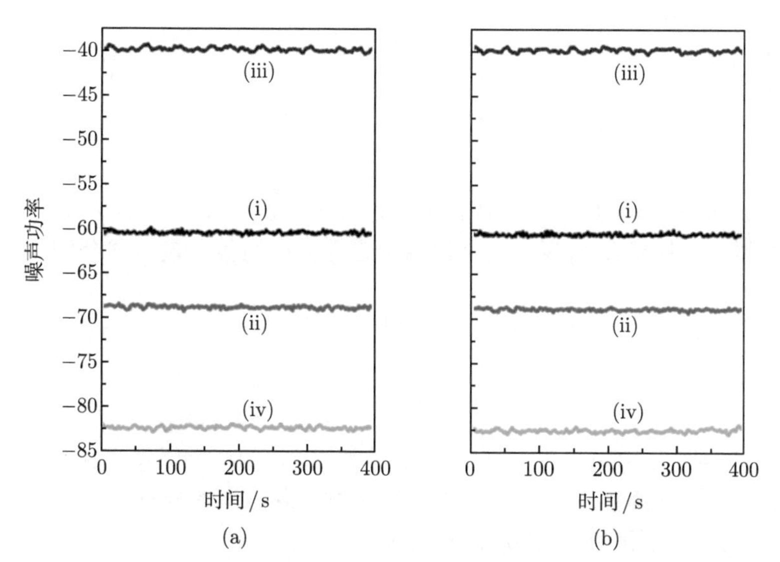

图 4.12 EPR 纠缠态光场的正交振幅和与正交相位差的量子关联噪声

其中曲线 (i) 为散粒噪声极限，曲线 (ii) 为量子关联噪声，曲线 (iii) 为量子反关联噪声，曲线 (iv) 为平衡零拍探测器的电子学噪声

4.1.2　偏振简并内腔光学参量过程

除利用非简并光学参量放大器直接产生纠缠态光场之外，利用一对单模压缩态光场耦合也能获得光场纠缠态。现以两个工作在参量反放大状态的简并光学参量放大器产生的正交振幅压缩态光场在 50:50 光学分束器上耦合得到纠缠态光场为例，讨论实验制备方法，图 4.13 为示意简图 [6]。

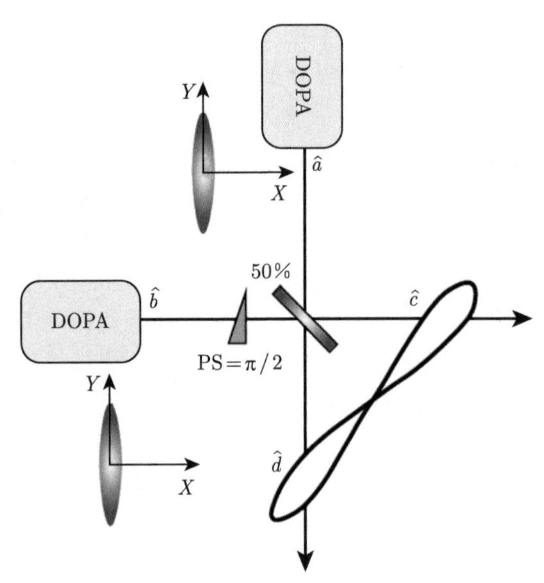

图 4.13　正交振幅压缩光合成纠缠光束的示意图

图 4.13 中 $\hat{a}$ 和 $\hat{b}$ 是一对工作在参量反放大状态的简并光学参量放大器，经 I 类光学参量作用所产生的两束正交振幅压缩态光场的数学表达式分别为

$$\begin{aligned}\hat{a}(t) &= \hat{a}^{\text{in}}\text{ch}r - \hat{a}^{\text{in}+}\text{sh}r \\ \hat{b}(t) &= \hat{b}^{\text{in}}\text{ch}r - \hat{b}^{\text{in}+}\text{sh}r\end{aligned} \tag{4.4}$$

式中，$\hat{a}^{\text{in}}$ 和 $\hat{b}^{\text{in}}$ 分别为 $\hat{a}$ 和 $\hat{b}$ 的注入信号光场；r 为压缩参量，在这里已经假设 $\hat{a}$ 和 $\hat{b}$ 具有相同压缩度。两光束在 50:50 光学分束器上耦合时，若引入了 π/2 的相位延迟，则输出场 $\hat{c}(t)$ 和 $\hat{d}(t)$ 分别为

$$\begin{aligned}\hat{c}(t) &= \frac{1}{\sqrt{2}}\left[\hat{a}(t) + \text{i}\hat{b}(t)\right] \\ \hat{d}(t) &= \frac{1}{\sqrt{2}}\left[\hat{a}(t) - \text{i}\hat{b}(t)\right]\end{aligned} \tag{4.5}$$

由此可求得 $\hat{c}(t)$ 和 $\hat{d}(t)$ 正交分量的关联噪声：

$$\begin{aligned}\left\langle\Delta^2\left[\hat{x}_{\mathrm{c}}(t)+\hat{x}_d(t)\right]\right\rangle&=2\mathrm{e}^{-2r}\\ \left\langle\Delta^2\left[\hat{Y}_{\mathrm{c}}(t)-\hat{Y}_d(t)\right]\right\rangle&=2\mathrm{e}^{-2r}\end{aligned}\tag{4.6}$$

当 $r=0$ 时，$\hat{a}$ 和 $\hat{b}$ 的压缩都为零，关联噪声为散粒噪声极限；当 $0<r<\infty$ 时，关联噪声小于散粒噪声极限，产生量子关联。此时，得到了正交振幅反关联和正交相位正关联的 EPR 纠缠态光场。在压缩参量 r 趋于无穷时，两个正交分量的关联噪声均趋于 0，趋近于理想纠缠。

实验示意图如图 4.14 所示。在泵浦光场单次作用下的两个简并光学参量放大器产生压缩真空态，通过在分束器上耦合两个压缩真空态而得到纠缠态。每个简并光学参量放大器腔采用环形腔结构，由两个球面镜和两个平面镜组成。应该注意的是，为获得稳定的耦合，$\hat{a}$ 和 $\hat{b}$ 应该具有相同的频率和恒定的相位关系，因此两个光学参量放大器应该具有完全相同的结构，并且用同一激光源泵浦，将两个腔锁定于泵浦源。

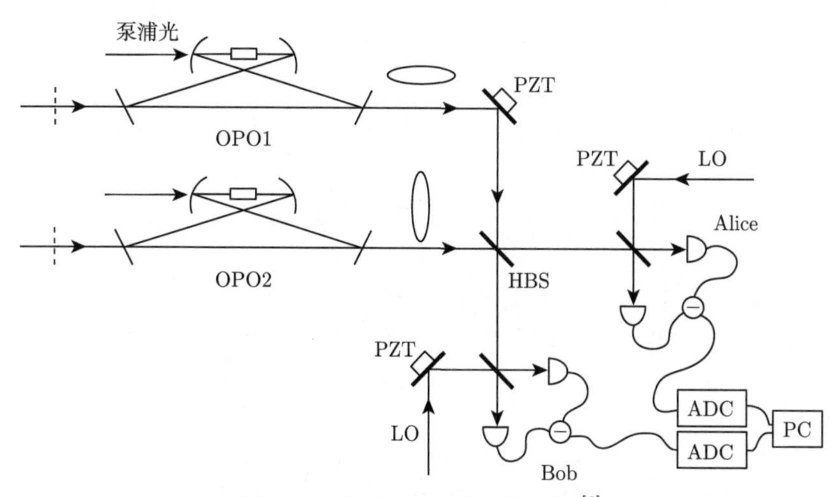

图 4.14 时域 EPR 实验的设置 [6]

各光学器件的具体代号含义如下：OPO-亚阈值光学参量振荡器；HBS-半分束器；PZT-压电陶瓷；LO-本地振荡器；ADC-模数转换器。ADC 是特定于时域实验的成分，不会用于频域实验。这里测量的量是幅度而不是强度，因为它们将在频域实验的频谱分析仪中测量

图 4.15 显示了正交振幅和正交相位的关联噪声频谱 $Sx(\Omega)$ 和 $Sp(\Omega)$，即通过对采样的原始数据进行数字傅里叶分析得到的 EPR 光束的频域正交分量关联噪声。

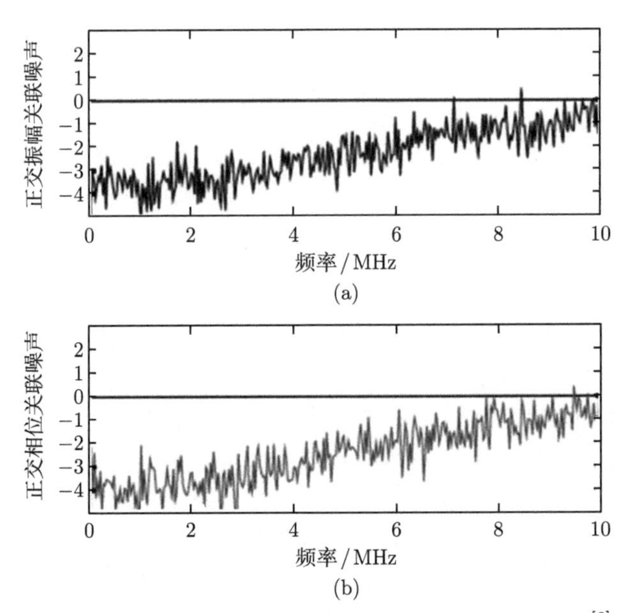

图 4.15　对 50MSa/s 采样的原始数据进行傅里叶分析 [6]

(a) $Sx(\Omega)$ 对于 $\left\langle\left[\Delta\left(\hat{x}_A^f-\hat{x}_B^f\right)\right]^2\right\rangle$；(b) $Sp(\Omega)$ 对于 $\left\langle\left[\Delta\left(\hat{p}_A^f+\hat{p}_B^f\right)\right]^2\right\rangle$。每条曲线都归一化为相应的真空噪声水平 [6]

图 4.16 显示了在 $T = 0.2$ μs 的时间间隔内记录的一对纠缠光束的时域正交

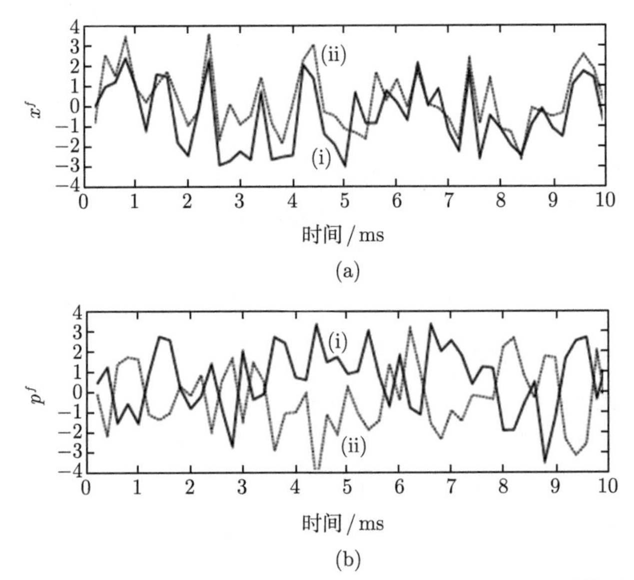

图 4.16　纠缠光束 (a) 正交振幅和 (b) 正交相位起伏量子关联的时域测量

用 50 个点来生成此图，在每幅图中，曲线 (i) 和 (ii) 分别表示纠缠光束之一的时域量子噪声 [6]

分量起伏。在此示例中，仅选取了 150 个点。很明显，在时域中光束的正交振幅分量的起伏是正关联的，而它们的正交相位起伏是反关联的。

4.2 频率非简并内腔光学参量过程

利用工作在阈值以上的非简并光学参量振荡器，可以产生双色两组分纠缠态光场 [8]，两组分纠缠态光场是指两束不同频率的光场之间存在量子关联。利用单端分析腔、非平衡马赫–曾德尔 (M-Z) 干涉仪等方式可以对其进行测量，证明不同频率的光场之间存在量子纠缠。

对于运转于阈值以下的非简并光学参量放大器，当它运转于参量反放大状态时，可以用贝尔态直接探测系统测量其输出场的量子纠缠。但是这种方法产生的纠缠光束需要有信号光注入，以便锁定泵浦光和信号光的相对相位，输出功率通常在微瓦量级，不利于长距离传送。而运转于阈值以上的非简并光学参量振荡器不需注入信号，能直接产生毫瓦量级的纠缠光束。但是由于阈值以上的非简并光学参量振荡器产生的纠缠光束的频率一般不简并，所以长期以来人们仅能够测量它们之间的强度关联，而不能证明它们之间的相位关联。近年来，人们提出了多种方法可以测量不同频率光束的相位关联，因此对阈值以上非简并光学参量振荡器的研究产生了极大兴趣。目前有四种方法测量阈值以上非简并光学参量振荡器输出场的相位关联，分别为：① 利用 M-Z 干涉仪分别测量信号光和闲置光的振幅和相位噪声，进而得出信号光和闲置光的量子关联特性 [7]；② 利用一对单端反射的 F-P 腔分别测量信号光和闲置光的振幅和相位噪声，进而得出信号光和闲置光的量子关联特性 [8]；③ 利用声光调制器产生与信号光和闲置光相同频率的本地光，再利用平衡零拍探测法测量信号光和闲置光的量子关联 [9]；④ 在非简并光学参量振荡器腔内插入四分之一波片使下转换光频率得以简并，得到相同频率，从而利用平衡零拍探测法测量信号光和闲置光的量子关联 [10]。

4.2.1 利用非等臂 M-Z 干涉仪测量

利用非平衡 M-Z 干涉仪的方法也可以测量非简并光学参量振荡器输出光场的正交分量。在自由空间中，需要两臂光程差 75 m，才可以测量 2 MHz 处的相位关联。由于在低频处非简并光学参量振荡器输出场的量子关联度大，利用 50 m 长非平衡光纤 M-Z 干涉仪来测量非简并光学参量振荡器输出场在 2 MHz 处的相位关联。非平衡 M-Z 干涉仪可以测量入射光场特定频率处的相位噪声。考虑如图 4.17 所示的理论模型 [7]。

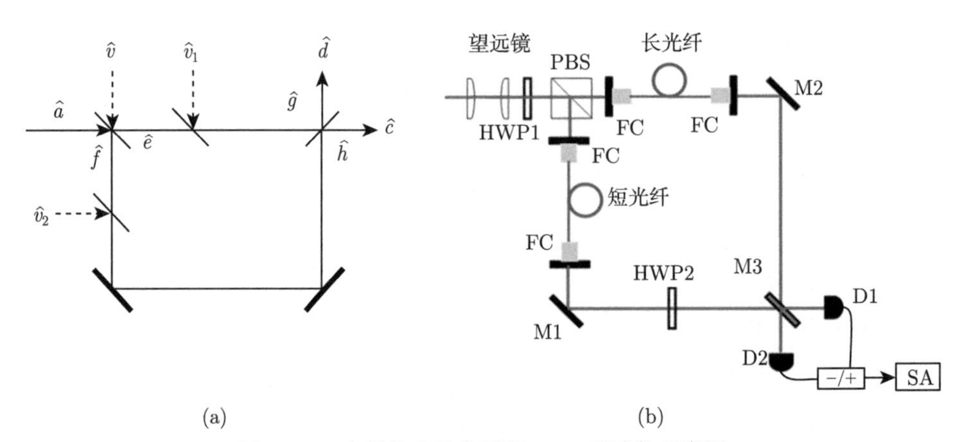

(a)　　(b)

图 4.17　光纤构成的非平衡 M-Z 干涉仪示意图

(a) 是理论模型；(b) 是实验装置。HWP1 决定测量类型。各光学器件的具体代号含义如下：PBS-偏振分束器；M3-50:50 分束器

实验装置如图 4.18 所示。连续双波长输出 Nd^{3+}:YAP/KTP 单频稳频固体激光器来泵浦一个非简并光学参量振荡器，从而产生频率非简并的孪生光束。首先用双色分束片把激光器输出的红外光和绿光分成两路。激光器输出的红外光被偏振分束器分成两路，垂直偏振光用来监视激光器的模式，水平偏振光通过一

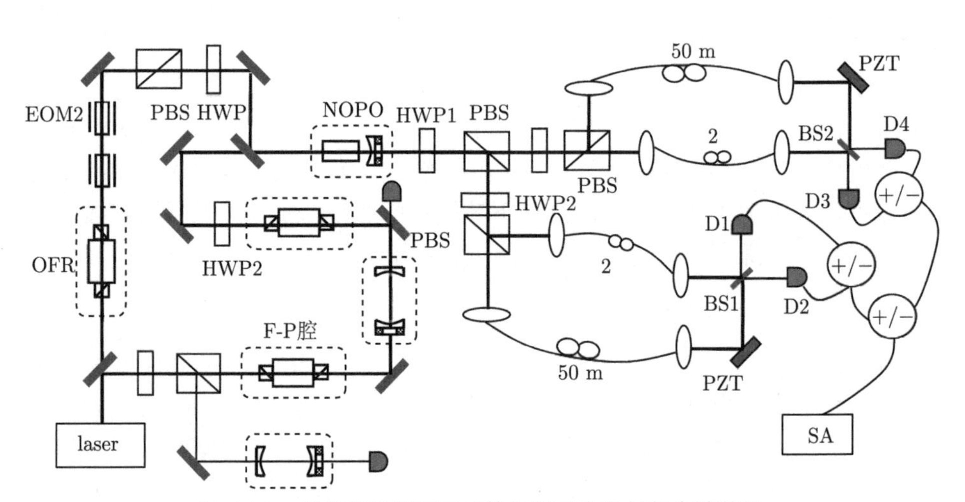

图 4.18　制备高亮度频率非简并纠缠态光场的实验装置

各光学器件的具体代号含义如下：laser-激光器；OFR-隔离器；F-P 腔-Fabry-Perot 腔；HWP1、HWP2-半波片；PBS-偏振分束器；EOM-电光调制器；BS-分束片；PZT-压电陶瓷；D1～D4-光电探测器；(+/−)-加减法器；SA-频谱分析仪

个隔离器进入模式清洁器，以改善激光光束的空间模式和减少低频噪声。模式清洁器出来的光通过一个高反镜，透出一点进入光探测器，用于激光器的频率锁定。从模式清洁器后面的高反镜反射的光经过一个隔离器后，通过一个半波片后进入非简并光学参量振荡器。产生的孪生光束由偏振分束器分开，与光纤耦合模式匹配后，进入两套光纤 M-Z 干涉仪进行强度和相位关联测量。

首先是正交振幅差噪声的测量。当图 4.18 中第一个半波片角度为 22.5° 时，干涉仪测量的是输入光场的正交相位噪声。输入场 $\hat{a}(t)$ 在一个 50:50 分束器上分束，因此它与真空场 $\hat{v}(t)$ 相耦合，耦合后的光束可表示为

$$\begin{aligned}\hat{e}(t) &= \frac{1}{\sqrt{2}}[\hat{a}(t)+\hat{v}(t)]\\ \hat{f}(t) &= \frac{1}{\sqrt{2}}[\hat{a}(t)-\hat{v}(t)]\end{aligned} \tag{4.7}$$

$\hat{e}(t)$ 和 $\hat{f}(t)$ 在进入光纤时会引入耦合损耗，设长短臂耦合损耗相同，传送损耗忽略不计。设损耗为 R，则进入光纤的振幅透射率 $t=\sqrt{T}=\sqrt{1-R}$，光纤耦合损耗相当于光路中加入振幅反射率为 $r=\sqrt{R}$ 的分束器，经过光纤耦合后的光束可表示为

$$\begin{aligned}\hat{g}(t) &= t\hat{e}(t)+r\hat{v}_1(t)\\ \hat{h}(t) &= t\hat{f}(t)+r\hat{v}_2(t)\end{aligned} \tag{4.8}$$

由光纤输出后的光束在 50:50 分束器上以相位差 ϕ 干涉，输出场可表示为

$$\begin{aligned}\hat{c}(t) &= \frac{1}{\sqrt{2}}\left[\hat{g}(t)+\mathrm{e}^{\mathrm{i}\phi}\hat{h}(t-\tau)\right]\\ &= \frac{1}{\sqrt{2}}\left\{\frac{1}{\sqrt{2}}t\left(1+\mathrm{e}^{\mathrm{i}\varphi}\right)\alpha+\frac{1}{\sqrt{2}}t\Big[\delta\hat{a}(t)+\delta\hat{a}(t-\tau)\mathrm{e}^{\mathrm{i}\varphi}\right.\\ &\quad \left.+\delta\hat{v}(t)-\delta\hat{v}(t-\tau)\mathrm{e}^{\mathrm{i}\varphi}\Big]+r\left[\delta\hat{v}_1(t)+\mathrm{e}^{\mathrm{i}\varphi}\delta\hat{v}_2(t-\tau)\right]\right\}\end{aligned} \tag{4.9}$$

$$\begin{aligned}\hat{d}(t) &= \frac{1}{\sqrt{2}}\left[\hat{g}(t)-\mathrm{e}^{\mathrm{i}\phi}\hat{h}(t-\tau)\right]\\ &= \frac{1}{\sqrt{2}}\left\{\frac{1}{\sqrt{2}}t\left(1-\mathrm{e}^{\mathrm{i}\phi}\right)\alpha+\frac{1}{\sqrt{2}}t\Big[\delta\hat{a}(t)-\delta\hat{a}(t-\tau)\mathrm{e}^{\mathrm{i}\phi}\right.\\ &\quad \left.+\delta\hat{v}(t)+\delta\hat{v}(t-\tau)\mathrm{e}^{\mathrm{i}\phi}\Big]+r\left[\delta\hat{v}_1(t)+\mathrm{e}^{\mathrm{i}\phi}\hat{v}_2(t-\tau)\right]\right\}\end{aligned} \tag{4.10}$$

输出场的光子数算符表示为

$$\begin{aligned}\hat{n}_c(t)=\hat{c}^{\dagger}\hat{c}=\frac{1}{2}\Bigg\{&(1+\cos\phi)t^2\alpha^2\\&+\alpha\Bigg\{\frac{1}{2}t^2(\delta X_{a,0}+\delta X_{v,0})+\frac{1}{\sqrt{2}}tr(\delta X_{v_1,0}+\delta X_{v_2,-\phi})\\&+\frac{1}{2}t^2[\delta X_{a,0}(t-\tau)-\delta X_{v,0}(t-\tau)]\Bigg\}\\&+\frac{1}{2}t^2\mathrm{e}^{-\mathrm{i}\phi}\alpha\{[\delta\hat{a}(t)+\delta\hat{v}(t)]+\delta\hat{a}^{\dagger}(t-\tau)-\delta\hat{v}^{\dagger}(t-\tau)\}\\&+\frac{1}{\sqrt{2}}tr\mathrm{e}^{\mathrm{i}\phi}\alpha\left[\delta\hat{v}_1^{\dagger}(t)+\mathrm{e}^{-\mathrm{i}\phi}\delta\hat{v}_2^{\dagger}(t-\tau)\right]\\&+\frac{1}{2}t^2\mathrm{e}^{\mathrm{i}\phi}\alpha\{[\delta\hat{a}^{\dagger}(t)+\delta\hat{v}^{\dagger}]+\delta\hat{a}(t-\tau)-\delta\hat{v}(t-\tau)\}\\&+\frac{1}{\sqrt{2}}tr\mathrm{e}^{-\mathrm{i}\phi}\alpha[\delta\hat{v}_1(t)+\delta\hat{v}_2(t-\tau)]\Bigg\}\end{aligned}\tag{4.11}$$

$$\begin{aligned}\hat{n}_d(t)=\hat{d}^{\dagger}\hat{d}=\frac{1}{2}\Bigg\{&(1-\cos\phi)t^2\alpha^2\\&+\alpha\left[\frac{1}{2}t^2(\delta X_{a,0}+\delta X_{v,0})+\frac{1}{\sqrt{2}}tr(\delta X_{v_1,0}-\delta X_{v_2,-\phi})\right]\\&+\frac{1}{2}t^2\alpha[\delta X_{a,0}(t-\tau)-\delta X_{v,0}(t-\tau)]\\&-\frac{1}{2}t^2\mathrm{e}^{-\mathrm{i}\phi}\alpha[\delta(\hat{a}(t)+\delta\hat{v}(t)+\delta\hat{a}^{\dagger}(t-\tau)-\delta\hat{v}^{\dagger}(t-\tau)]\Bigg\}\\&-\frac{1}{\sqrt{2}}tr\mathrm{e}^{\mathrm{i}\phi}\alpha\left\{\left[\delta\hat{v}_1^{\dagger}(t)-\mathrm{e}^{-\mathrm{i}\phi}\delta\hat{v}_2^{\dagger}(t-\tau)\right]\right\}\\&-\frac{1}{2}t^2\mathrm{e}^{\mathrm{i}\phi}\alpha\{[\delta\hat{a}^{\dagger}(t)+\delta\hat{v}^{\dagger}(t)+\delta\hat{a}(t-\tau)-\delta\hat{v}(t-\tau)]\}\\&-\frac{1}{\sqrt{2}}tr\mathrm{e}^{-\mathrm{i}\phi}\alpha\{[\delta\hat{v}_1(t)-\mathrm{e}^{\mathrm{i}\phi}\delta\hat{v}_2(t-\tau)]\}\end{aligned}\tag{4.12}$$

产生光电流的和 $\hat{n}_c(t)+\hat{n}_d(t)$ 与差 $\hat{n}_c(t)-\hat{n}_d(t)$ 分别为

$$\begin{aligned}\hat{n}_c(t)+\hat{n}_d(t)=\frac{1}{2}t^2\alpha^2\Bigg\{&2+[\delta X_{a,0}+\delta X_{v,0}+\delta X_{a,0}(t-\tau)\\&-\delta X_{v,0}(t-\tau)]+\frac{1}{\sqrt{2}}tr(X_{v_1,0}-X_{v_2,-\phi})\Bigg\}\end{aligned}\tag{4.13}$$

$$\hat{n}_c(t) - \hat{n}_d(t) = \frac{1}{2}t^2\alpha\left\{[2\cos\phi + \delta X_{a,\phi} + \delta X_{v,\phi} + \delta X_{a,-\phi}(t-\tau) - \delta X_{v,-\phi}(t-\tau)] + \frac{1}{\sqrt{2}}tr(X_{v_1,\phi} - X_{v_2,0})\right\} \tag{4.14}$$

其中，正交分量 $\delta\hat{X}_{a,\phi}$ 定义为 $\delta\hat{X}_{a,\phi} = \exp(\mathrm{i}\phi)\delta\hat{a}^\dagger + \exp(-\mathrm{i}\phi)\delta\hat{a}$。当 ϕ=0 时，$\delta\hat{X}_{a,\phi} = \delta\hat{a}^\dagger + \delta\hat{a} = \delta\hat{X}_a$，为光场的正交振幅分量；$\phi = \pi/2$ 时，$\delta\hat{X}_{a,\phi} = -\mathrm{i}(\delta\hat{a} - \delta\hat{a}^\dagger)=\delta\hat{Y}_a$，为光场的正交相位分量。

通过傅里叶变换可以得到在边带频率 Ω 处的频谱。由于傅里叶变换使得 $\mathcal{F}f(t-\tau) = \exp(-\mathrm{i}\Omega\tau)\mathcal{F}f(t)$，频谱分量的相移为 $\Omega\tau = \theta$。如果 $\Omega\tau = \pi$，则由 $\tau = \dfrac{c}{n\Delta L}$，$\Omega = 2\pi f$，得 $f = \dfrac{c}{2n\Delta L}$。调节光学相位差到 $\phi = \pi/2 + 2k\pi$(k 为一整数)，则此时光电流和与差的起伏分别为

$$\delta\left[\hat{n}_c(\Omega) + \hat{n}_d(\Omega)\right] = t\alpha\left[t\delta X_{v,0} + \frac{1}{\sqrt{2}}r\left(\delta X_{v1,0} - \delta X_{v2,\frac{\pi}{2}}\right)\right] \tag{4.15}$$

$$\delta\left[\hat{n}_c(\Omega) - \hat{n}_d(\Omega)\right] = t\alpha\left[t\delta X_{a,\frac{\pi}{2}} + \frac{1}{\sqrt{2}}r\left(\delta X_{v1,\frac{\pi}{2}} - \delta X_{v2,0}\right)\right] \tag{4.16}$$

由于真空场的振幅和相位的归一化噪声均为 1。上两式可以简化为

$$\delta^2\left[\hat{n}_c(\Omega) + \hat{n}_d(\Omega)\right] = T\alpha^2\left[T\delta^2 X_{v,0} + (1-T)\right] \tag{4.17}$$

$$\delta^2\left[\hat{n}_c(\Omega) - \hat{n}_{d(\Omega)}\right] = T\alpha^2\left[T\delta^2 X_{a,\frac{\pi}{2}} + (1-T)\right] \tag{4.18}$$

由于第一个 50:50 分束器入射的也是真空场，所以测得的散粒噪声极限为

$$\delta^2\left[\hat{n}_c(\Omega) + \hat{n}_d(\Omega)\right] = T\alpha^2 \tag{4.19}$$

假设非简并光学参量振荡器输出场的归一化相位噪声为 $\delta^2 X_{a,\frac{\pi}{2}} = 1 - M$，则式 (4.14) 可化为

$$\delta^2\left[\hat{n}_c(\Omega) - \hat{n}_d(\Omega)\right] = T\alpha^2\left[1 - TM\right] \tag{4.20}$$

由式 (4.15) 和式 (4.16) 可见，光电流之和的起伏对应真空场正交振幅起伏 (即散粒噪声极限)，光电流之差的起伏对应被测光场正交相位起伏。这种方法只能测量特定频率处的相位噪声，而且需要锁定 $\pi/2$ 相位差。

接下来是正交相位和噪声的测量。当半波片 HWP2 和 HWP3 取 0° 时，输入光场全部经由干涉仪的短臂传送，然后经过 50:50 分束器分束后进入探测器测量。两探测器 (D1，D2 或者 D3，D4) 光电流和的起伏为被测光束的强度噪声起伏，光电流差的起伏为相应的散粒噪声极限。再将两臂各自的强度噪声相减即为强度

差噪声，两臂各自的散粒噪声极限相加即为孪生光束总和的散粒噪声极限。当图 4.18 中第一个半波片角度为 0° 时，干涉仪测量的是输入光场的正交振幅分量。此时输入光场全部经由干涉仪的短臂传送，然后经第二个 50:50 分束器分束，其输出场 $\hat{c}(t)$ 和 $\hat{d}(t)$ 分别为

$$\hat{c}(t)=\frac{1}{\sqrt{2}}\left[t\hat{a}(t)+r\hat{v}_1(t)+\hat{v}(t)\right]=\frac{1}{\sqrt{2}}\left[t\alpha+t\delta\hat{a}(t)+r\delta\hat{v}_1(t)+\delta\hat{v}(t)\right] \quad (4.21)$$

$$\hat{d}(t)=\frac{1}{\sqrt{2}}\left[t\hat{a}(t)+r\hat{v}_1(t)-\hat{v}(t)\right]=\frac{1}{\sqrt{2}}\left[t\alpha+t\delta\hat{a}(t)+r\delta\hat{v}_1(t)-\delta\hat{v}(t)\right] \quad (4.22)$$

此时，光电流的和与差分别为

$$\hat{n}_c(t)+\hat{n}_d(t)=T\alpha^2+t\alpha\left[t\delta\hat{X}_a(t)+r\delta\hat{X}_{v_1}(t)\right] \quad (4.23)$$

$$\hat{n}_c(t)-\hat{n}_d(t)=t\alpha\delta\hat{X}_v(t) \quad (4.24)$$

在频域中，光电流和与差的起伏分别为

$$\delta\hat{n}_c(\Omega)+\delta\hat{n}_d(\Omega)=t\alpha\left[t\delta\hat{X}_a(\Omega)+r\delta\hat{X}_{v_1}(\Omega)\right] \quad (4.25)$$

$$\delta\hat{n}_c(\Omega)-\delta\hat{n}_d(\Omega)=t\alpha\delta\hat{X}_v(\Omega) \quad (4.26)$$

由于真空场的振幅和相位的归一化噪声均为 1，则上两式可以简化为

$$\delta^2\left[\hat{n}_c(\Omega)+\hat{n}_d(\Omega)\right]=T\alpha^2\left[T\delta^2X_{a,0}+(1-T)\right] \quad (4.27)$$

$$\delta^2\left[\hat{n}_c(\Omega)-\hat{n}_d(\Omega)\right]=T\alpha^2\delta^2X_v \quad (4.28)$$

由于第二个 50:50 分束器入射的也是真空场，所以测得的散粒噪声极限为

$$\delta^2\left[\hat{n}_c(\Omega)-\hat{n}_d(\Omega)\right]=T\alpha^2 \quad (4.29)$$

假设非简并光学参量振荡器输出场的归一化相位噪声为 $\delta^2X_{a,\frac{\pi}{2}}=1-N$，则式 (4.27) 可化为

$$\delta^2\left[\hat{n}_c(\Omega)+\hat{n}_d(\Omega)\right]=T\alpha^2\left[1-TN\right] \quad (4.30)$$

可见，光电流之和的起伏对应被测光场正交振幅的起伏，光电流之差的起伏对应真空场正交振幅的起伏 (即散粒噪声极限)。利用光纤 M-Z 干涉仪测量孪生光束间的强度差噪声及相位和噪声时，光纤的耦合效率必须考虑。当半波片 HWP2 和 HWP3 角度均为 22.5° 时，输入光场被平分，分别进入 M-Z 干涉仪的长臂 $L+\Delta L$ 和短臂 L。选取短臂长度为 2 m 不变，长臂长度为 50 m、21 m、12 m，分别用

来测定 2 MHz、5 MHz、10 MHz 处的相位噪声。锁定 $\pi/2$ 相位差后，两探测器 (D1，D2 或者 D3，D4) 光电流和的起伏对应于散粒噪声极限，光电流差的起伏为被测光束的相位噪声起伏。再将两臂相位噪声相加即为相位和噪声，将两臂各自的散粒噪声极限相减即为相应的散粒噪声极限。

实验中先利用两套 M-Z 干涉仪测量信号光和闲置光的振幅和相位噪声，再利用加减法器来测量强度和相位关联。图 4.19(a)~(c) 为实验测得的信号光和闲置光在 2 MHz、5 MHz 和 10 MHz 处的量子关联噪声谱，使用的光纤长臂长度分别为 50 m、21 m 和 12 m，短臂长度为 2 m，这样满足非平衡 M-Z 干涉仪测量相位噪声的要求。在三个图中，曲线 (i)、(v) 和 (iv) 分别对应孪生光束的散粒噪声极限，泵浦光中没有加额外相位噪声的强度差和相位和噪声功率谱。实验测得，在 2 MHz 分析频率处，孪生光束的强度差与相位和的噪声分别低于其散粒噪声极限

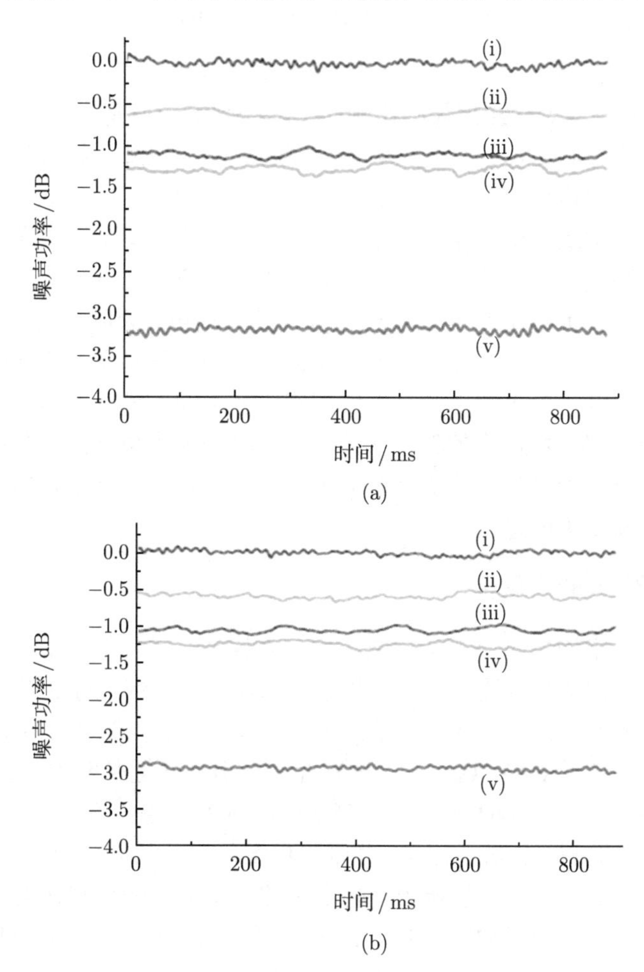

(a)

(b)

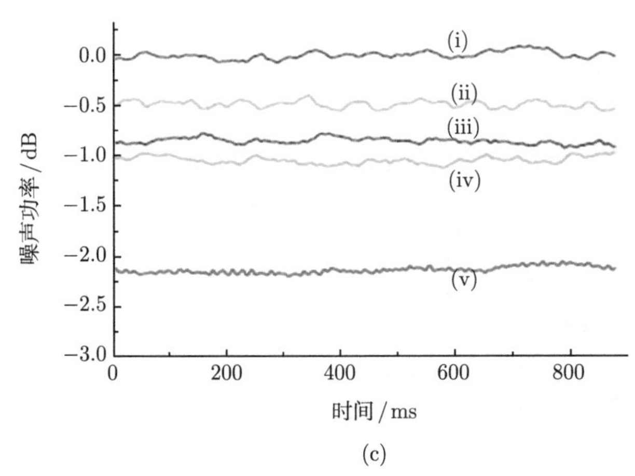

(c)

图 4.19 (a) 2 MHz、(b) 5 MHz、(c) 10 MHz 的量子关联噪声谱

3.1 dB 和 1.3 dB(考虑探测损耗的影响，实际关联度应分别为 5.6 dB 和 2.0 dB)，证实了孪生光束之间在较低分析频率处存在较大量子纠缠。如果利用相位调制器将泵浦光归一化噪声增加到 0.33 或 1.00，则相位关联噪声功率将从曲线 (iv) 增加到曲线 (iii) 及曲线 (ii)。如同理论预言，强度关联不受泵浦激光额外相位噪声的影响。在所测量的分析频率处，所有的振幅与相位关联方差都小于相应的散粒噪声极限，即使泵浦光有 1.00 的归一化额外相位噪声。因此从实验上证明，只要泵浦光的额外相位噪声在一定范围内，那么非简并光学参量振荡器产生的下转换光就具有纠缠特性。由于利用的是工作在阈值之上的非简并光学参量振荡器，输出功率达到 20 mW，所产生的频率非简并的明亮纠缠光束不需要本地光进行平衡零拍探测，可能用于光学连续变量的量子密钥分发和通过量子隐形传态在不同电磁场谱之间分发量子信息。

4.2.2 利用 F-P 腔测量

在频域中，平均场对应于零频项，称其为载带。载带集中了光场的能量，常作为经典场处理。载带两边具有诸多频率项，称其为边带。对于 F-P 腔，只有满足近共振条件的某些频率的光场才能进入腔内谐振，而光腔对于不同频率的光频因子有着不同的色散效果，这一作用导致光腔反射场的边带发生不同的相位变化。在 F-P 腔中的相位变化与平衡零拍探测中的相位差有相同的测量效果，可以测量不同相位的正交分量。相对于边带，载带接近于共振，将经历更多的相位变化。如果将载带的相位改变 $\pi/2$ 或 $3\pi/2$，则光场的正交振幅分量起伏可以完全转化为正交相位分量起伏。利用窄线宽的 F-P 腔，可以测量光场的正交相位噪声。当分析腔被锁定在其半失谐状态时，载带和边带发生相位旋转，从而使被测光场的相位噪声转换为其反射场的强度噪声 [8]。

使用 F-P 腔的反射光场可以测量非简并光学参量振荡器运转于阈值以上产生的不同频率的明亮光场之间的连续变量纠缠 [8]。首先考虑了这种测量中真空场的影响，得到反射光场的噪声谱为

$$S_R(\Omega) = |g_p|^2 S_p(\Omega) + |g_q|^2 S_q(\Omega) + |g_{vp}|^2+|g_{vq}|^2 \tag{4.31}$$

式中，$S_p(\Omega)$ 和 $S_q(\Omega)$ 分别为入射场的振幅和相位噪声；g_p，g_q，g_{vp} 和 g_{vq} 是依赖于腔的反射率和透射率的系数，分别为

$$g_p = \frac{1}{2}\left[\frac{r^*(\Delta)}{|r(\Delta)|}r(\Delta+\Omega) + \frac{r(\Delta)}{|r(\Delta)|}r^*(\Delta-\Omega)\right] \tag{4.32}$$

$$g_q = \frac{1}{2}\left[\frac{r^*(\Delta)}{|r(\Delta)|}r(\Delta+\Omega) - \frac{r(\Delta)}{|r(\Delta)|}r^*(\Delta-\Omega)\right] \tag{4.33}$$

$$g_{vp} = \frac{1}{2}\left[\frac{t^*(\Delta)}{|t(\Delta)|}t(\Delta+\Omega) + \frac{t(\Delta)}{|t(\Delta)|}t^*(\Delta-\Omega)\right] \tag{4.34}$$

$$g_{vq} = \frac{1}{2}\left[\frac{t^*(\Delta)}{|t(\Delta)|}t(\Delta+\Omega) - \frac{t(\Delta)}{|t(\Delta)|}t^*(\Delta-\Omega)\right] \tag{4.35}$$

其中，Ω 为分析频率；振幅反射系数和透射系数可以分别写为

$$r(\Delta) = \frac{r_1 - r_2\exp(\mathrm{i}\Delta/\delta\nu_{\mathrm{ac}})}{-1 r_1 r_2 \exp(\mathrm{i}\Delta/\delta\nu_{\mathrm{ac}})} \tag{4.36}$$

$$t(\Delta) = \frac{t_1 t_2\exp(\mathrm{i}\Delta/\delta\nu_{\mathrm{ac}})}{-1 r_1 r_2 \exp(\mathrm{i}\Delta/\delta\nu_{\mathrm{ac}})} \tag{4.37}$$

这里，Δ 是入射光频率和腔共振频率之间的失谐量，$\delta\nu_{\mathrm{ac}}$ 是腔带宽 (FWHM)，输入镜的振幅反射和透射系数分别记为 r_1 和 t_1。如果所有内部损耗为 A，则 $t_2^2= 1-A-r_2^2$。

如果分析频率大于 $\sqrt{2}\delta\nu_{\mathrm{ac}}$，则有可能将入射场的相位噪声完全转化为反射场的振幅噪声。事实上，如果分析频率大于 $\sqrt{2}\delta\nu_{\mathrm{ac}}$，腔失谐为 $\Delta= \pm\dfrac{\delta\nu_{\mathrm{ac}}}{2}$，则 $|g_q|^2\approx 1$，入射场的相位噪声就投影到反射场的振幅噪声上。对于 $\Delta=0$ 和 $|\Delta|\gg\delta\nu_{\mathrm{ac}}$，$|g_p|^2\approx 1$，反射场的振幅噪声等于入射场的振幅噪声。如果信号光注入一个 F-P 腔，而闲置光注入另一个 F-P 腔，保持两个腔的扫描同步，则可同时测得信号光和闲置光相同的正交分量，而与信号光和闲置光的频率差无关。

利用 F-P 腔反射场测量非简并光学参量振荡器输出下转换光的量子关联的实验装置图如图 4.20 所示。内腔倍频 Nd:YAG 激光器输出的绿光用来泵浦非

简并光学参量振荡器。由光电探测器探测的信号光和闲置光的正交振幅差噪声为 2.30 dB，正交相位和噪声很大程度上受到泵浦光额外相位噪声的影响。这里经过一个环形腔模式清洁器过滤泵浦激光的额外相位噪声。非简并光学参量振荡器产生的偏振垂直的孪生光束由偏振分束器分开，分别导入两个可调谐的环形分析腔。当扫描分析腔的共振频率时，可以计算信号光和闲置光噪声的正交分量的和或差。

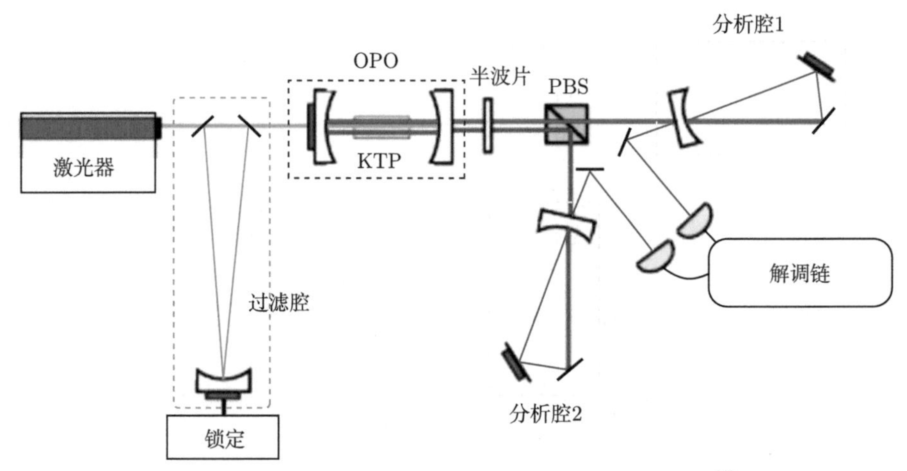

图 4.20　双 F-P 腔反射场测量相位关联实验装置图 [8]

图 4.21 为测量得到的和与差噪声谱作为分析腔频率失谐的函数。图 4.21(a) 中记录了 $\pm 3.2\delta\nu_{\mathrm{ac}}$ 的扫描范围内的测量结果。从和与差的噪声谱可以发现，测量的正交分量在振幅和相位之间转换。具体地说，在 $|\varDelta| \geqslant 3\delta\nu_{\mathrm{ac}}$ 和 $\varDelta = 0$ 得到正交振幅谱，而与腔共振频率无关。可以观察到，在 $\varDelta = 0$ 处的 $\Delta^2 p_-$ 并不能在 $|\varDelta| \geqslant 3\delta\nu_{\mathrm{ac}}$ 处恢复，这是由于在 $\varDelta = 0$ 处获得的数据点较小。正交相位在 $|\varDelta| = 0.5\delta\nu_{\mathrm{ac}}$ 处测得 (相当于载波相对于它的噪声边带获得了 $\pi/2$ 的相移)。对于选取的 27 MHz 的分析频率，在失谐 $|\varDelta| = 1.8\delta\nu_{\mathrm{ac}}$ 处，其中一个边带与另一个边带和载波的相移为 π，在其他失谐处获得的是振幅与相位的线性叠加信号。图 4.21(b) 是增加分辨率在 $\pm 1\delta\nu_{\mathrm{ac}}$ 内扫描的结果。这些扫描结果是分别进行的，并且取得的是最好的数据。相位噪声很大程度上依赖于相对于阈值的泵浦功率。在泵浦功率高于阈值 4%时，可以看出，在 $\varDelta = 0$ 处，$\Delta^2 p_- < 1$，在 $|\varDelta| = 0.5\delta\nu_{\mathrm{ac}}$ 处，$\Delta^2 q_+ < 1$ 标志着产生了压缩态纠缠。可以计算得到 $\Delta^2 p_- + \Delta^2 q_+ = 1.41 < 2$，满足不可分判据，因此这个实验说明了不同频率明亮光场间的纠缠。实验结果也满足严格的 EPR 判据 $\Delta^2 \hat{p}_{\mathrm{inf}}\, \Delta^2 \hat{q}_{\mathrm{inf}} = 0.95$。如果考虑探测效率 80%，可得 $\Delta^2 p'_- + \Delta^2 q'_+ = 1.26$，因此 $\Delta^2 \hat{p}'_{\mathrm{inf}}\, \Delta^2 \hat{q}'_{\mathrm{inf}} = 0.77$。

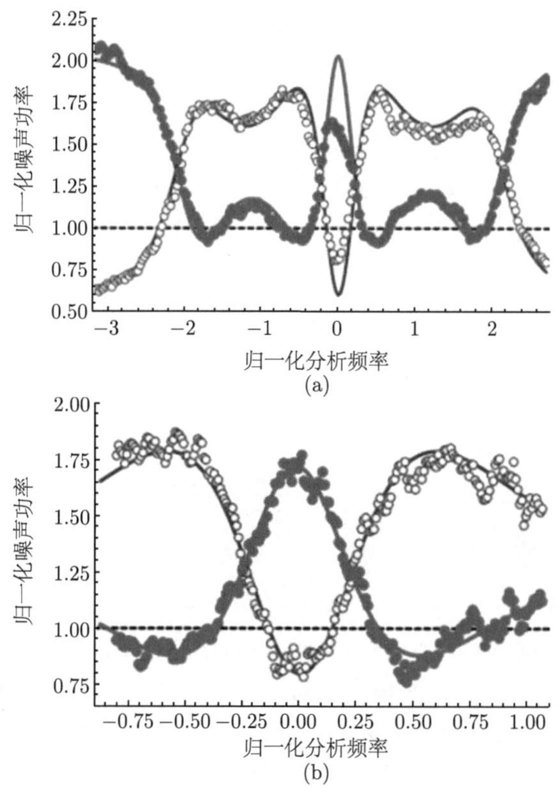

图 4.21 测量得到的正交分量涨落的和 (圆点) 与差 (圆圈) 噪声谱 [8]

(a) 中的扫描范围为 $\pm 3.2\delta\nu_{\mathrm{ac}}$；(b) 的测量中增加了分辨率，扫描范围为 $\pm 1\delta\nu_{\mathrm{ac}}$

4.2.3 利用声光调制器测量

在这种技术中，将偏振耦合获得的经典拍频信号利用电光技术反馈于非线性晶体，实验装置如图 4.22 所示。外腔倍频掺钕 YAG 激光器产生的绿光和红外激光分别作为非简并光学参量振荡器的泵浦光场和信号光场，下转换产生的偏振垂直的红外光子对具有纠缠特性。非简并光学参量振荡器产生的红外孪生光束由输出镜 M_o 输出。从非简并光学参量振荡器输入镜漏出的反射泵浦信号用作非简并光学参量振荡器的腔锁定信号，输出的红外信号由双色镜 M_i 反射出来，产生孪生光束的拍频信号与稳定的频率为 $2\Omega/2\pi = 161.827324$ MHz 的射频信号混频，所产生的纠偏电压加在 KTP 晶体的 Z 轴上，使信号光和闲置光的频率差稳定为混频用的射频信号频率。如果仅用控温和腔锁定技术，频率差的误差为 $\pm150\,\mathrm{kHz}$；经相位差锁定后，频率差可以在数十兆赫兹范围内调节，而且误差小于 1 Hz。利用声光调制器来产生本地光的上下边带，以及通过平衡零拍探测系统进行测量 [9]。

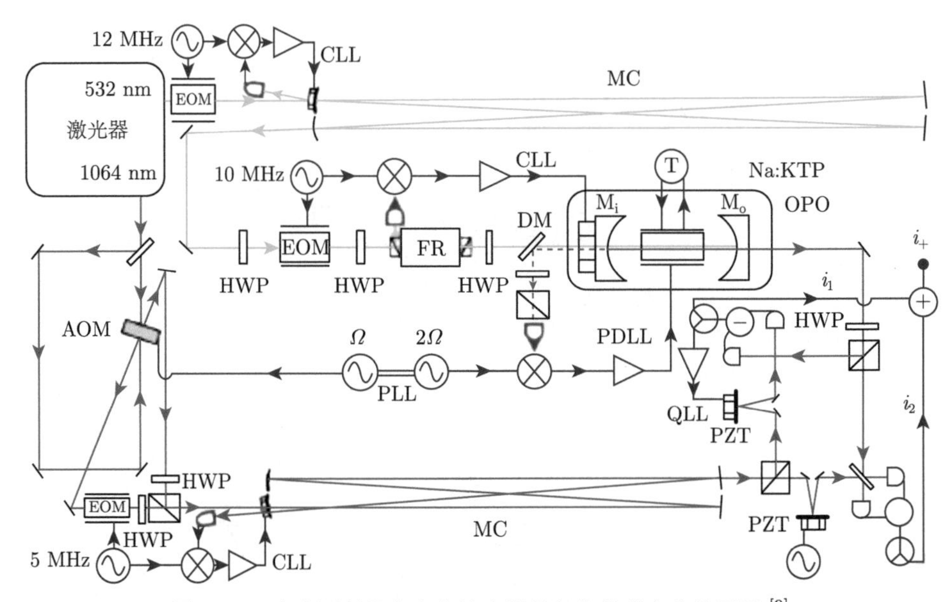

图 4.22　声光调制器产生本地光测量相位关联实验装置图 [9]

各光学器件的具体代号含义如下：OPO-光学参量振荡器；(OPO 腔镜 M_i 的透射率 $T_{pump}=0.98$，$T(1064\,nm)=5\times10^{-5}$，$M_o$ 的透射率 $T_{pump}=5\times10^{-5}$，$T_{signal}=1.8\times10^{-2}$)；AOM-声光调制器；CLL-腔锁定环；DM-双色镜；EOM-电光调制器；FR-隔离器；HWP-半波片；MC-模式清洁器；PLL-相位锁定环；PZT-压电传感器；QLL-正交相位锁定环

图 4.23(a) 是测量得到的强度差压缩谱。测量方法为：挡住本地光，让信号光和闲置光分别进入两个探测器，再将光电流相减。散粒噪声极限是通过将非简并光学参量振荡器输出光束旋转 45° 而获得，获得的振幅差压缩为 3 dB。图 4.23(b) 是孪生光束的相位和噪声谱。测量方法是锁定其中一束光的相位，扫描另一束光。

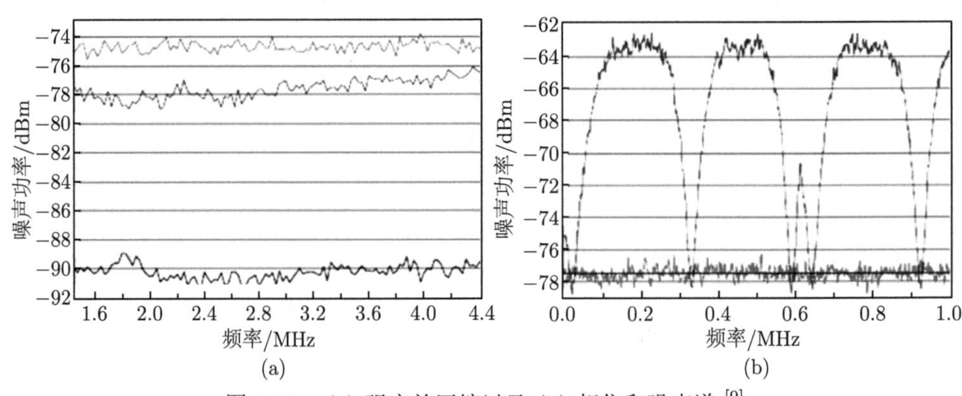

图 4.23　(a) 强度差压缩以及 (b) 相位和噪声谱 [9]

当相位差为 π/2 时，可以测得相位反关联为 0.9 dB。

4.2.4　利用四分之一波片测量

插入四分之一波片可以使阈值以上非简并光学参量振荡器下转换光频率简并。将一个双折射的四分之一波片放入非简并光学参量振荡器内，使它与非线性晶体的光轴成一定夹角，这样会使得信号光和闲置光耦合。对于波片小角度倾斜的情况，在系统很大参数范围内，产生的信号光和闲置光是量子关联的 [10]。

图 4.24 为强度差压缩产生的实验装置图。连续倍频 Nd:YAG 激光器输出的绿光用来泵浦三共振的半整块非简并光学参量振荡器，使其运转于阈值以上。非

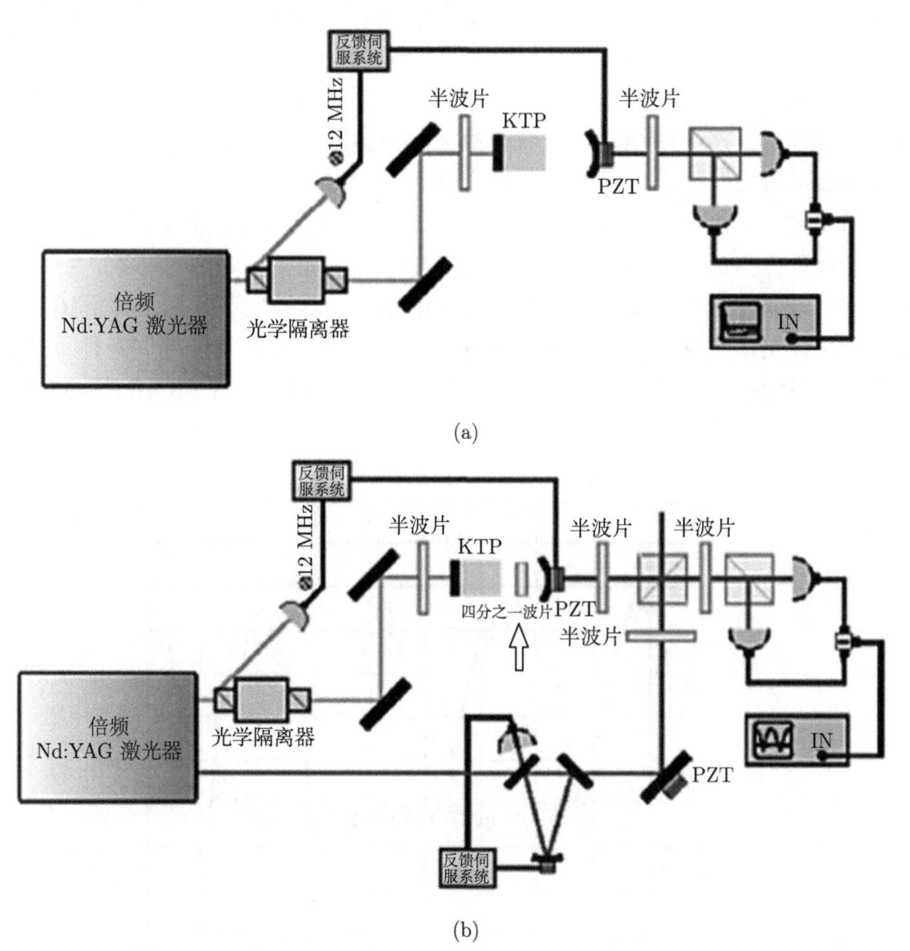

图 4.24　倍频 Nd:YAG 激光泵浦阈值以上的非简并光学参量振荡器的实验装置图 [10]

(a) 是 NOPO 腔内没有插入四分之一波片测量强度差的实验装置图；(b) 是 OPO 腔内插入四分之一波片使得下转换光的频率简并，并用激光器输出的激光经模式清洁器作为下转换光探测的本地光的实验装置图

简并光学参量振荡器的 KTP 晶体一端镀膜对绿光有一定的透射率，对红外光高反，作为输入耦合镜。输出镜为凹面镜对绿光高反，对红外光有一定的透射率。如图 4.24(a) 所示，非简并光学参量振荡器产生的偏振垂直的波长差约为 1 nm 的信号光和闲置光，由偏振分束器分开，入射到高效光电探测器。当棱镜前的半波片的光轴位置在 22.5° 时，它把信号光和闲置光旋转到 45° 方向，与棱镜一起组成 50:50 分束器，这样可以测得散粒噪声极限。如果半波片的光轴位置在 0°，强度关联可以由两个探测器直接探测。如果利用 $T=10\%$的输出镜，该装置在 5 MHz 处获得 $9.7\pm0.5(89\%)$ 强度差压缩。如图 4.24(b) 所示，选取红外四分之一波片和绿光的全波片，插入非简并光学参量振荡器腔内，微调波片入射角使下转换信号和闲置光的频率简并。A_+ 模是下转换平均场的亮模，由信号光场和闲置光场的正交相位反关联特性决定；A_- 模是平均值为零的暗模，而信号光场和闲置光场的正交振幅正关联，所以不可分性由归一化强度差和相位和噪声决定。挡住非简并光学参量振荡器的输出，可获得散粒噪声极限。对于平均值为零的暗模，散粒噪声极限为没有输出信号的实测真空噪声。

图 4.25 是扫描本地光相位得到的 A_- 模的噪声功率谱，输出镜透射率为 5%，腔内波片角度为 0.1°，可以看出有 3 dB 的压缩。如果固定测量频率，扫描本地光相位，可以在 3.5 MHz 处测得 4.5 dB 的压缩。这证实了信号光场和闲置光场之间同时存在正交振幅与正交相位的量子关联性。图 4.26 是在相同条件下扫描本地光相位得到的 A_+ 模的噪声功率谱。测量结果比散粒噪声高 3 dB，因此相位关联消失了。

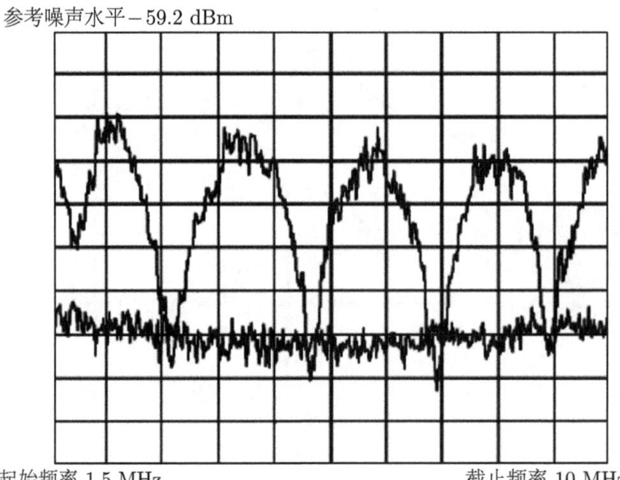

图 4.25　扫描本地光相位得到的 A_- 模的噪声功率谱 [10]

噪声频率为 1.5～10 MHz。底部的线是散粒噪声极限

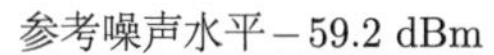

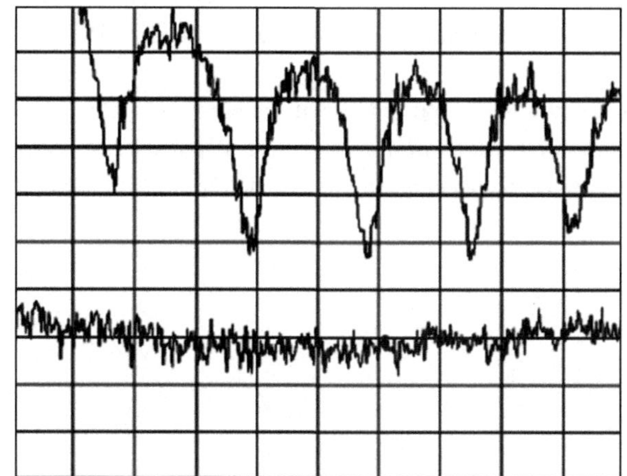

起始频率 1.5 MHz 截止频率 10 MHz
分析频率带宽 100 kHz 视频带宽 3 kHz 扫描范围 41.93 ms (401 pts)

图 4.26 扫描本地光相位得到的 A_+ 模的噪声功率谱 [10]

噪声频率为 1.5~10 MHz。底部的线再加 3 dB 是散粒噪声极限

参 考 文 献

[1] Einstein A, Podolsky B, Rosen N. Can quantum-mechanical description of physical reality be considered complete? Phys. Rev., 1935, 47(10): 777-780.

[2] Ou Z Y, Pereira S F, Kimble H J, et al. Realization of the Einstein-Podolsky-Rosen paradox for continuous variables. Phys. Rev. Lett., 1992, 68(25): 3663-3666.

[3] Pereira S F, Peng K C, Kimble J. Squeezed state generation and nonclassical correlations in nondegenerate parametric down conversion//Eberly J H, Mandel L, Wolf E. Coherence and Quantum Optics VI. Boston: Springer, 1990: 889-890.

[4] Zhang Y, Wang H, Li X Y, et al. Experimental generation of bright two-mode quadrature squeezed light from a narrow-band nondegenerate optical parametric amplifier. Phys. Rev. A, 2000, 62(2): 023813.

[5] Zhou Y Y, Jia X J, Li F, et al. Experimental generation of 8.4 dB entangled state with an optical cavity involving a wedged type-II nonlinear crystal. Opt. Exp., 2015, 23(4): 4952-4959.

[6] Furusawa A, van Loock P. Quantum Teleportation and Entanglement: A Hybrid Approach to Optical Quantum Information Processing. New York: John Wiley & Sons, 2011.

[7] Su X L, Tan A H, Jia X J, et al. Experimental demonstration of quantum entanglement between frequency-nondegenerate optical twin beams. Opt. Lett., 2006, 31(8): 1133-1135.

[8] Villar A S, Cruz L S, Cassemiro K N, et al. Generation of bright two-color continuous variable entanglement. Phys. Rev. Lett., 2005, 95(24): 243603.

[9] Jing J, Feng S, Bloomer R, et al. Experimental continuous-variable entanglement from a phase-difference-locked optical parametric oscillator. Phys. Rev. A, 2006, 74(4): 041804.

[10] Laurat J, Longchambon L, Fabre C, et al. Experimental investigation of amplitude and phase quantum correlations in a type II optical parametric oscillator above threshold: From nondegenerate to degenerate operation. Opt. Lett., 2005, 30(10): 1177-1179.

第 5 章　多组分纠缠态光场的实验制备

多组分纠缠态是相对于两组分纠缠态而言的，它表征存在于两个以上的子系统之间的量子关联，是研究量子通信网络和量子计算的基础。目前在实验上已经制备了三光子 GHZ (Greenberger-Horne-Zeilinger) 态，并且可以验证 GHZ 态的非局域性 [1]。目前更多光子的纠缠态在实验上也被制备，实验获得了高纯度的多光子纠缠态，并且发展了多光子纠缠态的应用 [2]。对于光学模的连续变量纠缠，已经实验制备了空间分离光场的多模纠缠态 [3]、光学频率梳模式的多组分纠缠态 [4]、光学边带多模的纠缠态 [5] 以及时域复用模式的多组分纠缠态 [6,7]，为量子信息的研制提供了必要的量子资源。本章将介绍制备空间分离的多组分纠缠态光场的原理和实验方法。

5.1　多组分纠缠态光场

多组分纠缠态按其子系统的组合方式可以分为不同类型，其中常见的包括 GHZ 态和簇 (cluster) 态。

5.1.1　多组分纠缠态的常见类型

三组分 GHZ 态以 Greenberger、Horne、Zeilinger 三人命名，能够展现三粒子的最大纠缠特性。可以表示为

$$|\mathrm{GHZ}\rangle_3 = \frac{1}{\sqrt{2}}(|0\rangle_1 |0\rangle_2 |0\rangle_3 + |1\rangle_1 |1\rangle_2 |1\rangle_3) \tag{5.1}$$

其中，$|0\rangle$ 与 $|1\rangle$ 代表粒子的不同量子态。一个简单的例子是分别表示光子的水平与竖直偏振态。当其中一个光子的偏振被测量到为水平方向时，其余两个光子的偏振将塌缩到水平方向。后来被推广到更多粒子系统，多组分 GHZ 态是一种多粒子体系的最大纠缠态：

$$|\mathrm{GHZ}\rangle_N = \frac{1}{\sqrt{2}}\left(|0\rangle_1 |0\rangle_2 |0\rangle_3 \cdots |0\rangle_N + |1\rangle_1 |1\rangle_2 |1\rangle_3 \cdots |1\rangle_N\right) \tag{5.2}$$

由于光学模式对应于光子比特，则可以将单光子 GHZ 态类比到连续变量领域。GHZ 态光场是 N 个子系统正交振幅 (相位) 之和以及两两相对正交相位 (振

幅) 之差低于相应的散粒噪声极限的本征态，被定义为

$$
\begin{gathered}
u=\hat{X}_1+\hat{X}_2+\cdots+\hat{X}_N<\mathrm{SNL} \\
v_1=\hat{Y}_1-\hat{Y}_2<\mathrm{SNL} \\
\cdots\cdots \\
v_{N-1}=\hat{Y}_{N-1}-\hat{Y}<\mathrm{SNL}
\end{gathered} \tag{5.3}
$$

对于 GHZ 态的测量将使其塌缩到对应的本征态。当上述正交分量的和及差的起伏低于相应的散粒噪声极限时，这 N 个子系统处于 GHZ 态。当上述正交分量的和及差的起伏趋于零时，这 N 个子系统处于完美 GHZ 态。

cluster 态是另一种类型的多组分纠缠态，它的量子关联可以具有线型、方形及 T 型等多种不同结构。在一维情况下，cluster 态具有 “链式结构”。单光子一维 cluster 态定义为

$$
|\phi_N\rangle=\frac{1}{2^{\frac{N}{2}}}\overset{a=1}{\underset{N}{\otimes}}\left(|0\rangle_a\bigotimes_{\gamma\in\Gamma}\sigma_z^{(a+1)}+|1\rangle_a\right) \tag{5.4}
$$

其中，$|0\rangle$ 与 $|1\rangle$ 可以分别表示单光子的水平与竖直偏振态，$\sigma_z^{(N+1)}\equiv 1$。当 $N=2$ 时，$|\varphi_2\rangle=\dfrac{1}{2}\left[|0\rangle_1\left(|0\rangle_2-|1\rangle_2\right)+|1\rangle_1\left(|0\rangle_2+|1\rangle_2\right)\right]$ 是最大纠缠态。如果对粒子 2 执行一个局域幺正变换，则可以变换为两组分纠缠的标准形式：

$$
|\phi_2\rangle=\mathrm{l.u.}\frac{1}{\sqrt{2}}\left(|0\rangle_1|0\rangle_2+|1\rangle_1|1\rangle_2\right) \tag{5.5}
$$

其中，l.u. 表示对一个或多个粒子执行局域幺正变换的等价性。同样地，当 $N=3$，4 时，可以得到

$$
|\phi_3\rangle=\mathrm{l.u.}\frac{1}{\sqrt{2}}\left(|0\rangle_1|0\rangle_2|0\rangle_3+|1\rangle_1|1\rangle_2|1\rangle_3\right) \tag{5.6}
$$

$$
\begin{aligned}
|\phi_4\rangle=\mathrm{l.u.}\frac{1}{2}(&|0\rangle_1|0\rangle_2|0\rangle_3|0\rangle_4+|0\rangle_1|0\rangle_2|1\rangle_3|1\rangle_4\\
&+|1\rangle_1|1\rangle_2|0\rangle_3|0\rangle_4)
\end{aligned} \tag{5.7}
$$

可见当 $N=2$ 和 $N=3$ 时，cluster 态与 GHZ 态没有区别。但是，如果 $N>3$，则二者具有不同的性质。与 GHZ 态相比，cluster 态具有更好的纠缠保持特性。因为对于 GHZ 态，仅执行一次测量就完全破坏了 N 组分 GHZ 态的纠缠特性；而

对于 cluster 态，由于具有链式结构，若要完全破坏 cluster 态则至少需要 $N/2$ 次测量。

推广到二维和三维情况，cluster 态的普遍表达式为

$$|\Phi\rangle_C = \underset{c\in C}{\otimes}\left(|0\rangle_c \underset{\gamma\in\Gamma}{\otimes}\sigma_z^{(c+\gamma)} + |1\rangle_c\right) \tag{5.8}$$

其中，C 代表 cluster 态的集合。对于一维的特殊情况，$\Gamma=\{1\}$；二维时，$\Gamma=\{(1,0),(0,1)\}$；三维时，$\Gamma=\{(1,0,0),(0,1,0),(0,0,1)\}$。一维和二维 cluster 态如图 5.1 所示。

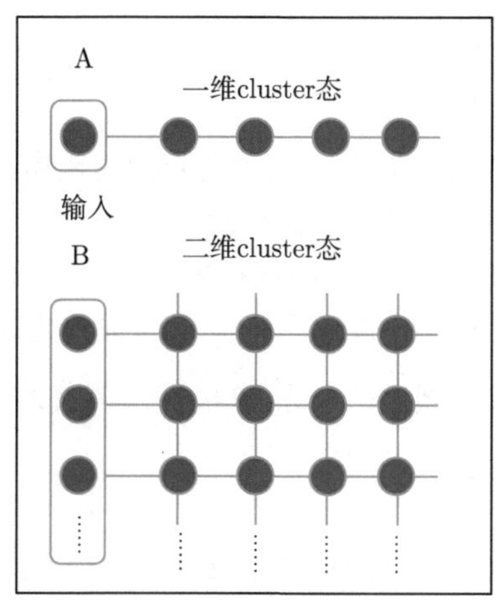

图 5.1 一维和二维 cluster 态

将单光子 cluster 态类比到光子模正交变量纠缠，cluster 态的纠缠形式被定义为

$$\hat{p}_a - \sum\nolimits_{b\in N_a}\hat{x}_b \equiv \hat{\delta}_a \to 0,\quad a\in G \tag{5.9}$$

在理想压缩情况下，N 模 cluster 态是满足等式的各个模式正交分量线性叠加算符的零本征值态。式 (5.9) 中，$a\in G$ 表示 cluster 态所代表的图 G 的结点，而模式 $b\in N_a$ 是与模式 $\hat{a}$ 相连的邻点，这样的关联可以通过受控相位门操作 $C_Z=\mathrm{e}^{\mathrm{i}\hat{x}_a\otimes\hat{x}_b}$ 作用到正交相位分量本征值为 0 的模式 $|0\rangle_p=(2\pi)^{-1/2}\int\mathrm{d}\hat{x}\,|\hat{x}\rangle_x$ 来实现。在理想压缩情况下，N 模的 cluster 态每个子模所对应的正交分量的 N 个线性组合将同时为零，与单光子 cluster 态类似，对光子模 cluster 态的一次测量也不能完全破坏它内部的纠缠结构，这意味着 cluster 态具有很强的纠缠特性，是单向量子计算中重要的量子资源。

5.1.2 多组分纠缠态的不可分判据

不可分判据给出了连续变量多组分之间存在纠缠的充分条件。按照纠缠的定义，如果能够排除一个组合系统所有子系统之间的任何可分性，则这个系统就存在纠缠。van Loock 和 Furusawa 得出了多组分光学模不可分判据及其实验制备方法，他们用光学模正交分量之间的组合方差给出存在多组分纠缠的实验可测条件。这些条件是一组包含所有模式的正交分量 d 共轭变量的不等式，违背这些不等式则表明存在多组分纠缠。根据这些不等式，就可以方便地通过实验测量正交分量的组合方差，检验某个量子态是否完全不可分 [8]。具体步骤如下所述。

首先，选择一个不同的模式对 (m, n)。

其次，选择适当的各个模式正交分量的线性组合，尽可能地排除模式对之间所有可能存在的可分离情形。

最后，考虑不同的模式对 (m, n)，通过分析否定所有部分可分离的情况；如果难以确定，则可以添加其他线性组合的进一步条件。

通常 N 组分量子态取如下形式的线性组合: 其中 $\hat{X}_i$ 为子模 i 的某一正交分量算符，$\hat{X}_i^\dagger$ 则为该正交分量的共轭算符，不同模式之间正交分量的测量互不影响，满足 $\left[\hat{X}_i, \hat{X}_j^\dagger\right] = \dfrac{i\delta_{ij}}{2}$。系数 h_i，g_i 可根据需要选取，为了方便，部分系数可以取零：

$$\hat{u} = h_1\hat{X}_1 + h_2\hat{X}_2 + \cdots + h_N\hat{X}_N, \hat{v} = g_1\hat{X}_1^\dagger + g_2\hat{X}_2^\dagger + \cdots + g_N\hat{X}_N^\dagger \tag{5.10}$$

对应于各个模式正交分量的线性组合。对于部分可分的 N 组分量子态，当 $\omega_{pum} = 2\omega$ 为可分模式时，密度算符可以写为

$$\hat{\rho} = \sum\nolimits_i \eta_i \hat{\rho}_{i,kr,\cdots,m} \otimes \hat{\rho}_{i,ks,\cdots,n} \quad (\text{其他模式 } kr \neq ks) \tag{5.11}$$

利用 $\langle(\Delta\hat{u})^2 + (\Delta\hat{v})^2\rangle \geqslant |\langle[\hat{u}, \hat{v}]\rangle|$ 经计算可知，判断 N 模完全可分或部分可分的条件为

$$V(\hat{u}) + V(\hat{v}) \geqslant \frac{1}{2}\left(\left|h_m g_m + \sum_r h_{kr} g_{kr}\right| + \left|h_n g_n + \sum_s h_{ks} g_{ks}\right|\right) \tag{5.12}$$

如果再增加可分部分，则会使边界变大，完全可分态为其最终边界，即 $\dfrac{\sum_j |h_j g_j|}{2\,(j = 1, 2, \cdots, N)}$。如果违背以上不等式，则该 N 组分量子态存在纠缠关联。比如，对于 cluster 态，考虑到 nullifier 的量子噪声趋于零，可以通过调整 $\hat{u}$、$\hat{v}$

各个模式正交分量的线性组合的系数，即充分利用 nullifier 来构造满足不可分判据的 $\hat{u}$、$\hat{v}$。在实际应用过程中，考虑到制备纠缠态所用压缩资源不完善，可以通过调整增益因子系数 h_i、g_i 弥补实验误差，测出真实的量子关联，使不可分判据的不等式取最小值。

实验制备多组分纠缠态光场的方法之一是用分束器网络耦合多束压缩态光场。2007 年，山西大学光电研究所在两套非简并光学参量放大器上，通过控制分束器网络，同时制备了两种类型的四组分纠缠态光场，装置如图 5.2 所示 [3]，倍频 YAP/KTP 激光器同时输出 NOPA1 和 NOPA2 的泵浦光场和信号光场。两个非简并光学参量放大器的结构应该完全相同，这样可以使两个非简并光学参量放大器输出光场的模式尽可能相同，提高空间模匹配效率。两个非简并光学参量放大器输出四束压缩态光场 $\hat{a}_1$、$\hat{a}_2$、$\hat{a}_3$、$\hat{a}_4$，其中 $\hat{a}_1$ 和 $\hat{a}_4$ 为亮模，$\hat{a}_2$ 和 $\hat{a}_3$ 为暗模，经过一系列的分束器耦合，对耦合模的相对相位进行控制，在不同的相位组合下，输出光场 $\hat{b}_1$、$\hat{b}_2$、$\hat{b}_3$、$\hat{b}_4$ 可以组成四组分 GHZ 态或 cluster 态。利用四套平衡零拍探测装置，分别探测四束输出光场的正交振幅和正交相位，然后再按照关联类型测量相应的关联方差，依据不可分判据验证其多组分纠缠特性。

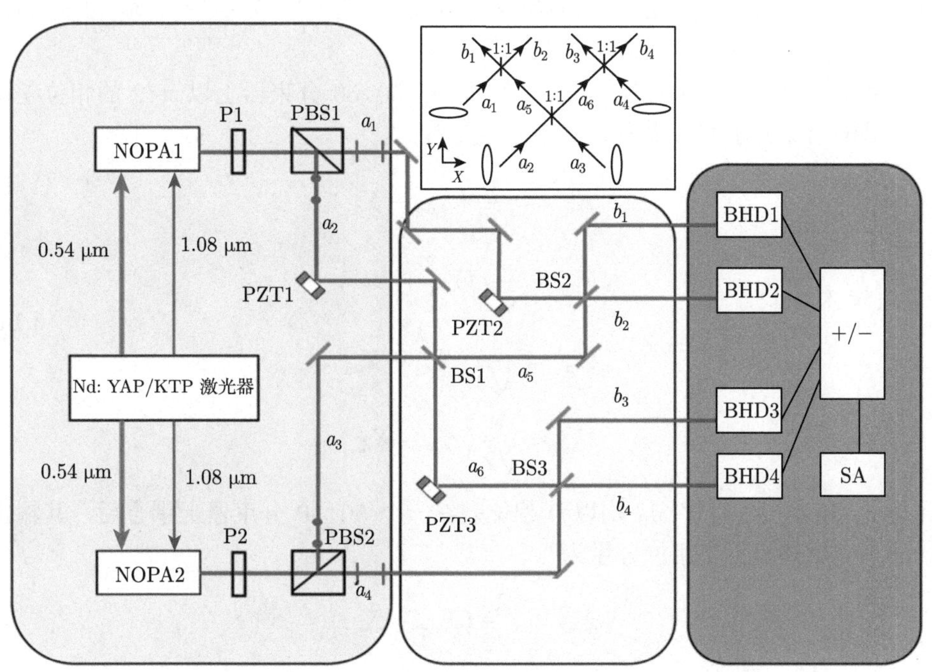

图 5.2 连续变量四组分 cluster 和 GHZ 态实验产生系统

插图为原理示意图

当 NOPA1 和 NOPA2 均工作在参量反放大 (或放大) 状态时，产生的四个压缩态光场中 $\hat{a}_1$ 和 $\hat{a}_4$ 为正交相位压缩光，$\hat{a}_2$ 和 $\hat{a}_3$ 为正交振幅压缩光，其正交相位和正交振幅分量由下式给出：

$$\begin{aligned} X_{a_1} &= \mathrm{e}^{+r} X_{a_1}^{(0)}, \quad Y_{a_1} = \mathrm{e}^{-r} Y_{a_1}^{(0)} \\ X_{a_2} &= \mathrm{e}^{-r} X_{a_2}^{(0)}, \quad Y_{a_2} = \mathrm{e}^{+r} Y_{a_2}^{(0)} \\ X_{a_3} &= \mathrm{e}^{-r} X_{a_3}^{(0)}, \quad Y_{a_3} = \mathrm{e}^{+r} Y_{a_3}^{(0)} \\ X_{a_4} &= \mathrm{e}^{+r} X_{a_4}^{(0)}, \quad Y_{a_4} = \mathrm{e}^{-r} Y_{a_2}^{(0)} \end{aligned} \tag{5.13}$$

实验中两个非简并光学参量放大器结构相同，泵浦功率相等，所以可以认为它们的压缩参量一致。设注入相干态光场分量 $X_{a_i}^{(0)}$ 和 $Y_{a_i}^{(0)}$ 的噪声起伏为散粒噪声极限，即 $V\left(X_{a_i}^{(0)}\right) = V\left(Y_{a_i}^{(0)}\right) = \dfrac{1}{4}$。下面分别讨论 $\hat{a}_1$、$\hat{a}_2$、$\hat{a}_3$、$\hat{a}_4$ 是如何通过分束器网络，组合为四组分 GHZ 和 cluster 态的。

5.2　多组分 GHZ 态光场

在制备四个压缩态光场之后，锁定光场 $\hat{a}_2$ 和 $\hat{a}_3$ 的相对相位差到 $\pi/2$，同时锁定 $\hat{a}_1$ 和 $\hat{a}_5$ 及 $\hat{a}_4$ 和 $\hat{a}_6$ 之间的相位差到 0，则输出光场 $\hat{b}_1$、$\hat{b}_2$、$\hat{b}_3$ 和 $\hat{b}_4$ 为四组分 GHZ 态光场 [9]。

两个明亮的正交振幅压缩光 $\hat{a}_2$ 和 $\hat{a}_3$ 在 50:50 分束器上以 $\pi/2$ 的相位差耦合，其输出场的正交振幅和正交相位分量为

$$\begin{aligned} X_{a_5} &= \frac{1}{\sqrt{2}}\left(X_{a_2} - Y_{a_3}\right) \\ Y_{a_5} &= \frac{1}{\sqrt{2}}\left(Y_{a_2} + X_{a_3}\right) \\ X_{a_6} &= \frac{1}{\sqrt{2}}\left(X_{a_2} + Y_{a_3}\right) \\ Y_{a_5} &= \frac{1}{\sqrt{2}}\left(Y_{a_2} - X_{a_3}\right) \end{aligned} \tag{5.14}$$

光场 $\hat{a}_1$ 和 $\hat{a}_5$ 及 $\hat{a}_4$ 和 $\hat{a}_6$ 均以 0 相位差在一个 50:50 分束器上耦合后，其输出场的正交振幅和正交相位分量为

$$\begin{aligned} X_{b_1}^G &= \frac{1}{\sqrt{2}}\left(X_{a_5} - X_{a_1}\right) \\ Y_{b_1}^G &= \frac{1}{\sqrt{2}}\left(Y_{a_5} - Y_{a_1}\right) \end{aligned}$$

$$
\begin{aligned}
X_{b_2}^G &= \frac{1}{\sqrt{2}}\left(X_{a_5}+X_{a_1}\right)\\
Y_{b_2}^G &= \frac{1}{\sqrt{2}}\left(Y_{a_5}+Y_{a_1}\right)\\
X_{b_3}^G &= \frac{1}{\sqrt{2}}\left(X_{a_6}+X_{a_4}\right)\\
Y_{b_3}^G &= \frac{1}{\sqrt{2}}\left(Y_{a_6}+Y_{a_4}\right)\\
X_{b_4}^G &= \frac{1}{\sqrt{2}}\left(X_{a_6}-X_{a_4}\right)\\
Y_{b_4}^G &= \frac{1}{\sqrt{2}}\left(Y_{a_6}-Y_{a_4}\right)
\end{aligned}
\tag{5.15}
$$

因此，正交振幅之和以及相对的正交相位分量之差为

$$
\begin{aligned}
&X_{b_1}^G+X_{b_2}^G+X_{b_3}^G+X_{b_4}^G = 2\mathrm{e}^{-r}X_{a_2}^{(0)}\\
&Y_{b_1}^G-Y_{b_2}^G = -\sqrt{2}\mathrm{e}^{-r}Y_{a_1}^{(0)}\\
&Y_{b_2}^G-Y_{b_3}^G = \mathrm{e}^{-r}X_{a_3}^{(0)}+\frac{1}{\sqrt{2}}\mathrm{e}^{-r}Y_{a_1}^{(0)}-\frac{1}{\sqrt{2}}\mathrm{e}^{-r}Y_{a_4}^{(0)}\\
&Y_{b_3}^G-Y_{b_4}^G = \sqrt{2}\mathrm{e}^{-r}Y_{a_4}^{(0)}\\
&Y_{b_1}^G-Y_{b_3}^G = \mathrm{e}^{-r}X_{a_3}^{(0)}-\frac{1}{\sqrt{2}}\mathrm{e}^{-r}Y_{a_1}^{(0)}-\frac{1}{\sqrt{2}}\mathrm{e}^{-r}Y_{a_4}^{(0)}\\
&Y_{b_1}^G-Y_{b_4}^G = \mathrm{e}^{-r}X_{a_3}^{(0)}-\frac{1}{\sqrt{2}}\mathrm{e}^{-r}Y_{a_1}^{(0)}+\frac{1}{\sqrt{2}}\mathrm{e}^{-r}Y_{a_4}^{(0)}\\
&Y_{b_2}^G-Y_{b_4}^G = \mathrm{e}^{-r}X_{a_3}^{(0)}+\frac{1}{\sqrt{2}}\mathrm{e}^{-r}Y_{a_1}^{(0)}+\frac{1}{\sqrt{2}}\mathrm{e}^{-r}Y_{a_4}^{(0)}
\end{aligned}
\tag{5.16}
$$

对于光场压缩态，当压缩参量达到一定值时，上式中各关联方差均可能低于散粒噪声极限，从而满足四组分纠缠态的不可分判据。在理想情况下，类 GHZ 四组分纠缠态为 $X_{b_1}^G+X_{b_2}^G+X_{b_3}^G+X_{b_4}^G\to 0$ 和 $Y_{b_i}^G-Y_{b_j}^G\to 0\,(i,j=1,2,3,4,i\neq j)$ 的本征态。

如果将光场正交分量的起伏归一化到散粒噪声极限，则四组分 GHZ 态的判据为

$$
\begin{aligned}
&V\left(\hat{Y}_{b1}^G-\hat{Y}_{b2}^G\right)+V\left(\hat{X}_{b1}^G+\hat{X}_{b2}^G+g_3^G\hat{X}_{b3}^G+g_4^G\hat{X}_{b4}^G\right)\leqslant 1\\
&V\left(\hat{Y}_{b2}^G-\hat{Y}_{b3}^G\right)+V\left(g_1^G\hat{X}_{b1}^G+\hat{X}_{b2}^G+\hat{X}_{b3}^G+g_2^G\hat{X}_{b4}^G\right)\leqslant 1
\end{aligned}
\tag{5.17}
$$

$$V\left(\hat{Y}_{b3}^{G}-\hat{Y}_{b4}^{G}\right)+V\left(g_{1}^{G}\hat{X}_{b1}^{G}+g_{2}^{G}\hat{X}_{b2}^{G}+\hat{X}_{b3}^{G}+\hat{X}_{b4}^{G}\right)\leqslant 1$$

其中，$g_i\,(i=1,2,3)$ 表示增益因子。若 $\hat{b}_1$、$\hat{b}_2$、$\hat{b}_3$ 和 $\hat{b}_4$ 四个子模同时满足以上三个不等式，那么就是四组分 GHZ 态光场。对于理想情况，即压缩参量 $r\to\infty$ 时，增益因子 g_i 是 1；而对于非理想情况，可以通过调节 g_i 使式 (5.17) 左边达到最小值，对应的增益因子称为最佳增益因子 g_i^{opt}。

实验装置如图 5.2 所示。分别锁定四套平衡零拍探测系统各自的相对相位到 0，测量四个输出光场的正交振幅分量。按照 GHZ 四组分纠缠态振幅关联的形式，分别测量和记录 $\hat{X}_{b_1}^{G}+\hat{X}_{b_2}^{G}+g_{\text{opt}}^{G}\hat{X}_{b_3}^{G}+g_{\text{opt}}^{G}\hat{X}_{b_4}^{G}$，$g_{\text{opt}}^{G}\hat{X}_{b_1}^{G}+\hat{X}_{b_2}^{G}+\hat{X}_{b_3}^{G}+g_{\text{opt}}^{G}\hat{X}_{b_4}^{G}$ 和 $g_{\text{opt}}^{G}\hat{X}_{b_1}^{G}+g_{\text{opt}}^{G}\hat{X}_{b_2}^{G}+\hat{X}_{b_3}^{G}+\hat{X}_{b_4}^{G}$ 的关联起伏及其相应的散粒噪声极限。分别锁定四套平衡零拍探测系统各自的相对相位差到 π/2，测量四个输出光场的正交相位分量，以及 $\hat{Y}_{b_1}^{G}-\hat{Y}_{b_2}^{G}$，$\hat{Y}_{b_2}^{G}-\hat{Y}_{b_3}^{G}$ 和 $\hat{Y}_{b_3}^{G}-\hat{Y}_{b_4}^{G}$ 的关联方差。

四组分 GHZ 纠缠态光场的实验结果如图 5.3 所示。图中 (a)~(f) 分别为 $V(\hat{Y}_{b_1}^{G}-\hat{Y}_{b_2}^{G})$，$V(\hat{X}_{b_1}^{G}+\hat{X}_{b_2}^{G}+g_{\text{opt}}^{G}\hat{X}_{b_3}^{G}+g_{\text{opt}}^{G}\hat{X}_{b_4}^{G})$，$V(\hat{Y}_{b_2}^{G}-\hat{Y}_{b_3}^{G})$，$V(g_{\text{opt}}^{G}\hat{X}_{b_1}^{G}+\hat{X}_{b_2}^{G}+\hat{X}_{b_3}^{G}+g_{\text{opt}}^{G}\hat{X}_{b_4}^{G})$，$V(\hat{Y}_{b_3}^{G}-\hat{Y}_{b_4}^{G})$，$V(g_{\text{opt}}^{G}\hat{X}_{b_1}^{G}+g_{\text{opt}}^{G}\hat{X}_{b_2}^{G}+\hat{X}_{b_3}^{G}+\hat{X}_{b_4}^{G})$ 在 2 MHz 处测量的关联方差和散粒噪声极限，其中曲线 (1) 为散粒噪声极限，(2) 为关联方差噪声功率。这些关联方差分别低于散粒噪声极限 (1.2±0.1)dB，(1.2±0.1)dB，(1.2±0.1)dB，(1.1±0.1)dB，(1.3±0.1)dB 和 (1.1±0.1)dB。根据所测量的关联方差和四组分 GHZ 态判据，证明输出光场为四组分 GHZ 态。

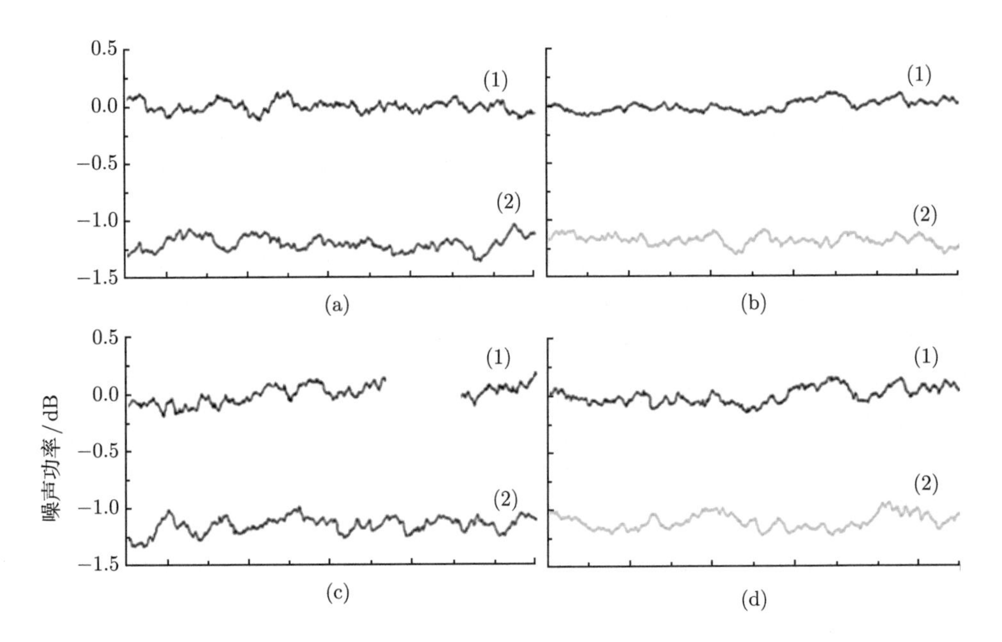

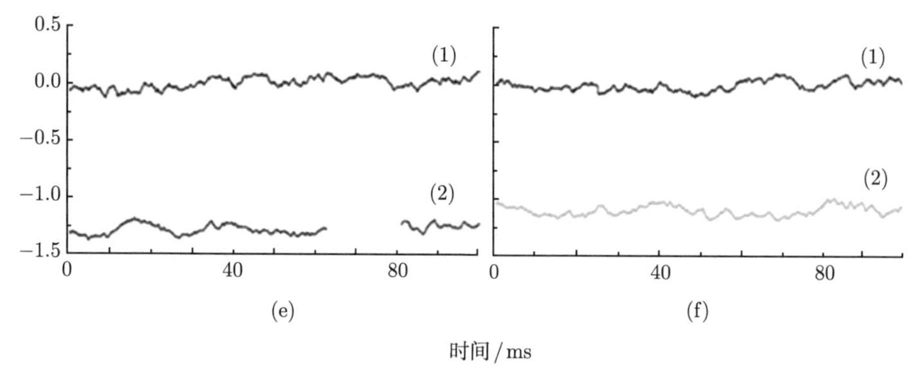

图 5.3 测量到的四组分 GHZ 纠缠态关联方差

5.3 多组分 cluster 态光场

制备连续变量 cluster 态的一般方式是将一系列正交相位压缩态光场作为输入态，$\hat{a}_l = \mathrm{e}^{+r}\hat{x}_l^{(0)} + \mathrm{i}\mathrm{e}^{-r}\hat{p}^{(0)}$，对其进行适当的幺正变换 (U)。其中 r 为压缩参数，$\hat{x}^{(0)}$ 和 $\hat{p}^{(0)}$ 分别代表真空态光场的正交振幅分量和正交相位分量，它们的噪声方差定义为 $\left\langle \Delta^2\hat{x}^{(0)} \right\rangle = \left\langle \Delta^2\hat{p}^{(0)} \right\rangle = \dfrac{1}{4}$。根据一般的线性光学变换规则可以得到输出模式为 $\hat{b}_k = \sum_l U_{kl}\hat{a}_l$。该变换矩阵 U 可以被分解成一组由多个分束器构成的分束器网络，其对应于构建连续变量 cluster 态所需的实验系统。

5.3.1 四组分 cluster 态光场

在制备四束压缩态光场的基础上，通过改变锁定压缩态光场的相对相位，可以制备四组分 cluster 态光场。锁定光场 $\hat{a}_4$ 和 $\hat{a}_6$ 之间的相对相位差到 $\pi/2$，其余系统保持不变，则输出光场 $\hat{b}_1$、$\hat{b}_2$、$\hat{b}_3$ 和 $\hat{b}_4$ 为四组分 cluster 纠缠态光场 [3]。

如果将 a_4 和 a_6 之间的相位差控制为 $\pi/2$，其余系统保持不变，那么就可以产生类 cluster 四组分纠缠态，输出场的正交振幅和正交相位分量为

$$X_{b_1}^C = \frac{1}{\sqrt{2}}(X_{a_5} - X_{a_1})$$

$$Y_{b_1}^C = \frac{1}{\sqrt{2}}(Y_{a_5} - Y_{a_1})$$

$$X_{b_2}^C = \frac{1}{\sqrt{2}}(X_{a_5} + X_{a_1})$$

$$Y_{b_2}^C = \frac{1}{\sqrt{2}}(Y_{a_5} + Y_{a_1})$$

$$X_{b_3}^C = \frac{1}{\sqrt{2}}\left(X_{a_6} - Y_{a_4}\right) \tag{5.18}$$
$$Y_{b_3}^C = \frac{1}{\sqrt{2}}\left(Y_{a_6} + X_{a_4}\right)$$
$$X_{b_4}^C = \frac{1}{\sqrt{2}}\left(X_{a_6} + Y_{a_4}\right)$$
$$Y_{b_4}^C = \frac{1}{\sqrt{2}}\left(Y_{a_6} - X_{a_4}\right)$$

根据类 cluster 态的纠缠特性计算各分量之间的关联可得

$$\begin{aligned}
&X_{b_1}^C + X_{b_2}^C + 2X_{b_3}^C = 2\mathrm{e}^{-r}X_{a_2}^{(0)} - \sqrt{2}\mathrm{e}^{-r}Y_{a_4}^{(0)}\\
&\mathrm{X}_{b_3}^C - X_{b_4}^C = -\sqrt{2}\mathrm{e}^{-r}Y_{a_4}^{(0)}\\
&Y_{b_1}^C - Y_{b_2}^C = -\sqrt{2}\mathrm{e}^{-r}Y_{a_1}^{(0)}\\
&-2Y_{b_2}^C + Y_{b_3}^C + Y_{b_4}^C = -2\mathrm{e}^{-r}X_{a_3}^{(0)} - \sqrt{2}\mathrm{e}^{-r}Y_{a_1}^{(0)}
\end{aligned} \tag{5.19}$$

由上式可知，在 $r \to 0$ 理想情况下，正交振幅组合 $X_{b_1}^C + X_{b_2}^C + 2X_{b_3}^C \to 0$ 和 $X_{b_3}^C - X_{b_4}^C \to 0$，正交相位组合 $Y_{b_1}^C - Y_{b_2}^C \to 0$ 和 $-2Y_{b_2}^C + Y_{b_3}^C + Y_{b_4}^C \to 0$，满足 cluster 纠缠态定义要求，四个输出场构成满足上述组合关联的本征态。在非理想情况下，将光场正交分量起伏归一化，四组分 cluster 态的判据为

$$\begin{aligned}
&V\left(X_{b1}^C + X_{b2}^C + g_3X_{b3}^C\right) + V\left(Y_{b1}^C - Y_{b2}^C\right) \leqslant 1\\
&V\left(X_{b3}^C - X_{b4}^C\right) + V\left(-g_2Y_{b2}^C + Y_{b3}^C + Y_{b4}^C\right) \leqslant 1\\
&V\left(g_1X_{b1}^C + X_{b2}^C + 2X_{b3}^C\right) + V\left(-2Y_{b2}^C + Y_{b3}^C + g_4X_{b4}^C\right) \leqslant 2
\end{aligned} \tag{5.20}$$

其中，$g_i\,(i=1,2,3)$ 表示增益因子。若 $\hat{b}_1$、$\hat{b}_2$、$\hat{b}_3$ 和 $\hat{b}_4$ 四个子模同时满足以上三个不等式，则存在 cluster 类型的四组分纠缠，形成四模 cluster 纠缠态。

实验装置如图 5.2 所示。分别锁定四套平衡零拍探测系统各自的相对相位到 0，测量四个输出光场的正交振幅分量。根据四组分 cluster 态振幅关联的形式，分别测量和记录 $g_{1\mathrm{opt}}^C\hat{X}_{b_1}^C + \hat{X}_{b_2}^C + 2\hat{X}_{b_3}^C$，$\hat{X}_{b_1}^C + \hat{X}_{b_2}^C + g_{3\mathrm{opt}}^C\hat{X}_{b_3}^C$ 和 $\hat{X}_{b_3}^C - \hat{X}_{b_4}^C$ 的关联起伏及其相应的散粒噪声极限。在系统中，选取的最佳增益为 $g_{1\mathrm{opt}}^C = g_{4\mathrm{opt}}^C$ =0.267，$g_{2\mathrm{opt}}^C = g_{3\mathrm{opt}}^C = 0.578$。分别锁定四套平衡零拍探测系统各自的本地与信号光相对相位差到 $\pi/2$，测量四个输出光场的正交相位分量，并测量关联起伏 $\hat{Y}_{b_1}^C - \hat{Y}_{b_2}^C$，$-g_{2\mathrm{opt}}^C\hat{Y}_{b_2}^C + \hat{Y}_{b_3}^C + \hat{Y}_{b_4}^C$ 和 $-2\hat{Y}_{b_2}^C + \hat{Y}_{b_3}^C + g_{4\mathrm{opt}}^C\hat{Y}_{b_4}^C$。图 5.4 为实验测定值。图中 (a)~(f) 分别为 $V(\hat{Y}_{b_1}^C - \hat{Y}_{b_2}^C)$, $V(\hat{X}_{b_1}^C + \hat{X}_{b_2}^C + g_{3\mathrm{opt}}^C\hat{X}_{b_3}^C)$, $V(\hat{X}_{b_3}^C - \hat{X}_{b_4}^C)$,

$V(-g_{2\text{opt}}^{C}\hat{Y}_{b_2}^{C}+\hat{Y}_{b_3}^{C}+\hat{Y}_{b_4}^{C})$, $V(g_{1\text{opt}}^{C}\hat{X}_{b_1}^{C}+\hat{X}_{b_2}^{C}+2\hat{X}_{b_3}^{C})$, $V(-2\hat{Y}_{b_2}^{C}+\hat{Y}_{b_3}^{C}+g_{4\text{opt}}^{C}\hat{Y}_{b_4}^{C})$ 在 2 MHz 处的关联方差和散粒噪声极限，其中曲线 (1) 为散粒噪声极限，(2) 为关联方差噪声功率。这些关联方差分别低于散粒噪声极限 (1.3±0.1)dB，(1.1±0.1)dB，(1.2±0.1)dB，(1.0±0.1)dB，(1.2±0.1)dB 和 (1.2±0.1)dB。根据所测量的关联方差和四组分 cluster 态判据，可以验证产生的纠缠态为四组分 cluster 态。

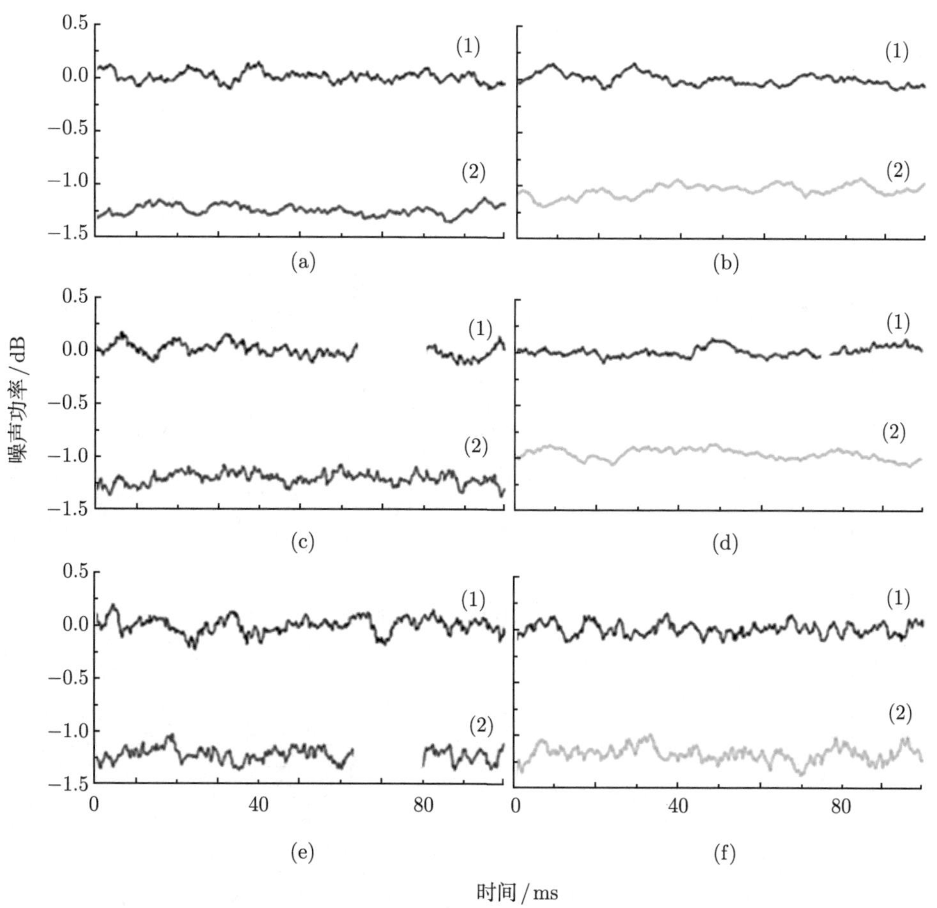

图 5.4 测量到的 cluster 四组分纠缠态关联方差

5.3.2 八组分 cluster 态光场

为构建更大尺度的空间分离多组分纠缠态，将八束压缩态光场在分束器网络上耦合，可以得到八组分纠缠态光场 [9]。图 5.5 为八组分线性 cluster 态产生系统示意图。利用八束正交相位压缩光 ($a_1 \sim a_8$) 作为初始态，以合适的相位在 7 个分束比 (透射率) 分别为 $T_1 \sim T_7$ 的分束器上耦合，得到输出态 $b_1 \sim b_8$。当

$T_1 = 25/34; T_2 = T_3 = 2/5; T_4 = T_5 = 1/3; T_6 = T_7 = 1/2$ 时，获得八组分线性 cluster 态。该系统的幺正矩阵 U_8 为

$$U_8 = \begin{bmatrix} \frac{1}{\sqrt{2}} & \mathrm{i}\frac{1}{\sqrt{3}} & -\frac{1}{\sqrt{10}} & -\sqrt{\frac{3}{170}} & -\mathrm{i}\sqrt{\frac{5}{102}} & 0 & 0 & 0 \\ \mathrm{i}\frac{1}{\sqrt{2}} & \frac{1}{\sqrt{3}} & \mathrm{i}\frac{1}{\sqrt{10}} & \mathrm{i}\sqrt{\frac{3}{170}} & -\sqrt{\frac{5}{102}} & 0 & 0 & 0 \\ 0 & \mathrm{i}\frac{1}{\sqrt{3}} & \sqrt{\frac{2}{5}} & \sqrt{\frac{6}{85}} & \mathrm{i}\sqrt{\frac{10}{51}} & 0 & 0 & 0 \\ 0 & 0 & \mathrm{i}\sqrt{\frac{2}{5}} & -3\mathrm{i}\sqrt{\frac{3}{170}} & \sqrt{\frac{15}{34}} & 0 & 0 & 0 \\ 0 & 0 & 0 & -\sqrt{\frac{15}{34}} & 3\mathrm{i}\sqrt{\frac{3}{170}} & \mathrm{i}\sqrt{\frac{2}{5}} & 0 & 0 \\ 0 & 0 & 0 & -\mathrm{i}\sqrt{\frac{10}{51}} & -\sqrt{\frac{6}{85}} & \sqrt{\frac{2}{5}} & -\mathrm{i}\frac{1}{\sqrt{3}} & 0 \\ 0 & 0 & 0 & \sqrt{\frac{5}{102}} & -\mathrm{i}\sqrt{\frac{3}{170}} & \mathrm{i}\frac{1}{\sqrt{10}} & -\frac{1}{\sqrt{3}} & -\mathrm{i}\frac{1}{\sqrt{2}} \\ 0 & 0 & 0 & \mathrm{i}\sqrt{\frac{5}{102}} & \sqrt{\frac{3}{170}} & -\frac{1}{\sqrt{10}} & -\mathrm{i}\frac{1}{\sqrt{3}} & -\frac{1}{\sqrt{2}} \end{bmatrix}. \tag{5.21}$$

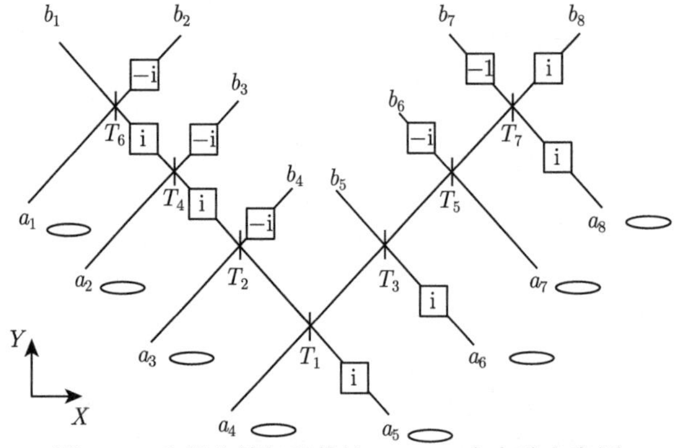

图 5.5　八组分等权重线性 cluster 态实验方案图

其中 $a_1 \sim a_8$ 为输入态光场，$T_1 \sim T_7$ 为分束器的透射率，$b_1 \sim b_8$ 为输出态光场，i 为傅里叶变换，$-1 = \mathrm{e}^{\mathrm{i}\pi}$ 为相位旋转 180°

计算得到输出场的表达式为

$$
\begin{aligned}
b_1 &= \frac{1}{\sqrt{2}}a_1 + \mathrm{i}\frac{1}{\sqrt{3}}a_2 - \sqrt{\frac{1}{10}}a_3 - \sqrt{\frac{3}{170}}a_4 - \mathrm{i}\sqrt{\frac{5}{102}}a_5 \\
b_2 &= \mathrm{i}\frac{1}{\sqrt{2}}a_1 + \frac{1}{\sqrt{3}}a_2 + \mathrm{i}\sqrt{\frac{1}{10}}a_3 + \mathrm{i}\sqrt{\frac{3}{170}}a_4 - \sqrt{\frac{5}{102}}a_5 \\
b_3 &= \mathrm{i}\frac{1}{\sqrt{3}}a_2 + \sqrt{\frac{2}{5}}a_3 + \sqrt{\frac{6}{85}}a_4 + \mathrm{i}\sqrt{\frac{10}{51}}a_5 \\
b_4 &= \mathrm{i}\sqrt{\frac{2}{5}}a_3 - \mathrm{i}\sqrt{\frac{3}{170}}a_4 + \sqrt{\frac{15}{34}}a_5 \\
b_5 &= -\sqrt{\frac{15}{34}}a_4 + \mathrm{i}\sqrt{\frac{3}{170}}a_5 + \mathrm{i}\sqrt{\frac{2}{5}}a_6 \\
b_6 &= -\mathrm{i}\sqrt{\frac{10}{51}}a_4 - \sqrt{\frac{6}{85}}a_5 + \sqrt{\frac{2}{5}}a_6 - \mathrm{i}\frac{1}{\sqrt{3}}a_7 \\
b_7 &= \sqrt{\frac{5}{102}}a_4 - \mathrm{i}\sqrt{\frac{3}{170}}a_5 + \mathrm{i}\frac{1}{\sqrt{10}}a_6 - \frac{1}{\sqrt{3}}a_7 - \mathrm{i}\frac{1}{\sqrt{2}}a_8 \\
b_8 &= \mathrm{i}\sqrt{\frac{5}{102}}a_4 + \sqrt{\frac{3}{170}}a_5 - \frac{1}{\sqrt{10}}a_6 - \mathrm{i}\frac{1}{\sqrt{3}}a_7 - \frac{1}{\sqrt{2}}a_8
\end{aligned}
\tag{5.22}
$$

输出光场正交分量之间的关联关系式如下：

$$
\begin{aligned}
&Y_{b1} - X_{b2} = \sqrt{2}Y_{a1} \\
&Y_{b2} - X_{b1} - X_{b3} = \sqrt{3}Y_{a2} \\
&Y_{b3} - X_{b2} - X_{b4} = \frac{1}{\sqrt{2}}Y_{a1} + \frac{5}{\sqrt{10}}Y_{a3} \\
&Y_{b4} - X_{b3} - X_{b5} = \frac{1}{\sqrt{3}}Y_{a2} + \sqrt{\frac{34}{15}}Y_{a5} + \sqrt{\frac{2}{5}}Y_{a6} \\
&Y_{b5} - X_{b4} - X_{b6} = \sqrt{\frac{2}{5}}Y_{a3} - \sqrt{\frac{34}{15}}Y_{a4} - \frac{1}{\sqrt{3}}Y_{a7} \\
&Y_{b6} - X_{b5} - X_{b7} = \frac{5}{\sqrt{10}}Y_{a6} - \frac{1}{\sqrt{2}}Y_{a8} \\
&Y_{b7} - X_{b6} - X_{b8} = -\sqrt{3}Y_{a7} \\
&Y_{b8} - X_{b7} = -\sqrt{2}Y_{a8}
\end{aligned}
\tag{5.23}
$$

在正交分量起伏归一化的情况下，八组分线性 cluster 态的量子不可分判据为

$$
\begin{aligned}
&\text{(a)}\quad \Delta^2(Y_{b1}-X_{b2})+\Delta^2(Y_{b2}-X_{b1}-g_1X_{b3})<1\\
&\text{(b)}\quad \Delta^2(Y_{b2}-g_2X_{b1}-X_{b3})+\Delta^2(Y_{b3}-X_{b2}-g_3X_{b4})<1\\
&\text{(c)}\quad \Delta^2(Y_{b3}-g_4X_{b2}-X_{b4})+\Delta^2(Y_{b4}-X_{b3}-g_5X_{b5})<1\\
&\text{(d)}\quad \Delta^2(Y_{b4}-g_6X_{b3}-X_{b5})+\Delta^2(Y_{b5}-X_{b4}-g_7X_{b6})<1\\
&\text{(e)}\quad \Delta^2(Y_{b5}-g_8X_{b4}-X_{b6})+\Delta^2(Y_{b6}-X_{b5}-g_9X_{b7})<1\\
&\text{(f)}\quad \Delta^2(Y_{b6}-g_{10}X_{b5}-X_{b7})+\Delta^2(Y_{b7}-X_{b6}-g_{11}X_{b8})<1\\
&\text{(g)}\quad \Delta^2(Y_{b7}-g_{12}X_{b6}-X_{b8})+\Delta^2(Y_{b8}-X_{b7})<1
\end{aligned}
\tag{5.24}
$$

当上述所有的不等式都满足时，获得八组分 cluster 纠缠态。计算得到八组分线性 cluster 态的最佳增益因子为

$$
\begin{aligned}
&g_1^{\text{opt}}=g_6^{\text{opt}}=g_7^{\text{opt}}=g_{12}^{\text{opt}}=\frac{8(-1+\mathrm{e}^{4r})}{9+8\mathrm{e}^{4r}}\\
&g_2^{\text{opt}}=g_{11}^{\text{opt}}=\frac{21(-1+\mathrm{e}^{4r})}{13+21\mathrm{e}^{4r}}\\
&g_3^{\text{opt}}=g_5^{\text{opt}}=g_8^{\text{opt}}=g_{10}^{\text{opt}}=\frac{15(-1+\mathrm{e}^{4r})}{19+15\mathrm{e}^{4r}}\\
&g_4^{\text{opt}}=g_9^{\text{opt}}=\frac{13\,(-1+\mathrm{e}^{4r})}{21+13\mathrm{e}^{4r}}
\end{aligned}
\tag{5.25}
$$

如果输出光场的关联方差满足不等式 (5.24)，则可以证明所制备的光场是八组分线性 cluster 态。图 5.6 中曲线 (iii) 代表散粒噪声极限，曲线 (i) 代表没有取最佳增益因子 ($g=1$) 时的关联方差，曲线 (ii) 代表取最佳增益因子时的关联方差。比较曲线 (i) 和 (ii) 可见，当增益因子为 1 时，需要一定的初始压缩度，所制备的

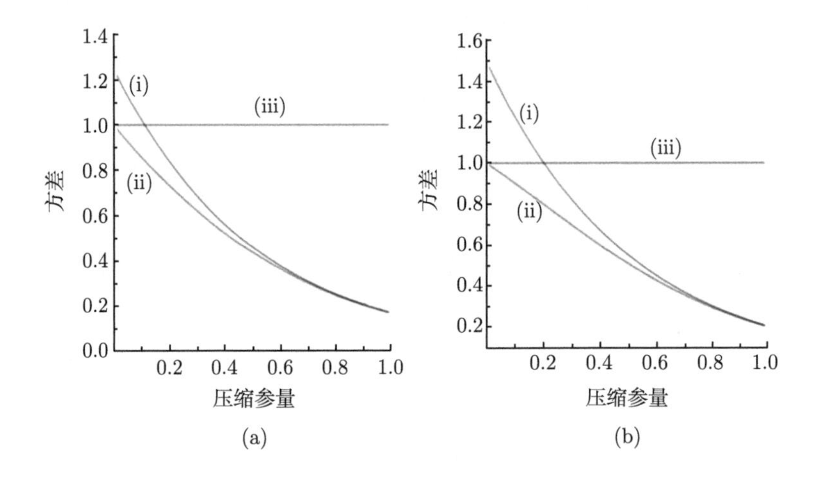

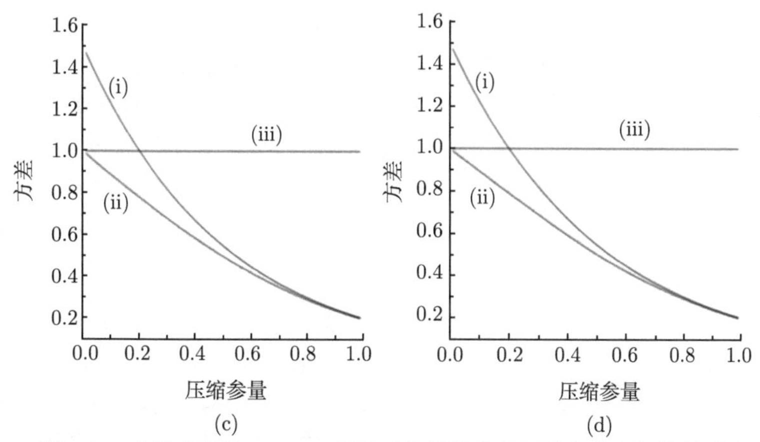

图 5.6 八组分线性 cluster 态不可分判别式与压缩参数之间的关系

(a) 为式 (5.24) 中不等式 (a) 和 (g) 左边关联方差之和与压缩参量的关系，(b) 为式 (5.24) 中不等式 (b) 和 (f) 左边关联方差之和与压缩参量的关系，(c) 为式 (5.24) 中不等式 (c) 和 (e) 左边关联方差之和与压缩参量的关系，(d) 为式 (5.24) 中不等式 (d) 左边关联方差之和与压缩参量的关系

光场才能满足八组分线性 cluster 态的量子不可分判据。当选取最佳增益因子时，只需要存在初始压缩，制备的八组分纠缠态光场为八组分线性 cluster 态。

制备八组分纠缠态光场的实验装置如图 5.7 所示。连续光腔内倍频稳频 Nd:

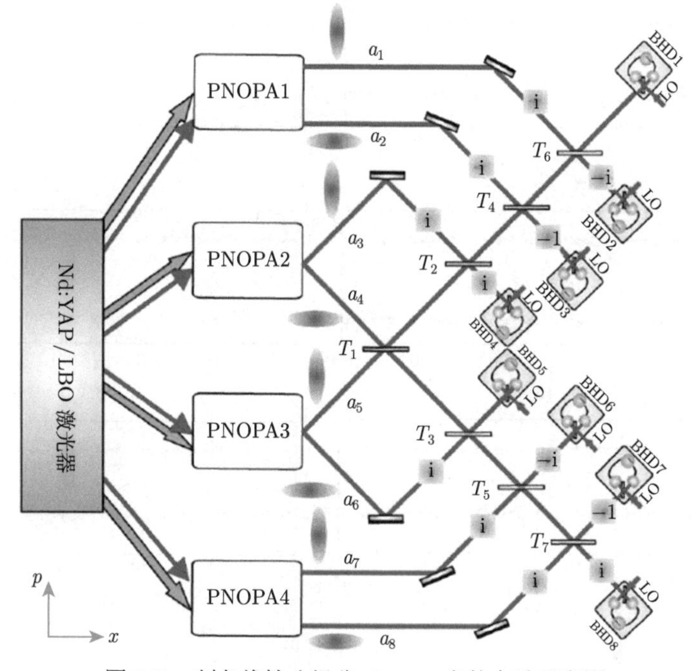

图 5.7 制备线性八组分 cluster 态的实验示意图

YAP/LBO 激光器同时输出的泵浦光场和信号光场分别注入四个非简并光学参量放大器。所有非简并光学参量放大器均运转于参量反放大状态，即泵浦光和注入信号光之间相位差被控制为 $(2n+1)\,\pi(n$ 为整数)。四个非简并光学参量放大器产生四个正交振幅压缩态光场 ($\hat{a}_1$、$\hat{a}_2$、$\hat{a}_3$、$\hat{a}_4$) 和四个正交相位压缩态光场 ($\hat{a}_2$、$\hat{a}_4$、$\hat{a}_6$、$\hat{a}_8$)。将它们在分束器网络上进行耦合，即可获得八组分纠缠态光场。

八组分线性 cluster 态的实验结果如图 5.8 所示，红线和黑线分别对应于散粒噪声极限和相应的量子关联噪声。测得的噪声分别为 $V\left(\hat{p}_1-\hat{x}_2\right)=-(2.67\pm0.06)\mathrm{dB}, V\left(\hat{p}_1-\hat{x}_1-\hat{x}_3\right)=(-2.65\pm0.13)\mathrm{dB}, V\left(\hat{p}_3-\hat{x}_3-\hat{x}_4\right)=(-2.52\pm0.20)\mathrm{dB}, V\left(\hat{p}_4-\hat{x}_3-\hat{x}_5\right)=(-2.69\pm0.09)\mathrm{dB}, V\left(\hat{p}_5-\hat{x}_4-\hat{x}_6\right)=(-2.68\pm0.08)\mathrm{dB}, V\left(\hat{p}_6-\hat{x}_5-\hat{x}_7\right)=(-2.56\pm0.10)\mathrm{dB}, V\left(\hat{p}_7-\hat{x}_6-\hat{x}_8\right)=(-2.22\pm0.09)\mathrm{dB}, V\left(\hat{p}_8-\hat{x}_7\right)=(-2.21\pm0.09)\mathrm{dB}$。将测量得到的关联噪声代入不可分

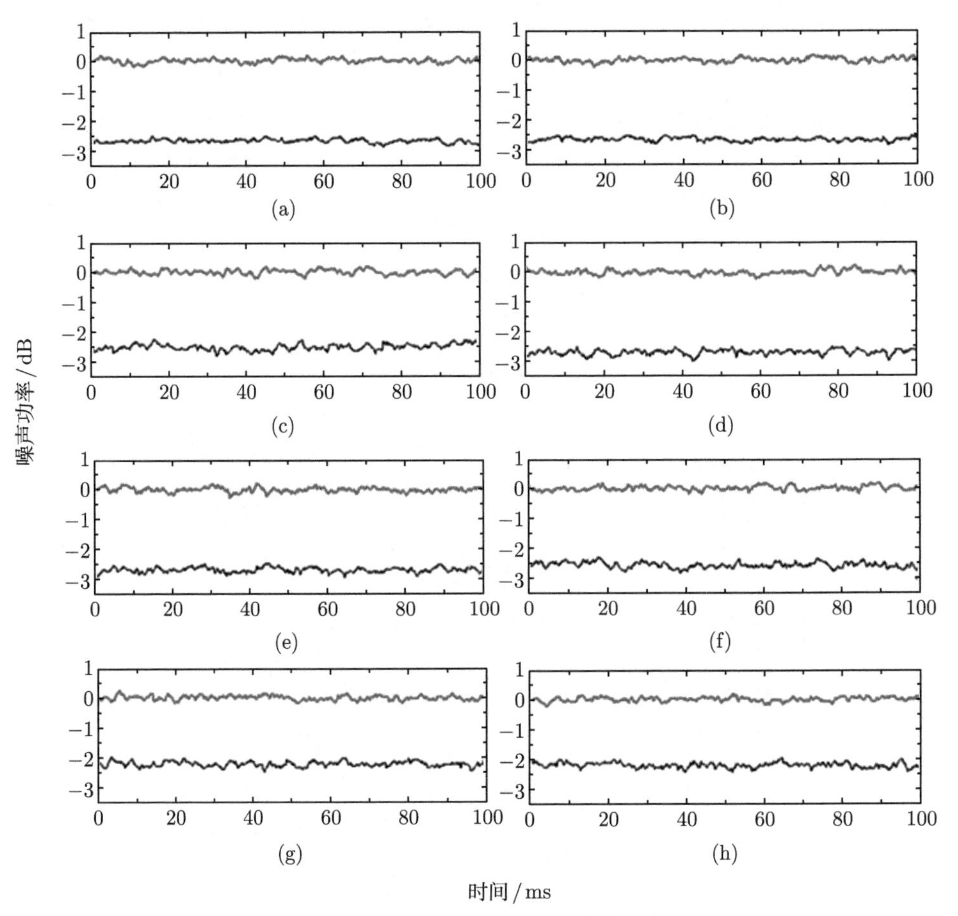

图 5.8　线性八组分 cluster 态的噪声

判据 (5.24)，八组分线性 cluster 态的不可分判据左侧的关联方差为 0.68±0.02，0.83±0.02，0.82±0.02，0.81±0.02，0.82±0.02，0.87±0.02，0.75±0.02。根据八组分线性 cluster 态的量子不可分判据，所有的测量值都小于纠缠界限，因此制备的八组分量子模式满足不可分判据，是八组分 cluster 态光场。

5.4 多色多组分纠缠态光场

多色多组分纠缠态光场是指两束及以上不同频率的光场之间存在量子纠缠。在长距离量子通信网络中，需要制备用于存储和处理信息的原子跃迁，以及用于传送信息的光纤传送窗口相对应的不同频率的多色多组分纠缠态光场。巴西圣保罗大学利用工作在阈值以上的非简并光学参量振荡器，在低温的条件下观察到反射泵浦光场、输出信号光场、输出闲置光场之间存在量子关联。这三束光场的频率不同，被称作三色三组分纠缠态光场 [10]。2012 年，山西大学光电研究所利用工作在阈值以上的两个级联非简并光学参量振荡器，获得了与铯原子吸收线及光纤窗口传送波长相匹配的三色三组分纠缠态光场 [11]。

图 5.9 为产生三色三组分纠缠态光场的原理图。系统由非简并光学参量振荡器 NOPO1 和 NOPO2 组成。激光器输出的光场 a_0 泵浦 NOPO1，产生一对下转换光场 a_1 和 a_2，由于能量守恒，它们的频率满足以下关系: $w_0 = w_1 + w_2$。其中一束光场 a_1 作为第二个级联非简并光学参量振荡器 NOPO2 的泵浦光，通过参量下转换过程产生一对光场 a_3、a_4，其频率满足 $w_1 = w_3 + w_4$。

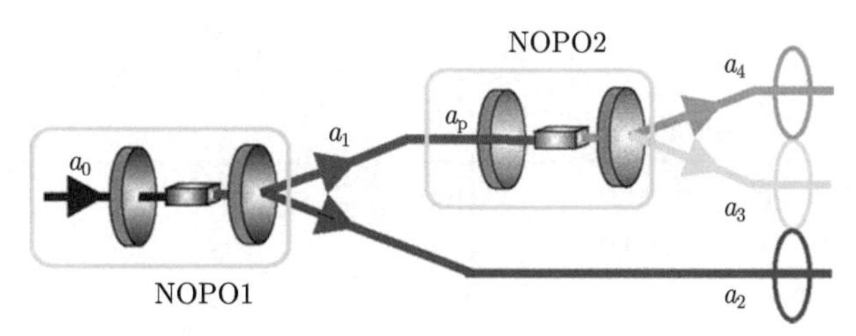

图 5.9 级联 OPO 系统的工作原理

这里利用朗之万方程描述 NOPO1 和 NOPO2 内的光场起伏:

$$\tau_i \frac{\partial}{\partial t} X_i = M_{Ai} X_i + M_{\gamma i} X_{\alpha i}^{\text{in}} + M_{\mu i} X_{\beta i}^{\text{in}} + Q_i \tag{5.26}$$

光场起伏通过矢量 $X_i (i = 1, 2$，分别对应于 NOPO1 和 NOPO2) 描述为 $X_1 = [\delta x_{\text{p1}}, \delta y_{\text{p1}}, \delta x_0, \delta y_0, \delta x_1, \delta y_1]^{\text{T}}$ 和 $X_2 = [\delta x_{\text{p2}}, \delta y_{\text{p2}}, \delta x_2, \delta y_2, \delta x_3, \delta y_3]^{\text{T}}$，其中，$\delta x_{\text{p1}}, \delta x_0, \delta x_1 \,(\delta x_{\text{p2}}, \delta x_2, \delta x_3)$ 和 $\delta y_{\text{p1}}, \delta y_0, \delta y_1 \,(\delta y_{\text{p2}}, \delta y_2, \delta y_3)$ 分别表示 NOPO1 和 NOPO2 腔内的泵浦光 $\hat{a}_{\text{p1}}\,(\hat{a}_{\text{p2}})$、信号光 $\hat{a}_0\,(\hat{a}_2)$ 和闲置光 $\hat{a}_1\,(\hat{a}_3)$ 的起伏。τ_i 表

示光场在非简并光学参量放大器腔内环绕一周的时间。通过傅里叶变换，NOPO1 和 NOPO2 在频域范围内的内腔起伏为

$$X_i(\Omega) = [\mathrm{i}\Omega I - M_{Ai}]^{-1} \left(M_{\gamma i}X_{\alpha i}^{\mathrm{in}} + M_{\mu i}X_{\beta i}^{\mathrm{in}} + Q_i\right) \tag{5.27}$$

其中，Ω 是分析频率。根据输出耦合镜的边界条件 $X_i^{\mathrm{out}}(\Omega) = M_{\gamma i}X_i(\Omega) - X_{\alpha i}^{\mathrm{in}}(\Omega)$ 可以得到级联非简并光学参量振荡器系统输出光场的噪声特性。

为了证明产生的光场是否存在量子关联，这里采用 van Loock 和 Furusawa 提出的三组分纠缠态光场判据：

$$\begin{aligned}\Delta_1 &= \left\langle \delta^2\left(X_3 - X_4\right)\right\rangle + \left\langle \delta^2\left(g_1 Y_2 + Y_3 + Y_4\right)\right\rangle \leqslant 4\\ \Delta_1 &= \left\langle \delta^2\left(X_2 - X_4\right)\right\rangle + \left\langle \delta^2\left(Y_2 + g_2 Y_3 + Y_4\right)\right\rangle \leqslant 4\\ \Delta_1 &= \left\langle \delta^2\left(X_2 - X_3\right)\right\rangle + \left\langle \delta^2\left(Y_2 + Y_3 + g_3 Y_4\right)\right\rangle \leqslant 4\end{aligned} \tag{5.28}$$

如果同时满足上述任意两个不等式，那么这三个光场之间具有量子关联。在实验过程中，需要选择合适的增益因子 g_j^{opt}，以得到最小的关联起伏。

制备三色三组分纠缠态光场的实验装置如图 5.10 所示，频率可调谐钛宝石激光器产生的 795 nm 激光作为基频光场，泵浦二次谐波产生系统获得 398 nm 的倍频光场，作为 NOPO1 的泵浦光场。NOPO1 在 398 nm 的泵浦光场下产生波长为 746 nm 和 852 nm 的下转换光场。746 nm 光场再作为 NOPO2 的泵浦光场，产

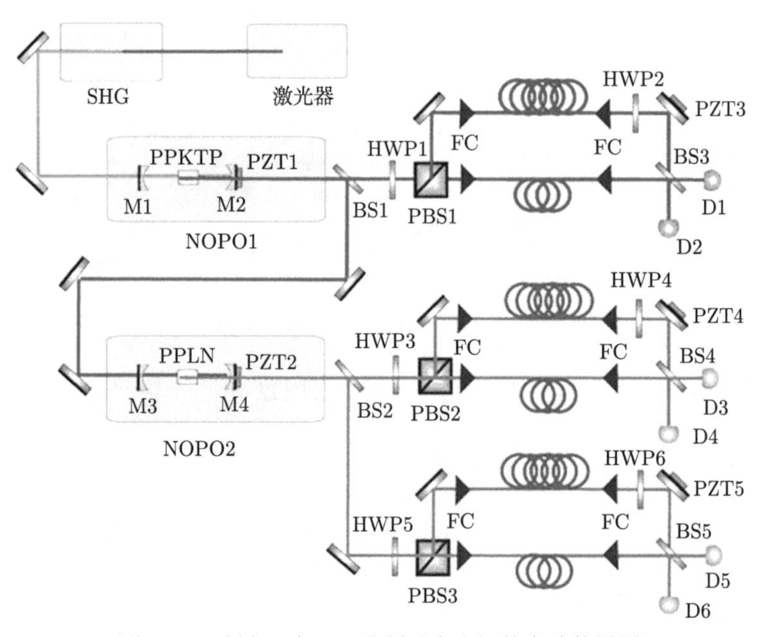

图 5.10 制备三色三组分纠缠态光场的实验装置图

生波长为 1440 nm 和 1550 nm 的下转换光场。NOPO1 和 NOPO2 都采用由两块曲率半径为 50 mm 的平凹镜构成的共心腔，非线性晶体放置在腔的中央。为了获得不同频率的多色纠缠光，非简并光学参量振荡器产生的信号光和闲置光之间的波长差必然比较大。因此，两束光之间有较大的走离效应。为克服走离效应的影响，这里采用周期极化晶体。NOPO1 选用吸收损耗较低的 PPKTP 晶体以最大限度降低内腔损耗；NOPO2 选用具有高非线性系数的 PPLN 晶体，尽可能提高转换效率，以便于在低泵浦功率下完成参量下转换。改变两个非简并光学参量振荡器腔中晶体的温度可以实现对纠缠光场频率的调谐。最后，利用非等臂 M-Z 干涉仪测量三束光场的正交振幅和正交相位噪声。

实验测量的三色纠缠态光场正交分量的噪声如图 5.11 所示，(a)~(f) 分别表示 $\left\langle\delta^2\left(X_3-X_4\right)\right\rangle$、$\left\langle\delta^2\left(g_1^{\mathrm{opt}}Y_2+Y_3+Y_4\right)\right\rangle$、$\left\langle\delta^2\left(X_2-X_3\right)\right\rangle$、$\left\langle\delta^2\left(Y_2+Y_3+g_3^{\mathrm{opt}}Y_4\right)\right\rangle$、$\left\langle\delta^2\left(X_2-X_4\right)\right\rangle$、$\left\langle\delta^2\left(Y_2+g_2^{\mathrm{opt}}Y_3+Y_4\right)\right\rangle$ 的关联噪声，它们分别低于散粒噪声极限 4.1 dB、1.1 dB、3.2 dB、0.5 dB、3.2 dB、0.5 dB。图中曲线 (i) 表示散粒噪声极限，曲线 (ii) 表示正交振幅或者正交相位的噪声。三束光场的关联噪声之和分别为 $\varDelta_1=3.03\pm0.06$，$\varDelta_2=3.68\pm0.05$，$\varDelta_3=3.68\pm0.05$，这些值都小

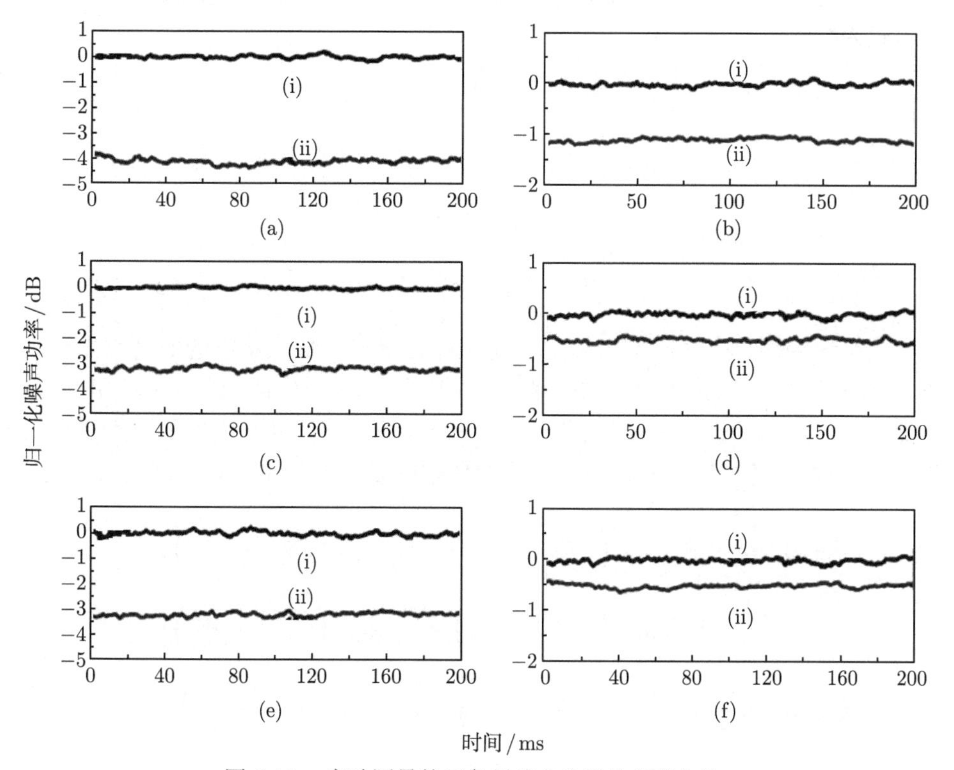

图 5.11 实验测量的三色纠缠态光场的关联方差

于 4，因此实验上可以制备三色三组分纠缠态光场。其中，波长为 852 nm 的光场和铯原子吸收线对应，可以用于量子存储；波长为 1440 nm 和 1550 nm 的光场和光纤传送窗口相对应，可用来执行远程光纤量子通信。

5.5 多组分束缚纠缠态光场

对于一个空间分离的多组分纠缠态光场，如果利用 LOCC(local operation and classical communication)，即本地操作和经典通信的方法不能从任意两个子模中提纯出纠缠态光场，这个多组分纠缠态就称为束缚纠缠态 (bound entangled state，BE 态) 光场 [12]。与 GHZ 态和 cluster 态不同的是，只有当联合测量束缚纠缠态的所有子系统时，其关联噪声才能够超越散粒噪声极限。因此，束缚纠缠态特别适合应用于量子秘密共享等信息网络。2012 年，山西大学光电研究所制备了四组分连续变量束缚纠缠态光场，并实现了超激活 [13]。

产生四组分束缚纠缠态光场的原理如图 5.12 所示。将一对 EPR 纠缠态光场 ($\hat{a}_{\text{EPR1}}$ 和 $\hat{a}_{\text{EPR1}}$) 与两束高斯分布的热光场 $\hat{\upsilon}_1^{\text{T}}$ 和 $\hat{\upsilon}_2^{\text{T}}$ 分别在 50:50 分束器上耦合，输出的四个光学模 $\hat{b}_1$、$\hat{b}_4$、$\hat{b}_3$ 和 $\hat{b}_4$ 形成四组分束缚纠缠态光场 [13]。其数学表达式为

$$\begin{aligned}
\hat{b}_1 &= \frac{1}{\sqrt{2}}\left(\hat{a}_{\text{EPR1}} + \hat{\upsilon}_1^{\text{T}}\right)\\
\hat{b}_2 &= \frac{1}{\sqrt{2}}\left(\hat{a}_{\text{EPR1}} - \hat{\upsilon}_1^{\text{T}}\right)\\
\hat{b}_3 &= \frac{1}{\sqrt{2}}\left(\hat{a}_{\text{EPR2}} + \hat{\upsilon}_2^{\text{T}}\right)\\
\hat{b}_4 &= \frac{1}{\sqrt{2}}\left(\hat{a}_{\text{EPR2}} - \hat{\upsilon}_2^{\text{T}}\right)
\end{aligned} \tag{5.29}$$

以实验系统为例，其中 $\hat{a}_{\text{EPR1}}$、$\hat{a}_{\text{EPR2}}$ 是工作在参量反放大状态的非简并光学参量放大器输出的一对 EPR 纠缠态光场，$\hat{\upsilon}_1^{\text{T}}$、$\hat{\upsilon}_2^{\text{T}}$ 是单模热态，且 $\langle\delta^2\hat{x}_{\upsilon_1^{\text{T}}}\rangle = \langle\delta^2\hat{x}_{\upsilon_2^{\text{T}}}\rangle = \langle\delta^2\hat{x}_{\upsilon^{\text{T}}}\rangle \gg 1$，$\langle\delta^2\hat{p}_{\upsilon_1^{\text{T}}}\rangle = \langle\delta^2\hat{p}_{\upsilon_2^{\text{T}}}\rangle = \langle\delta^2\hat{p}_{\upsilon^{\text{T}}}\rangle \gg 1$。非简并光学参量放大器输出的 EPR 纠缠态光场与输入的相干态光场的振幅分量以及相位分量之间的关系为

$$\begin{aligned}
\hat{x}_{a\text{EPR1}} &= \frac{1}{2}\left[\hat{x}_{a\text{EPR1}}^0\left(\text{e}^{r+r'} + \text{e}^{-r}\right) - \hat{x}_{a\text{EPR2}}^0\left(\text{e}^{r+r'} - \text{e}^{-r}\right)\right]\\
\hat{x}_{a\text{EPR2}} &= \frac{1}{2}\left[\hat{x}_{a\text{EPR2}}^0\left(\text{e}^{r+r'} + \text{e}^{-r}\right) - \hat{x}_{a\text{EPR1}}^0\left(\text{e}^{r+r'} - \text{e}^{-r}\right)\right]\\
\hat{p}_{a\text{EPR1}} &= \frac{1}{2}\left[\hat{p}_{a\text{EPR1}}^0\left(\text{e}^{r+r'} + \text{e}^{-r}\right) + \hat{p}_{a\text{EPR2}}^0\left(\text{e}^{r+r'} - \text{e}^{-r}\right)\right]\\
\hat{p}_{a\text{EPR2}} &= \frac{1}{2}\left[\hat{p}_{a\text{EPR2}}^0\left(\text{e}^{r+r'} + \text{e}^{-r}\right) + \hat{p}_{a\text{EPR1}}^0\left(\text{e}^{r+r'} - \text{e}^{-r}\right)\right]
\end{aligned} \tag{5.30}$$

其中，r 表示压缩因子；r' 是反压缩因子；$\hat{x}^0_{a\text{EPR1}}$ $(\hat{p}^0_{a\text{EPR1}})$ 和 $\hat{x}^0_{a\text{EPR2}}$ $(\hat{p}^0_{a\text{EPR2}})$ 分别表示输入非简并光学参量放大器的信号光场和闲置光场的振幅 (相位) 分量。根据式 (5.29) 和式 (5.30)，可以给出四组分束缚纠缠态光场的四个纠缠子模的正交振幅分量以及正交相位分量的表达式：

$$\begin{aligned}
\hat{x}_{b1} &= \frac{1}{2\sqrt{2}}\left[\hat{x}^0_{a\text{EPR1}}\left(\mathrm{e}^{r+r'}+\mathrm{e}^{-r}\right)-\hat{x}^0_{a\text{EPR2}}\left(\mathrm{e}^{r+r'}-\mathrm{e}^{-r}\right)\right]+\frac{1}{\sqrt{2}}\hat{x}_{\upsilon_1^{\mathrm{T}}}\\
\hat{x}_{b2} &= \frac{1}{2\sqrt{2}}\left[\hat{x}^0_{a\text{EPR1}}\left(\mathrm{e}^{r+r'}+\mathrm{e}^{-r}\right)-\hat{x}^0_{a\text{EPR2}}\left(\mathrm{e}^{r+r'}-\mathrm{e}^{-r}\right)\right]-\frac{1}{\sqrt{2}}\hat{x}_{\upsilon_1^{\mathrm{T}}}\\
\hat{x}_{b3} &= \frac{1}{2\sqrt{2}}\left[\hat{x}^0_{a\text{EPR2}}\left(\mathrm{e}^{r+r'}+\mathrm{e}^{-r}\right)-\hat{x}^0_{a\text{EPR1}}\left(\mathrm{e}^{r+r'}-\mathrm{e}^{-r}\right)\right]+\frac{1}{\sqrt{2}}\hat{x}_{\upsilon_2^{\mathrm{T}}}\\
\hat{x}_{b4} &= \frac{1}{2\sqrt{2}}\left[\hat{x}^0_{a\text{EPR2}}\left(\mathrm{e}^{r+r'}+\mathrm{e}^{-r}\right)-\hat{x}^0_{a\text{EPR1}}\left(\mathrm{e}^{r+r'}-\mathrm{e}^{-r}\right)\right]-\frac{1}{\sqrt{2}}\hat{x}_{\upsilon_2^{\mathrm{T}}}
\end{aligned} \tag{5.31}$$

$$\begin{aligned}
\hat{p}_{b1} &= \frac{1}{2\sqrt{2}}\left[\hat{p}^0_{a\text{EPR1}}\left(\mathrm{e}^{r+r'}+\mathrm{e}^{-r}\right)+\hat{p}^0_{a\text{EPR2}}\left(\mathrm{e}^{r+r'}-\mathrm{e}^{-r}\right)\right]+\frac{1}{\sqrt{2}}\hat{p}_{\upsilon_1^{\mathrm{T}}}\\
\hat{p}_{b2} &= \frac{1}{2\sqrt{2}}\left[\hat{p}^0_{a\text{EPR1}}\left(\mathrm{e}^{r+r'}+\mathrm{e}^{-r}\right)+\hat{p}^0_{a\text{EPR2}}\left(\mathrm{e}^{r+r'}-\mathrm{e}^{-r}\right)\right]-\frac{1}{\sqrt{2}}\hat{p}_{\upsilon_1^{\mathrm{T}}}\\
\hat{p}_{b3} &= \frac{1}{2\sqrt{2}}\left[\hat{p}^0_{a\text{EPR2}}\left(\mathrm{e}^{r+r'}+\mathrm{e}^{-r}\right)+\hat{p}^0_{a\text{EPR1}}\left(\mathrm{e}^{r+r'}-\mathrm{e}^{-r}\right)\right]+\frac{1}{\sqrt{2}}\hat{p}_{\upsilon_2^{\mathrm{T}}}\\
\hat{p}_{b4} &= \frac{1}{2\sqrt{2}}\left[\hat{p}^0_{a\text{EPR2}}\left(\mathrm{e}^{r+r'}+\mathrm{e}^{-r}\right)+\hat{p}^0_{a\text{EPR1}}\left(\mathrm{e}^{r+r'}-\mathrm{e}^{-r}\right)\right]-\frac{1}{\sqrt{2}}\hat{p}_{\upsilon_2^{\mathrm{T}}}
\end{aligned} \tag{5.32}$$

热光场的噪声破坏了子模 $\hat{b}_1$、$\hat{b}_3$ 以及 $\hat{b}_2$、$\hat{b}_4$ 之间的量子关联，但四个子模式 $(\hat{x}_{b1}+\hat{x}_{b2}+\hat{x}_{b3}+\hat{x}_{b4})$、$(\hat{p}_{b1}+\hat{p}_{b2}-\hat{p}_{b3}-\hat{p}_{b4})$ 之间的量子关联依然存在。

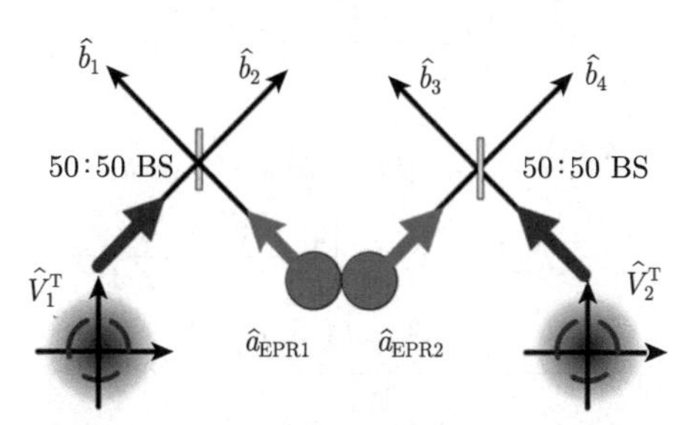

图 5.12 产生四组分束缚纠缠态光场的原理图

为了检查四个子模 $(\hat{b}_1,\hat{b}_2,\hat{b}_3,\hat{b}_4)$ 是否是真正的 BE 态，必须首先证明仅仅利用 LOCC 的方法是不能从四个子模形成的空间分离的装置中提取出两组分纠缠态光场的。很明显，$\hat{b}_1$、$\hat{b}_2$ 以及 $\hat{b}_3$、$\hat{b}_4$ 之间的双模量子纠缠是不可能得到的，因

为 $(\hat{b}_1,\hat{b}_2)$ 和 $(\hat{b}_3,\hat{b}_4)$ 这两对光场都是将 EPR 纠缠光束中的一束与一个单模热光场在 50:50 分束器上耦合得到的，它们之间没有任何的量子关联。对于其他对子模，$(\hat{b}_1,\hat{b}_3)$, $(\hat{b}_1,\hat{b}_4)$, $(\hat{b}_2,\hat{b}_3)$ 和 $(\hat{b}_2,\hat{b}_4)$，通过利用 LOCC 系统，振幅分量和相位分量之间的量子关联噪声利用式 (5.31) 和式 (5.32) 可以表示为

$$\left\{\begin{aligned}&\left\langle\delta^2\left(\hat{x}_{b_1}+\hat{x}_{b_3}\right)\right\rangle+\left\langle\delta^2\left(\hat{p}_{b_1}-\hat{p}_{b_3}+g_{p2}^a\hat{p}_{b_2}+g_{p4}^a\hat{p}_{b_4}\right)\right\rangle\\&=\frac{\mathrm{e}^{2r+2r'}}{4}(g_{p2}^a-g_{p4}^a)^2+\mathrm{e}^{-2r}\left[1+\frac{(2+g_{p2}^a+g_{p4}^a)^2}{4}\right]\\&\quad+\left\langle\delta^2\hat{x}_{v^{\mathrm{T}}}\right\rangle+\frac{(1-g_{p2}^a)^2+(1-g_{p4}^a)^2}{2}\left\langle\delta^2\hat{p}_{v^{\mathrm{T}}}\right\rangle\\&\left\langle\delta^2\left(\hat{p}_{b_1}-\hat{p}_{b_3}\right)\right\rangle+\left\langle\delta^2\left(\hat{x}_{b_1}+\hat{x}_{b_3}+g_{x2}^a\hat{x}_{b_2}+g_{x4}^a\hat{x}_{b_4}\right)\right\rangle\\&=\frac{\mathrm{e}^{2r+2r'}}{4}(g_{x2}^a-g_{x4}^a)^2+\mathrm{e}^{-2r}\left[1+\frac{(2+g_{x2}^a+g_{x4}^a)^2}{4}\right]\\&\quad+\left\langle\delta^2\hat{p}_{v^{\mathrm{T}}}\right\rangle+\frac{(1-g_{x2}^a)^2+(1-g_{x4}^a)^2}{2}\left\langle\delta^2\hat{x}_{v^{\mathrm{T}}}\right\rangle\end{aligned}\right.\tag{5.33}$$

$$\left\{\begin{aligned}&\left\langle\delta^2\left(\hat{x}_{b_1}+\hat{x}_{b_4}\right)\right\rangle+\left\langle\delta^2\left(\hat{p}_{b_1}-\hat{p}_{b_4}+g_{p2}^b\hat{p}_{b_2}-g_{p3}^b\hat{p}_{b_3}\right)\right\rangle\\&=\frac{\mathrm{e}^{2r+2r'}}{4}(g_{p2}^b-g_{p3}^b)^2+\mathrm{e}^{-2r}\left[1+\frac{(2+g_{p2}^b+g_{p3}^b)^2}{4}\right]\\&\quad+\left\langle\delta^2\hat{x}_{v^{\mathrm{T}}}\right\rangle+\frac{(1-g_{p2}^b)^2+(1-g_{p3}^b)^2}{2}\left\langle\delta^2\hat{p}_{v^{\mathrm{T}}}\right\rangle\\&\left\langle\delta^2\left(\hat{p}_{b_1}-\hat{p}_{b_4}\right)\right\rangle+\left\langle\delta^2\left(\hat{x}_{b_1}+\hat{x}_{b_4}+g_{x2}^b\hat{x}_{b_2}+g_{x3}^b\hat{x}_{b_3}\right)\right\rangle\\&=\frac{\mathrm{e}^{2r+2r'}}{4}(g_{x2}^b-g_{x3}^b)^2+\mathrm{e}^{-2r}\left[1+\frac{(2+g_{x2}^b+g_{x3}^b)^2}{4}\right]\\&\quad+\left\langle\delta^2\hat{p}_{v^{\mathrm{T}}}\right\rangle+\frac{(1-g_{x2}^b)^2+(1-g_{x3}^b)^2}{2}\left\langle\delta^2\hat{x}_{v^{\mathrm{T}}}\right\rangle\end{aligned}\right.\tag{5.34}$$

$$\left\{\begin{aligned}&\left\langle\delta^2\left(\hat{x}_{b_2}+\hat{x}_{b_3}\right)\right\rangle+\left\langle\delta^2\left(\hat{p}_{b_2}-\hat{p}_{b_3}+g_{p1}^c\hat{p}_{b_1}-g_{p4}^c\hat{p}_{b_4}\right)\right\rangle\\&=\frac{\mathrm{e}^{2r+2r'}}{4}(g_{p1}^c-g_{p4}^c)^2+\mathrm{e}^{-2r}\left[1+\frac{(2+g_{p1}^c+g_{p4}^c)^2}{4}\right]\\&\quad+\left\langle\delta^2\hat{x}_{v^{\mathrm{T}}}\right\rangle+\frac{(1-g_{p1}^c)^2+(1-g_{p4}^c)^2}{2}\left\langle\delta^2\hat{p}_{v^{\mathrm{T}}}\right\rangle\\&\left\langle\delta^2\left(\hat{p}_{b_2}-\hat{p}_{b_3}\right)\right\rangle+\left\langle\delta^2\left(\hat{x}_{b_2}+\hat{x}_{b_3}+g_{x1}^c\hat{x}_{b_2}+g_{x4}^c\hat{x}_{b_4}\right)\right\rangle\\&=\frac{\mathrm{e}^{2r+2r'}}{4}(g_{x1}^c-g_{x4}^c)^2+\mathrm{e}^{-2r}\left[1+\frac{(2+g_{x1}^c+g_{x4}^c)^2}{4}\right]\\&\quad+\left\langle\delta^2\hat{p}_{v^{\mathrm{T}}}\right\rangle+\frac{(1-g_{x1}^c)^2+(1-g_{x4}^c)^2}{2}\left\langle\delta^2\hat{x}_{v^{\mathrm{T}}}\right\rangle\end{aligned}\right.\tag{5.35}$$

$$
\left\{
\begin{aligned}
&\left\langle\delta^2\left(\hat{x}_{b_2}+\hat{x}_{b_4}\right)\right\rangle+\left\langle\delta^2\left(\hat{p}_{b_2}-\hat{p}_{b_4}+g_{p1}^d\hat{p}_{b_1}-g_{p3}^d\hat{p}_{b_3}\right)\right\rangle\\
&=\frac{\mathrm{e}^{2r+2r'}}{4}(g_{p1}^d-g_{p3}^d)^2+\mathrm{e}^{-2r}\left[1+\frac{(2+g_{p1}^d+g_{p3}^d)^2}{4}\right]\\
&\quad+\left\langle\delta^2\hat{x}_{\upsilon^{\mathrm{T}}}\right\rangle+\frac{(1-g_{p1}^d)^2+(1-g_{p3}^d)^2}{2}\left\langle\delta^2\hat{p}_{\upsilon^{\mathrm{T}}}\right\rangle\\
&\left\langle\delta^2\left(\hat{p}_{b_2}-\hat{p}_{b_4}\right)\right\rangle+\left\langle\delta^2\left(\hat{x}_{b_2}+\hat{x}_{b_4}+g_{x1}^d\hat{x}_{b_1}+g_{x3}^d\hat{x}_{b_3}\right)\right\rangle\\
&=\frac{\mathrm{e}^{2r+2r'}}{4}(g_{x1}^d-g_{x3}^d)^2+\mathrm{e}^{-2r}\left[1+\frac{(2+g_{x1}^d+g_{x3}^d)^2}{4}\right]\\
&\quad+\left\langle\delta^2\hat{p}_{\upsilon^{\mathrm{T}}}\right\rangle+\frac{(1-g_{x1}^d)^2+(1-g_{x3}^d)^2}{2}\left\langle\delta^2\hat{x}_{\upsilon^{\mathrm{T}}}\right\rangle
\end{aligned}
\right.
\tag{5.36}
$$

其中，$g_{xi}^{a(b,c,d)}$ 和 $g_{pi}^{a(b,c,d)}$ 是最佳增益因子，用以获得最小关联噪声。通过计算式 (5.33)～ 式 (5.36)，可以得到最佳增益因子：

$$
\left\{
\begin{aligned}
&g_{p2}^{a\mathrm{opt}}=g_{p4}^{a\mathrm{opt}}=g_{p2}^{b\mathrm{opt}}=g_{p3}^{b\mathrm{opt}}=g_{p1}^{c\mathrm{opt}}=g_{p4}^{c\mathrm{opt}}=g_{p1}^{d\mathrm{opt}}=g_{p3}^{d\mathrm{opt}}=\frac{\langle\delta^2\hat{p}_{\upsilon^{\mathrm{T}}}\rangle-\mathrm{e}^{-2r}}{\langle\delta^2\hat{p}_{\upsilon^{\mathrm{T}}}\rangle+\mathrm{e}^{-2r}}\\
&g_{x2}^{a\mathrm{opt}}=g_{x4}^{a\mathrm{opt}}=g_{x2}^{b\mathrm{opt}}=g_{x3}^{b\mathrm{opt}}=g_{x1}^{c\mathrm{opt}}=g_{x4}^{c\mathrm{opt}}=g_{x1}^{d\mathrm{opt}}=g_{x3}^{d\mathrm{opt}}=\frac{\langle\delta^2\hat{x}_{\upsilon^{\mathrm{T}}}\rangle-\mathrm{e}^{-2r}}{\langle\delta^2\hat{x}_{\upsilon^{\mathrm{T}}}\rangle+\mathrm{e}^{-2r}}
\end{aligned}
\right.
\tag{5.37}
$$

为了确保连续变量四组分 BE 态不能提取出任何纠缠态，根据 van Loock 和 Furusawa 提出的多组分不可分判据，在增益因子取最佳值时，式 (5.33)～ 式 (5.36) 的值必须大于 4。因此求得热光场的噪声起伏满足下面的表达式：

$$
\left\langle\delta^2\hat{x}_{\upsilon^{\mathrm{T}}}\right\rangle=\left\langle\delta^2\hat{p}_{\upsilon^{\mathrm{T}}}\right\rangle\geqslant 2-3\mathrm{e}^{-2r}+2\sqrt{1-2\mathrm{e}^{-2r}+2\mathrm{e}^{-4r}}
\tag{5.38}
$$

四组分束缚纠缠态的产生装置如图 5.13 所示。首先用含楔角 Ⅱ 类 KTP 晶体的非简并光学参量放大器产生一对 EPR 纠缠态光场 ($\hat{a}_{\mathrm{EPR1}}$、$\hat{a}_{\mathrm{EPR2}}$)，然后分别在两束相干态光场的振幅调制器 (AM1、AM2) 和相位调制器 (PM1、PM2) 上加载高斯分布的热光场 ($\hat{\upsilon}_1^{\mathrm{T}}$、$\hat{\upsilon}_2^{\mathrm{T}}$)。同时，利用随机分布热噪声调制相干态光场产生热态。最后，将这对 EPR 纠缠态光场与两束高斯分布的热光场分别在 50:50 分束器上耦合，将 EPR 纠缠态光场和热光场之间的相对相位锁在 0 相位。当热光场的噪声起伏满足 $\left\langle\delta^2\hat{x}_{\upsilon^{\mathrm{T}}}\right\rangle=\left\langle\delta^2\hat{p}_{\upsilon^{\mathrm{T}}}\right\rangle=3.5$ 时，制备出符合条件的四组分束缚纠缠态光场。

测量的四组分束缚纠缠态光场的关联噪声如图 5.14 所示。关联方差 $(\hat{x}_{b_1}+\hat{x}_{b_2}+\hat{x}_{b_3}+\hat{x}_{b_4})$，$(\hat{p}_{b_1}+\hat{p}_{b_2}-\hat{p}_{b_3}-\hat{p}_{b_4})$，$(\hat{x}_{b_{1'}}+\hat{x}_{b_{2'}}+\hat{x}_{b_{3'}}+\hat{x}_{b_{4'}})$ 和 $(\hat{p}_{b_1'}+\hat{p}_{b_{2'}}-\hat{p}_{b_{3'}}-\hat{p}_{b_{4'}})$ 分别低于散粒噪声极限 (-5.2 ± 0.1)dB，(-5.2 ± 0.1)dB，(-5.0 ± 0.1)dB 和 (-5.0 ± 0.1)dB，对应于关联方差 $\langle\delta^2(\hat{x}_{b_1}+\hat{x}_{b_2}+\hat{x}_{b_3}+\hat{x}_{b_4})\rangle=\langle\delta^2(\hat{p}_{b_1}+\hat{p}_{b_2}-\hat{p}_{b_3}-\hat{p}_{b_4})\rangle=1.21\pm0.03<4$，$\langle\delta^2(\hat{x}_{b_{1'}}+\hat{x}_{b_{2'}}+\hat{x}_{b_{3'}}+\hat{x}_{b_{4'}})\rangle=\langle\delta^2(\hat{p}_{b_{1'}}+\hat{p}_{b_{2'}}-\hat{p}_{b_{3'}}-\hat{p}_{b_{4'}})\rangle=$

$1.27 \pm 0.03 < 4$，这里的 4 是包括四个光场模式的归一化散粒噪声极限。当关联噪声的值小于散粒噪声极限值 4 时，就证明已经从实验上制备了四组分束缚纠缠态光场。

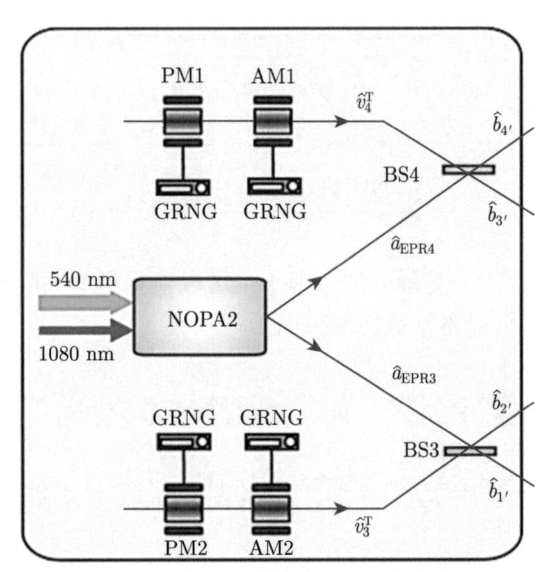

图 5.13　四组分束缚纠缠态的产生装置

各光学器件的具体代号含义如下：GRNG-随机数发生器；BS-光学分束器；PM-相位调制器；AM-振幅调制器

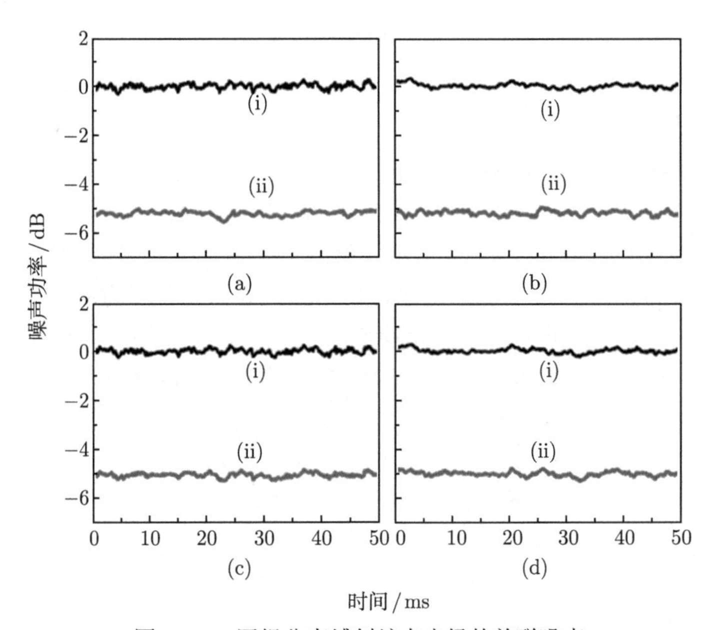

图 5.14　四组分束缚纠缠态光场的关联噪声

参考文献

[1] Bouwmeester D, Pan J W, Daniell M, et al. Observation of three-photon Greenberger-Horne-Zeilinger entanglement. Phys. Rev. Lett., 1999, 82(7): 1345-1349.

[2] Pan J W, Chen Z B, Lu C Y, et al. Multiphoton entanglement and interferometry. Rev. Mod. Phys., 2012, 84(2): 777-838.

[3] Su X L, Tan A H, Jia X J, et al. Experimental preparation of quadripartite cluster and Greenberger-Horne-Zeilinger entangled states for continuous variables. Phys. Rev. Lett., 2007, 98(7): 070502.

[4] Cai Y, Roslund J, Ferrini G, et al. Multimode entanglement in reconfigurable graph states using optical frequency combs. Nat. Commun., 2017, 8(1): 1-9.

[5] Shi S, Tian L, Wang Y, et al. Demonstration of channel multiplexing quantum communication exploiting entangled sideband modes. Phys. Rev. Lett., 2020, 125(7): 070502.

[6] Larsen M V, Guo X, Breum C R, et al. Deterministic generation of a two-dimensional cluster state. Sci., 2019, 366(6463): 369-372.

[7] Asavanant W, Shiozawa Y, Yokoyama S, et al. Generation of time-domain-multiplexed two-dimensional cluster state. Sci., 2019, 366(6463): 373-376.

[8] van Loock P, Furusawa A. Detecting genuine multipartite continuous-variable entanglement. Phy. Rev. A, 2003, 67(5): 052315.

[9] Su X, Zhao Y, Hao S, et al. Experimental preparation of eight-partite cluster state for photonic qumodes. Opt. lett., 2012, 37(24): 5178-5180.

[10] Coelho A S, Barbosa F A S, Cassemiro K N, et al. Three-color entanglement. Sci., 2009, 326(5954): 823-826.

[11] Jia X, Yan Z, Duan Z, et al. Experimental realization of three-color entanglement at optical fiber communication and atomic storage wavelengths. Phys. Rev. Lett., 2012, 109(25): 253604.

[12] Horodecki M, Horodecki P, Horodecki R. Mixed-state entanglement and distillation: Is there a “bound” entanglement in nature? Phys. Rev. Lett., 1998, 80(24): 5239-5242.

[13] Jia X J, Zhang J, Wang Y, et al. Superactivation of multipartite unlockable bound entanglement. Phy. Rev. Lett., 2012, 108(19): 190501.

第 6 章 连续变量非经典偏振态的实验制备

随着量子信息科学与技术的发展，探索构建大尺度量子信息网络的可行途径已提上议事日程。网络由若干长距离节点组成，在节点处执行信息的处理与存储，再由飞行光子完成节点之间量子信息的传送。信息处理与存储一般借助于原子介质实现。这就要求光与原子介质相互作用。光场偏振分量和原子自旋分量均利用斯托克斯分量描述，便于直接相互作用；偏振态的测量装置简单和稳定，不需要传送本地振荡光场，易于扩展传送距离。非经典偏振态可以方便和原子作用及长距离分发，因此，制备非经典偏振态光场是发展量子信息网络的基础研究之一，在量子精密测量、量子存储以及量子网络中有着重要的应用前景。本章将主要介绍连续变量的偏振压缩、两组分及三组分偏振纠缠态的概念和制备。

6.1 光场斯托克斯分量

在经典光学中，电磁场的偏振可以确定观测的物理量。然而，从量子力学的观点，任何物理量都遵循海森伯不确定性原理。因此，光学模式的偏振也存在量子噪声，与光场正交振幅和正交相位一样，光场偏振物理量的非经典特性也由其量子噪声界定。光场的非经典偏振态主要包括偏振压缩态和偏振纠缠态。偏振压缩态光场的斯托克斯噪声低于其散粒噪声极限。偏振纠缠态是一种不可分量子态，表现为两个空间分离的子光场的斯托克斯算符之间存在确定的量子关联，它们满足光场态的不可分判据。

6.1.1 光场斯托克斯分量的定义

在经典光学中，光场的偏振分量用斯托克斯算符来定义。由光的波动理论可知，光矢量在 x-y 平面内的分量 E_x, E_y 满足以下关系：$E_x = \alpha_1 \cos(\omega t - kr + \theta_1)$，$E_y = \alpha_2 \cos(\omega t - kr + \theta_2)$，其中，$k = (2\pi/\lambda)s$ 为波矢，这里 s 为光传播方向的单位矢量；r 为观测点的矢径；θ_1 和 θ_2 为初始相位。E_x, E_y 构成一个椭圆方程：

$$\left(\frac{E_x}{\alpha_1}\right)^2 + \left(\frac{E_y}{\alpha_2}\right)^2 - 2\frac{E_x}{\alpha_1}\frac{E_y}{\alpha_2}\cos\theta = \sin^2\theta \tag{6.1}$$

其中，$\theta = \theta_1 - \theta_2$ 为相对相位差。当 $\theta = n\pi$ 时 (n 为整数)，为线偏光。当 $\theta = n\pi/2$ 时，为圆偏振光：当 n 为正整数时，为右旋圆偏振光；当 n 为负整数时，为左旋

圆偏振光。当 θ 取其他值时，为椭圆偏振光。1852 年，斯托克斯提出利用斯托克斯参量 S_0、S_1、S_2、S_3 来描述光场的偏振状态，可写为以下形式 [1]：

$$
\begin{aligned}
S_0 &= \alpha_1^2 + \alpha_2^2 \\
S_1 &= \alpha_1^2 - \alpha_2^2 \\
S_2 &= 2\alpha_1\alpha_2\cos\theta \\
S_3 &= 2\alpha_1\alpha_2\sin\theta
\end{aligned}
\tag{6.2}
$$

斯托克斯参量之间的关系满足 $S_0^2 = S_1^2 + S_2^2 + S_3^2$，构成庞加莱球，如图 6.1 所示。其中，椭圆偏的方位角 ψ 和椭圆的半轴比 η 可分别写为 $\psi = \dfrac{1}{2}\arctan(S_2/S_1)$，$\eta = \dfrac{1}{2}\arctan\dfrac{S_3}{\sqrt{S_1^2+S_2^2}}$，即斯托克斯参量可决定椭圆偏振光的所有特征。利用庞加莱球面上的一点可以表示光场的偏振状态，例如，当 $\eta = 0, \theta = 0$ 时，为赤道上一点，表示水平线偏光；当 $\eta = 0, \theta = \pi/2$ 时，为赤道上另一点，表示竖直线偏光；南极和北极点分别为左、右旋圆偏振光；其他位置的点则表示椭圆偏振光。

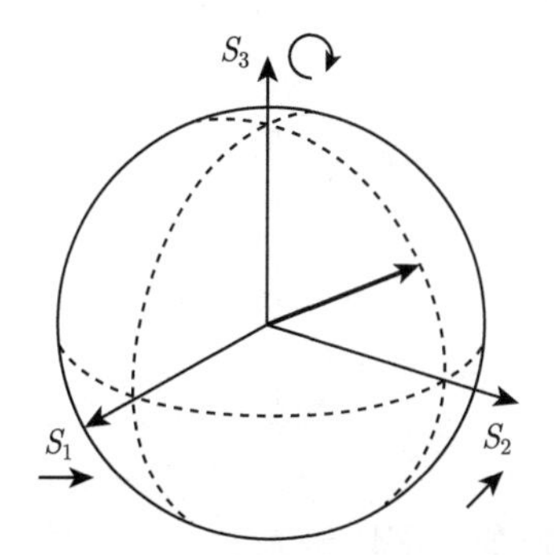

图 6.1 经典光学庞加莱球示意图

在量子光学中，通常用算符表示力学量。类比于经典光学，可以方便地用斯托克斯算符 $\hat{S}_0$、$\hat{S}_1$、$\hat{S}_2$ 和 $\hat{S}_3$ 来描述光场的偏振态。光场连续变量的斯托克斯分量是正交分量在斯托克斯基矢上的投影，由水平和竖直偏振模的产生和湮灭算符定义，即

$$
\begin{aligned}
\hat{S}_0 &= \hat{\alpha}_V^\dagger\hat{\alpha}_V + \hat{\alpha}_H^\dagger\hat{\alpha}_H \\
\hat{S}_1 &= \hat{\alpha}_H^\dagger\hat{\alpha}_H - \hat{\alpha}_V^\dagger\hat{\alpha}_V \\
\hat{S}_2 &= \hat{\alpha}_H^\dagger\hat{\alpha}_V\mathrm{e}^{\mathrm{i}\theta} + \hat{\alpha}_V^\dagger\hat{\alpha}_H\mathrm{e}^{-\mathrm{i}\theta} \\
\hat{S}_3 &= \hat{\alpha}_V^\dagger\hat{\alpha}_H\mathrm{e}^{-\mathrm{i}\theta} - \hat{\alpha}_H^\dagger\hat{\alpha}_V\mathrm{e}^{i\theta}
\end{aligned}
\tag{6.3}
$$

其中，$\hat{\alpha}_{H(V)}^{\dagger}$，$\hat{\alpha}_{H(V)}$ 分别为水平 (竖直) 线偏模的产生和湮灭算符；θ 为它们的相位差。

斯托克斯算符之间的关系满足 $\hat{S}_1^2+\hat{S}_2^2+\hat{S}_3^2=\hat{S}_0^2+2\hat{S}_0$，构成量子态的庞加莱球，如图 6.2 所示。

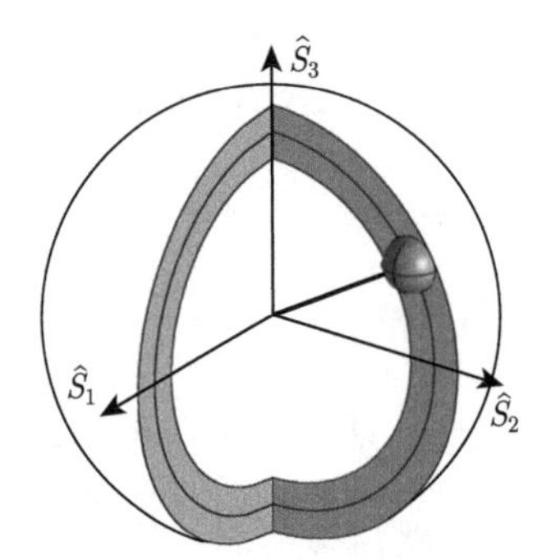

图 6.2　量子光学庞加莱球示意图

由产生与湮灭算符的对易关系 $[\hat{a}_k,\hat{a}_j]=\delta_{k,j}\,(k,j\in\{H,V\})$，可知斯托克斯算符的对易关系如下：

$$
\begin{aligned}
\left[\hat{S}_1,\hat{S}_2\right]&=2\mathrm{i}\hat{S}_3\\
\left[\hat{S}_2,\hat{S}_3\right]&=2\mathrm{i}\hat{S}_1\\
\left[\hat{S}_3,\hat{S}_1\right]&=2\mathrm{i}\hat{S}_2
\end{aligned}
\tag{6.4}
$$

显然它们不能同时被精确测量，平均值为

$$
\begin{aligned}
\left\langle\hat{S}_0\right\rangle&=\alpha_H^2+\alpha_V^2\\
\left\langle\hat{S}_1\right\rangle&=\alpha_H^2-\alpha_V^2\\
\left\langle\hat{S}_2\right\rangle&=2\alpha_H\alpha_V\cos\theta\\
\left\langle\hat{S}_3\right\rangle&=2\alpha_H\alpha_V\sin\theta
\end{aligned}
\tag{6.5}
$$

任何一个偏振模的量子噪声方差可以由两个偏振相互垂直的线偏模的量子噪声方差与它们的相位差表示：

$$
\begin{gathered}
V_0 = V_1 = \alpha_V^2 V_V^+ + \alpha_H^2 V_H^+ \\
V_2(\theta) = \cos^2\theta \left(\alpha_V^2 V_H^+ + \alpha_H^2 V_V^+\right) + \sin^2\theta \left(\alpha_V^2 V_H^- + \alpha_H^2 V_V^-\right) \\
V_3(\theta) = V_2\left(\theta - \frac{\pi}{2}\right)
\end{gathered} \tag{6.6}
$$

它们的平均值和起伏满足海森伯不确定性原理：

$$
\begin{gathered}
V_1 V_2 \geqslant \left|\left\langle \hat{S}_3 \right\rangle\right|^2 \\
V_2 V_3 \geqslant \left|\left\langle \hat{S}_1 \right\rangle\right|^2 \\
V_1 V_3 \geqslant \left|\left\langle \hat{S}_2 \right\rangle\right|^2
\end{gathered} \tag{6.7}
$$

6.1.2 光场斯托克斯分量的测量

光场斯托克斯分量的测量可以利用平衡零拍、波片以及加减法器进行，如图 6.3 所示。依据 $\hat{S}_0$、$\hat{S}_1$ 的定义式，可知

$$
\begin{aligned}
\hat{S}_0 &= \hat{\alpha}_V^\dagger \hat{\alpha}_V + \hat{\alpha}_H^\dagger \hat{\alpha}_H = n_V + n_H \\
\hat{S}_1 &= \hat{\alpha}_H^\dagger \hat{\alpha}_H - \hat{\alpha}_V^\dagger \hat{\alpha}_V = n_H - n_V
\end{aligned} \tag{6.8}
$$

即 $\hat{S}_0$、$\hat{S}_1$ 分别表示光子数的和与差，所以在实验中可分别用光电探测器和加法及减法器进行测量。

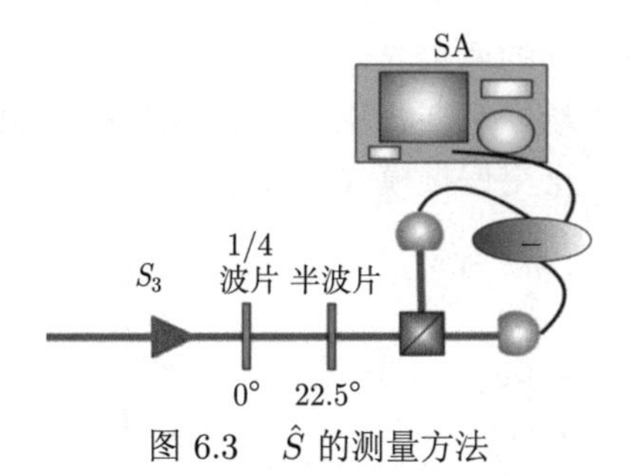

图 6.3 $\hat{S}$ 的测量方法

$\hat{S}_2$ 的定义为

$$
\hat{S}_2 = \hat{\alpha}_H^\dagger \hat{\alpha}_V \mathrm{e}^{\mathrm{i}\theta} + \hat{\alpha}_V^\dagger \hat{\alpha}_H \mathrm{e}^{-\mathrm{i}\theta} \tag{6.9}
$$

首先对其进行基矢变换，令 $\hat{\alpha}_V = \dfrac{1}{\sqrt{2}}(\hat{\alpha}_x + \hat{\alpha}_y)$，$\hat{\alpha}_H = \dfrac{1}{\sqrt{2}}(\hat{\alpha}_x - \hat{\alpha}_y)$，则有

$$
\hat{S}_2 = \hat{\alpha}_H^\dagger \hat{\alpha}_V + \hat{\alpha}_V^\dagger \hat{\alpha}_H = \hat{\alpha}_x^\dagger \hat{\alpha}_x - \hat{\alpha}_y^\dagger \hat{\alpha}_y \tag{6.10}
$$

转换为光子数差的形式，在实验中可添加半波片并旋转 22.5°，将原基矢旋转 45° 后进行测量。

对于 $\hat{S}_3=\mathrm{i}\hat{\alpha}_V^\dagger\hat{\alpha}_H\mathrm{e}^{-\mathrm{i}\theta}-\mathrm{i}\hat{\alpha}_H^\dagger\hat{\alpha}_V\mathrm{e}^{\mathrm{i}\theta}$，令 $\hat{\alpha}_V=\dfrac{1}{\sqrt{2}}(\hat{\alpha}_x+\mathrm{i}\hat{\alpha}_y)$，$\hat{\alpha}_H=\dfrac{1}{\sqrt{2}}(\hat{\alpha}_x-\mathrm{i}\hat{\alpha}_y)$，则有

$$\hat{S}_3=\mathrm{i}\left(\hat{\alpha}_V^\dagger\hat{\alpha}_H-\hat{\alpha}_H^\dagger\hat{\alpha}_V\right)=\hat{\alpha}_y^\dagger\hat{\alpha}_y-\hat{\alpha}_x^\dagger\hat{\alpha}_x \tag{6.11}$$

也可以转化为光子数之差的形式，在实验中分别加入 1/4 波片和半波片实现测量。

6.2　偏振压缩态光场

偏振压缩态光场是开展量子信息研究的基础资源。偏振压缩态光场便于直接和原子作用，因此可以制备原子的自旋压缩态，进而用于开展量子精密测量的研究，实现超越散粒噪声极限的微弱信号测量。对量子通信而言，由于偏振压缩态光场的测量系统不需要本地振荡光场，从而适合于长距离信息传送。目前，利用光学参量放大器、光纤和冷原子系统，均从实验上得到了偏振压缩态光场 [2−4]。此外，利用已经制备好的正交压缩态光场，通过线性光学系统耦合，可以方便地获得偏振压缩态，以下主要介绍这一制备技术。

在讨论光场物理量的量子噪声时，一般相干态相应物理量的起伏为散粒噪声极限，因此量子噪声被归一化到相干态起伏表示。相干态光场的庞加莱球如图 6.4 所示。相干态光场的各斯托克斯分量量子噪声被定为 1。当某一光场的一个或者两个斯托克斯分量的量子噪声小于 1 时，该光场就称为偏振压缩态光场。在经典光学中，偏振正交频率相同的两束光，以不同的相位差干涉，可以获得不同状态的偏振光。对于量子化光场，用斯托克斯表示的任意一种偏振模式都可以分解为一个水平偏振模式和一个正交偏振模式的合成。

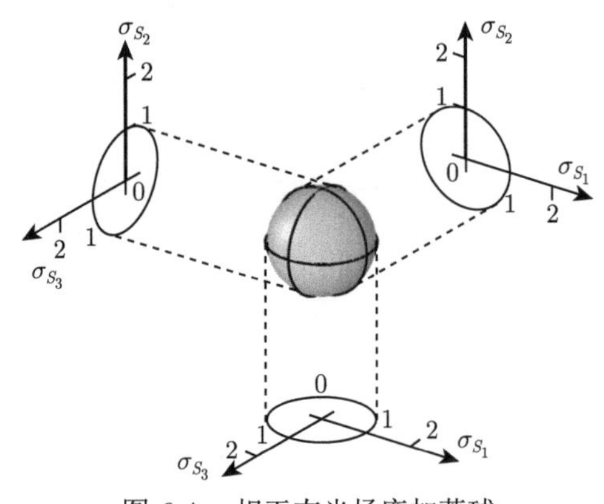

图 6.4　相干态光场庞加莱球

假若相干的两束光或其中一束为正交压缩态光场时，其合成的光场偏振态的某些斯托克斯分量的量子噪声必然小于相应的散粒噪声极限，即为某种类型的偏振压缩态。因此，有三种耦合方式可以产生偏振压缩态，如图 6.5 所示。

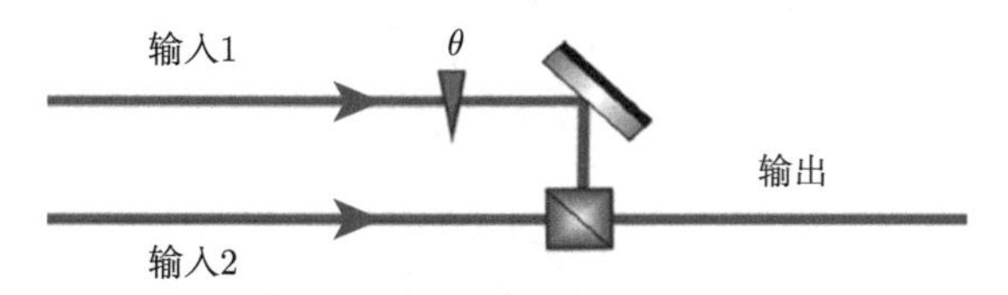

图 6.5 偏振压缩产生原理图

6.2.1 明亮相干态和真空压缩态耦合

设沿竖直偏振的真空压缩态光场与沿水平偏振的明亮相干态光场在偏振分束器上耦合，当相对相位差 θ 为 $\pi/2$ 时，得到 $V_1 = \alpha_H^2 V_H^+ < 1, V_0 = \alpha_H^2 V_H^+ < 1, V_2 = \alpha_H^2 V_V^+ = 1, V_3 = \alpha_H^2 V_V^- = 1$ 的偏振压缩态光场，即 $\hat{S}_3$ 正压缩，$\hat{S}_2$ 反压缩，偏振压缩态的庞加莱球如图 6.6 所示。

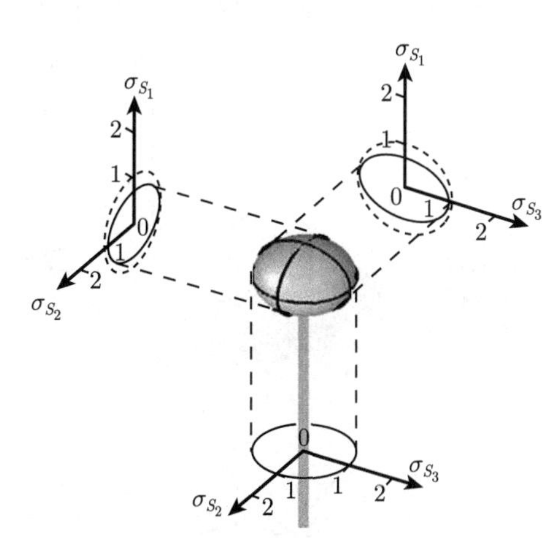

图 6.6 偏振压缩态的庞加莱球 (一)

6.2.2 两束正交相位压缩态的耦合

当竖直偏振与水平偏振的两束相位压缩态光场在偏振分束器上耦合时，若相对相位差 θ 为 $\pi/2$，则得到 $V_2 = \alpha_V^2 V_H^- + \alpha_H^2 V_V^- < 1, V_3 = \alpha_V^2 V_H^+ + \alpha_H^2 V_V^+ > 1, V_0 = V_1 = \alpha_V^2 V_V^+ + \alpha_H^2 V_H^+ > 1$ 的偏振压缩态光场，即 $\hat{S}_2$ 正压缩，$\hat{S}_3$ 反压缩，偏振压缩态的庞加莱球如图 6.7 所示。

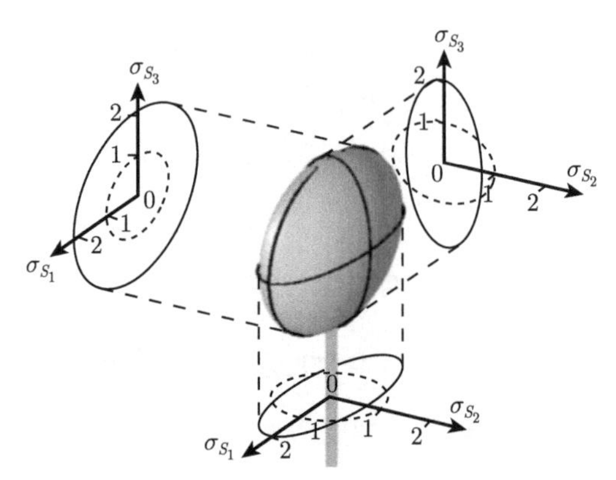

图 6.7　偏振压缩态的庞加莱球 (二)

6.2.3　两束正交振幅压缩态的耦合

当竖直偏振与水平偏振的两束正交振幅压缩态光场在偏振分束器上耦合时，控制相对相位差 θ 为 $\pi/2$，得到 $V_0 = \alpha_V^2 V_V^+ + \alpha_H^2 V_H^+ < 1, V_1 = \alpha_V^2 V_V^+ + \alpha_H^2 V_H^+ < 1, V_3 = \alpha_V^2 V_H^+ + \alpha_H^2 V_V^+ < 1, V_2{=}\alpha_V^2 V_H^- + \alpha_H^2 V_V^-{>}1$ 的偏振压缩态光场，即 $\hat{S}_0$、$\hat{S}_1$、$\hat{S}_3$ 正压缩，$\hat{S}_2$ 反压缩, 偏振压缩态的庞加莱球如图 6.8 所示。

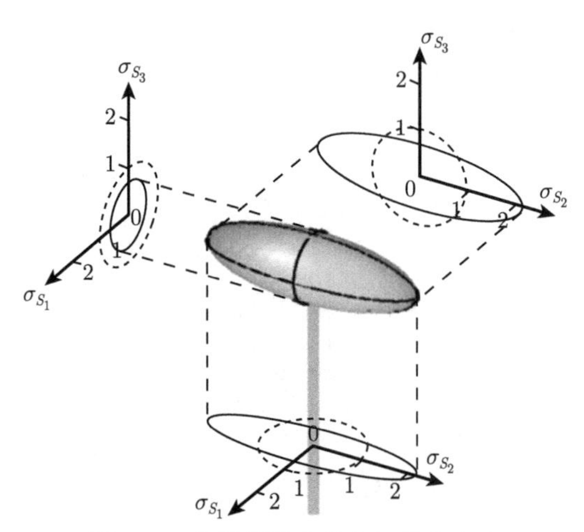

图 6.8　偏振压缩态的庞加莱球 (三)

若控制相对相位差 θ 为 0，则 $V_0{=}\alpha_V^2 V_V^+{+}\alpha_H^2 V_H^+ < 1, V_1{=}\alpha_V^2 V_V^+{+}\alpha_H^2 V_H^+ < 1, V_2 = \alpha_V^2 V_H^+ + \alpha_H^2 V_V^+ < 1, V_3 = \alpha_V^2 V_H^- + \alpha_H^2 V_V^-{>}1$，获得如图 6.9 所示偏振压缩态。

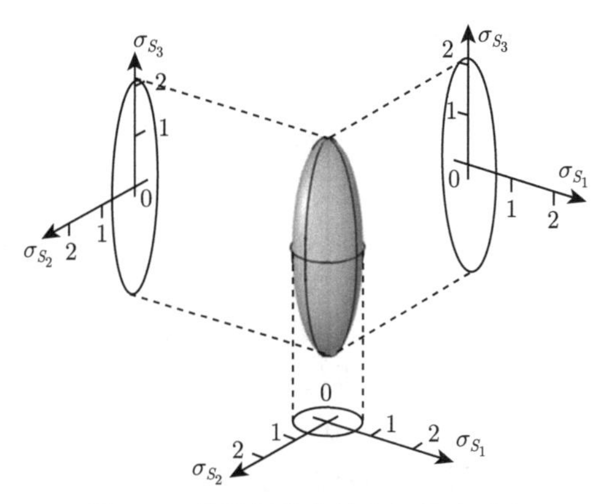

图 6.9　偏振压缩态的庞加莱球 (四)

下面以第三种方法为例，介绍产生偏振压缩态光场的实验系统与操作，实验装置如图 6.10 所示。为了获得与原子能级相匹配的偏振压缩态光场，应该根据原子能级选择波长可调谐的激光器作为泵浦源。在实验中，选用可调谐钛宝石激光器输出的激光作为初始光源。激光器输出光的一部分注入倍频腔，输出倍频光作为两个简并光学参量放大器的泵浦光场，第二部分作为简并光学参量放大器的信号光场，用以完成内腔模式匹配，测量经典增益和腔长锁定，从而实现一对具有相同波长、稳定相位关系的正交振幅压缩态光场的制备。

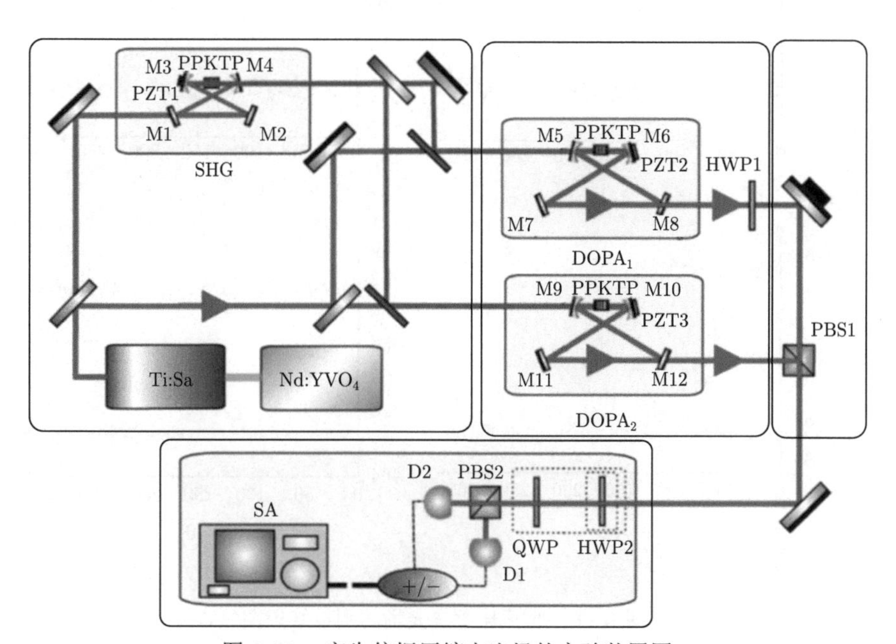

图 6.10　产生偏振压缩态光场的实验装置图

非线性晶体采用准相位匹配的 PPKTP 晶体，信号光场和闲置光场偏振方向相同，在简并光学参量放大器腔内共振，泵浦光在腔内不共振。首先通过精确调节腔前透镜，将泵浦光和信号光的空间模式均与简并光学参量放大器的本征模式匹配，然后通过扫描简并光学参量放大器的腔长，以及泵浦光和信号光之间的相对相位，精确控制 PPKTP 晶体的温度，使信号光场和闲置光场均在相位匹配温度范围内，从而产生最佳经典增益。

输出的两束振幅压缩态光场在一个偏振分束器上耦合，其相对相位控制为 0。最后，利用波片和分束棱镜以及平衡零拍测量输出光场斯托克斯分量的量子噪声。测量结果如图 6.11 所示。图 6.11(a)~(d) 分别为 $\hat{S}_0$、$\hat{S}_1$、$\hat{S}_2$、$\hat{S}_3$ 的噪声谱，其中 (i) 为散粒噪声极限，(ii) 为斯托克斯分量的量子噪声。由于低频处泵浦激光的量子噪声较大，会影响噪声压缩，而太高的分析频率会超过简并光学参量放大器腔的线宽范围，所以选择在 3 MHz 处测量斯托克斯分量的量子噪声，由图 6.11 可以看到，对于 $\hat{S}_0$、$\hat{S}_1$、$\hat{S}_2$、$\hat{S}_3$ 分量，在 3 MHz 处分别有 4 dB 的压缩和 9 dB 的反压缩。这些分量的起伏满足不确定性原理：$V_1V_2 \geqslant |\langle \hat{S}_3\rangle|^2, V_2V_3 \geqslant |\langle \hat{S}_1\rangle|^2, V_1V_3 \geqslant |\langle \hat{S}_2\rangle|^2$。经过计算，其最小不确定态为 $V_1V_2 = V_2V_3 = 0, V_3V_1 = 4\alpha^4$。

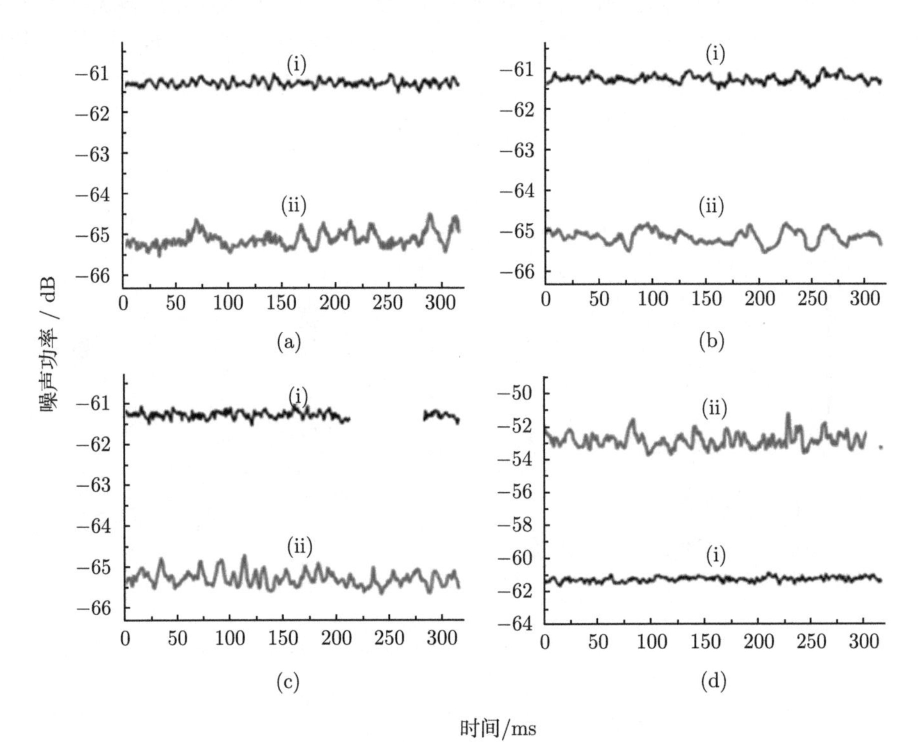

图 6.11　偏振压缩态光场的测量结果图

6.3 两组分偏振纠缠态光场

随着量子网络和量子计算向实用化发展，高效率和低噪声的量子存储器是必要的量子器件。偏振纠缠态光场和原子相互作用可以方便地完成光与原子系统之间的信息传递。例如，将光场偏振分量的起伏投影到原子系综的自旋波起伏上，可以实现二者的相互映射，因此利用两组分偏振纠缠态光场与原子相互作用，可以完成纠缠转移，实现两个原子系综自旋波之间的纠缠。若将其中一束光场的量子态映射到一个原子系综，就可以实现光场偏振分量和原子自旋波之间的量子关联，这为下一步实现两个原子系综自旋波之间、光场偏振分量和原子系综自旋波之间的量子态传送提供了可能。

澳大利亚国立大学 Lam 教授研究组，以两组分正交纠缠态光场的不可分判据为基础，推导出两组分偏振纠缠态光场的不可分判据 [5]。继后，法国研究组利用光学参量放大器、光纤和冷原子系统，分别得到了两组分偏振纠缠态光场 [6]。

在量子力学中，按照斯托克斯算符的定义，任何一个偏振模都可以用一个水平偏振模和一个竖直偏振模以及相位差表示。因此将偏振方向水平的两组分正交纠缠光场和偏振方向竖直的两束强相干光场在两个偏振分束棱镜上耦合，控制两束光之间的相位差，可以得到所需要的偏振纠缠态光场。图 6.12 为两组分偏振纠缠态光场的产生原理图。两个光学参量放大器产生的两束正交振幅压缩态光场 $\hat{a}_1$，$\hat{a}_2$ (功率相等，$\alpha_{a_1}^2 = \alpha_{a_2}^2 = \alpha_{a_3}^2 = \alpha^2$) 在 50:50 光学分束器上以 $\pi/2$ 相位差进行干涉，得到偏振方向水平的两组分正交纠缠光场 $\hat{b}_1$、$\hat{b}_2$。然后，分别在两个偏振棱镜上与两束偏振方向垂直的强相干态光场 $\hat{c}_1$、$\hat{c}_2$ 耦合 ($\alpha_{c_1}^2 = \alpha_{c_2}^2 = \alpha_{c_3}^2 = 30\alpha^2$)，控制耦合光之间的相位差 θ 为 $\pi/2$，就可以将两组分正交分量纠缠态光场转换为两组分偏振纠缠态光场 $\hat{d}_1$、$\hat{d}_2$。当 $\alpha_a^2 \ll \alpha_c^2, \theta = \pi/2$ 时，由光场正交分量的定义和斯托克斯分量的表达式，得到斯托克斯分量和正交分量的起伏方差的对应关系：

$$
\begin{aligned}
\delta^2 \hat{S}_0 &= 4\alpha_c^2 \delta^2 \hat{X}_c^- \\
\delta^2 \hat{S}_1 &= 4\alpha_c^2 \delta^2 \hat{X}_c^+ \\
\delta^2 \hat{S}_2 &= 4\alpha_c^2 \delta^2 \hat{X}_b^- \\
\delta^2 \hat{S}_3 &= 4\alpha_c^2 \delta^2 \hat{X}_b^+
\end{aligned}
\tag{6.12}
$$

由式 (6.12) 可以看到，$\hat{c}$ 光场的正交振幅和相位起伏分别投影到 $\hat{S}_0$、$\hat{S}_1$ 分量上，$\hat{b}$ 光场的正交振幅和相位分量分别投影到 $\hat{S}_2$、$\hat{S}_3$ 分量上，所以关注 $\hat{S}_2$、$\hat{S}_3$ 的关联噪声。光场 $\hat{a}_1$、$\hat{a}_2$ 在 50:50 分束片上干涉，相位差为 $\pi/2$ 时，其输出光场表达式为

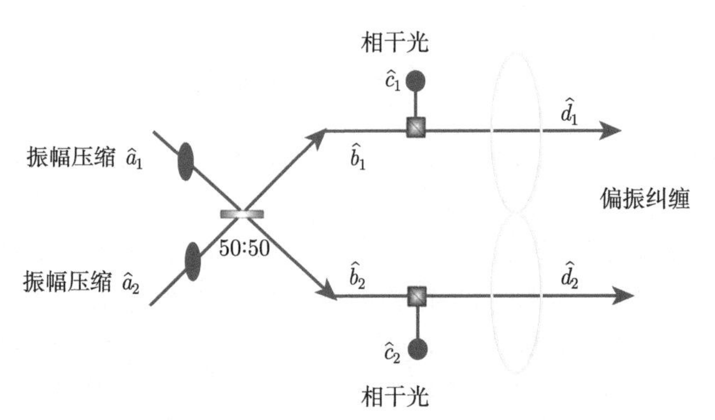

图 6.12 两组分偏振纠缠态光场的产生原理图

$$\begin{aligned}\hat{b}_1 &= \frac{1}{\sqrt{2}}(\hat{a}_1 + \mathrm{i}\hat{a}_2) \\ &= \frac{1}{\sqrt{2}}\left[\left(\hat{X}_{a_1}^+ - \hat{X}_{a_2}^+\right) + \mathrm{i}\left(\hat{X}_{a_1}^- + \hat{X}_{a_2}^-\right)\right] \\ \hat{b}_2 &= \frac{1}{\sqrt{2}}(\hat{a}_1 - \mathrm{i}\hat{a}_2) \\ &= \frac{1}{\sqrt{2}}\left[\left(\hat{X}_{a_1}^+ + \hat{X}_{a_2}^+\right) + \mathrm{i}\left(\hat{X}a1 - \hat{X}_{a_2}^-\right)\right]\end{aligned} \tag{6.13}$$

因此，两束偏振纠缠态光场的斯托克斯算符 $\hat{S}_0$、$\hat{S}_1$、$\hat{S}_2$、$\hat{S}_3$ 的量子噪声可以分别用注入简并光学参量放大器腔光场的正交振幅 (相位) 量子噪声 $\Delta^2\hat{X}_{a_i}^{\pm(0)}$ $(i=1,2)$ 和相干光场的正交振幅 (相位) 量子噪声 $\Delta^2\hat{X}_{c_i}^{\pm}$ 表示：

$$\begin{aligned}\Delta^2\hat{S}_{0_{d_1(d_2)}} &= \Delta^2\hat{S}_{1_{d_1(d_2)}} = 4\alpha_c^2\Delta^2\hat{X}_{c_1(c_2)}^+ \\ \Delta^2\hat{S}_{2_{d_1}} &= 4\alpha_c^2\left(\frac{1}{2}\mathrm{e}^{+2r_1}\Delta^2\hat{X}_{a_1}^{-(0)} + \frac{1}{2}\mathrm{e}^{-2r_2}\Delta^2\hat{X}_{a_2}^{+(0)}\right) \\ \Delta^2\hat{S}_{3_{d_1}} &= 4\alpha_c^2\left(\frac{1}{2}\mathrm{e}^{-2r_1}\Delta^2\hat{X}_{a_1}^{+(0)} - \frac{1}{2}\mathrm{e}^{+2r_2}\Delta^2\hat{X}_{a_2}^{-(0)}\right) \\ \Delta^2\hat{S}_{2_{d_2}} &= 4\alpha_c^2\left(\frac{1}{2}\mathrm{e}^{+2r_1}\Delta^2\hat{X}_{a_1}^{-(0)} - \frac{1}{2}\mathrm{e}^{-2r_2}\Delta^2\hat{X}_{a_2}^{+(0)}\right) \\ \Delta^2\hat{S}_{3_{d_2}} &= 4\alpha_c^2\left(\frac{1}{2}\mathrm{e}^{-2r_1}\Delta^2\hat{X}_{a_1}^{+(0)} + \frac{1}{2}\mathrm{e}^{+2r_2}\Delta^2\hat{X}_{a_2}^{-(0)}\right)\end{aligned} \tag{6.14}$$

其中，$r_{1(2)}$ 分别为简并光学参量放大器 1(2) 的压缩参量，在实验中使用的两个简并光学参量放大器结构相同，因此它们的压缩参量取相同的值 $r_1 = r_2 = r$。

由两组分偏振纠缠态的不可分判据可知。如果归一化的斯托克斯算符的关联噪声满足

$$I\left(\hat{S}_i, \hat{S}_j\right) = \frac{\Delta^2_{x\pm y}\hat{S}_i + \Delta^2_{x\pm y}\hat{S}_j}{2\left|\left[\delta\hat{S}_i, \delta\hat{S}_j\right]\right|} < 1 \quad (i,j=1,2,3) \tag{6.15}$$

则 $\hat{S}_i$ 与 $\hat{S}_j$ 之间存在量子关联，两输出光场为偏振纠缠态。

图 6.13 是通过耦合 EPR 纠缠态光场和相干态光场制备两组分偏振纠缠态光场的实验装置示意图。装置包括四部分：第一部分是激光器和倍频腔构成的光源；

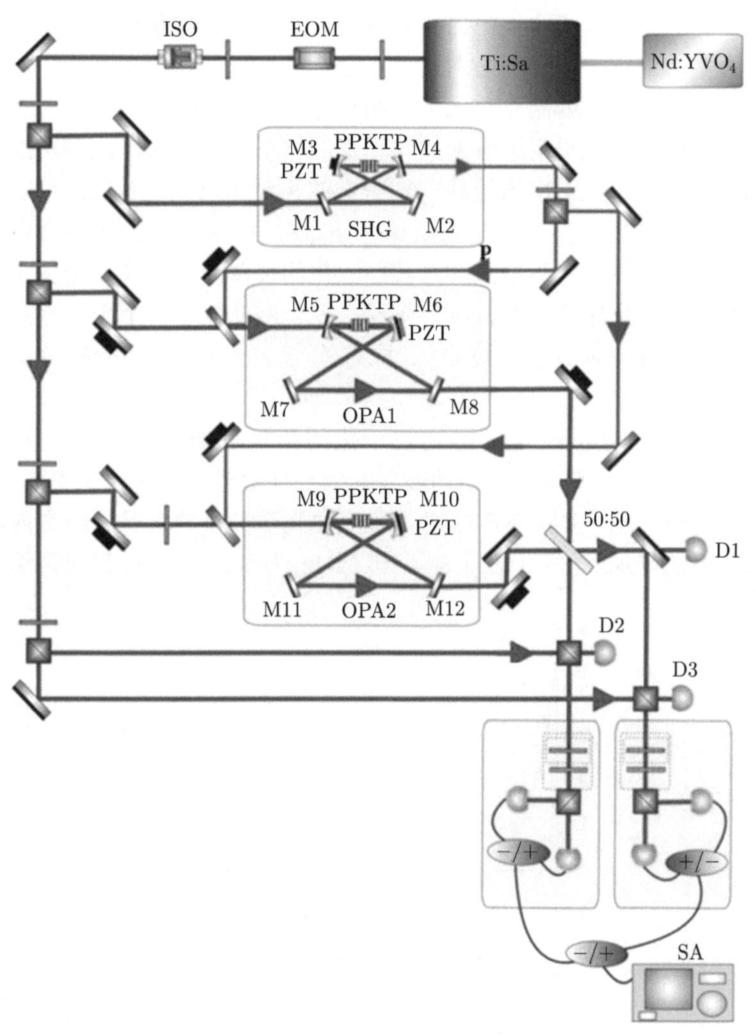

图 6.13 产生两组分偏振纠缠态光场的实验装置图

第二部分是两个简并光学参量放大器和 50:50 光学分束器构成的两组分正交分量纠缠态光场的产生系统；第三部分是正交分量纠缠态光场通过两个偏振分束器与相干光耦合，转化为两组分偏振纠缠态光场的转换系统；第四部分是由半波片、1/4 波片、两个偏振分束器、功率加减法器、平衡零拍以及频谱分析仪构成的斯托克斯分量测量系统。

钛宝石激光器输出的光场为基础光源，分别作为倍频腔的基频光，两个简并光学参量放大器的信号光，以及用于纠缠转换的两束强相干光场。倍频腔输出的倍频光场用作两个简并光学参量放大器的泵浦光场。两个简并光学参量放大器腔的结构和倍频腔相同，均为由两片凹镜和两片平镜组成的光学腔。腔内的非线性晶体均为 I 类准相位匹配的 PPKTP 晶体。两个工作在参量反放大状态的简并光学参量放大器产生正交振幅压缩态光场，它们在 50:50 的分束器上干涉，控制其相对相位为 $\pi/2$，得到偏振方向水平的两组分正交分量纠缠态光场。然后让它们分别在两个偏振棱镜上与两束偏振方向垂直的相干态光场耦合，获得偏振纠缠态。利用探测器 D2 和 D3 输出信号并控制它们的相对相位也为 $\pi/2$，可以将两组分正交分量纠缠态光场转换为斯托克斯算符 $\hat{S}_2, \hat{S}_3$ 关联的两组分偏振纠缠态光场。最后通过斯托克斯算符的测量系统对其归一化的关联噪声 $I(\hat{S}_2, \hat{S}_3)$ 进行测量。可用由半波片、1/4 波片、两个偏振分束器、三个减法器、两个平衡零拍以及频谱分析仪构成的斯托克斯分量测量系统对 $\hat{S}_2$ 分量之差的起伏和 $\hat{S}_3$ 分量之和的起伏进行测量。

这里利用频谱分析仪测量得到归一化的斯托克斯算符的量子关联噪声谱 $I(\hat{S}_2, \hat{S}_3)$，如图 6.14 所示。图中曲线 (i) 为挡住信号光时测量的散粒噪声极限，曲线 (ii) 为 $I(\hat{S}_2, \hat{S}_3)$ 关联噪声曲线。在简并光学参量放大器腔线宽内，关联噪声随分析频率的增加而降低。在 $1.8 \sim 7.5$ MHz，$I(\hat{S}_2, \hat{S}_3) < 1$，满足两组分偏振纠

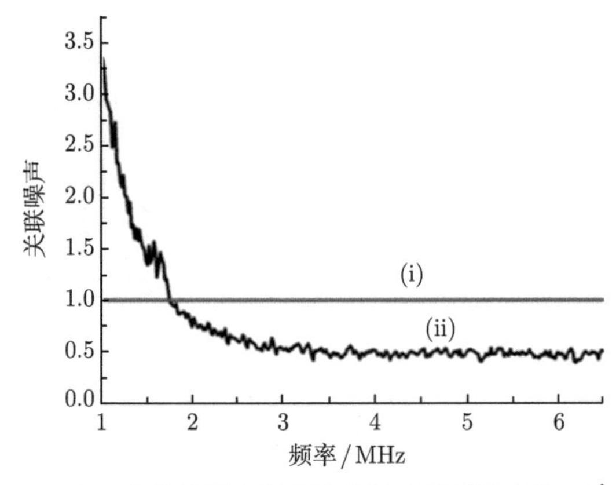

图 6.14　归一化的斯托克斯算符的量子关联噪声谱 $I(\hat{S}_2, \hat{S}_3)$

缠的不可分判据，因此，两组分偏振纠缠是存在的，并且在分析频率为 5.2 MHz 处，关联噪声有最小值 $I(\hat{S}_2,\hat{S}_3)=0.4$。

6.4 三组分偏振纠缠态光场

由于偏振纠缠态光场不仅具有量子纠缠态特性，而且还便于与原子介质直接相互作用，以及测量系统相对简单，因此在构造量子网络方面有重要应用前景。这里介绍如何利用三个简并光学参量放大器和偏振分束器网络制备三组分偏振纠缠态光场 [7]。

三组分偏振纠缠态光场产生原理图如图 6.15 所示。首先在实验上利用三个简并光学参量放大器制备三束压缩态光场，$\hat{a}_1$ 为相位压缩态光场，$\hat{a}_2$、$\hat{a}_3$ 为振幅压缩态光场，可写其数学表达式为

$$\begin{aligned}
&\delta\hat{X}^{+}_{a_{2(3)}}(\varOmega)=\mathrm{e}^{-r_{2(3)}}\delta\hat{X}^{+(0)}_{a_{2(3)}}(\varOmega)\\
&\delta\hat{X}^{-}_{a_{2(3)}}(\varOmega)=\mathrm{e}^{r_{2(3)}+r'_{2(3)}}\delta\hat{X}^{-(0)}_{a_{2(3)}}(\varOmega)\\
&\delta\hat{X}^{+}_{a_1}(\varOmega)=\mathrm{e}^{r_1+r'_1}\delta\hat{X}^{+(0)}_{a_1}(\varOmega)\\
&\delta\hat{X}^{-}_{a_1}(\varOmega)=\mathrm{e}^{-r_1}\delta\hat{X}^{-(0)}_{a_1}(\varOmega)
\end{aligned}\tag{6.16}$$

其中，$\delta\hat{X}^{-(0)}_{a_i}(\varOmega)$ 为简并光学参量放大器注入的相干态光场的相位分量起伏，$i=1,2,3$；r_j 为各简并光学参量放大器腔的压缩参量，r'_j 为反压缩参量额外噪声，$j=1,2,3$。两个分束片的比例分别为 1∶2 和 1∶1，锁定相位差均为 0，则经过两个分束器后，得到三组分正交纠缠态光场 $\hat{b}_1,\hat{b}_2,\hat{b}_3$，其正交分量起伏可用简并光学参量放大器注入光场的正交分量起伏以及压缩参量和反压缩参量额外噪声写为以下形式：

$$\begin{aligned}
&\delta\hat{X}^{+}_{b_1}(\varOmega)=\frac{1}{\sqrt{3}}\mathrm{e}^{r_1+r'_1}\hat{X}^{+(0)}_{a_1}(\varOmega)+\frac{2}{\sqrt{3}}\mathrm{e}^{-r_2}\hat{X}^{+(0)}_{a_2}\\
&\delta\hat{X}^{-}_{b_1}(\varOmega)=\frac{1}{\sqrt{3}}\mathrm{e}^{-r_1}\hat{X}^{-(0)}_{a_1}(\varOmega)+\frac{2}{\sqrt{3}}\mathrm{e}^{r_2+r'_2}\hat{X}^{-(0)}_{a_2}\\
&\delta\hat{X}^{+}_{b_2}(\varOmega)=\frac{1}{\sqrt{3}}\mathrm{e}^{r_1+r'_1}\hat{X}^{+(0)}_{a_1}(\varOmega)-\frac{1}{\sqrt{6}}\mathrm{e}^{-r_2}\hat{X}^{+(0)}_{a_2}(\varOmega)+\frac{1}{2}\mathrm{e}^{-r_3}\hat{X}^{+(0)}_{a_3}\\
&\delta\hat{X}^{-}_{b_2}(\varOmega)=\frac{1}{\sqrt{3}}\mathrm{e}^{-r_1}\hat{X}^{-(0)}_{a_1}(\varOmega)-\frac{1}{\sqrt{6}}\mathrm{e}^{r_2+r'_2}\hat{X}^{-(0)}_{a_2}(\varOmega)+\frac{1}{2}\mathrm{e}^{r_3+r'_3}\hat{X}^{-(0)}_{a_3}\\
&\delta\hat{X}^{+}_{b_3}(\varOmega)=\frac{1}{\sqrt{3}}\mathrm{e}^{r_1+r'_1}\hat{X}^{+(0)}_{a_1}(\varOmega)-\frac{1}{\sqrt{6}}\mathrm{e}^{-r_2}\hat{X}^{+(0)}_{a_2}(\varOmega)-\frac{1}{2}\mathrm{e}^{-r_3}\hat{X}^{+(0)}_{a_3}\\
&\delta\hat{X}^{-}_{b_3}(\varOmega)=\frac{1}{\sqrt{3}}\mathrm{e}^{-r_1}\hat{X}^{-(0)}_{a_1}(\varOmega)-\frac{1}{\sqrt{6}}\mathrm{e}^{r_2+r'_2}\hat{X}^{-(0)}_{a_2}(\varOmega)-\frac{1}{2}\mathrm{e}^{r_3+r'_3}\hat{X}^{-(0)}_{a_3}
\end{aligned}\tag{6.17}$$

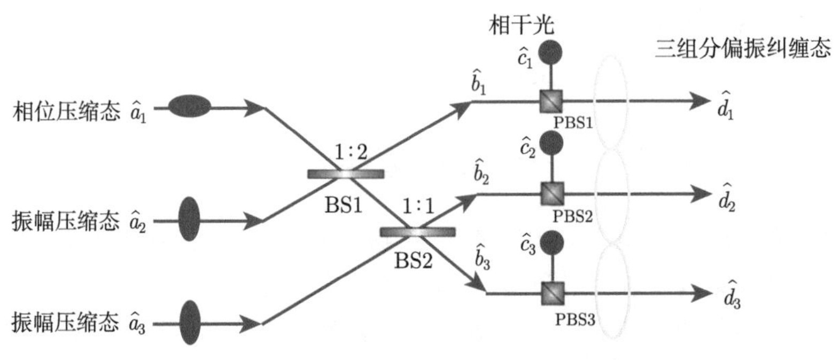

图 6.15　三组分偏振纠缠态光场产生原理图

在三个偏振棱镜上耦合三束相干态光场 $\hat{c}_1, \hat{c}_2, \hat{c}_3$ 的相位差为 0，故斯托克斯分量的起伏与正交分量起伏的对应关系应该满足以下关系：

$$
\begin{aligned}
\Delta^2 \hat{S}_0(\Omega) &= 4\alpha_c^2 \delta^2 \hat{X}_c^+(\Omega) \\
\delta^2 \hat{S}_1(\Omega) &= 4\alpha_c^2 \delta^2 \hat{X}_c^+(\Omega) \\
\delta^2 \hat{S}_2(\Omega) &= 4\alpha_c^2 \delta^2 \hat{X}_b^+(\Omega) \\
\delta^2 \hat{S}_3(\Omega) &= 4\alpha_c^2 \delta^2 \hat{X}_b^-(\Omega)
\end{aligned}
\tag{6.18}
$$

将三组分正交纠缠态光场 $\hat{b}_1, \hat{b}_2, \hat{b}_3$ 转化为三组分偏振纠缠态光场 $\hat{d}_1, \hat{d}_2, \hat{d}_3$ 后，其斯托克斯分量的方差起伏可写为

$$
\delta^2 \hat{S}_{0_{d_1(d_2,d_3)}}(\Omega) = \delta^2 \hat{S}_{1_{d_1(d_2,d_3)}}(\Omega) = 4\alpha_c^2 \delta^2 \hat{X}^+_{c_1(c_2,c_3)}(\Omega)
$$

$$
\delta^2 \hat{S}_{2_{d_1}}(\Omega) = 4\alpha_c^2 \left[\frac{e^{2r_1+2r_1'}}{3} \delta^2 \hat{X}_{a_1}^{+(0)}(\Omega) + \frac{2e^{-2r_2}}{3} \delta^2 \hat{X}_{a_2}^{+(0)}(\Omega) \right]
$$

$$
\delta^2 \hat{S}_{3_{d_1}}(\Omega) = 4\alpha_c^2 \left[\frac{e^{-2r_1}}{3} \delta^2 \hat{X}_{a_1}^{-(0)}(\Omega) + \frac{2e^{2r_2+2r_2'}}{3} \delta^2 \hat{X}_{a_2}^{-(0)}(\Omega) \right]
$$

$$
\delta^2 \hat{S}_{2_{d_2}}(\Omega) = 4\alpha_c^2 \left[\frac{e^{2r_1+2r_1'}}{3} \delta^2 \hat{X}_{a_1}^{+(0)}(\Omega) - \frac{e^{-2r_2}}{6} \delta^2 \hat{X}_{a_2}^{+(0)}(\Omega) + \frac{e^{-2r_3}}{2} \delta^2 \hat{X}_{a_3}^{+(0)}(\Omega) \right]
$$

$$
\delta^2 \hat{S}_{3_{d_2}}(\Omega) = 4\alpha_c^2 \left[\frac{e^{-2r_1}}{3} \delta^2 \hat{X}_{a_1}^{-(0)}(\Omega) - \frac{e^{2r_2+2r_2'}}{6} \delta^2 \hat{X}_{a_2}^{-(0)}(\Omega) + \frac{e^{2r_3+2r_3'}}{2} \delta^2 \hat{X}_{a_3}^{-(0)}(\Omega) \right]
$$

$$\delta^2\hat{S}_{2_{d_3}}(\Omega)=4\alpha_c^2\left[\frac{\mathrm{e}^{2r_1+2r_1'}}{3}\delta^2\hat{X}_{a_1}^{+(0)}(\Omega)-\frac{\mathrm{e}^{-2r_2}}{6}\delta^2\hat{X}_{a_2}^{+(0)}(\Omega)-\frac{\mathrm{e}^{-2r_3}}{2}\delta^2\hat{X}_{a_3}^{+(0)}(\Omega)\right]$$

$$\delta^2\hat{S}_{3_{d_2}}(\Omega)=4\alpha_c^2\left[\frac{\mathrm{e}^{-2r_1}}{3}\delta^2\hat{X}_{a_1}^{-(0)}(\Omega)-\frac{\mathrm{e}^{2r_2+2r_2'}}{6}\delta^2\hat{X}_{a_2}^{-(0)}(\Omega)-\frac{\mathrm{e}^{2r_3+2r_3'}}{2}\delta^2\hat{X}_{a_3}^{-(0)}(\Omega)\right] \tag{6.19}$$

由此看出，$\hat{S}_0,\hat{S}_1$ 只与耦合的相干态光场的正交振幅分量有关，$\hat{S}_2,\hat{S}_3$ 分量与简并光学参量放大器腔系统的正交分量有关。所以，在测量的过程中，主要关注 $\hat{S}_2,\hat{S}_3$ 的关联噪声 [5]。

三组分偏振纠缠态的不可分判据可以根据三组分正交纠缠态的判据被推广为 [7]

$$I_1\left(\hat{S}_2,\hat{S}_3\right)=\frac{\Delta^2\left(\hat{S}_{2y}-\hat{S}_{2z}\right)+\Delta^2\left(\hat{S}_{3x}+\hat{S}_{3y}+\hat{S}_{3z}\right)}{2\left|\left[\hat{S}_2,\hat{S}_3\right]\right|}<1$$

$$I_2\left(\hat{S}_2,\hat{S}_3\right)=\frac{\Delta^2\left(\hat{S}_{2x}-\hat{S}_{2y}\right)+\Delta^2\left(\hat{S}_{3x}+\hat{S}_{3y}+\hat{S}_{3z}\right)}{2\left|\left[\hat{S}_2,\hat{S}_3\right]\right|}<1 \tag{6.20}$$

$$I_3\left(\hat{S}_2,\hat{S}_3\right)=\frac{\Delta^2\left(\hat{S}_{2x}-\hat{S}_{2z}\right)+\Delta^2\left(\hat{S}_{3x}+\hat{S}_{3y}+\hat{S}_{3z}\right)}{2\left|\left[\hat{S}_2,\hat{S}_3\right]\right|}<1$$

当上式中任意两个同时小于 1 时，就证明得到了三组分偏振纠缠态。

下面以完成的耦合 GHZ 态和相干态光场制备三组分偏振纠缠态为例介绍实验系统与方法，实验装置如图 6.16 所示。钛宝石激光器输出光场分别作为倍频腔的基频光，三个简并光学参量放大器腔的信号光，以及最后的三束耦合相干态光场。倍频腔产生的紫光用于泵浦三个简并光学参量放大器腔。DOPA1 锁定在参量放大状态，输出相位压缩态光场，DOPA2 和 DOPA3 锁定在参量反放大状态，输出振幅压缩态光场。DOPA1 输出的相位压缩光和 DOPA2 输出的振幅压缩光在 1:2 的分束器上进行干涉，锁定相对相位为 0，然后又与 DOPA3 输出的振幅压缩光在 1:1 的分束器上干涉，锁定相对相位为 0，得到偏振方向水平的三组分正交压缩态光场，然后利用三个偏振棱镜耦合三束偏振方向竖直的相干态光场，控制相对相位为 0，得到三组分偏振纠缠态光场，最后由探测系统探测 $\delta^2(\hat{S}_{2i}-\hat{S}_{2j}),i,j=x,y,z$ 以及 $\delta^2(\hat{S}_{3x}+\hat{S}_{3y}+\hat{S}_{3z})$ 的关联噪声。实验中利用三套斯托克斯分量测量装置进行测量，首先通过半波片将光场偏振方向旋转 45°，然后再两两相减，可测量 $\delta^2(\hat{S}_{2y}-\hat{S}_{2z})$，$\delta^2(\hat{S}_{2x}-\hat{S}_{2y})$，$\delta^2(\hat{S}_{2x}-\hat{S}_{2z})$。利用半波片将光场旋转 45°，然后又利用 1/4 波片将光场变为圆偏振光，三束光电流相加可实现对 $\delta^2(\hat{S}_{3x}+\hat{S}_{3y}+\hat{S}_{3z})$ 的测量。

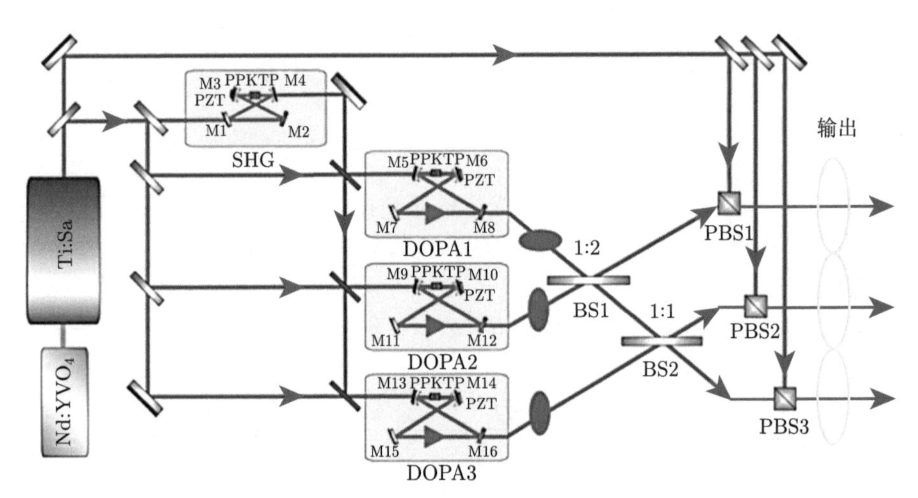

图 6.16　三组分偏振纠缠实验装置图

实验结果如图 6.17 所示，(a)~(f) 分别为 $\delta^2(\hat{S}_{2d_2}-\hat{S}_{2d_3})$, $\delta^2(g_1\hat{S}_{3d_1}+\hat{S}_{3d_2}+\hat{S}_{3d_3})$, $\delta^2(\hat{S}_{2d_1}-\hat{S}_{2d_3})$, $\delta^2(\hat{S}_{3d_1}+g_2\hat{S}_{3d_2}+\hat{S}_{3d_3})$, $\delta^2(\hat{S}_{2d_1}-\hat{S}_{2d_2})$, $\delta^2(\hat{S}_{3d_1}+\hat{S}_{3d_2}+g_3\hat{S}_{3d_3})$ 的关联噪声，其中曲线 (i) 为归一化的散粒噪声极限，曲线 (ii) 为各分量的关联噪声谱。测量前，首先测量每个简并光学参量放大器腔的压缩度，确定最佳增益因子为 $g_1^{\rm opt}=g_2^{\rm opt}=g_3^{\rm opt}=0.845$，测量时利用衰减器对平衡零拍的输出信号进行衰减以得到最佳的量子关联。由图 6.17 可看到，对于 $\hat{S}_{2d_i},\hat{S}_{3d_j}$ 分量的关联噪声，在低频处，由于激光器的量子噪声较高，所以其高于散粒噪声极限；在 $f>1.3\,\rm MHz$ 后，均低于散粒噪声极限；在 $f=5\,\rm MHz$ 处，分别低于散粒噪声极限 4 dB 和 3 dB。

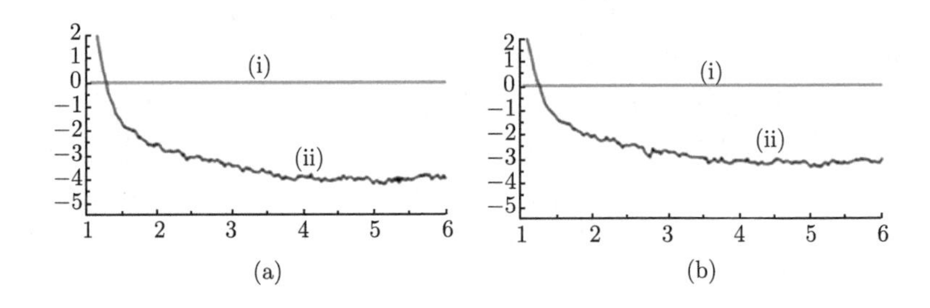

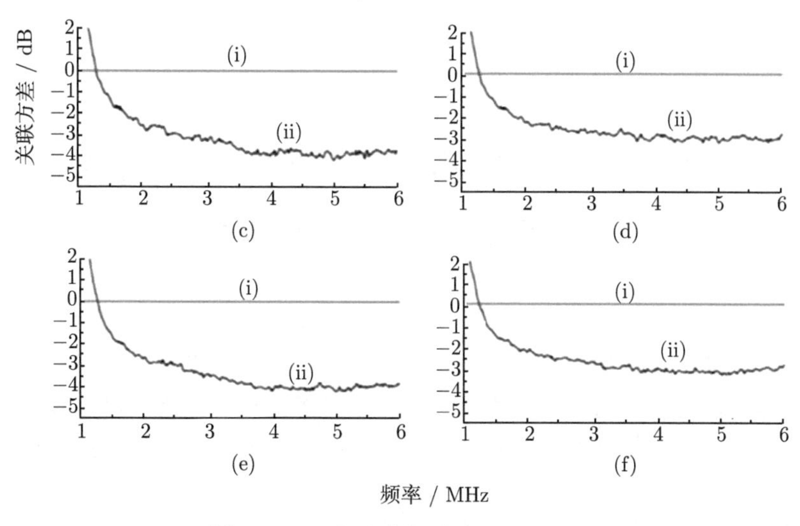

图 6.17 三组分偏振纠缠测量结果

参 考 文 献

[1] Stokes G G. On the composition and resolution of streams of polarized light from different sources. Trans. Camb. Phil. Soc., 1852, 9: 399.

[2] Josse V, Dantan A, Vernac L, et al. Polarization squeezing with cold atoms. Phys. Rev. Lett., 2003, 91(10): 103601.

[3] Peuntinger C, Heim B, Müller C R, et al. Distribution of squeezed states through an atmospheric channel. Phys. Rev. Lett., 2014, 113(6): 060502.

[4] Bowen W P, Schnabel R, Bachor H A, et al. Polarization squeezing of continuous variable Stokes parameters. Phys. Rev. Lett., 2002, 88(9): 093601.

[5] Bowen W P, Treps N, Schnabel R, et al. Experimental demonstration of continuous variable polarization entanglement. Phys. Rev. Lett., 2002, 89(25): 253601.

[6] Josse V, Dantan A, Bramati A, et al. Continuous variable entanglement using cold atoms. Phys. Rev. Lett., 2004, 92(12): 123601.

[7] Wu L, Yan Z H, Liu Y H, et al. Experimental generation of tripartite polarization entangled states of bright optical beams. Appl. Phys. Lett., 2016, 108(16): 161102.

第 7 章　非经典光场在通信和精密测量中的应用举例

量子信息科学是量子力学和信息科学结合的交叉学科，主要开展量子物理、量子通信、量子计算和量子精密测量等前沿研究。量子光学为发展和研究量子信息科学提供理论基础与有效技术手段。利用量子光学实验技术可以验证争论已久的量子力学理论，如著名的 EPR 佯谬，也可以应用于与日常生活息息相关的通信与测量领域，开拓全新的量子信息技术。本章以山西大学光电研究所完成的实验研究为基础，将介绍基于非经典光场的部分应用。

局域隐变量理论给出了非定域关联性，表现出定域实在性要求与量子力学完备性之间的矛盾 [1]。利用量子纠缠可以证明贝尔不等式的违背，可以直接揭示量子非定域性。量子隐形传态 (quantum teleportation) 也叫量子离物传态或者量子远程传态，能够实现量子态的远程传送，是量子通信和量子计算的重要基础 [2,3]。发送者和接收者共享一个量子纠缠态，发送者对待传送的量子态和其拥有的量子纠缠子模进行联合测量，并将测量结果通过经典通道发送给接收者；接收者根据经典通道反馈的测量结果对其拥有的另一个量子纠缠子模执行相应操作，将其制备在与待传送量子态相同的量子态上。目前，利用连续变量量子纠缠光场，可以实现包括相干态和纠缠态在内的多种光场的量子隐形传态。纠缠态的量子隐形传态又称为量子纠缠交换 (quantum entanglement swapping)，由于纠缠交换能够在没有直接相互作用的两个系统之间建立纠缠，所以它是实现量子中继的一个基本物理过程 [4]。为满足量子通信的实用化发展要求，对应于光纤通信波段的非经典光场的制备，促进了量子态的长距离传送等研究工作的进展 [5]。此外，不断提高信道容量是通信系统发展的长期目标，而量子密集编码 (quantum dense coding) 可以利用量子纠缠突破经典信道容量的限制，实现两个正交分量编码信息的同时安全传送 [6]。随着通信网络的发展，人们对多用户的安全通信提出了需求 [7]。秘密共享是一种实现安全通信网络的技术，只有一半以上的用户协同解码才能够获得秘密信息。量子秘密共享 (quantum secret sharing) 利用量子资源可以增强秘密共享网络中信息的安全传送速率，用于构建安全信息网络 [8]。

精密测量是开展科学研究的重要基础。根据量子测量理论，当人们对某一微观客体的可观测量进行精密测量时，将不可避免地对其共轭分量产生一个扰动，并且反作用于原来的可观测量。测量精度越高，则扰动程度越大，产生的“测量反作用噪声”也越大。这种测量反作用干扰来自微观客体所固有的量子特性，限制了人们测量物理量的精确度。然而，量子非破坏测量，即设计一种测量系统，它能克服测量过程中的反作用干扰，从而原则上可以实现任意精度的重复测量 [9]。此外，干涉仪是一种常用的精密测量工具，通过在线性分束器上对光场进行分束与合束，利用光的干涉效应实现对相位的测量。由于干涉仪中两个干涉路径的相位差对诸多物理量的变化非常敏感，因此可以测量这些相位依赖的物理量。最近，激光干涉仪观测到了两个黑洞和两个双中子星并合所产生的引力波信号 [10]。然而，干涉仪的灵敏度最终受限于所使用探测光场的真空起伏，它来源于光自身的粒子性，即散粒噪声导致的最小可测相移，$\phi_{\mathrm{SNL}} = 1/\sqrt{N}$，这里的 N 是探测光场的平均光子数 [11]。SNL 不是由仪器系统的技术缺陷造成的，所以不能用任何经典技术手段和多次测量求平均的方法消除，只有将非经典光场应用在干涉系统中，降低量子噪声，才能突破这一极限。

光具有最快的传播速度，一般情况下不容易被环境干扰而独立传播，因此最适合用作信息传播的载体；并且光能够通过与其他系统相互作用完成信息的操作和存储等操作，构建光信息网络。利用光的量子效应可以显著提升现有的光通信、计算和测量能力，使之突破经典光学的极限。在光量子信息中，根据所利用的可观测量本征值是连续函数或分离函数，可区分为连续变量和分离变量两大类。分离变量量子信息是以有限维希尔伯特空间量子变量 (如光子偏振、原子自旋等) 为基本单位，特点是保真度高，但存在概率性的限制，信息处理伴随着后选程序。连续变量量子信息是以无限维希尔伯特空间的量子变量 (如位置和动量、振幅和相位等) 为基本单位，具有确定性和高效率的优点，但对损耗敏感，难以达到高保真度。目前，两者各具优势，并行发展 [12]。

7.1 光学模非定域纠缠的实验证明

量子力学的诠释是科学界长期争论的问题。哥本哈根学派的核心思想是概率性诠释，即量子力学对处在特定量子态的某个力学量只能给出各种可能测量结果的概率。在最初提出的局域隐变量理论中，由于两个粒子量子纠缠呈现出非定域关联性，因此表现出定域实在性要求与量子力学完备性之间的矛盾。1964 年，贝尔 (Bell) 提出了验证量子纠缠的贝尔不等式，它的违背可以直接揭示量子非定域性 [13]。1969 年，Clauser 等给出了贝尔不等式的一个更加便于实验检验的版本——CHSH (Clauser, Horne, Shimony, Holt) 不等式 [14]。有了贝尔不等式及其推广，就可以通过实验来验证这一长期争议的问题。1972 年，Clauser 等利用钙原子的级联辐射制备了纠缠光子对，通过测量光子的偏振，实验违反了贝尔不等

式 [15]。继后，Aspect 等获得了更高速率的纠缠光子，在光子离开信号源的飞行中快速切换测量方向，弥补了局域性漏洞 [16]。Zeilinger 等利用非线性晶体产生纠缠光子对以及随机数发生器来切换测量基矢，进一步关闭了局域性漏洞 [17]；他们也实验演示了量子隐形传态等量子通信方案 [18]。这些实验结果表明，基于经典关联的贝尔不等式被违反，纠缠子系统之间存在非定域量子力学关联。Aspect、Clauser 和 Zeilinger 三位科学家因利用纠缠光子完成了贝尔不等式的实验验证并开展了量子信息科学方面的研究而分享了 2022 年诺贝尔物理学奖 [19]。其中，中国科学家陈创天等研发的偏硼酸钡 (BBO) 等非线性晶体被各量子光学实验室使用，在产生纠缠光子态实验中起了关键作用。

除了利用单光子分离变量外，利用光场连续变量的关联测量，也可以通过实验验证定域实在性理论，从而证明非定域量子关联的存在。在 20 世纪 80 年代，Reid 和 Drummond 从理论上指出，利用 NOPA 可以产生连续变量 EPR 纠缠态光场 [20]。1990 年和 1992 年，美国加州理工学院的 Kimble 教授研究组经内腔参量下转换分别产生了波长 1064 nm 和 1080 nm 的量子纠缠态光场，证明了连续变量非局域量子关联，实验验证了爱因斯坦等最初考虑的 EPR 佯谬 [21,22]。

利用阈值以下的 NOPA 可以产生两组分纠缠态光场。1990 年，Kimble 研究组最早以 532 nm 激光作泵浦源，经非简并参量下转换制备了纠缠态光场 [21]。他们的 NOPA 采用共心结构的驻波腔，并且包括两块串接的 KTP 晶体，如图 7.1 所示。NOPA 在泵浦光场作用下通过参量下转换产生信号和闲置光场。由于 532 nm 波长激光不能在 KTP 晶体内实现非临界相位匹配，则不同偏振的信号与闲置光之间存在走离效应，单块 KTP 晶体难以实现内腔信号、闲置光场共振。而采用双晶体反向串接，可以最大限度消除走离效应，再通过控温补偿各模之间的光程差，实现泵浦、信号与闲置三模共振。实验结果表明，信号光与闲置光的正交振幅和正交相位分量之间的关联起伏比散粒量子极限降低了 4 dB，这是第一次用光学连续变量证实了量子非定域关联的存在。

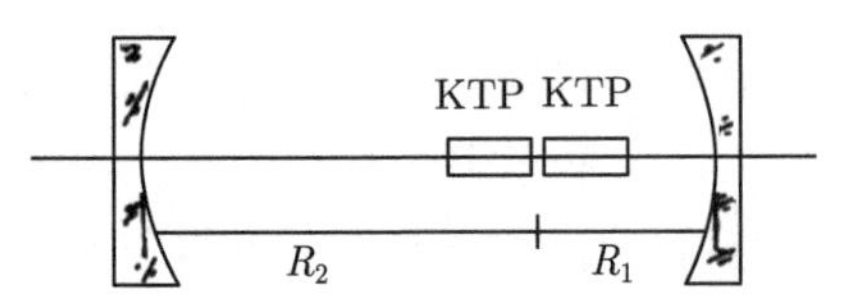

图 7.1　包含两块 KTP 晶体的 NOPA 结构

之后，Kimble 研究组改进了实验系统，进一步确证了上述结果 [22]。因为 1080 nm 波长能在 α-切割的 KTP 晶体内实现非临界相位匹配，他们改用内腔倍频 Nd:YAP 激光器产生的 540 nm 光场作泵浦源，作用于单块 KTP 晶体构成的 NOPA 产生 1080 nm 的信号和闲置光场。实验装置如图 7.2 所示，光学参量振荡

器为包含一块 α-切割的 KTP 晶体的蝶形行波腔。

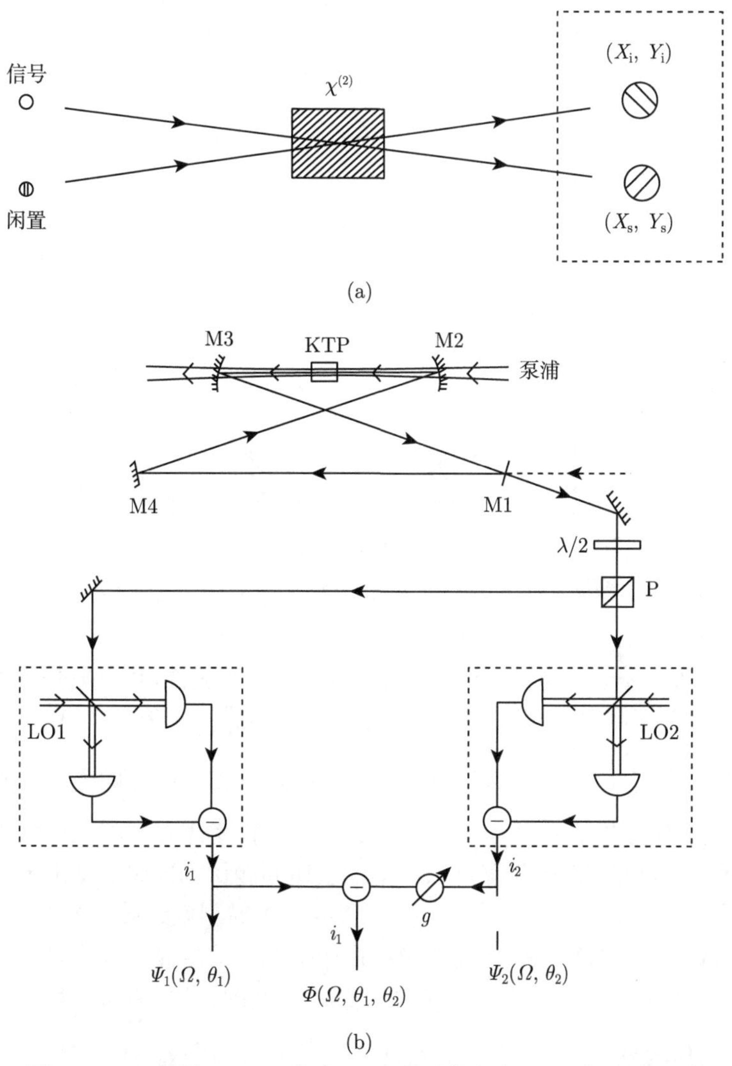

图 7.2 (a) 利用 NOPA 验证 EPR 佯谬的方案；(b) 实验原理图

NOPA 产生的光场的正交振幅和相位由两个独立的 BHD 系统测量。首先测量系统产生的压缩态，对于 Ⅱ 类过程，这是由信号光和闲置光沿 $\pm45°$ 偏振方向处投影到这些模式产生的。NOPA 输出端的半波片 $(\lambda/2)$ 和偏振器 (P) 用于将信号和闲散光束或者说 $\pm45°$ 的投影注入两组 BHD 系统中。图 7.3 展示了单个压缩光束的光电流 i_1 的波动的谱密度 $\Psi_1(\Omega,\theta_1)$ 的测量结果。这里 Ω 是固定的射频分析频率，θ_1 是本地振荡光 LO1 和输入压缩光之间的相位差，通过扫描相位

差以达到最大 (最小) 噪声，由 $\varPsi_+(\varPsi_-)$ 表示。输入的真空态的噪声水平 $\varPsi_0$ 波动在 ±0.1 dB 以内，所以光学参量振荡器的量子噪声增益 $G_{\rm q}$ 可以根据压缩轨迹本身计算得出: $G_{\rm q}=(\varPsi_+ + \varPsi_-)/2\varPsi_0$。当作为泵浦光的绿光功率为 80 mW 时，观察到单个压缩光相对于真空态噪声最多降低 (3.6 ± 0.2)dB。

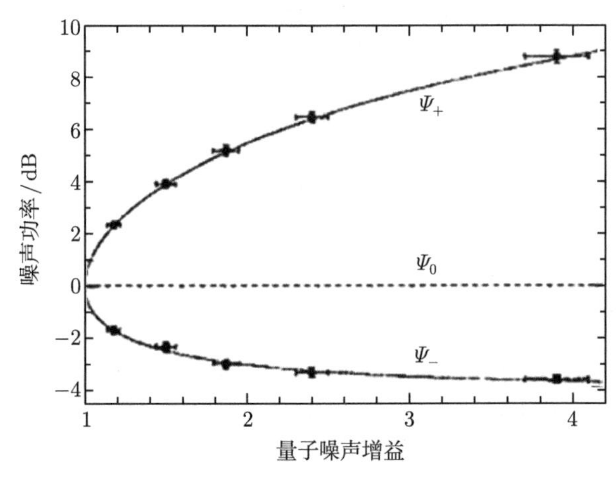

图 7.3　测量噪声 $\varPsi_+$(最大) 和 $\varPsi_-$(最小) 随 NOPA 增益的变化关系

其中，$\varPsi_0$ 是真空噪声

实验中通过差分光电流 $i_-=i_1-gi_2$ 研究这种相关性,其中平衡探测器 1 探测信号光,而平衡探测器 2 探测闲置光。推断误差为 $\Delta^2_{\rm inf}X(\varOmega)=\left\langle(X_{\rm s}-g_xX_{\rm i})^2\right\rangle$ 和 $\Delta^2_{\rm inf}Y(\varOmega)=\left\langle(Y_s-g_yY_{\rm i})^2\right\rangle$,可以用于验证 EPR 佯谬。从 i_- 的光电流波动谱密度 $\varPhi(\varOmega,\theta_1,\theta_2)$ 中，可以确定 $\Delta^2_{\rm inf}X(\varOmega)$ 和 $\Delta^2_{\rm inf}Y(\varOmega)$，考虑正交相位振幅的频谱分量 $X_{\rm s,i}(\varOmega)$ 和 $Y_{\rm s,i}(\varOmega)$。EPR 佯谬可以简单地表述为测量到的频谱噪声水平之间的关系，即 $\Delta^2_{\rm inf}X(\varOmega)\Delta^2_{\rm inf}Y(\varOmega)<1$。对 $\varPhi(\varOmega,\theta_1,\theta_2)$ 的测量结果如图 7.4 所示，其中与 $\Delta^2_{\rm inf}X(\varOmega)$ 和 $\Delta^2_{\rm inf}Y(\varOmega)$ 相关的噪声是通过扫描信号光和闲置光的光路中带有压电陶瓷的反射镜与本地振荡光 $({\rm LO}_1,{\rm LO}_2)$ 之间的相位 (θ_1,θ_2) 得到的。用下式表示信号光和闲置光的正交振幅: $Z_{\rm s,i}(\varOmega,\varPhi_{\rm s,i})\equiv\displaystyle\int{\rm d}\varOmega[a_{\rm s,i}(\varOmega){\rm e}^{-{\rm i}\varPhi_{\rm s,i}}+a^\dagger_{\rm s,i}(-\varOmega)\cdot{\rm e}^{-{\rm i}\varPhi_{\rm s,i}}]$，这里 $a(a^\dagger)$ 是相对于光学载波偏移 $\varOmega$ 的光场的湮灭 (产生) 算符，并且在 $\varOmega$ 附近的小间隔 $\Delta\varOmega$ 上积分有 $\varPhi(\varOmega,\theta_1,\theta_2)\Delta\varOmega\sim\langle|\tilde{Z}_{\rm s}(\varOmega,\theta_1)-g\hat{Z}_{\rm i}(\varOmega,\theta_1)|^2\rangle$。因为对于非简并参量放大器而言，$\varPhi$ 仅取决于 $\theta_1+\theta_2$，改变一个共同的总相位 θ_0(其中 $\theta_{1,2}=\theta_0+\delta\theta_{1,2}$) 直到 $\varPhi$ 达到最小值。接下来利用两个平衡零拍测量正交相位，并用 $Z_{\rm s}(\theta_1)\equiv X_{\rm s}$ 和 $Z_{\rm i}(\theta_2)\equiv X_{\rm i}$ 表示，现在 $\varPhi\sim\langle|\hat{X}_{\rm s}-g\tilde{X}_{\rm i}|^2\rangle/\Delta\varOmega\equiv\Delta^2_{\rm inf}X(\varOmega)$。接下来相位 $\theta_0\to\theta_0+\pi/2$, $\delta\theta_1\to\delta\theta_1+\pi$ 和 $\delta\theta_2\to\delta\theta_2$，使得 $Z_{\rm s}(\theta_1)\to Z_{\rm s}(\theta_1+3\pi/2)\equiv -Y_{\rm s}$ 且 $Z_{\rm i}(\theta_2)\to Z_{\rm i}(\theta_2+\pi/2)\equiv Y_{\rm i}$，现在有 $\varPhi\sim$

$\langle|\tilde{Y}_{\rm s}-g\tilde{Y}_{\rm i}|^2\rangle/\Delta\Omega\equiv\Delta^2_{\rm inf}Y(\Omega)$。从图 7.4 可以看出，$\Delta^2_{\rm inf}X(\Omega)$ 和 $\Delta^2_{\rm inf}Y(\Omega)$ 都低于与单束真空态的方差 ($g^2=0$)。从这条轨迹能得到 $\Delta^2_{\rm inf}X(\Omega)=0.835\pm 0.008, \Delta^2_{\rm inf}Y(\Omega)=0.837\pm0.008$, 此时 $g_x^2=g_y^2=g^2=0.58$。EPR 佯谬要求推断误差满足 $\Delta^2_{\rm inf}X(\Omega)\Delta^2_{\rm inf}Y(\Omega)<1$，实验测量的结果为 $\Delta^2_{\rm inf}X(\Omega)\Delta^2_{\rm inf}Y(\Omega)=0.70\pm0.01$，因此验证了连续变量的 EPR 佯谬。同时，$\Delta^2_{\rm inf}X(\Omega)<1+g^2$ 本身违反了经典的 Cauchy-Schwartz 不等式，因此也是非经典场。

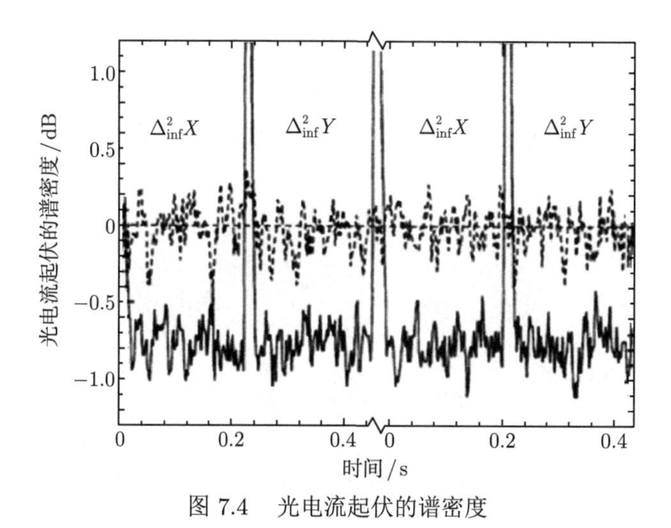

图 7.4 光电流起伏的谱密度

7.2 量子隐形传态

7.2.1 相干态的量子隐形传态

量子隐形传态是最基本的量子态传递方案,它是量子技术的重要组成部分,在量子通信、量子计算和量子网络中具有不可替代的作用。在 Bennett 等于 1993 年提出的量子隐形传态方案中，利用量子纠缠态和经典通道可以将一个量子态从一个用户瞬间传送到另一个用户，其原理如图 7.5 所示 [23]。首先让发送者 Alice 和接收者 Bob 共享一对量子纠缠态，Alice 将对待传送的量子态和拥有的纠缠态的一半 (一个光子或一个光学模等) 进行贝尔态联合测量，并将测量结果通过经典通道发送给 Bob；Bob 借助于经典通道传送的测量结果对自己拥有的纠缠态的另一半执行相应操作，可以得到与输入态相同的量子态。在这个过程中，待传态在 Alice 端被执行测量后量子态塌缩，而 Bob 借助两人共享的量子纠缠获得待传态的量子信息加上经典通道传送的信息对输入态进行处理，获得与输入态完全相同的量子态。其基本思想是：将量子态的传送分成经典通道和量子通道两部分。经典通道是传送发送者对待传送量子态和纠缠态的一半进行联合测量的结果，量子通道是发送者和接收者共享的量子纠缠。量子信息是发送者在测量中用经典手段提取不到的量子信息，通过测量纠缠态的塌缩，接收者利用经典通道和量子通道可以重构待传量子态。在这个过程中，发送者未将待传量子态的载体传送给接收者，始终将其保留，仅仅将其量子态的信息传送给接收者。发送者对待传量子态一无所知，对其进行联合测量时，待传量子态也被破坏。接收者是将其他载体 (甚至可以是与原物不相同的粒子) 的量子态变换为与待传量子态相同的量子态。由于经典通道在量子隐形传送过程中是必不可缺少的，并且经典信息的传送速度不可能快于光速，因此量子隐形传态的速度不会超过光速。量子隐形传态不但为量子信息理论的形成提供了概念框架，而且为多种量子技术的发展奠定了基础。

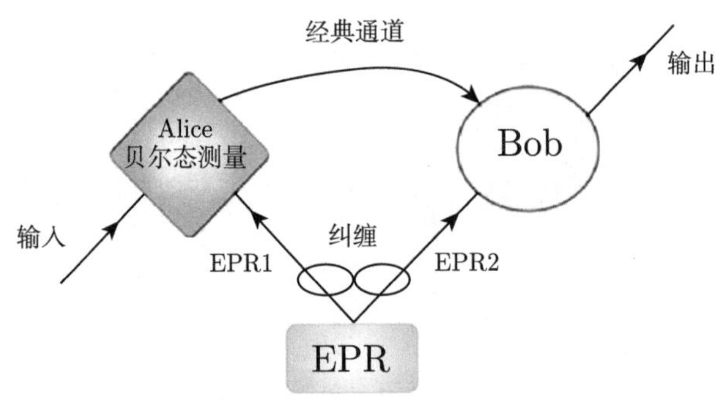

图 7.5 量子隐形传态的原理图

1997 年，奥地利因斯布鲁克大学 Zeilinger 教授研究组通过 Ⅱ 类自发辐射参量下转换产生偏振纠缠的光子对，从实验上实现了单光子量子隐形传态 [18]。同时，以连续变量纠缠态光场为基本资源的量子隐形传态也在并行发展。1994 年，Vaidman 提出利用连续变量量子纠缠可以实现任意未知量子态的确定性隐形传态 [24]。1998 年，美国加州理工学院 Kimble 教授研究组利用两个正交相位压缩态光场在 50:50 分束器上耦合产生的一对 EPR 纠缠态光场，实现了相干态的确定性量子隐形传态，保真度达到 0.58，超过了经典极限 0.50[2]。山西大学光电研究所提出了基于贝尔态直接测量系统的简化方案，利用明亮 EPR 纠缠光束也实现了相干态的量子隐形传态 [25]。以下介绍连续变量量子隐形传态的基本原理与实验方法。

如图 7.5 所示，相干态的连续变量量子隐形传态系统包括一个纠缠光源站 EPR。用以提供 EPR 纠缠态光场并分发给通信双方：发送者 (Alice) 和接收者 (Bob)。EPR 纠缠态光场两个子模光束 (EPR1 和 EPR2) 的正交振幅分量 ($\hat{x}$) 和正交相位分量 ($\hat{y}$) 分别表示为

$$\hat{x}_{\mathrm{EPR1(2)}} = \hat{a}_{\mathrm{EPR1(2)}} + \hat{a}^{\dagger}_{\mathrm{EPR1(2)}}$$
$$\hat{\hat{y}}_{\mathrm{EPR1(2)}} = \frac{\hat{a}_{\mathrm{EPR1(2)}} - \hat{a}^{\dagger}_{\mathrm{EPR1(2)}}}{\mathrm{i}} \tag{7.1}$$

其中，$\hat{a}^{\dagger}_{\mathrm{EPR1(2)}}$ 和 $\hat{a}_{\mathrm{EPR1(2)}}$ 分别为 EPR1(2) 子光束的产生和湮灭算符。EPR 纠缠光束之间具有量子关联，表现为它们的正交振幅与正交相位的量子噪声之间存在关联。这种量子关联性使它们的正交振幅和与正交相位差的起伏方差，同时低于归一化的 SNL，其数学表达式如下：

$$\langle \delta^2(\hat{x}_{\mathrm{EPR1}} + \hat{x}_{\mathrm{EPR2}}) \rangle = \mathrm{e}^{-2r}$$
$$\langle \delta^2(\hat{y}_{\mathrm{EPR1}} - \hat{y}_{\mathrm{EPR2}}) \rangle = \mathrm{e}^{-2r} \tag{7.2}$$

其中，$r(0 \leqslant r \leqslant \infty)$ 为关联因子，与 EPR 纠缠对的双模压缩因子相等。如果没有量子关联，则 $r = 0$，归一化的关联方差为 SNL。与此同时，其正交振幅差与正交相位和之间存在反压缩噪声，即

$$\langle \delta^2(\hat{x}_{\mathrm{EPR1}} - \hat{x}_{\mathrm{EPR2}}) \rangle = \mathrm{e}^{2r}$$
$$\langle \delta^2(\hat{y}_{\mathrm{EPR1}} + \hat{y}_{\mathrm{EPR2}}) \rangle = \mathrm{e}^{-2r} \tag{7.3}$$

其噪声水平远高于相应散粒噪声极限。应该注意到，在这个双模量子体系中，正交振幅和正交相位差不是一对共轭变量，因此它们可以同时低于 SNL 而不违背不确定性原理。在量子隐形传态过程中，EPR 的两个子模首先通过特定通道分别分发给通信双方 Alice 和 Bob，然后 Alice 将自己拥有的一束子模 ($\hat{a}_{\mathrm{EPR1}}$) 与待传量子态 (输入态：$|\nu_{\mathrm{in}}\rangle = |\hat{x}_{\mathrm{in}} + \mathrm{i}\hat{y}_{\mathrm{in}}\rangle$) 在 50:50 分束器上耦合，分束器输出的两束光分别用两套 BHD 系统进行探测，借助于本地振荡光作相位参考测量输出光的正交振幅和正交相位的噪声功率，分别为

$$\hat{x}_{\mathrm{tel}} = \frac{\hat{x}_{\mathrm{in}} + \hat{x}_{\mathrm{EPR1}}}{\sqrt{2}}$$
$$\hat{y}_{\mathrm{tel}} = \frac{\hat{y}_{\mathrm{in}} + \hat{y}_{\mathrm{EPR1}}}{\sqrt{2}} \tag{7.4}$$

在光学连续变量实验中，系统必须执行一种对光束正交分量进行联合测量的操作，用以定量测定两个光学模之间的量子纠缠度。如果 EPR 纠缠态是理想的，即 $r \to \infty$，则 Alice 持有的热态光场噪声将破坏量子信息，不会得到关于输入态的量子信息。Alice 测量得到的结果将分别通过两个经典信息通道传送给 Bob，Bob 利

用得到的反馈信号通过一个振幅调制器和一个相位调制器对它拥有的 EPR 子模 ($\hat{a}_{\mathrm{EPR2}}$) 进行调制。此时，待传量子态被 Alice 测量后塌缩，而 Bob 借助量子纠缠态的非局域量子关联以及经典反馈信息重构了一个与待传量子态相似的量子态，其相似程度可以用保真度衡量。最后，Victor 利用 BHD 对量子隐形传态的输出态进行测量验证。

保真度 F 是可以用来定量地衡量量子隐形传态质量的物理量，它可以表示为 [26]

$$F = \langle \psi_{\mathrm{in}} | \rho_{\mathrm{out}} | \psi_{\mathrm{in}} \rangle \tag{7.5}$$

该表达式表示输入态 $|\psi_{\mathrm{in}}\rangle$ 与密度矩阵 ρ_{out} 构建的输出态的重叠程度。如果使用理想的幺正效率探测器，则对于一个相干输入态，量子隐形传态的保真度可以表示为

$$F = \frac{2}{\sigma_Q} \exp\left[-\frac{2}{\sigma_Q} \left| \beta_{\mathrm{out}} - \beta_{\mathrm{in}} \right|^2 \right] \tag{7.6}$$

其中，σ_Q 是 Q 函数表象下被传送态的噪声起伏，它的大小取决于该待传态的正交振幅分量和正交相位分量 W 表象中的噪声起伏 (σ_W^x 和 σ_W^p)，$\sigma_Q = \sqrt{(1+\sigma_W^x)(1+\sigma_W^p)}$，$\sigma_W^x = \sigma_W^p = g^2 + \frac{1}{2}\mathrm{e}^{2r}(1-g)^2 + \frac{1}{2}\mathrm{e}^{-2r}(1+g)^2$；$\beta_{\mathrm{in}}$ 和 β_{out} 分别为 Alice 端输入态和 Bob 端输出态的振幅。g 为经典通道增益因子，这里正交振幅分量和正交相位分量通道的增益相等，即 $g_x = g_y$。当 $F > 1/2$ 时，可以实现超越经典手段的量子隐形传态。

相干态的量子隐形传态的实验装置如图 7.6 所示。利用 OPO 产生两束压缩光，并将两束压缩光在分束器上耦合得到连续变量 EPR 纠缠光。通过量子通道将纠缠的两个子模分发给不同的两个用户 Alice 和 Bob。Alice 拥有未知量子态，对所得到的纠缠子模和待传量子态进行联合测量，得到测量结果 $(x(\varOmega), y(\varOmega))$。之后，Alice 将测量得到的经典光电流 $(i_x(\varOmega), i_y(\varOmega))$ 通过经典通道传递给 Bob。Bob 根据 Alice 的测量结果，利用调制对他所拥有的纠缠子模进行平移操作，这里将调制器加载辅助相干光，以减小损耗，保证尽可能高的保真度，将待传量子态重构出来，即可以实现未知量子态的确定性量子隐形传态。随后 Victor 通过他自己独立的 BHD 进行验证。图 7.7 是 Victor 测量到的量子隐形传态输出的正交相位和正交振幅的结果，由光电流波动谱密度 $\varPsi^{\mathrm{Victor}}$ 来表示，并且线性扫描输入场相位 ϕ_{in}。图 7.7(a) 中相位不敏感的噪声对应于真空输入 $\nu_{\mathrm{in}} = 0$ 的情况。图 7.7(b) 更详细地显示了这些噪声水平。首先是不存在 EPR 光束 (即经典的隐形传态 $\sigma_{\mathrm{i,ii}}^{\pm} \to 1$) 的噪声水平 Y_0^{Victor}；之后是将 EPR 纠缠 $\{1,2\}$ 分发给 Alice 和 Bob 实现的隐形传态的噪声水平 $\varLambda_0^{\mathrm{Victor}}(\varOmega)$；$\varPhi_0^{\mathrm{Victor}}$ 是真空态结果。当增益 $g=1$(即 0 dB) 时，噪声水平 Y_0^{Victor} 相比 $\varPhi_0^{\mathrm{Victor}}$ 提高了 3 dB，对应于输出态的

重构 $\nu_{\text{in}}(\Omega) \to \nu_{\text{out}}(\Omega)$。对于 $g=1\,(0\text{ dB})$，噪声水平增加到 $Y_0^{\text{Victor}}(\Omega)$ 比真空态结果 $\Phi_0^{\text{Victor}}(\Omega)$ 高 4.8 dB，对应于三个真空的噪声水平。EPR 光束的存在会导致 Victor 观测到噪声减少到 Λ^{Victor}，这表明了量子隐形传送协议的成功。也就是 Victor 观测到噪声相比经典方法提高了 1.2 dB；量子隐形传态的噪声水平对应于 $\sigma_{\text{W}}=2.23\pm0.03$，小于经典方法的 $\sigma_{\text{W}}^{\text{C}}=3$。

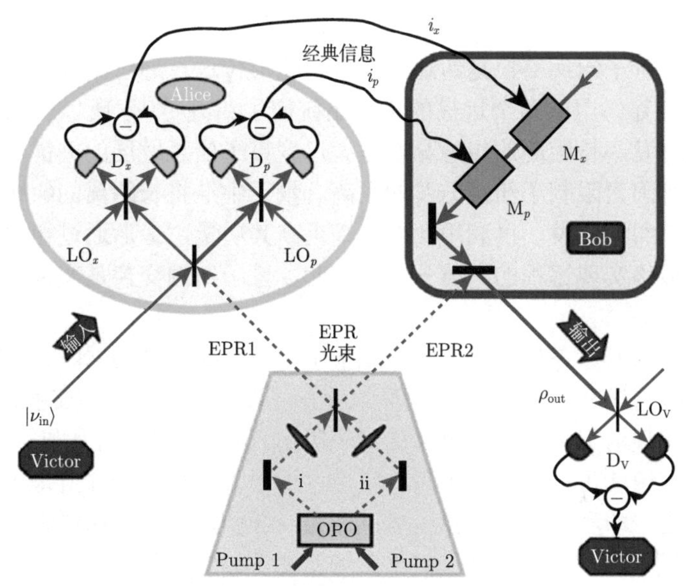

图 7.6 量子隐形传态的实验装置 [2]

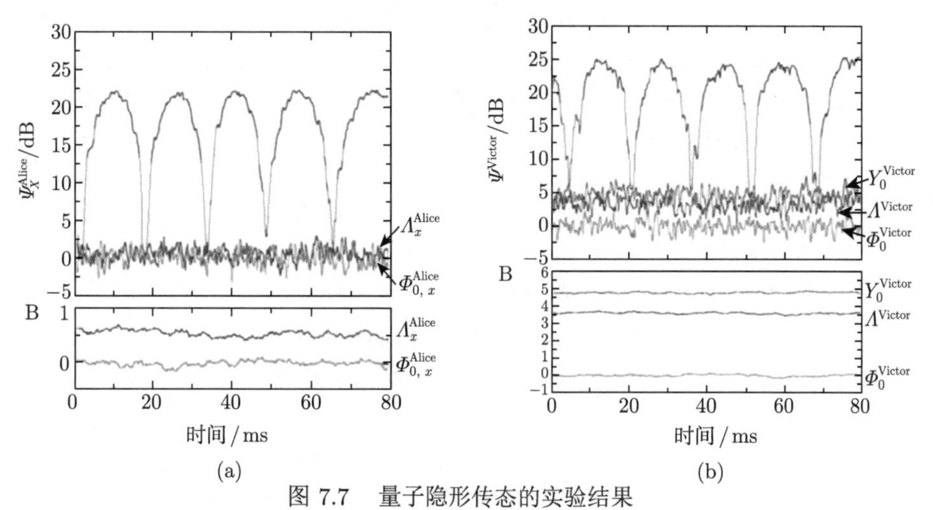

图 7.7 量子隐形传态的实验结果

(a) 是 Victor 的 BHD 记录的光电流起伏谱密度，(b) 是通过十次平均得到的放大结果。Φ_0^{Victor} 是真空态结果，Y_0^{Victor} 是对于真空输入态和没有 EPR 纠缠光场的结果，$\Lambda_0^{\text{Victor}}$ 是利用 EPR 纠缠态的结果 [2]

实验结果表明，利用连续变量纠缠，实验上实现了确定性的量子隐形传态。将一个未知的量子态从一个用户传递到另一个远处的用户。保真度达到了 0.58±0.02，超过了经典极限 0.5，证明了量子隐形传态实验的成功实现。

7.2.2 量子纠缠交换

上述实验中传送的是相干态，相干态是最接近于量子态的经典态，则实现真正意义上的非经典态 (如纠缠态，或者压缩态) 的量子隐形传送就成为具有挑战性的研究课题。量子纠缠交换是纠缠态的量子隐形传送，通过某种方法使得从未发生任何直接相互作用的两个远离的量子系统产生纠缠 [27]，所以可以用于实现长距离的纠缠分发。长距离的纠缠分发是大尺度量子信息发展的关键，然而不可避免地退相干等因素限制了纠缠分发的距离。量子中继将长距离的纠缠分发转换为若干段短距离纠缠分发，再利用纠缠蒸馏提高其质量，最后通过纠缠交换将它们连接起来，最终实现远程的纠缠分发。因此，量子纠缠交换是实现量子中继的重要基础。

人们在分离变量条件下提出和实现量子纠缠交换概念的同时，也发展了连续变量量子纠缠交换 [28]。利用连续变量纠缠态可以实现量子纠缠交换，就是利用一个纠缠态来实现对另外一个纠缠态的量子隐形传态 [29]，并且如果选取最佳增益，则只要存在纠缠就可以实现量子纠缠交换。山西大学光电研究所提出了一种更易于实现的方案，即利用两个双模压缩态作为纠缠源，并且在探测中采用贝尔态直接探测系统 [4]。由于利用了连续波电磁场正交振幅与相位分量的决定性压缩态纠缠，该实验实时地观测了连续变量的无条件纠缠交换，无须执行一般单光子探测实验所需要的对“成功”事件的后续选择。下面将以此方案为基础，从理论与实验两方面讲解光场连续变量的量子纠缠交换，图 7.8 为所用系统的原理示意图。

EPR1、EPR2 是两个纠缠源，为一对工作在参量反放大状态的 NOPA。它们的输入–输出关系表示为

$$
\begin{aligned}
X_a &= X_{a(0)}\cosh r_1 - X_{b(0)}\sinh r_1 \\
Y_a &= Y_{a(0)}\cosh r_1 + Y_{b(0)}\sinh r_1 \\
X_b &= X_{b(0)}\cosh r_1 - X_{a(0)}\sinh r_1 \\
Y_b &= Y_{b(0)}\cosh r_1 + Y_{a(0)}\sinh r_1 \\
X_c &= X_{c(0)}\cosh r_2 - X_{d(0)}\sinh r_2 \\
Y_c &= Y_{c(0)}\cosh r_2 + Y_{d(0)}\sinh r_2 \\
X_d &= X_{d(0)}\cosh r_2 - X_{c(0)}\sinh r_2 \\
Y_d &= Y_{d(0)}\cosh r_2 + Y_{c(0)}\sinh r_2
\end{aligned}
\tag{7.7}
$$

其中，角标 $a(0), b(0)$ 和 $c(0), d(0)$ 分别代表 EPR1 和 EPR2 光学腔各自的一对注

入相干信号模，$a(0),b(0)(c(0),d(0))$ 频率相同但偏振正交，a 与 b 代表它们的输出模，X 和 Y 分别表示各模的正交振幅与正交相位分量。r_1 和 $r_2(0\leqslant r_1,r_2<\infty)$ 分别为 EPR1 和 EPR2 输出的偏振非简并场模之间的量子关联参量。此时，输出模 a 和 $b(c$ 和 $d)$ 之间具有振幅反关联和相位正关联的特性，而 a，b 和 c，d 来自两个不同的参量放大器，它们之间没有任何量子关联，纠缠交换的目的就是要使从来没有直接相互作用的光学模 a 和 d 之间产生纠缠。在下面的计算中，为了简化并符合联合贝尔态直接探测的要求，取 a，b，c 和 d 的振幅相等，这一点在实验中很容易通过调节泵浦光与注入信号光的能量来实现。

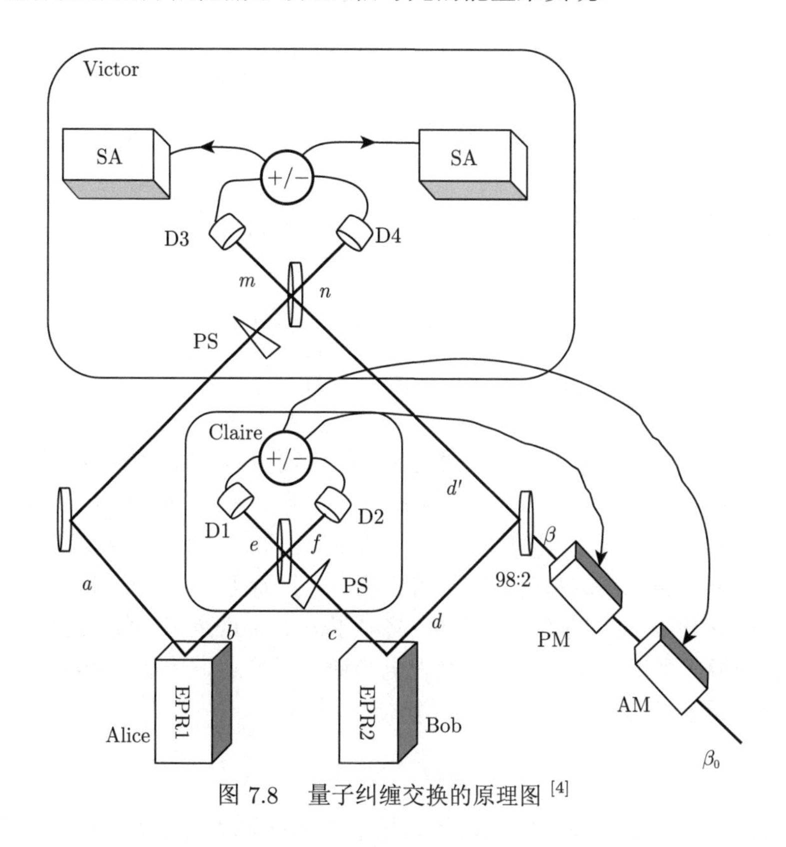

图 7.8 量子纠缠交换的原理图 [4]

首先，Claire 对 b 和 c 进行联合贝尔态直接探测。模 b 和 c 通过 50:50 分束器组合，其输出场模 e 和 f 可分别表示为

$$
\begin{aligned}
e&=\frac{1}{\sqrt{2}}\eta\left[\left(\xi_1 b+\sqrt{1-\xi_1^2}v_b\right)+\mathrm{i}\left(\xi_1 c+\sqrt{1-\xi_1^2}v_c\right)\right]+\sqrt{1-\eta^2}v_e\\
f&=\frac{1}{\sqrt{2}}\eta\left[\left(\xi_1 b+\sqrt{1-\xi_1^2}v_b\right)-\mathrm{i}\left(\xi_1 c+\sqrt{1-\xi_1^2}v_c\right)\right]+\sqrt{1-\eta^2}v_f
\end{aligned}
\tag{7.8}
$$

其中，η 代表探测器的探测效率；ξ_1 为 b 和 c 的传送效率；v_b 和 v_c 相应于 b 和 c 不完善的模式匹配所引入的真空噪声；v_e 和 v_f 相应于不完善的探测效率所引入的真空噪声。相移器 PS 用以保证光束 b 和 c 在耦合时的相位差为 $\pi/2$，D1 和 D2 分别用来探测光场 e 和 f，并将其转化为光电流，然后将探测到的光电流由射频分束器等分为两路，由功率加法器与减法器提取和与差光电流信号。和与差光电流的噪声谱分别为

$$
\begin{aligned}
i_+^c(\Omega) =& \frac{1}{\sqrt{2}}\Big[\eta\xi_1 X_b(\Omega) + \eta\xi_1 X_c(\Omega) + \eta\sqrt{1-\xi_1^2}X_{v_b}(\Omega) \\
&+\eta\sqrt{1-\xi_1^2}X_{v_c}(\Omega)\Big] + \frac{1}{2}\Big[\sqrt{1-\eta^2}X_{v_e}(\Omega) + \sqrt{1-\eta^2}X_{v_f}(\Omega) \\
&+\sqrt{1-\eta^2}Y_{v_e}(\Omega) - \sqrt{1-\eta^2}Y_{v_f}(\Omega)\Big] \\
i_-^c(\Omega) =& \frac{1}{\sqrt{2}}\Big[\eta\xi_1 Y_b(\Omega) - \eta\xi_1 Y_c(\Omega) + \eta\sqrt{1-\xi_1^2}Y_{v_b}(\Omega)\Big] \\
&-\eta\sqrt{1-\xi_1^2}Y_{v_c}(\Omega) + \frac{1}{2}\Big[\sqrt{1-\eta^2}X_{v_e}(\Omega) - \sqrt{1-\eta^2}X_{v_f}(\Omega) \\
&+\sqrt{1-\eta^2}Y_{v_e}(\Omega) + \sqrt{1-\eta^2}Y_{v_f}(\Omega)\Big]
\end{aligned}
\tag{7.9}
$$

在对 b 和 c 模的联合贝尔态测量过程中，通过测量导致的纠缠塌缩，使未发生直接相互作用的模 a 和 d 产生了纠缠。它使模 a 和 d 成为一对不可分的量子纠缠态。任何在模 a 和 d 上的局域操作，如经典平移，均不会改变它们之间的纠缠。对比量子态隐形传送实验，暂不考虑模 a，只看 b、c 和 d。此时，这个操作相当于利用 c 和 d 之间的 EPR 纠缠，将量子态 b 传送至 d。为了确证 a 和 d 模之间存在纠缠，可以将测得的和与差光电流通过经典通道传送给 Bob。Bob 先用它调制一束相干光 β_0，被调制后的光场 β 可表示为

$$
\beta = \beta_0 + g_+ i_+^c(\Omega) + \mathrm{i}g_- i_-^c(\Omega) \tag{7.10}
$$

其中，g_+，g_- 为经典通道光电流调制到相干态光场的增益因子。Bob 用调制后的相干光对光学模 d 进行平移变换，即使用一个反射率和透射率之比为 98:2 的分束器耦合光束 d 和 β，得到

$$
d' = \sqrt{R}\left(\xi_2 d + \sqrt{1-\xi_2^2}v_d\right) + \sqrt{1-R}\left[\beta_0 + g_+ i_+^c(\Omega) + \mathrm{i}g_- i_-^c(\Omega)\right] \tag{7.11}
$$

其中，d' 为 d 经分束器平移变换后的输出场模；ξ_2 为模 d 的传送效率；v_d 代表由传送损耗引入的真空噪声；R 为耦合镜的反射率 ($R = 0.98$)。耦合模具有尽可

能高的反射率，以保证 d 与 a 之间的量子纠缠不被损耗破坏。由于贝尔态直接测量要求两束输入光的能量平衡，在实验中选择合适的相干光 β 的强度，使 a 与 d' 模的平均光强度保持相等。

完成平移操作后，d' 模相当于通过量子隐形传送重构的 b 模，具有 b 模量子态的特性。由于 b 模与 a 模是一对 EPR 纠缠态，所以此时没有直接相互作用的模 a 和 d' 之间就产生了纠缠。为了验证它们之间的纠缠，Victor 对 a 与 d' 进行联合贝尔态直接探测。模 a 和 d' 通过 50:50 分束器组合，其输出场模 m 和 n 可表示为

$$
\begin{aligned}
m &= \frac{1}{\sqrt{2}}\eta\left[\left(\xi_3 a+\sqrt{1-\xi_3^2}v_a\right)+\mathrm{i}\left(\xi_4 d'+\sqrt{1-\xi_4^2}v_{d'}\right)\right]+\sqrt{1-\eta^2}v_m \\
n &= \frac{1}{\sqrt{2}}\eta\left[\left(\xi_3 a+\sqrt{1-\xi_3^2}v_a\right)-\mathrm{i}\left(\xi_4 d'+\sqrt{1-\xi_4^2}v_{d'}\right)\right]+\sqrt{1-\eta^2}v_n
\end{aligned}
\tag{7.12}
$$

其中，η 代表探测器的探测效率；ξ_3 和 ξ_4 分别为 a 和 d' 的传送效率；v_a 和 $v_{d'}$ 分别相应于因损耗在 a 和 d' 中引入的真空噪声；v_m 和 v_n 相应于不完善的探测效率所引入的真空噪声。这样，当 m 和 n 两束光入射到探测器 D3 和 D4 时，探测器 D3 和 D4 探测到的光电流之和 $i_+^v(\Omega)$ 与光电流之差 $i_-^v(\Omega)$ 的噪声谱分别为

$$
\begin{aligned}
i_+^v(\Omega)=&\frac{1}{\sqrt{2}}\Big[\eta\xi_3 X_a(\Omega)+\sqrt{R}\eta\xi_2\xi_4 X_d(\Omega)+\eta\sqrt{1-\xi_3^2}X_{va}(\Omega) \\
&+\sqrt{R}\eta\sqrt{1-\xi_2^2}\xi_4 X_{vd}(\Omega)+\eta\sqrt{1-\xi_4^2}X_{vd'}(\Omega) \\
&+\sqrt{1-R}\eta\xi_4 X_{\beta 0}(\Omega)+\sqrt{1-R}\eta g_+\xi_4 i_+^c(\Omega)\Big]+\frac{1}{2}\Big[\sqrt{1-\eta^2}X_{vm}(\Omega) \\
&+\sqrt{1-\eta^2}X_{vn}(\Omega)+\sqrt{1-\eta^2}Y_{vm}(\Omega)-\sqrt{1-\eta^2}Y_{vn}(\Omega)\Big]
\end{aligned}
\tag{7.13a}
$$

$$
\begin{aligned}
i_-^v(\Omega)=&\frac{1}{\sqrt{2}}\Big[\eta\xi_3 Y_a(\Omega)-\sqrt{R}\eta\xi_2\xi_4 Y_d(\Omega)+\eta\sqrt{1-\xi_3^2 Y_{va}(\Omega)} \\
&-\sqrt{R}\eta\sqrt{1-\xi_2^2}\xi_4 Y_{vd}(\Omega)-\eta\sqrt{1-\xi_4^2}Y_{vd'}(\Omega) \\
&-\sqrt{1-R}\eta\xi_4 Y_{\beta 0}(\Omega)-\sqrt{1-R}\eta g_-\xi_4 i_-^c(\Omega)\Big]+\frac{1}{2}\Big[\sqrt{1-\eta^2}X_{vm}(\Omega) \\
&-\sqrt{1-\eta^2}X_{vn}(\Omega)+\sqrt{1-\eta^2}Y_{vm}(\Omega)+\sqrt{1-\eta^2}Y_{vn}(\Omega)\Big]
\end{aligned}
\tag{7.13b}
$$

利用前面给出的 NOPA 的输入–输出关系式 (7.7)，可以得到光电流和与差的起伏方差：

$$\begin{aligned}\left\langle \delta^2 i_+^v \right\rangle =& \left\langle \delta^2 i_-^v \right\rangle \\ =& \frac{1}{4}\eta \mathrm{e}^{2r_1} + \frac{1}{4}\sqrt{R}\mathrm{e}^{2r_2} + \frac{1}{4}\eta \mathrm{e}^{-2r_1} + \frac{1}{4}\Bigg[\sqrt{R}\mathrm{e}^{-2r_2} + 1 - \eta^2 \\ &+ \frac{1}{2}\eta^2\left(2 - \xi_3^2 - \xi_4^2\right) + \frac{1}{2}\left(1 - R\xi_2^2\right)\eta^2\xi_4^2 \\ &+ \frac{g_{\mathrm{swap}}^2\left(1 - \eta^2\xi_1^2\right)\xi_4^2}{\xi_1^2}\Bigg]\end{aligned} \tag{7.14}$$

其中，$g_{\mathrm{swap}} = \dfrac{1}{\sqrt{2}}\sqrt{1-R}\eta\xi_1 g_{+(-)}$ 是归一化的纠缠交换经典通道增益因子，它的选取对实验结果有影响。如果选取最优化的增益因子 $g_{\mathrm{swap}}^{\mathrm{opt}}$，则可以在相同的初始关联方差下，获得最好的纠缠交换结果。在下面的计算中，讨论对称情况，即取 $g_+ = g_-$。通过对式 (7.14) 求极小值，即可得到最优化增益因子的表达式为

$$g_{\mathrm{swap}}^{\mathrm{opt}} = \frac{\eta^2\left[\left(\mathrm{e}^{4r_1} - 1\right)\mathrm{e}^{2r_2}\xi_3 + \mathrm{e}^{2r_1}\left(\mathrm{e}^{4r_2} - 1\right)\sqrt{R}\xi_2\xi_4\right]\xi_1^2}{\left\{4\mathrm{e}^{2(r_1+r_2)} + \eta^2\left[\mathrm{e}^{2r_1} + \mathrm{e}^{2r_2} + \mathrm{e}^{4r_1+2r_2} + \mathrm{e}^{2r_1+4r_2} - 4\mathrm{e}^{2(r_1+r_2)}\right]\xi_1^2\right\}\xi_4} \tag{7.15}$$

图 7.9(a) 和 (b) 分别为增益因子取单位增益和最佳增益时画出的 a 和 d' 的和 (差) 光电流的噪声功率谱随着关联参量的变化关系。其中，传送效率等参数均取后面实验中的实际参数 ($\xi_1^2 = 0.970, \xi_2^2 = 0.950, \xi_3^2 = 0.966, \xi_4^2 = 0.968$)。对于给定的一对 r_1 和 r_2，取最佳增益时，a 与 d' 的和 (差) 光电流的噪声功率，低于增益因子为 1 情况下的相应值。为了比较，图 7.10 给出了取相同系统参量及 $r_1 = r_2 = r$ 情况下，不同增益因子 ($g = g_{\mathrm{swap}}^{\mathrm{opt}}$ 和 $g = 1$) 对输出光场关联噪声的影响。其中，曲线 1 是增益因子取单位增益因子 (即 1) 时的结果，曲线 2 是增益因子取最佳增益时的结果。从这些图中可以看出，如果选取单位增益，则只有当初始两对 EPR 纠缠光束的关联参量大于 0.415 时 (相当于关联度为 3.8 dB)，噪声功率才能降到 SNL 之下，即才能使 a 和 d' 成为相互纠缠的光学模。而如果选取最优化增益因子，则只要两对 EPR 纠缠光束的关联度大于 0，a 和 d' 之间的噪声功率就可以降低到 SNL 之下，即能实现纠缠交换。

在理想情况时，和 (差) 光电流噪声谱随 r 的变化关系也在图 7.10 中给出。其中，曲线 3 是增益因子取单位增益因子时的结果，曲线 4 是增益因子取最佳增益时的结果。曲线 3 与 r 轴的交叉点为 $r = 0.347$，相当于初始关联度为 3 dB，与用 $g = 1$ 的理论计算结果一致。

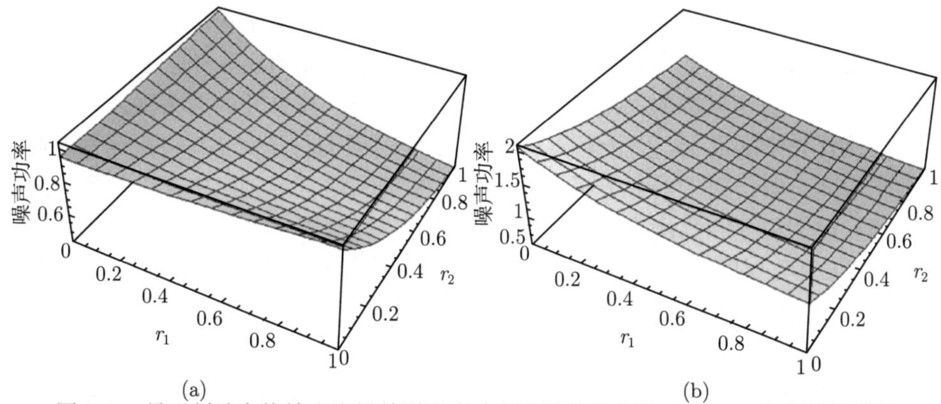

图 7.9 量子纠缠交换输出光场关联噪声功率谱随关联参量 r_1 和 r_2 变化的关系图

(a) 增益因子取单位增益情况；(b) 增益因子取最佳增益情况

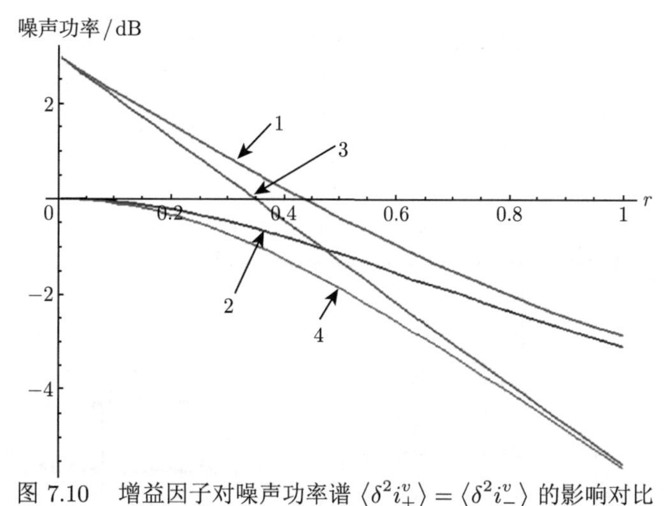

图 7.10 增益因子对噪声功率谱 $\langle\delta^2 i_+^v\rangle = \langle\delta^2 i_-^v\rangle$ 的影响对比

其中，曲线 1 为增益因子取 1 时的结果，曲线 2 为取最佳增益的结果，曲线 3 是增益因子取单位增益因子时的结果，曲线 4 是增益因子取最佳增益时的结果。模式匹配效率均取理想情况下的结果

从上述分析可以看出，在关联度比较低，即关联参量比较小的时候，关联参量的选取对最后的实验结果影响十分显著，随着关联参量的增加，从式 (7.15) 可以看出，最佳增益因子趋于 1，增益因子的选取对结果的影响逐渐减少，当关联参量趋于无穷时，选取两种增益因子得到的和 (差) 光电流噪声谱也趋于一致。

实验装置如图 7.11 所示。为了获得便于应用的明亮 EPR 光束，这里在实验上通过运转于参量放大和反放大状态的 NOPA 分别获得了具有振幅正关联、相位反关联，以及振幅反关联、相位正关联的两类明亮 EPR 纠缠光束对。为了使得到的两束纠缠光束的模式尽可能相同以提高模匹配效率，这里设计和制作了两台结构完全相同的 NOPA 作为纠缠态产生装置，同时为了减少内腔损耗，都采用半整块 F-P 腔型结构。利用边带锁频技术将两个 NOPA 锁定在注入种子光的频率上，获得了经典相干的 EPR 纠缠光束对。在尚未分束的注入种子光光路中置入相位调制器，用信号源的输出信号调制注入种子光。在分开的两条注入种子光路上分别放置光学隔离器，用于隔离从 NOPA 反射回的种子光，并将探测器探测到的由光学隔离器反射的信号光送入混频器，与调制信号混频产生误差信号，此误差信号经比例积分和高压直流放大器放大后，反馈至固定于输出镜上的压电陶瓷来锁定 NOPA，使两个 NOPA 的输出光的频率共同锁定在注入种子光的频率上，以保证它们的输出光束经典相干。采用贝尔态的直接测量方法，需要将 NOPA 锁定在参量反放大状态 (即泵浦光与种子光之间具有 π 相位差)。为了在实验中得到稳定的 EPR 关联光束，这里使 NOPA 运转于振荡阈值以下，将泵浦功率选择为 150 mW，在注入 6 mW 的红外种子光时，分别得到如下结果：NOPA1 的振幅和与相位差的噪声起伏分别低于其相应的散粒噪声极限 (4.13 ± 0.20) dB 和 (4.08 ± 0.16) dB，NOPA2 的振幅和与相位差的噪声起伏分别低于其相应的散粒噪声极限 (4.31 ± 0.17) dB 和 (4.22 ± 0.15) dB，计入电子学噪声 (低于散粒噪声极限 11.3 dB) 和探测器探测效率的影响，NOPA1 和 NOPA2 的关联噪声分别应该低于相应的散粒噪声极限 4.9 dB 和 5.1 dB。

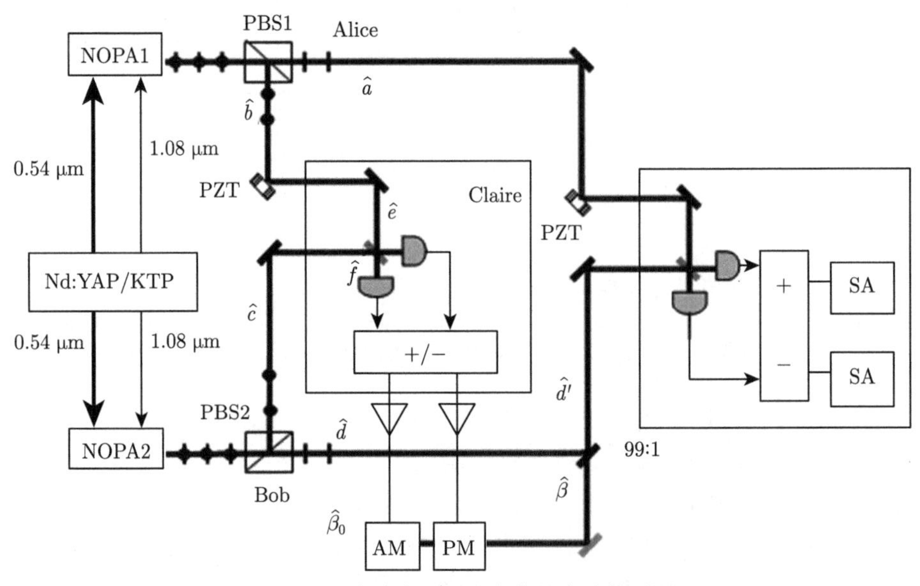

图 7.11 连续变量纠缠交换的实验装置图

挡掉两个 NOPA 的泵浦光，此时，只有注入种子光进入 NOPA，当两个 NOPA 的共振频率都锁定在注入种子光上时，调节注入光的能量，使得透过光的能量与工作在参量反放大状态的 NOPA 输出能量相等。

根据两组 EPR 的关联度为 4.9 dB 和 5.1 dB，可以算出这两组 EPR 的关联参量分别为 $r_1 = 0.564$ 和 $r_2 = 0.587$，将这些数据代入式 (7.15)，可以计算得出经典通道的最佳增益为 0.74。如果输入为两束相干光 ($r_1 = r_2 = 0$)，则可以利用式 (7.14) 计算得出此时的光电流和与差的起伏方差为 1.545，即高于散粒噪声极限 1.89 dB。仔细调节经典通道中的低噪声放大器以及相位延迟器，使得在 Victor 处测量得到的噪声比没有加入经典信息时高 1.89 dB，此时的电子学增益即为最佳增益。正交振幅分量与正交相位分量的调节结果分别如图 7.12(a) 和 (b) 所示。

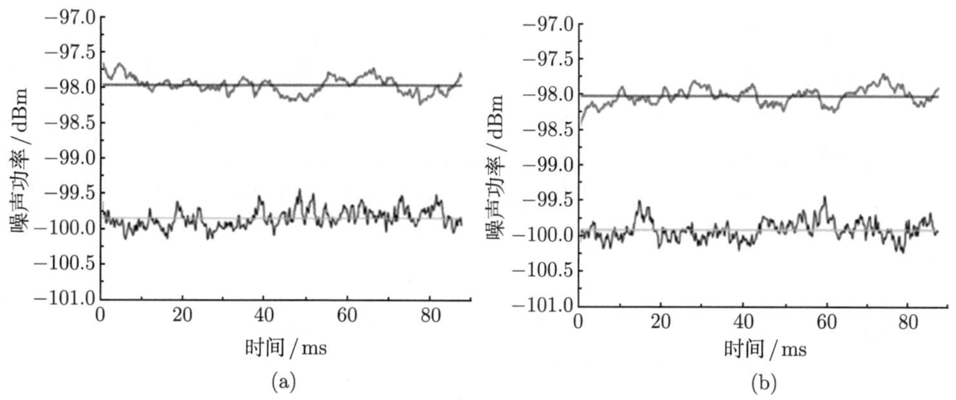

图 7.12 (a) 调节经典通道正交振幅分量的结果；(b) 调节经典通道正交相位分量的结果

当 NOPA1 和 NOPA2 都工作在参量反放大状态时，所产生的两对 EPR 纠缠光学模 a，b 和 c，d 分别被送至 Alice 和 Bob。之后他们各自用偏振分束器将纠缠的信号与闲置模分开。Alice 将模 b，Bob 将模 c 分别送给 Claire，当 Claire 未对 b 和 c 执行联合测量时，模 a 和 d 毫无量子关联。当 Claire 用贝尔态直接探测系统，同时测量 b 和 c 两模的正交振幅和 $\langle\delta^2(\hat{X}_{\hat{b}} + \hat{X}_{\hat{c}})\rangle$ 与正交相位差 $\langle\delta^2(\hat{Y}_{\hat{b}} + \hat{Y}_{\hat{c}})\rangle$ 的起伏方差时，将模 a 和 d 塌缩为依附于 Claire 测量结果的条件量子态。因此，当 Bob 接收到 Claire 送给他的测量结果时，就能够利用 Claire 测量得到的和与差光电流 (比例于 $\langle\delta^2(\hat{X}_{\hat{b}} + \hat{X}_{\hat{c}})\rangle$ 和 $\langle\delta^2(\hat{Y}_{\hat{b}} - \hat{Y}_{\hat{c}})\rangle$)，对模 d 执行简单的相空间平移，在模 d 上再现模 b 的量子态特性，从而使模 d 与模 a 纠缠，完成纠缠交换。在实验中，从激光泵浦源分出一束基频相干光 β_0，作为本地振荡光。用 Claire 测量的和与差光电流，通过振幅调制器和相位调制器对 β_0 分别执行振幅调制与相位调制，调制后的光学模 β 携带着 Claire 的测量信息，通过 AM、PM、99:1，将光学模 d 平移至 d'，d' 则为模 b 的 "重构" 量子态。为了确证纠缠交换已经被完成，将模 a 与 d' 送入测量端 (Victor)，Victor 使用贝尔态直接探测系统测定模 a 与 d' 的和与差光电流 $\langle\delta^2(\hat{X}_{\hat{b}} + \hat{X}_{\hat{c}})\rangle$，$\langle\delta^2(\hat{Y}_{\hat{b}} - \hat{Y}_{\hat{c}})\rangle$。如果和与差光电流的起伏方差均低于相应的散粒噪声极限，则证明模 a 与 d' 处于 EPR 纠缠态。

图 7.13(a) 和 (b) 分别为 Victor 所测量的模 a 与 d' 之间正交振幅与正交相位的关联噪声。曲线 1 为 Claire 未将测量结果送给 Bob 时，所测量的振幅和与相位差的噪声功率，它分别高于相应的 SNL(曲线 4)4.48 dB，此时，a 和 d' 之间尚未显示出量子关联。当用 Claire 的测量光电流调制 β_0 并用以平移 d 后，a 与 d' 的关联噪声分别降到 SNL 以下 1.23 dB(图 7.13(a) 曲线 5) 和 1.12 dB(图 7.13(b) 曲线 5)。扣除电子学噪声 (11.3 dB 低于 SNL，图中未画出) 的影响，真实的正交振幅与正交相位关联度应分别为 1.34 dB 和 1.22 dB。图 7.13(a) 和 (b) 中的曲线 2 分别为两台 NOPA 均不加泵浦光场，仅注入信号光场，当输出光场功率与实际的 EPR 光束能量相等时，Victor 所测量的关联方差高于 SNL(曲线 4)1.89 dB，这就意味着从 Alice 和 Bob 到 Victor 的光学传送系统不是理想的，从而引入了 1.89 dB 的额外噪声。图 7.13(a) 和 (b) 中的曲线 3 分别是模 a 和 d' 各自的振幅噪声，它高于双光束的 SNL1.16 dB。这说明 EPR 纠缠光束中每一个模自身的量子噪声都高于散粒噪声极限，但是由于它们彼此关联，所以关联方差低于 SNL。

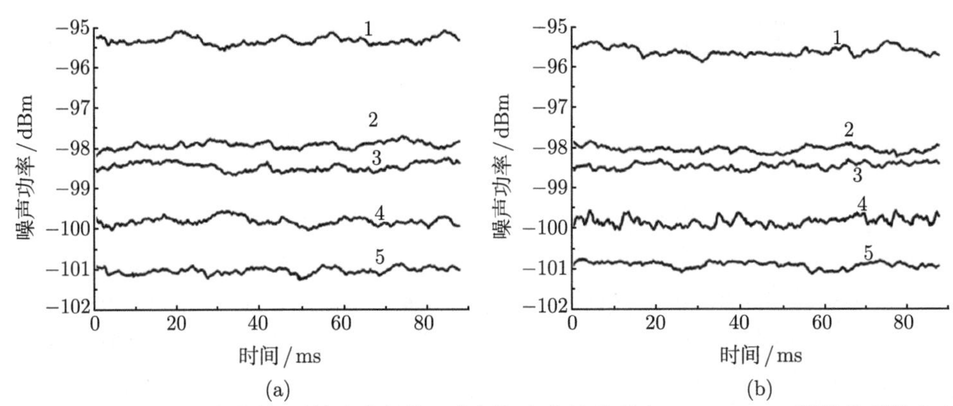

图 7.13 (a) Victor 测量得到输出光场的正交振幅和的关联噪声；(b) Victor 测量得到输出光场的正交相位差的关联噪声

7.2.3 基于光纤的量子隐形传态

实际应用同时需要高保真度和长距离量子隐形传态。保真度衡量该方案执行的质量，而长距离传送是实用化的基本要求。由于单光子相对简单的产生装置以及对噪声环境的退相干效应可以忽略，其成为长距离量子传送非常重要的物理载体。2017 年，中国科学技术大学利用地球–卫星纠缠分发成功实现了长距离量子隐形传态，将传送距离发展到上千公里，为构建全球规模量子信息网络提供了一种方式 [30]。此外，连续变量量子光学为确定性量子隐形传态提供了另一种手段，利用连续变量纠缠态光场可以实现任意未知量子态的确定性传送。光纤是传送光信息的一种最佳通道，可以扩展光学量子态的量子隐形传送距离。山西大学光电研究所利用光纤通道实现了 6 km 的确定性量子隐形传态 [5]。

光纤通道连续变量量子隐形传态方案如图 7.14 所示，其中包括一个光源站，用来提供 EPR 纠缠态光源并分发给通信双方：一个发送者 (Alice) 和一个接收者 (Bob)。这些站点之间是由作为量子通道的光纤连接起来的。实验中，EPR 纠缠态光场是由两束单模压缩态光场在 50∶50 分束器上耦合得到，而单模压缩态光场是利用一对结构完全相同的运转于阈值以下的简并光学参量放大器制备得到的。纠缠态光场的波长为 1.34 μm，是光纤的一个低损耗传送窗口，以最大限度减小传输损耗。

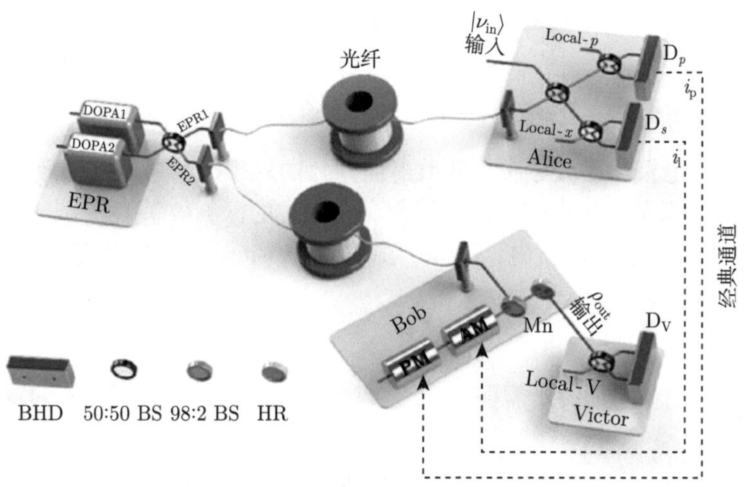

图 7.14 光纤通道连续变量量子隐形传态方案 [5]

在量子隐形传态过程中，EPR 态的两个子光束 (EPR1 和 EPR2) 分别通过一段光纤分发给通信双方 Alice 和 Bob，然后 Alice 将它拥有的一束子模 ($\hat{a}_{\rm EPR1}$) 与未知量子态 (输入态，$|\nu_{\rm in}\rangle = |\hat{x}_{\rm in} + {\rm i}\hat{y}_{\rm in}\rangle$) 在 50∶50 分束器上耦合，分束器输出的两束光分别用两套 BHD 系统 (D_x 和 D_y) 借助两束对应的本地振荡光 (Local-x 和 Local-y) 对其正交振幅分量 $\hat{x}_{\rm tel} = \dfrac{\hat{x}_{\rm in} + \hat{x}_{\rm EPR1}}{\sqrt{2}}$ 和正交相位分量 $\hat{y}_{\rm tel} = \dfrac{\hat{y}_{\rm in} - \hat{y}_{\rm EPR1}}{\sqrt{2}}$ 的噪声功率进行测量，该测量在连续变量量子隐形传态研究中提供了一种类似于贝尔态测量的操作。Alice 测量得到的结果 (i_x 和 i_y) 将分别通过两个经典信息通道传送给 Bob，Bob 利用得到的反馈信号借助于振幅调制器和相位调制器对子模 EPR2($\hat{a}_{\rm EPR2}$) 进行调制。在整个过程中，输入量子态被 Alice 测量后塌缩，而 Bob 借助纠缠态的非局域量子关联以及经典反馈信息重构了一个与输入态相似的量子输出态，输出与输入

量子态的相似程度可以用保真度衡量。为此，探测者 Victor 利用 BHD(D_V) 对输出态进行验证测量。

在光纤通道量子隐形传态实验系统中，光纤传送损耗和额外噪声对传送态量子特性的影响是不容忽视的，因此，光纤耦合器的耦合效率 (η_C) 以及光纤中的传送效率 (η_F) 必须被考虑。光纤通道中的额外噪声将在一定程度上破坏量子纠缠的关联程度并且缩短量子隐形传态的传送距离。光纤中的额外噪声有一部分来自声波导布里渊散射 (GAWBS) 产生的声波模热激发，它是光纤通道加载在非经典光场 0~0.6 GHz 频率范围内主要的热噪声。在实验中，EPR 纠缠态光场的一束子模与对应的本地振荡光在长度为 l 的光纤中同时传送，两束光采用偏振复用以便于对它们之间的相对相位进行锁定。由于声波导布里渊散射效应，一部分水平偏振的本地振荡光退极化以后其偏振将变为竖直方向，从而进入竖直偏振的信号光光路中，构成一个热噪声源，其噪声起伏为

$$\sigma_G^x = \sigma_G^y = \xi l \bar{n}_L \tag{7.16}$$

其中，ξ 为由退极化声波导布里渊散射而导致的对于每公里光纤的散射效率；$\bar{n}_L$ 为对应的本地振荡光光束的平均光子数。非理想的探测效率 (η_V^2, η_A^2) 和确定性的 EPR 纠缠度也需要考虑在内。因此，由验证者 Victor 测量得到的正交分量噪声起伏 σ_V^x, σ_V^p 分别可以表示为

$$\begin{aligned}\sigma_V^x &= 1 - r_B^2\eta_V^2 - g_x^2 + \frac{2g_x^2}{\eta_{A_x}^2} + \frac{\sigma^-}{2} \times \left[g_x + \frac{\sigma^+}{2} \times \left(g_x - (r_B\eta_V)^2\right)\right] \\ \sigma_V^p &= 1 - r_B^2\eta_V^2 - g_p^2 + \frac{2g_p^2}{\eta_{A_p}^2} + \frac{\sigma^-}{2} \times \left[g_p + \frac{\sigma^+}{2} \times \left(g_p - (r_B\eta_V)^2\right)\right]\end{aligned} \tag{7.17}$$

其中，

$$\begin{aligned}\sigma^- &= (1-\xi l)\eta_C\eta_F e^{-2r} + \eta_C\eta_F\xi^2 l^2 \bar{n}_L + (2 - \eta_C - \eta_F + \xi l) \\ \sigma^+ &= (1-\xi l)\eta_C\eta_F e^{2r} + \eta_C\eta_F\xi^2 l^2 \bar{n}_L + (2 - \eta_C - \eta_F + \xi l)\end{aligned} \tag{7.18}$$

$r_B^2 = 0.98$ 为 Bob 端耦合镜 (M_B) 的反射率，M_B 用来耦合带有经典反馈信息的相干光束，从而对 Bob 拥有的 EPR 子模进行平移操作得到输出态 (输入态的重构态)。$g_x(g_p)$ 为输入态正交振幅 (相位) 分量 $x(y)$ 经典反馈通道增益因子。光纤中 EPR 子模的总传送效率主要包括光纤耦合器耦合效率 $\eta_C = 0.9$ 和光纤传送效率 $\eta_F = 10^{\frac{0.35\times l}{10}}$。Alice 端和 Victor 端光电探测器量子效率分别为 $\eta_A^2 = 0.95$、$\eta_V^2 = 0.95$。

EPR 量子纠缠光束经过光纤传送时的模式演化如图 7.15 所示，两束正交振幅压缩态光场模式分别用 $\hat{a}_1$ 和 $\hat{a}_2$ 表示，经过 50:50 分束器耦合以后输出的两束子光场模式分别用 $\hat{b}_1$ 和 $\hat{b}_2$ 表示，经过一段光纤传送后，光纤中的传送损耗以及布里渊散射引入的额外噪声导致模式变化，再分别用 $\hat{c}_1$ 和 $\hat{c}_2$ 表示。$\hat{a}_1$ 和 $\hat{a}_2$ 之间的相对相位锁定在 $\pi/2$。

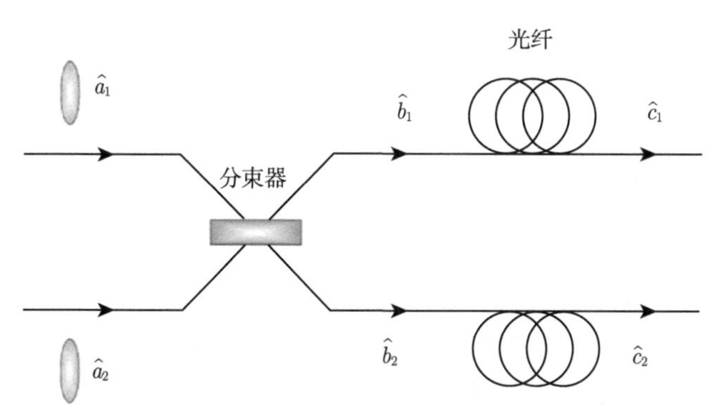

图 7.15 EPR 光束模式演化

根据分束器模型以及光场损耗理论，可以得到上述模式之间满足如下变换关系：

$$\begin{aligned}\hat{b}_1 &= \frac{1}{\sqrt{2}}(\hat{a}_1 + \mathrm{i}\hat{a}_2)\\ \hat{b}_2 &= \frac{1}{\sqrt{2}}(\hat{a}_1 - \mathrm{i}\hat{a}_2)\end{aligned} \tag{7.19}$$

$$\begin{aligned}\hat{c}_1 &= \sqrt{\eta_{\mathrm{C}}\eta_{\mathrm{F}}(1-\xi l)}\hat{b}_1 + \sqrt{\eta_{\mathrm{C}}\eta_{\mathrm{F}}\xi l}\hat{a}_{\mathrm{L1}} + \sqrt{1-\eta_{\mathrm{C}}}\hat{a}_{\mathrm{v1}} + \sqrt{1-\eta_{\mathrm{F}}}\hat{a}_{\mathrm{v2}} + \sqrt{\zeta l}\hat{a}_{\mathrm{v3}}\\ \hat{c}_2 &= \sqrt{\eta_{\mathrm{C}}\eta_{\mathrm{F}}(1-\xi l)}\hat{b}_2 + \sqrt{\eta_{\mathrm{C}}\eta_{\mathrm{F}}\xi l}\hat{a}_{\mathrm{L2}} + \sqrt{1-\eta_{\mathrm{C}}}\hat{a}_{\mathrm{v4}} + \sqrt{1-\eta_{\mathrm{F}}}\hat{a}_{\mathrm{v5}} + \sqrt{\xi l}\hat{a}_{\mathrm{v6}}\end{aligned} \tag{7.20}$$

式 (7.20) 中，$\hat{a}_{\mathrm{L1}}$ 和 $\hat{a}_{\mathrm{L2}}$ 分别为与 EPR 两子光束同时传送的本地振荡光模式；$\hat{a}_{\mathrm{v1}}$、$\hat{a}_{\mathrm{v2}}$、$\hat{a}_{\mathrm{v3}}$、$\hat{a}_{\mathrm{v4}}$、$\hat{a}_{\mathrm{v5}}$ 和 $\hat{a}_{\mathrm{v6}}$ 分别对应不同光学损耗耦合到信号光中的真空模式，将式 (7.19) 代入式 (7.20)，可以得到模式 $\hat{c}_1$、$\hat{c}_2$ 与 $\hat{a}_1$、$\hat{a}_2$ 的变换关系如下：

$$\begin{aligned}\hat{c}_1 =& \sqrt{\frac{\eta_{\mathrm{C}}\eta_{\mathrm{F}}(1-\xi l)}{2}}\hat{a}_1 + \mathrm{i}\sqrt{\frac{\eta_{\mathrm{C}}\eta_{\mathrm{F}}(1-\xi l)}{2}}\hat{a}_2\\ &+ \sqrt{\eta_{\mathrm{C}}\eta_{\mathrm{F}}\xi l}\hat{a}_{\mathrm{L1}} + \sqrt{1-\eta_{\mathrm{C}}}\hat{a}_{\mathrm{v1}} + \sqrt{1-\eta_{\mathrm{F}}}\hat{a}_{\mathrm{v2}} + \sqrt{\xi l}\hat{a}_{\mathrm{v3}}\end{aligned} \tag{7.21}$$

$$\begin{aligned}\hat{c}_2 =&\sqrt{\frac{\eta_{\rm C}\eta_{\rm F}(1-\xi l)}{2}}\hat{a}_1 - {\rm i}\sqrt{\frac{\eta_{\rm C}\eta_{\rm F}(1-\xi l)}{2}}\hat{a}_2\\&+\sqrt{\eta_{\rm C}\eta_{\rm F}\xi l}\hat{a}_{\rm L2}+\sqrt{1-\eta_{\rm C}}\hat{a}_{\rm v4}+\sqrt{1-\eta_{\rm F}}\hat{a}_{\rm v5}+\sqrt{\xi l}\hat{a}_{\rm v6}\end{aligned}$$

利用湮灭算符与电磁场正交分量的变换关系 $\hat{a} = \hat{X} + {\rm i}\hat{Y}$，式 (7.21) 可以表示为

$$\begin{aligned}\hat{X}_{c1}+{\rm i}\hat{Y}_{c1} =&\sqrt{\frac{\eta_{\rm C}\eta_{\rm F}(1-\xi l)}{2}}\hat{X}_{a1}+{\rm i}\sqrt{\frac{\eta_{\rm C}\eta_{\rm F}(1-\xi l)}{2}}\hat{Y}_{a1}+{\rm i}\sqrt{\frac{\eta_{\rm C}\eta_{\rm F}(1-\xi l)}{2}}\hat{X}_{a2}\\&-\sqrt{\frac{\eta_{\rm C}\eta_{\rm F}(1-\xi l)}{2}}\hat{Y}_{a2}+\sqrt{\eta_{\rm C}\eta_{\rm F}\xi l}\hat{X}_{a_{\rm L1}}+{\rm i}\sqrt{\eta_{\rm C}\eta_{\rm F}\xi l}\hat{Y}_{a_{\rm L1}}+\sqrt{1-\eta_{\rm C}}\hat{X}_{a_{\rm v1}}\\&+{\rm i}\sqrt{1-\eta_{\rm C}}\hat{Y}_{a_{\rm v1}}+\sqrt{1-\eta_{\rm F}}\hat{X}_{a_{\rm v2}}+{\rm i}\sqrt{1-\eta_{\rm F}}\hat{Y}_{a_{\rm v2}}+\sqrt{\xi l}\hat{X}_{a_{\rm v3}}+{\rm i}\sqrt{\xi l}\hat{Y}_{a_{\rm v3}}\\\hat{X}_{c2}+{\rm i}\hat{Y}_{c2} =&\sqrt{\frac{\eta_{\rm C}\eta_{\rm F}(1-\xi l)}{2}}\hat{X}_{a1}+{\rm i}\sqrt{\frac{\eta_{\rm C}\eta_{\rm F}(1-\xi l)}{2}}\hat{Y}_{a1}-{\rm i}\sqrt{\frac{\eta_{\rm C}\eta_{\rm F}(1-\xi l)}{2}}\hat{X}_{a2}\\&+\sqrt{\frac{\eta_{\rm C}\eta_{\rm F}(1-\xi l)}{2}}\hat{Y}_{a2}+\sqrt{\eta_{\rm C}\eta_{\rm F}\xi l}\hat{X}_{a_{\rm L2}}+{\rm i}\sqrt{\eta_{\rm C}\eta_{\rm F}\xi l}\hat{Y}_{a_{\rm L2}}+\sqrt{1-\eta_{\rm C}}\hat{X}_{a_{\rm v4}}\\&+{\rm i}\sqrt{1-\eta_{\rm C}}\hat{Y}_{a_{\rm v4}}+\sqrt{1-\eta_{\rm F}}\hat{X}_{a_{\rm v5}}+{\rm i}\sqrt{1-\eta_{\rm F}}\hat{Y}_{a_{\rm v5}}+\sqrt{\xi l}\widehat{X}_{a_{\rm v6}}+{\rm i}\sqrt{\xi l}\hat{Y}_{a_{\rm v6}}\end{aligned}\tag{7.22}$$

利用正交分量算符系数的对应关系，可以得到

$$\left.\begin{aligned}\hat{X}_{c1} =&\sqrt{\frac{\eta_{\rm C}\eta_{\rm F}(1-\xi l)}{2}}\hat{X}_{a1}+{\rm i}\sqrt{\frac{\eta_{\rm C}\eta_{\rm F}(1-\xi l)}{2}}\hat{X}_{a2}+\sqrt{\eta_{\rm C}\eta_{\rm F}\xi l}\hat{X}_{a_{\rm L1}}\\&+\sqrt{1-\eta_{\rm C}}\hat{X}_{a_{\rm v1}}+\sqrt{1-\eta_{\rm F}}\hat{X}_{a_{\rm v2}}+\sqrt{\xi l}\hat{X}_{a_{\rm v3}}\\\hat{Y}_{c1} =&\sqrt{\frac{\eta_{\rm C}\eta_{\rm F}(1-\xi l)}{2}}\hat{Y}_{a1}+{\rm i}\sqrt{\frac{\eta_{\rm C}\eta_{\rm F}(1-\xi l)}{2}}\hat{Y}_{a2}+\sqrt{\eta_{\rm C}\eta_{\rm F}\xi l}\widehat{Y}_{a_{\rm L1}}\\&+\sqrt{1-\eta_{\rm C}}\hat{Y}_{a_{\rm v1}}+\sqrt{1-\eta_{\rm F}}\hat{Y}_{a_{\rm v2}}+\sqrt{\xi l}\hat{Y}_{a_{\rm v3}}\\\hat{X}_{c2} =&\sqrt{\frac{\eta_{\rm C}\eta_{\rm F}(1-\xi l)}{2}}\hat{X}_{a1}-{\rm i}\sqrt{\frac{\eta_{\rm C}\eta_{\rm F}(1-\xi l)}{2}}\hat{X}_{a2}+\sqrt{\eta_{\rm C}\eta_{\rm F}\xi l}\hat{X}_{a_{\rm L2}}\\&+\sqrt{1-\eta_{\rm C}}\hat{X}_{a_{\rm v4}}+\sqrt{1-\eta_{\rm F}}\hat{X}_{a_{\rm v5}}+\sqrt{\xi l}\hat{X}_{a_{\rm v6}}\\\hat{Y}_{c2} =&\sqrt{\frac{\eta_{\rm C}\eta_{\rm F}(1-\xi l)}{2}}\hat{Y}_{a1}-{\rm i}\sqrt{\frac{\eta_{\rm C}\eta_{\rm F}(1-\xi l)}{2}}\hat{Y}_{a2}+\sqrt{\eta_{\rm C}\eta_{\rm F}\xi l}\hat{Y}_{a_{\rm L2}}\\&+\sqrt{1-\eta_{\rm C}}\hat{Y}_{a_{\rm v4}}+\sqrt{1-\eta_{\rm F}}\hat{Y}_{a_{\rm v5}}+\sqrt{\xi l}\widehat{Y}_{a_{\rm v6}}\end{aligned}\right\}\tag{7.23}$$

EPR 纠缠态光场正交振幅和与正交相位差关联起伏分别可以表示为

$$\begin{aligned}\left\langle\delta^2\left(\hat{X}_{c1}+\hat{X}_{c2}\right)\right\rangle=&\left\langle\delta^2\left(2\sqrt{\frac{\eta_{\mathrm{C}}\eta_{\mathrm{F}}(1-\xi l)}{2}}\hat{X}_{a1}+\sqrt{\eta_{\mathrm{C}}\eta_{\mathrm{F}}\xi l}\hat{X}_{a_{\mathrm{L1}}}\right.\right.\\&+\sqrt{1-\eta_{\mathrm{C}}}\hat{X}_{a_{\mathrm{v1}}}+\sqrt{1-\eta_{\mathrm{F}}}\hat{X}_{a_{\mathrm{v2}}}\\&+\sqrt{\xi l}\hat{X}_{a_{\mathrm{v3}}}+\sqrt{\eta_{\mathrm{C}}\eta_{\mathrm{F}}\xi l}\hat{X}_{a_{\mathrm{L2}}}+\sqrt{1-\eta_{\mathrm{C}}}\hat{X}_{a_{\mathrm{v4}}}\\&\left.\left.+\sqrt{1-\eta_{\mathrm{F}}}\hat{X}_{a_{\mathrm{v5}}}+\sqrt{\xi l}\hat{X}_{a_{\mathrm{v6}}}\right)\right\rangle\\\left\langle\delta^2\left(\hat{Y}_{c1}-\hat{Y}_{c2}\right)\right\rangle=&\left\langle\delta^2\left(2\mathrm{i}\sqrt{\frac{\eta_{\mathrm{C}}\eta_{\mathrm{F}}(1-\xi l)}{2}}\hat{Y}_{a2}+\sqrt{\eta_{\mathrm{C}}\eta_{\mathrm{F}}\xi l}\hat{Y}_{a_{\mathrm{L1}}}\right.\right.\\&+\sqrt{1-\eta_{\mathrm{C}}}\hat{Y}_{a_{\mathrm{v1}}}+\sqrt{1-\eta_{\mathrm{F}}}\hat{Y}_{a_{\mathrm{v2}}}\\&+\sqrt{\xi l}\hat{Y}_{a_{\mathrm{v3}}}+\sqrt{\eta_{\mathrm{C}}\eta_{\mathrm{F}}\xi l}\hat{Y}_{a_{\mathrm{L2}}}\\&\left.\left.+\sqrt{1-\eta_{\mathrm{C}}}\hat{Y}_{a_{\mathrm{v4}}}+\sqrt{1-\eta_{\mathrm{F}}}\hat{Y}_{a_{\mathrm{v5}}}+\sqrt{\xi_l}\hat{Y}_{a_{\mathrm{v6}}}\right)\right\rangle\end{aligned}\tag{7.24}$$

$\hat{a}_1$ 和 $\hat{a}_2$ 为正交振幅压缩模，其正交分量可以表示为

$$\begin{aligned}\hat{X}_{a1(a2)}&=\mathrm{e}^{-r_1(r_2)}\hat{X}_{a_{\mathrm{s1}}(a_{\mathrm{s2}})}\\\hat{Y}_{a1(a2)}&=\mathrm{e}^{r_1(r_2)}\hat{Y}_{a_{\mathrm{s1}}(a_{\mathrm{s2}})}\end{aligned}\tag{7.25}$$

其中，r_1, r_2 分别为 $\hat{a}_1,\hat{a}_2$ 模对应的压缩态光场的压缩参量；$\hat{a}_{\mathrm{s1}},\hat{a}_{\mathrm{s2}}$ 为制备两束单模压缩态光场时对应的注入种子光模式。对于相干态和真空态，其正交分量起伏为 1，即

$$\begin{aligned}\left\langle\delta^2\left[\hat{X}_{a_{\mathrm{s1}}(a_{\mathrm{s2}})}\right]\right\rangle&=1\\\left\langle\delta^2\left[\hat{X}_{a_{\mathrm{L1}}(a_{\mathrm{L2}})}\right]\right\rangle&=1\\\left\langle\delta^2\left[\hat{X}_{a_{\mathrm{v1}}(a_{\mathrm{v2}},a_{\mathrm{v3}},a_{\mathrm{v4}},a_{\mathrm{v5}},a_{\mathrm{v6}})}\right]\right\rangle&=1\\\left\langle\delta^2\left[\hat{Y}_{a_{\mathrm{s1}}(a_{\mathrm{s2}})}\right]\right\rangle&=1\\\left\langle\delta^2\left[\hat{Y}_{a_{\mathrm{L1}}(a_{\mathrm{L2}})}\right]\right\rangle&=1\\\left\langle\delta^2\left[\hat{Y}_{a_{\mathrm{v1}}(a_{\mathrm{v2}},a_{\mathrm{v3}},a_{\mathrm{v4}},a_{\mathrm{v5}},a_{\mathrm{v6}})}\right]\right\rangle&=1\end{aligned}\tag{7.26}$$

将式 (7.26) 代入式 (7.24)，得到式 (7.18)。将具体实验参数代入保真度表达

式，即得到量子隐形传态保真度随 Alice 和 Bob 之间通信距离的变化关系，如图 7.16 所示。

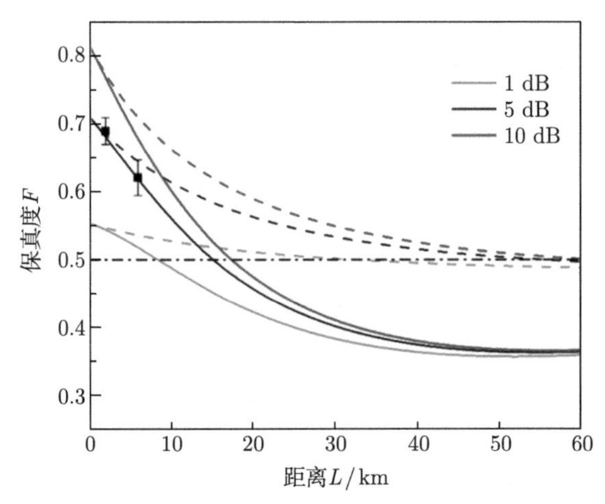

图 7.16　量子隐形传态保真度随 Alice 和 Bob 之间通信距离的变化关系

图中实线为结合实验系统，考虑布里渊散射引入额外噪声的情况，保真度理论计算值在不同 EPR 关联因子情况下随通信距离的变化关系，其中绿色、蓝色和红色曲线分别对应 EPR 量子纠缠态的纠缠度为 1 dB、5 dB 和 10 dB。如果量子隐形传态保真度下降到 1/2 的经典极限以下，则该隐形传态过程应该是不成功的。从这三条曲线的变化可以明显看出，提高 EPR 纠缠态光场纠缠度则可以得到更好的保真度。在利用相同纠缠度的 EPR 纠缠态的情况下，对应 1/2 保真度经典极限的通信距离也会增加。然而，在 EPR 纠缠态具有相同的纠缠度的情况下，如果不考虑布里渊散射引入的额外噪声的影响，则量子隐形传态保真度会明显增加，1/2 保真度经典极限对应的通信距离也会进一步延长，如图 7.16 中虚线所示。因此，有效地抑制或者消除布里渊散射引入的额外噪声，是必须要考虑的一个问题。当取 EPR 纠缠态光场纠缠度为 5.5 dB(实验测量值) 时，计算得到光纤通道通信距离为 2.0 km 和 6.0 km 的量子隐形传态保真度分别为 0.675、0.608。

实验系统如图 7.17 所示，激光器采用太原山大宇光科技有限公司生产的 671 nm 和 1342 nm 双波长输出激光器，输出的两束光经过红光和红外光模式清洁器进行空间模式优化和噪声过滤，之后分别用作实验的泵浦光和基频光。经过模式清洁器以后，671 nm 红光和 1342 nm 红外光分别在高于分析频率 2.4 MHz 和 2.8 MHz 的区域达到散粒噪声极限，因此选择在 3 MHz 分析频率处制备非经典光场，以减小由注入光场引入的额外噪声的影响。激光器的单频运转由 F-P 腔监视。实验中利用一对几何结构以及光学参数完全相同的简并光学参量放大器制备两束正交振幅压缩态光场，制备得到的两束单模压缩态光场具有相同的空间模式和光频率。制备得到两束 1.3 μm 波段的单模压缩态光场，然后将其在 50∶50 分束器上耦合得到 1.3 μm 光纤通信波段纠缠态光场，作为隐形传态的量子资源。实验上利用 BHD 系统对正交分量进行测量。两个光学参量放大器 DOPA1 和 DOPA2 采用两镜驻波腔结构，输入–输出镜直径为 10 mm，曲率半径为 50 mm，腔镜镀膜参数为：输入镜对红光透射率 $T = 20\%$，对红外光反射率 $R > 99.9\%$；输出镜对红光反射率 $R > 99.9\%$，对红外光透射率 $T = 12.5\%$。在该镀膜参数情况下，简并光学参量放大器满足三共振条件，腔运转阈值较低。将腔长调节为 104 mm，DOPA1 和 DOPA2 在 PPKTP 晶体温度分别为 56.27 ℃、60.23 ℃ 处得到腔运转最低阈值，分别为 23 mW、24 mW。将两个腔的泵浦光和注入种子光相对相位锁定在 π 相位，并且分别注入 15 mW 和 16 mW 泵浦光以及 10 mW 种子光时，可以得到两个腔的最佳单模压缩态光场，利用 BHD 系统对得到的压缩态光场进行测量，得到 3 MHz 分析频率处，低于对应散粒噪声极限 5.28 dB 和 5.31 dB 的测量结果。将两束单模压缩态光场在 50∶50 分束器上耦合并且将其相对相位锁定在 π/2 相位时，得到正交分量纠缠态光场。利用两套 BHD 系统对其进行联合测量，得到 EPR 纠缠态光场正交振幅和关联起伏低于对应散粒噪声极限 5.21 dB。

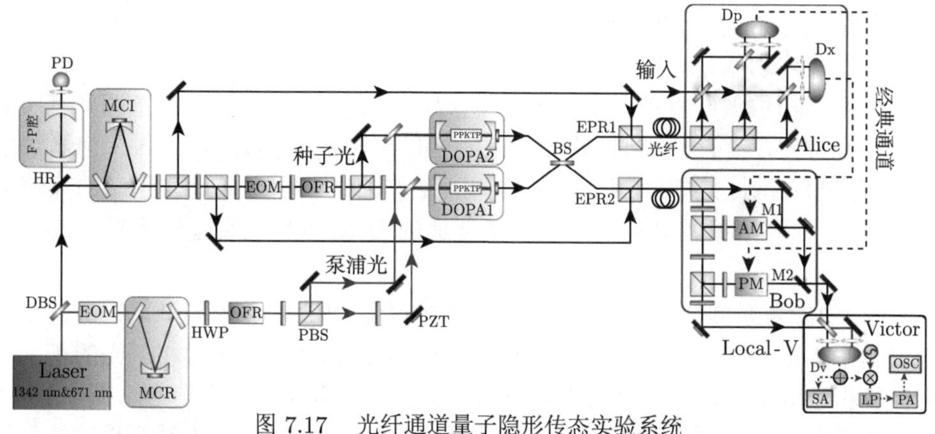

图 7.17 光纤通道量子隐形传态实验系统

各光学器件的具体代号含义如下：Laser-Nd:YVO4/LBO；DBS-双色分束器；HR-反射率大于 99.95%的高反镜；EOM-电光调制器；MCR(MCI)-红光模式清洁器 (红外光模式清洁器)；OFR-光学法拉第旋转器；HWP-半波片；PBS-偏振分束器；DOPA-简并光学参量放大器；M1,M2-1342 nm 波段红外光反射率为 98%的分束器；BS-50∶50 分束器；PD-光电探测器；PZT-压电陶瓷；Dx, Dp, Dv-BHD；SA-频谱分析仪；LP-低通滤波器；PA-低噪声前置放大器；OSC-示波器

之后，将其经过一段光纤分发给通信双方 Alice 和 Bob 进行相干态光纤

通道的量子隐形传态，如图 7.17 所示。为了减小测量中本地振荡光和信号光的相对相位抖动，利用偏振复用的方法将模式清洁器输出的本地振荡光和 EPR 子光束同时导入光纤传送，经过一段距离以后，将光束导出并利用偏振分束器将其分开。Alice 端为发送者，对待传态和她拥有的 EPR1 进行耦合，并对耦合光束的正交振幅分量和正交相位分量利用两套 BHD 系统同时分别测量，然后把测量到的光电流经过经典通道，通过相移器、放大器、衰减补偿器以及滤波器以后传送到 Bob 端的调制器，并将测量到的振幅分量的光电流信号反馈到振幅调制器上，测量到的相位分量的光电流信号反馈到相位调制器上。Bob 首先将振幅调制器和相位调制器的信号加载到一束相干光上，然后再将该相干光与他拥有的 EPR2 在 98:2 分束器上进行耦合，完成对 EPR2 的平移操作，从而将其制备在与输入态类似的态上，即重构态，也是隐形传态输出态。

实验中将调制信号加载在相干光上是为了减小信号光的光学损耗，因为每加一个调制器都会引入插入损耗，并且振幅调制器的光学损耗比较大，因此采用上述耦合调制相干光的方法加载调制信号可以减小 EPR2 信号光的传送损耗。最后，输出态将在 Victor 端被执行本地测量，用零拍探测器测量输出光场的正交振幅分量和正交相位分量，用测量结果完成输出态 Wigner 函数的重构，以验证实验。一般是通过测量结果所得到的保真度来判断该量子隐形传态是否成功。在此过程中，对经典通道增益因子进行校准是重要的，即要保证经典反馈通道振幅分量和相位分量的反馈增益相同，这样光束被调制以后两个分量的噪声才会具有相同的噪声功率，使其与相干态正交分量噪声功率特性相同。实验中应该精细调节振幅和相位调制器前面的半波片 ($\lambda/2$)，以保证注入调制器的光束具有所要求的偏振方位，尽可能达到只调节光束的相位 (振幅) 分量，而不引入任何附加的振幅 (相位) 调制。这样当两个调制器同时工作的时候会合成比较平缓的噪声功率曲线，此外要给振幅调制器提供一个合适的偏压，以保证它运转于较好的线性工作区。

图 7.18 为经典信息通道增益因子校准的测量结果，注入测量系统的被调制相干光与 Victor 端本地振荡光的相对相位处于扫描状态，即对相干光的正交分量执行相敏测量，在一段时间内可以同时得到两个分量的噪声信息。图 7.19 中红色曲线为 Victor 执行本地测量的散粒噪声极限，当 Victor 本地测量系统中只有本地振荡光注入时，可以测量得到散粒噪声极限；蓝色曲线为注入相干光以后仅加有相位调制信号的测量结果，即此时相位调制器打开而振幅调制器关闭，得到的是相位调制的相干光；黑色曲线为注入相干光以后仅加有振幅调制信号的测量结果，即此时振幅调制器打开而相位调制器关闭，得到的是振幅调制的相干光；绿色曲线为测量系统同时加入振幅和相位调制的相干光的测量结果，此时振幅和

相位调制器均处于打开状态，可以看到，如果两个分量经典增益因子处于合适的大小，则输出的绿色曲线将处于平稳的状态，而此时的绿色曲线也就是经典隐形传态的结果，其噪声水平高于对应散粒噪声极限 4.8 dB，与理论计算值 $\sigma_V = 3$ 对应。

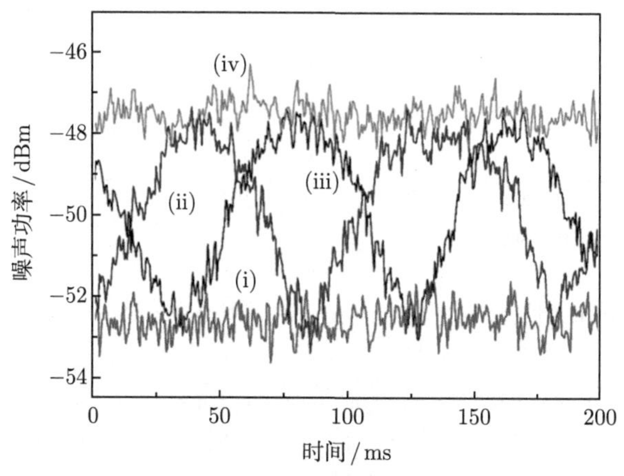

图 7.18　经典信息反馈通道校准信号噪声

经典通道增益调节好以后，将所有信号光路挡住，包括泵浦光光路以及 Bob 相干调制光光路，即 Victor 测量系统中只有本地振荡光信号时，得到测量的散粒噪声极限。打开 Bob 相干调制光光路测量得到经典隐形传态输出态信号，实验过程中，Victor 本地振荡光光路利用压电陶瓷使其相位进行周期变化，即保证输出态的正交振幅分量和正交相位分量信号交替出现。将 EPR 纠缠态光场打开，可以得到量子隐形传态输出态的测量结果。测量过程中将 Victor 端 BHD 交流输出信号分为两路，分别连接到频谱分析仪和数字示波器，测量输出态的频域信号和时域信号。

图 7.19 为量子隐形传态输出态正交分量相敏噪声测量结果，图 (a)、(b) 分别对应 Alice 和 Bob 之间通信距离为 2.0 km、6.0 km 情况，其中黑色曲线为两种情况下，Victor 执行本地测量的散粒噪声极限；红色曲线为量子隐形传态输出态正交分量相敏噪声测量结果；蓝色曲线为经典隐形传态输出态正交分量相敏噪声测量结果。从图中可以明显看出，量子隐形传态输出态正交分量噪声起伏明显低于经典隐形传态，两种通信距离情况下，量子隐形传态输出态噪声功率分别低于对应经典隐形传态输出态噪声功率 (1.99 ±0.13) dB、(1.30 ±0.19) dB，代入保真度计算式，得到对应保真度为 0.69 ±0.02、0.62 ±0.03。

为了更加直观地看到量子隐形传态的质量，则需要重构量子隐形传态输出态的 Wigner 函数。Wigner 函数是量子态正交振幅分量和正交相位分量在相空间的

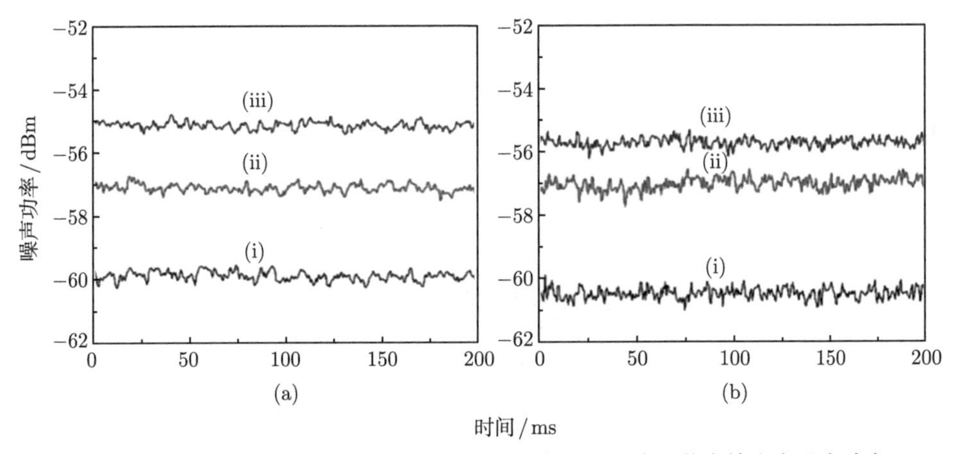

图 7.19 Victor 测量得到的 3.0 MHz 分析频率处量子隐形传态输出态噪声功率

准概率分布函数，可以提供一个量子态完整的量子特性，如薛定谔猫态的 Wigner 函数的负值可以充分说明该态的量子性。这里利用对一系列测量到的正交振幅概率分布函数进行量子层析的方法，并结合最似然算法得到输出态的密度矩阵，从而重构其 Wigner 函数。在 Victor 执行验证测量时，Victor 端 BHD 交流输出信号分为两路，一路连接到频谱分析仪上测量输出态频域信号，另一路经过连接到混频器、低通滤波器以及前置放大器的链路传送到数字示波器，对输出态时域信号进行采集。其中函数发生器发出频率为 3 MHz、幅度为 500 mV_{PP} 的正弦信号。数字示波器设置为实时采集数据模式，一次测量时间为 0.02 s，采样率为 10 MS/s，最后可以得到 200000 个数据点，利用 Mathematica 程序对数据进行初步处理，然后再利用最似然算法算出测量态的密度矩阵，根据密度矩阵与 Wigner 函数的一一对应关系, 可以重构出输出态的 Wigner 函数，如图 7.20 所示。(a)~(e) 分别对应待传态、2.0 km 通信距离量子隐形传态输出态、6.0 km 通信距离量子隐形传态输出态、2.0 km 通信距离经典隐形传态输出态、6.0 km 通信距离经典隐形传态输出态的 Wigner 函数。由图中可以看出，利用 EPR 纠缠态光场进行量子隐形传态的输出态，其保真度明显优于经典隐形传态输出态，而随着传送距离的增加，量子隐形传态保真度下降，这表明，提高量子纠缠态光场量子关联以及减小光纤传送损耗和额外噪声，对提高量子隐形传态质量具有重要作用。

基于光纤低损耗传送窗口 EPR 纠缠态光场的制备，实验证明了公里量级光纤通道连续变量量子隐形传态，在发送者和接收者通信距离为 2.0 km 和 6.0 km 时，分别得到量子隐形传态输出态保真度为 0.69 ± 0.02 和 0.62 ± 0.03 的结果，分别高于 2/3 的量子不可克隆极限和 1/2 的经典极限。在上述实验中，为了减小由

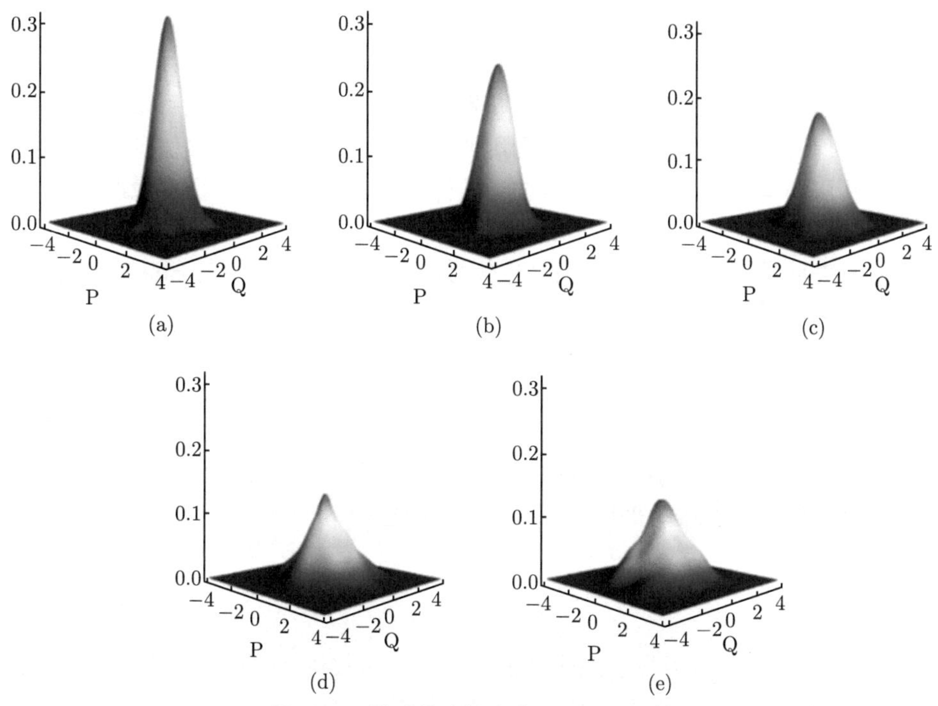

图 7.20 隐形传态输出态 Wigner 函数

布里渊散射引入的额外噪声，EPR 纠缠态光场和与之同时传送的相干光功率分别被控制在几微瓦和几百微瓦。由实验结果可以看出，光纤距离的增加不可避免地会引入更大的系统损耗和布里渊散射额外噪声，这将直接在一定程度上破坏 EPR 纠缠态光场量子关联，因此如果实验制备的 EPR 纠缠态光场的纠缠度被有效提高，量子隐形传态传送距离以及保真度会被明显改善。尽管有人提出利用在接收终端产生一个本地振荡光的方法可以仅通过光纤传送 EPR 纠缠态光场来进行量子通信，然而两束光之间的相对相位需要精细控制，否则也会引入额外噪声。据了解，另一个有效的解决方案是，将信号光和本地振荡光在光纤偏振复用传播，并且采用时分复用，将注入信号光和本地振荡光斩为脉冲然后注入光纤。通过选择合适的脉冲持续时间和时间延迟，使信号光脉冲和本地振荡光脉冲在不同的时间经过光纤，可以有效地减小二者的相互影响。连续变量量子隐形传态传送距离的延长对于开展光纤通道量子隐形传态网络的构建具有重要意义，延长传送距离也可以通过借助量子存储和量子中继器的技术手段来实现。

7.3　量子密集编码

7.3.1　信道容量

提高信道容量是通信系统发展的长期目标，量子密集编码利用量子纠缠可以增加经典信道容量。量子密集编码利用纠缠增加量子通道的经典信息容量。利用连续变量压缩态纠缠增强密集编码的通信性能。本节就介绍信道容量的定义，并且分析如何实现无条件量子密集编码。

具有高斯噪声功率 N 和高斯分布信号功率 S 的通信信道的 Shannon 信道容量由下式给出 [31]：

$$C = \frac{1}{2}\ln\left(1 + \frac{S}{N}\right) \tag{7.27}$$

这个式子可以用来计算具有高斯概率分布量子态通信的信道容量，如相干态和压缩态。

光束单位带宽每秒的平均光子数由下式给出 [32]：

$$\bar{n} = \frac{1}{4}\left(V^{+} + V^{-}\right) - \frac{1}{2} \tag{7.28}$$

$V^{+}\left(V^{-}\right)$ 是通信中所用量子态噪声椭圆正交分量投影 (如正交振幅和正交相位) 的最大 (最小) 起伏方差，它们满足不确定性原理 $V^{+}V^{-} \geqslant 1$。在这两个概念的基础上讨论几种通信系统的信道容量。

首先计算相干态通信的信道容量。假定在一个相干态上调制一个振幅信号，而后对调制后的光进行探测，获得信号，如图 7.21 所示。信号功率记作 V_{s}，噪声功率由相干态的噪声决定，即 $\mathrm{SNL}V_{\mathrm{n}} = 1$。因此这种测量的信噪比为 $\dfrac{S}{N} = \dfrac{V_{\mathrm{s}}}{V_{\mathrm{n}}} = V_{\mathrm{s}}$。

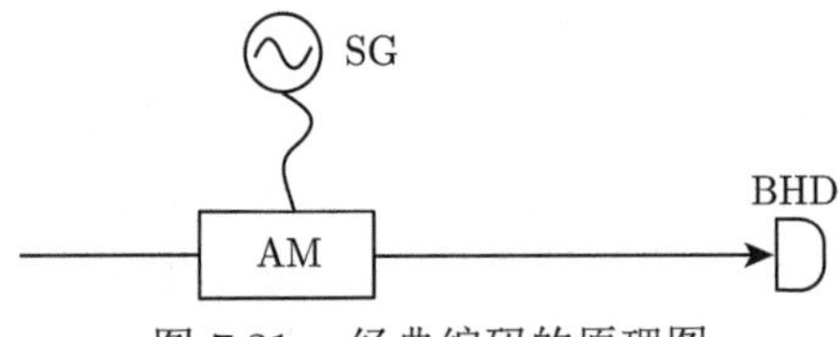

图 7.21　经典编码的原理图

各光学器件的具体代号含义如下：AM-振幅调制器；SG-信号发生器；BHD-平衡零拍探测系统

这种系统中，$V^{+} = V_{\mathrm{s}} + 1$，由信号和相干态噪声构成；而 $V^{-} = 1$，只包括相干态噪声。利用式 (7.28)，可得 $\bar{n} = \dfrac{1}{4}V_{\mathrm{s}}$。因此只编码一个正交分量且用零差探测的相干态通信系统的信道容量为

$$C_{\mathrm{c}} = \ln\left(\sqrt{1 + 4\bar{n}}\right) \tag{7.29}$$

对于相干态通信系统，也可以考虑同时编码两个正交分量 (图 7.22)，接收方用两套零拍探测器 (dual homodyne detection 或 heterodyne) 提取信息，称为双零差或外差探测。因为被同时编码的两个正交分量不对易，若同时探测它们会导致信噪比降低一半，$\dfrac{S}{N}=\dfrac{1}{2}V_{\mathrm{s}}$；另外，由于两个正交分量上都携带信号，所以平均光子数 $\bar{n}=\dfrac{1}{2}V_{\mathrm{s}}$。同时编码两个正交分量且用两套零拍探测的相干态通信系统的信道容量为

$$C_{\mathrm{ch}}=\frac{1}{2}\ln\left(1+\frac{S^{+}}{N}\right)+\frac{1}{2}\ln\left(1+\frac{S^{-}}{N}\right)=\ln(1+\bar{n}) \tag{7.30}$$

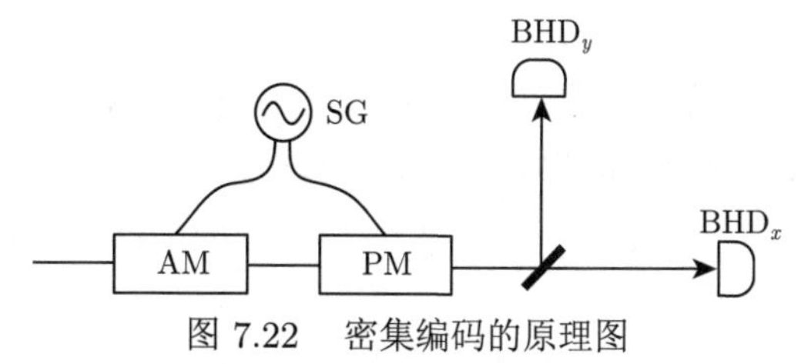

图 7.22　密集编码的原理图

各光学器件的具体代号含义如下：AM-振幅调制器；PM-相位调制器；SG-信号发生器；BHD$_x$、BHD$_y$-正交振幅、正交相位的平衡零拍探测系统

当 $\bar{n}>2$ 时，它能够超越零差探测的相干态通信系统的信道容量 C_{c}。以上是用经典光所能取得的最大的信道容量。

利用非经典光，如压缩光可以进一步提高零差探测通信系统的信道容量。假如把信号编码在被压缩分量 ($V_{\mathrm{ne}}<1$) 上，而未压缩分量的噪声受不确定性原理限制，$V_{\mathrm{nu}}\geqslant\dfrac{1}{V_{\mathrm{ne}}}$，则信噪比将提高到 $\dfrac{S}{N}=\dfrac{V_{\mathrm{s}}}{V_{\mathrm{ne}}}$。假定所用压缩态为纯态，这样 $V^{+}=V_{\mathrm{s}}+V_{\mathrm{ne}}$，由信号和压缩分量噪声构成；而 $V^{-}=\dfrac{1}{V_{\mathrm{ne}}}$，只包括未压缩分量噪声。如果固定 $\bar{n}$，求信噪比的最大值，可以得到当 $V_{\mathrm{ne}}=\mathrm{e}^{-2r}=\dfrac{1}{1+2\bar{n}}$ 时，信噪比可以达到最大值，$\dfrac{S}{N}=4\left(\bar{n}+\bar{n}^{2}\right)$，对应的最佳信道容量为

$$C_{\mathrm{sh}}=\ln(1+2\bar{n}) \tag{7.31}$$

对于任意 $\bar{n}$，它总是大于相干态通信的信道容量 (包括 homodyne technique 和 heterodyne technique)。

如果使用非高斯态也有可能进一步提高信道容量。对单通道通信，最大的信

道容量由 Holevo 边界给出，能够使用 Fock 态编码和光子数探测技术实现：

$$C_{\text{Fock}} = (1+\bar{n})\ln(1+\bar{n}) - \bar{n}\ln(\bar{n}) \tag{7.32}$$

在单通道通信的信道容量中，它对于任意 $\bar{n}$ 总是最大，也就是说，它是单通道通信信道容量的最大值。

下面考虑密集编码，以求突破这个极限。装置如图 7.23 所示，两个压缩方向正交的单模压缩态，如正交振幅压缩和正交相位压缩态，在 50∶50 分束器上干涉形成 EPR 纠缠态，一束传送到 Alice 处，另一束传送给 Bob。Alice 把信号编码到两个正交分量 (正交振幅和正交相位) 上，然后把经过编码的光束传送给 Bob，Bob 利用前面提到的双零拍探测系统同时测量这束光的两个正交分量，与图 7.22 不同的是，Bob 利用他拥有的纠缠光束的一半填补双零拍探测系统的真空通道。第二个分束器的输出端口实际上也是两个压缩方向正交的压缩态，压缩度在不考虑传送损耗的情况下与第一个分束器输入端压缩态相同。假定输入端口的两个压缩态压缩分量的起伏相等，$V_{\text{ne}} < 1$。每个正交分量通道的信噪比为 $\dfrac{S}{N} = \dfrac{1}{2\left(\dfrac{V_{\text{s}}}{V_{\text{ne}}}\right)}$。此外有一点非常关键，就是必须假定纠缠态在双方通信之前已经分配完毕，也就是说，计算平均光子数时可以只考虑携带信号的光束。这样 $V^{+} = V_{\text{s}} + V_{\text{ne}}$，由信号和压缩分量噪声构成；而 $V^{-} = V_{\text{s}} + \dfrac{1}{V_{\text{ne}}}$，由信号和未压缩分量噪声构成。如果固定 $\bar{n}$，求信噪比的最大值，则可以得到当 $V_{\text{ne}} = \dfrac{1}{1+2\bar{n}}$ 时，信噪比可以达到最大值 $\dfrac{S}{N} = \bar{n} + \bar{n}^2$，对应的最佳信道容量为

$$C_{\text{dc}}^{\text{opt}} = \ln\left(1+\bar{n}+\bar{n}^2\right) \tag{7.33}$$

这里把以上讨论的单通道信道容量与密集编码信道容量随 $\bar{n}$ 变化的曲线绘在一个图中，以便比较。如图 7.24 所示，密集编码的信道容量 $C_{\text{dc}}^{\text{opt}}$ 在 $\bar{n} > 0.478$（对应 $V_{\text{ne}} \approx 0.5$，大约 50%的压缩）时将会超过相干态零差通信的信道容量 C_{c}，并且永远大于相干态外差通信信道容量 C_{ch}；在 $\bar{n} > 1$(对应 $V_{\text{ne}} \approx 0.33$，大约 67%的压缩) 时将会超过压缩态零差通信的信道容量 C_{sh}；当 $\bar{n} > 1.88$ (对应 $V_{\text{ne}} \approx 0.2$，大约 80%的压缩) 时，突破单通道通信极限 Fock 态通信信道容量 C_{Fock}。可见在平均光子数较低的时候，单通道信道容量有优势；但是在平均光子数增大时，密集编码的优势就体现出来了。要实现无条件的密集编码，它的信道容量就应该超过理想的单通道通信信道容量。

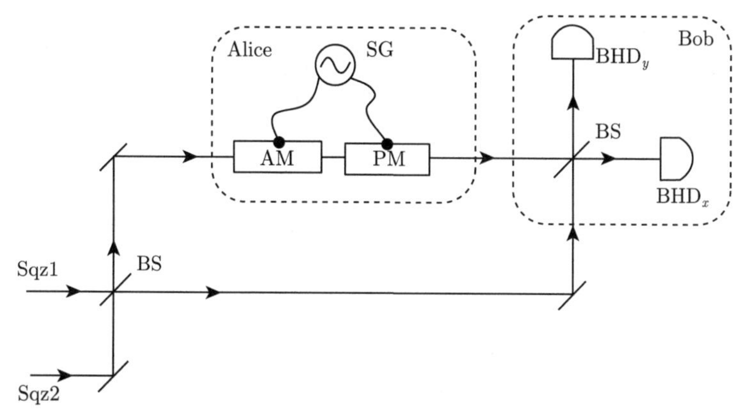

图 7.23 量子密集编码的原理图

各光学器件的具体代号含义如下：AM-振幅调制器；PM-相位调制器；SG-信号发生器；BHD$_x$、BHD$_y$-正交振幅、正交相位的平衡零拍探测系统；Sqz1，Sqz2-两个压缩方向正交的压缩态；BS-50∶50 分束器

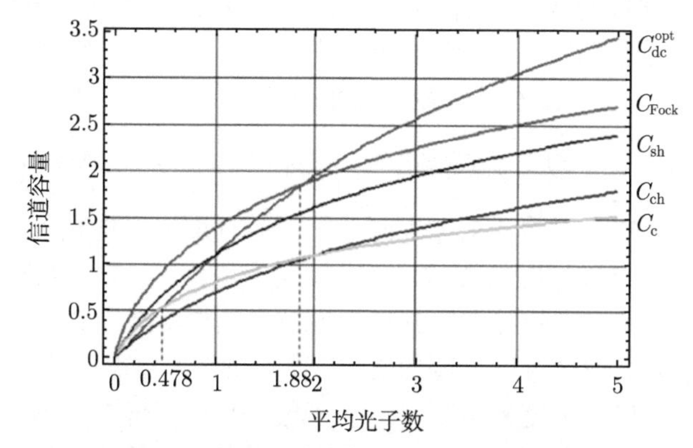

图 7.24 最优化密集编码信道容量与几种单通道信道容量的比较

因为是要考虑当前的实验技术条件下能否实现无条件密集编码，所以有必要考虑实验上产生的压缩态不纯 (非最小不确定态)、探测效率以及传送损耗对实现无条件密集编码的影响。造成态不纯的原因主要是技术方面的噪声、产生压缩的机制以及非线性晶体的损耗。利用压缩产生纠缠时光学元件的损耗也会导致态的不纯。所以未压缩分量的噪声可以表示为 $V_{\rm nu}=\dfrac{1}{V_{\rm ne}}+b$，这里 b 代表额外噪声。可见非纯态产生同样水平的纠缠要比纯态需要更多的光子，即态的不纯降低信道容量。另外，探测效率在实验上达不到 1，Bob 实际探测的起伏为 $V_{\rm det}=\eta V+1-\eta$，这里 η 是探测效率。由于 $\eta<1$ 会降低信噪比，所以也会导致信道容量的降低。传送损耗的效果与非理想探测效率一样，所以把它们合并在一起，统一包含在参量 η 之中。考虑了这些实验当中不可忽略的因素后，Bob 探测的信噪比为

$$\mathrm{SNR}=\frac{\eta\left(4\bar{n}-V_{\mathrm{ne}}-\dfrac{1}{V_{\mathrm{ne}}}-b+2\right)}{4\left(\eta V_{\mathrm{ne}}+1-\eta\right)} \tag{7.34}$$

利用式 (7.27)，得到信道容量为

$$C_{\mathrm{dc}}=\ln\left[1+\frac{\eta\left(4\bar{n}-V_{\mathrm{ne}}-\dfrac{1}{V_{\mathrm{ne}}}-b+2\right)}{4\left(\eta V_{\mathrm{ne}}+1-\eta\right)}\right] \tag{7.35}$$

假定取平均光子数 $\bar{n}=5$，这里分别画出 $(b=0,\eta=1)$，$(b=2,\eta=1)$，$(b=0,\eta=0.9)$ 时的密集编码，以及各种单通道通信的信道容量和最优化的密集编码信道容量。如图 7.25 所示，其中五条直线由上到下依次为最优化密集编码 $(C_{\mathrm{dc}}^{\mathrm{opt}})$、Fock 态 (C_{Fock})、压缩态零差探测 (C_{sh})、相干态外差探测 (C_{ch}) 以及相干态零差探测 (C_{c})；三条曲线由上到下依次为 $(b=0,\eta=1)$，$(b=2,\eta=1)$，$(b=0,\eta=0.9)$ 时的密集编码信道容量。$(b=0,\eta=1)$ 代表纯态无损耗的情况，它的极大值就是平均光子数为 5 时最优化密集编码信道容量，所以它与 $C_{\mathrm{dc}}^{\mathrm{opt}}$ 直线相切，与 C_{Fock}、C_{sh} 和 C_{ch} 直线分别相交于 $V_{\mathrm{ne}}\approx0.33$，$V_{\mathrm{ne}}\approx0.48$ 和 $V_{\mathrm{ne}}=1$ 三点。这说明在解除了平均光子数与压缩分量起伏之间的限制关系 $\left(V_{\mathrm{ne}}=\dfrac{1}{1+2\bar{n}}\right)$ 后，实现无条件密集编码的要求大大降低了。而且增加平均光子数可以降低实现无条件密集编码时对压缩度的要求。$(b=2,\eta=1)$ 表示额外噪声为无损耗的情况，$(b=0,\eta=0.9)$ 则表示纯态、损耗为 0.1(包括探测效率和传送损耗) 的情况。这些非理想因素只会增加对压缩度的要求，使无条件密集编码的实现变得更困难。但是可以通过提高信号强度来增加平均光子数，从而降低对压缩度的要求。综上分析，利用目前的连续变量实验技术完全可以实现无条件的密集编码。

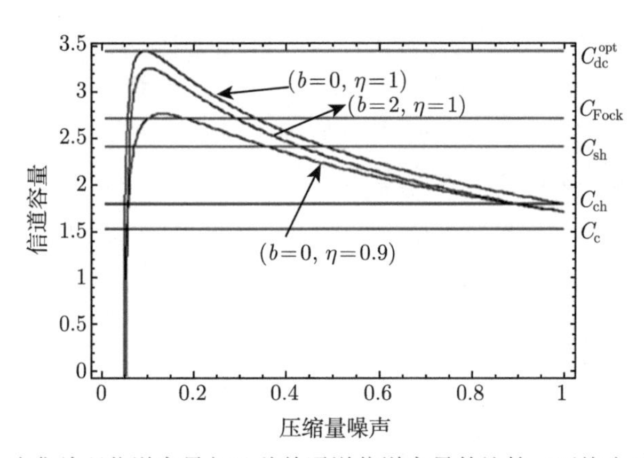

图 7.25　密集编码信道容量与几种单通道信道容量的比较（平均光子数为 5）

7.3.2 基于两组分纠缠态的量子密集编码

在经典的编码方式中，每个粒子只能编码一个比特的信息。为了进一步提高信道容量，量子密集编码利用量子纠缠态的特性，可以实现由一个光子传送两个比特的信息，实现两个比特编码信息的同时安全传送。假设有一个能产生纠缠光子对的光源，将一个光子传送给 Alice，另一个传送给 Bob。理想情况下，Alice 和 Bob 保持着各自的光子，从而构成一个量子通道。Bob 通过对其光子实现某种幺正操作来编码两个比特的信息，由于 Bob 光子与 Alice 光子处于纠缠态，任何局域操作都会导致这个纠缠态从某个贝尔态演变到另一个贝尔态。Bob 随后将他的光子传送给 Alice，后者对其拥有的两个光子实施贝尔态测量，由其测量结果便可以提取由 Bob 送来的两比特信息。这就是量子密集编码，它传送的信息量是在经典方法中用两态粒子所传送信息的两倍，并且由于所有信息均编制在 Alice 与 Bob 之间的关联上，局域测量无法提取，所以它还具有保密性强的特点。

除利用纠缠光子对之外，使用纠缠态光场的连续变量纠缠态也能实现量子密集编码。量子密集编码是通过量子通道传送经典信息的一种非常有效方法。量子密集编码最初的理论和实验主要集中在分离变量的框架内。同时，利用连续变量量子纠缠态光场，可以实现高效率、无条件的量子密集编码。当平均光子数大于 1 时，利用双模压缩真空态实现的量子密集编码，其信道容量大于利用单模相干态和单模压缩态时的信道容量 [33]。山西大学光电研究所设计了利用明亮 EPR 光束进行量子密集编码的实验系统，并且采用正交振幅分量反关联、正交相位分量正关联的 EPR 光束，实验实现了确定性量子密集编码 [6]。

实验系统原理如图 7.26 所示，由 EPR 源产生的纠缠光束 (信号光场 a_1 与闲置光场 a_2) 在理想情况下，满足如下关系式：

$$\begin{cases} \left\langle \delta(X_1 \pm X_2)^2 \right\rangle \to 0 \\ \left\langle \delta(Y_1 \mp Y_2)^2 \right\rangle \to 0 \end{cases} \tag{7.36}$$

$$\begin{cases} \left\langle \delta(X_{1(2)})^2 \right\rangle \to 0 \\ \left\langle \delta(Y_{1(2)})^2 \right\rangle \to 0 \end{cases} \tag{7.37}$$

其中，$X_{1(2)}$ 和 $Y_{1(2)}$ 分别为信号光场 a_1(闲置光场 a_2) 的正交振幅和相位分量。

发送者 Alice 经过一个置换操作，把经典信号 $M_\alpha = X_\mathrm{s} + \mathrm{i}Y_\mathrm{s}$($X_\mathrm{s}$ 和 Y_s 分别表示调制信号的正交振幅和相位分量) 调制到分配给她的另一半 EPR 光束 a_1 上，被调制编码后的 EPR 光束 a_1 表示为 $a_1' = a_1 + M_\alpha$，这里 M_α 即为通过量子通道传送的经典信号。在接收者 Bob 处，携带信号的 EPR 光束 a_1' 在 Bob 所

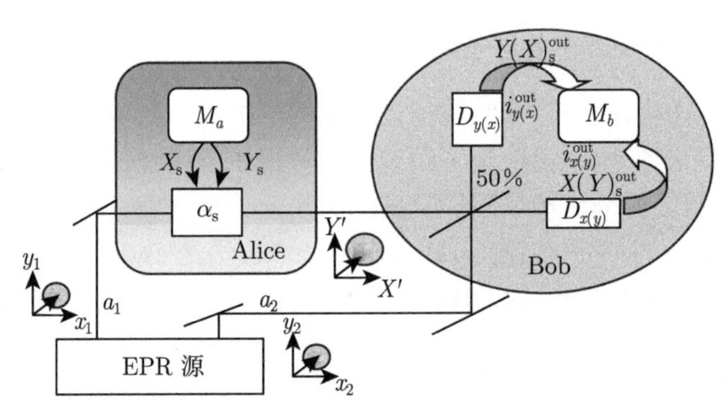

图 7.26　量子密集编码原理图

拥有的 EPR 光束的另一半 a_2 的帮助下被解调，解调原理如图 7.27 所示。EPR 光束 a_2 与携带信号的 EPR 光束 a_1' 通过 50∶50 分束器耦合，分束器两臂的输出 β_1 和 β_2 分别为

$$\begin{aligned}\beta_1 &= \frac{1}{\sqrt{2}}\left(a_1'+a_2\right)=\frac{1}{\sqrt{2}}\left[X_{\mathrm{s}}+Y_{\mathrm{s}}+\left(X_1+X_2\right)+\left(Y_1+Y_2\right)\right]\\ \beta_2 &= \frac{1}{\sqrt{2}}\left(a_1'-a_2\right)=\frac{1}{\sqrt{2}}\left[X_{\mathrm{s}}+Y_{\mathrm{s}}+\left(X_1-X_2\right)+\left(Y_1-Y_2\right)\right]\end{aligned} \tag{7.38}$$

β_1 和 β_2 所携带的信号由 BHD 进行测量，测量结果为

$$\begin{aligned}i_{xb}^{\mathrm{out}}(\omega) &= \frac{1}{\sqrt{2}}\left\{\left[X_1(\omega)\pm X_2(\omega)\right]+X_{\mathrm{s}}(\omega)\right\}\\ i_{yb}^{\mathrm{out}}(\omega) &= \frac{1}{\sqrt{2}}\left\{\left[Y_1(\omega)\mp Y_2(\omega)\right]+Y_{\mathrm{s}}(\omega)\right\}\end{aligned} \tag{7.39}$$

由探测到的 i_{xb}^{out} 和 i_{yb}^{out} 的信息，就可以将 Bob 接收到的信号 $M_b=X_{\mathrm{s}}^{\mathrm{out}}+\mathrm{i}Y_{\mathrm{s}}^{\mathrm{out}}$ 重构出来。在理想条件下，$\left\langle\delta\left(X_1(\omega)\pm X_2(\omega)\right)^2\right\rangle\to 0$ 和 $\left\langle\delta\left(Y_1(\omega)\mp Y_2(\omega)\right)^2\right\rangle\to 0$，此时，$i_{xb}^{\mathrm{out}}(\omega)=\dfrac{1}{\sqrt{2}}X_{\mathrm{s}}(\omega)$，$i_{yb}^{\mathrm{out}}(\omega)=\dfrac{1}{\sqrt{2}}Y_{\mathrm{s}}(\omega)$，也即 $M_\alpha=M_b$，此时被编码的信号被完整地恢复。

因为 EPR 光束 a_1 和 a_2 分别具有很大的正交振幅和正交相位分量噪声，所以纠缠度越高则单个光束的噪声越大，在理想纠缠情况下，经典信号在 a_1 上的信噪比趋于零：

$$\begin{aligned}\mathrm{SNR}_X &= \frac{\langle\delta(X_{\mathrm{s}})^2\rangle}{\langle\delta(X_1)^2\rangle}\to 0\\ \mathrm{SNR}_Y &= \frac{\langle\delta(Y_{\mathrm{s}})^2\rangle}{\langle\delta(Y_1)^2\rangle}\to 0\end{aligned} \tag{7.40}$$

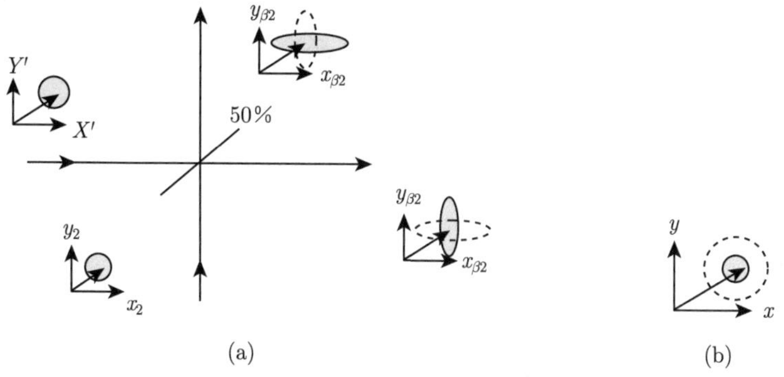

图 7.27 接收者 Bob 处解调原理图

(a) 携带信号的 EPR 光束 a_1' 和另一束 EPR 光束 a_2 在 50:50 分束器处耦合，产生两束独立的压缩光 β_1 和 β_2，分别通过 BHD 得到低于 SNL 的正交振幅与相位信号 X_{Sout} 和 Y_{Sout}；(b) 量子密集编码的核心在于测量到的被传送信号的不确定度低于相干态的不确定度 (虚线表示相干态的不确定度，实线为 Bob 接收到的信号的不确定度)

信号被淹没在巨大的噪声中，只有用纠缠光束的另一半 a_2 去解调，才能提取信息。因此量子密集编码具有一定的保密性。当用 a_2 解调时，被探测信号的信噪比在理想情况下为

$$\begin{aligned}\text{SNR}_X &= \frac{\left\langle \delta\left(X_{\text{s}}\right)^2\right\rangle}{\left\langle \delta\left(X_1+X_2\right)^2\right\rangle} \to \infty \\ \text{SNR}_Y &= \frac{\left\langle \delta\left(Y_{\text{s}}\right)^2\right\rangle}{\left\langle \delta\left(Y_1-Y_2\right)^2\right\rangle} \to \infty\end{aligned} \tag{7.41}$$

也就是说，Bob 在另一半 EPR 光束 a_2 的帮助下，以高信噪比提取到被传送的正交振幅与相位信号。由于信号光场和闲置光场的正交振幅和 (差) 与正交相位差 (和) 是一对对易物理量，不受不确定性原理制约，因此两者可以同时低于 SNL 而不违背不确定性关系。实验利用 EPR 光束的量子纠缠特性，同时实现了低于 SNL 的正交振幅与正交相位微弱调制信号的提取。

在第 3 章中已经讲过，对于双模明亮正交振幅压缩光，信号模与闲置模正交振幅分量反关联、与正交相位分量正关联，其贝尔态的联合测量可由两套探测器和一对射频分束器完成，不需要利用本地光进行 BHD，因此用双模明亮正交振幅压缩光进行量子密集编码，可以简化实验装置，原理如图 7.28 所示。首先用偏振棱镜将偏振垂直、频率简并的信号模 a_1 与闲置模 a_2 分开。Alice 把经典振幅和相位信号调制到 EPR 光束的其中一束 a_1 上，光束 a_1 产生一个置换操作：$a_1' = a_1 + M_\alpha$ (M_α 是通过量子通道传送的经典信号)。接收者 Bob 将 a_2 相移 π/2 再与携带信息的 a_1 在 50:50 分束器上耦合，借助于 a_1 与 a_2 之间的 EPR 纠缠解调 a_1 的信

号。两臂输出的明亮光束由探测器 D1 和 D2 直接探测，探测器 D1 和 D2 输出的光电流分别由射频 (RF) 分束器等分为两部分，然后将两臂光电流分别相加和相减，于是得到

$$\begin{aligned}i_+(\omega) &= \frac{1}{\sqrt{2}}\left[X_1(\omega) + X_2(\omega) + X_s(\omega)\right] \\ i_-(\omega) &= \frac{1}{\sqrt{2}}\left[Y_1(\omega) - Y_2(\omega) + Y_s(\omega)\right]\end{aligned} \tag{7.42}$$

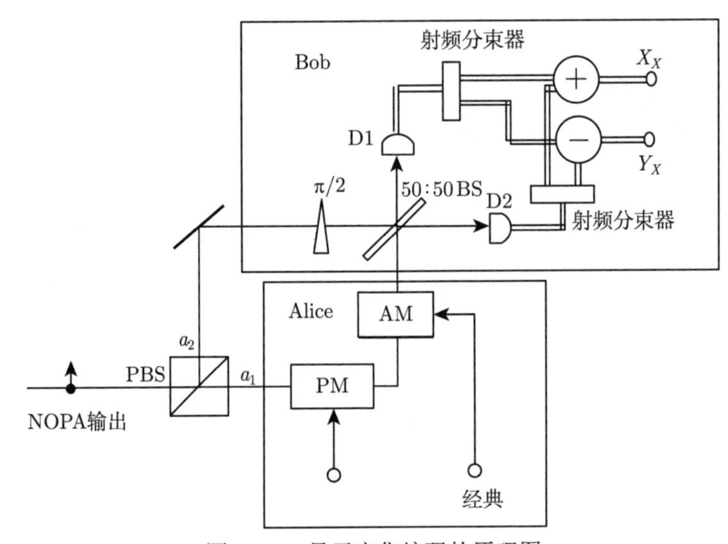

图 7.28 量子密集编码的原理图

各光学器件的具体代号含义如下：PM-相位调制器；AM-振幅调制器

在理想条件下，$\left\langle\delta\left[X_1(\omega)+X_2(\omega)\right]^2\right\rangle \to 0$ 且 $\left\langle\delta\left[Y_1(\omega)-Y_2(\omega)\right]^2\right\rangle \to 0$，两臂光电流相加和相减分别为 $i_+(\omega) = \dfrac{1}{\sqrt{2}}X_s(\omega)$、$i_-(\omega) = \dfrac{1}{\sqrt{2}}Y_s(\omega)$，Bob 得到了与被传送的正交振幅和相位信号完全相同的信号输出；一般情况下，当信号模与闲置模之间的 EPR 关联为 $0 < \left\langle\delta\left[X_1(\omega)+X_2(\omega)\right]^2\right\rangle < 1$ 和 $0 < \left\langle\delta\left[Y_1(\omega)-Y_2(\omega)\right]^2\right\rangle < 1$ 时，携带信号的 EPR 光束之一 a_1 的噪声基底高于散粒噪声极限，而 a_1 与 a_2 的 EPR 关联噪声则低于散粒噪声极限，于是接收者 Bob 利用量子纠缠可以同时解调正交振幅和相位信号，其信噪比均突破 SNL。

用明亮 EPR 光束实现连续变量量子密集编码的实验装置如图 7.29 所示。首先将 NOPA 运转于参量反放大状态，用偏振分束棱镜 P1 将 NOPA 输出的具有正交振幅反关联、正交相位分量正关联的 EPR 纠缠态光场的信号模 a_1 与闲置模

a_2 分开，再用相位和振幅调制器将经典正交振幅与相位信号编码在信号模 a_1 上，之后携带信号的信号模与闲置模 a_2 在 50:50 分束器（由两个偏振分束棱镜 P2、P3 及棱镜间的转角为 22.5° 的半波片构成）处耦合，并由探测器 D1、D2 及两个射频分束器完成贝尔态的联合测量，从而将被编码的信号解调出来。模式清洁器输出的光用来校准散粒噪声极限。

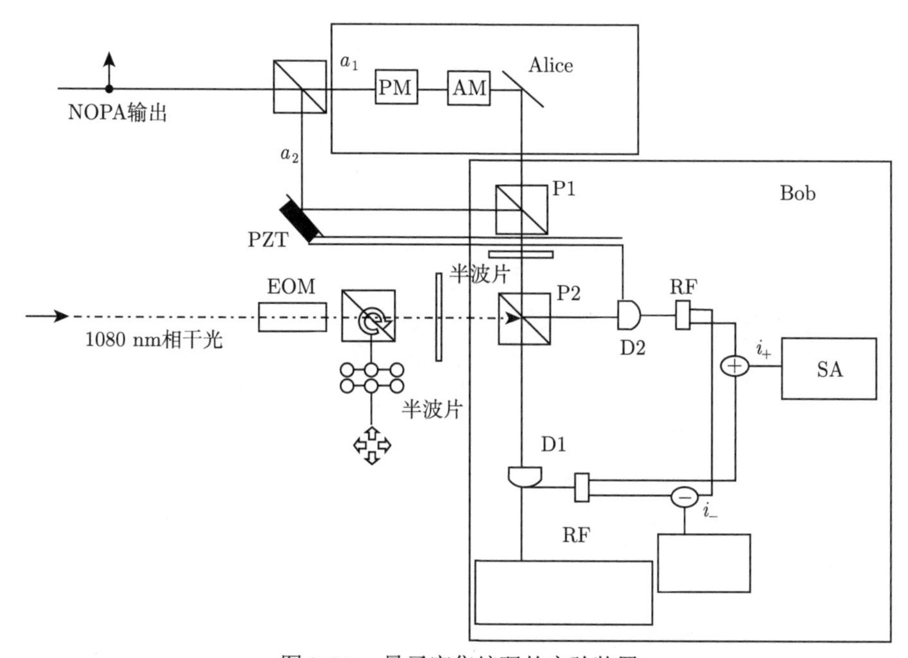

图 7.29 量子密集编码的实验装置

各光学器件的具体代号含义如下：P1、P2-偏振分束棱镜；D1、D2-探测器；RF-射频分束器；SA-频谱分析仪

为了降低损耗，实验中只用了相位调制器，在 2 MHz 处加调制信号，采用其相位调制和剩余振幅调制信号作为经典正交振幅与相位信号；然后调整干涉效率，使闲置模与携带信号的信号模的干涉效率为 99%，耦合前先令信号模 (闲置模) 相移 π/2，即利用光路中固定在反射镜后的压电陶瓷来调整反射镜的位置，从而将探测器 D1、D2 的直流输出锁定在 $\dfrac{V_{\max}-V_{\min}}{2}$ ($V_{\max}$ 与 $V_{\min}$ 分别为干涉条纹峰值与谷值对应的光电压) 处；偏振棱镜 P3 两臂的明亮输出由探测器 D1 和 D2 进行探测，探测器 D1 和 D2 输出的光电流分别由射频分束器等分为两部分，然后将两臂的光电流分别相加、相减，并将相加、相减后的电流送入频谱分析仪，同时记下测量过程中高精度数字万用表 (EDM-3150) 显示的探测器 D1 的直流输出；由式 (7.44) 可知，电流加 $i_+(\omega)$ 与电流减 $i_-(\omega)$ 分别为被传送正交振幅和相位信号 (测量过程中挡掉模式清洁器的输出)。散粒噪声极限的选取与 NOPA 工作在反

放大状态测 EPR 关联时散粒噪声极限的选取方法一致，用于测量中明亮光具有相同直流输出的相干光校准，挡掉 NOPA 的输出，调整校准光路中 EOM 的电压，监视高精度数字万用表 (EDM-3150) 的示值，使探测器 D1 的直流输出与前面测量信号时的直流输出相同，而此时频谱分析仪的噪声谱即为相应的散粒噪声极限。

实验结果如图 7.30 所示，图（a）和（b）分别为 Bob 测得的正交振幅与相位分量，可以看出，测得的正交振幅与相位信号的噪声基底分别比散粒噪声极限低约 4 dB 和约 3.6 dB，记入电子学噪声，则分别比散粒噪声极限低约 5.4 dB 和约 4.8 dB，也即信噪比分别比相干光提高了约 5.4 dB 和约 4.8 dB。

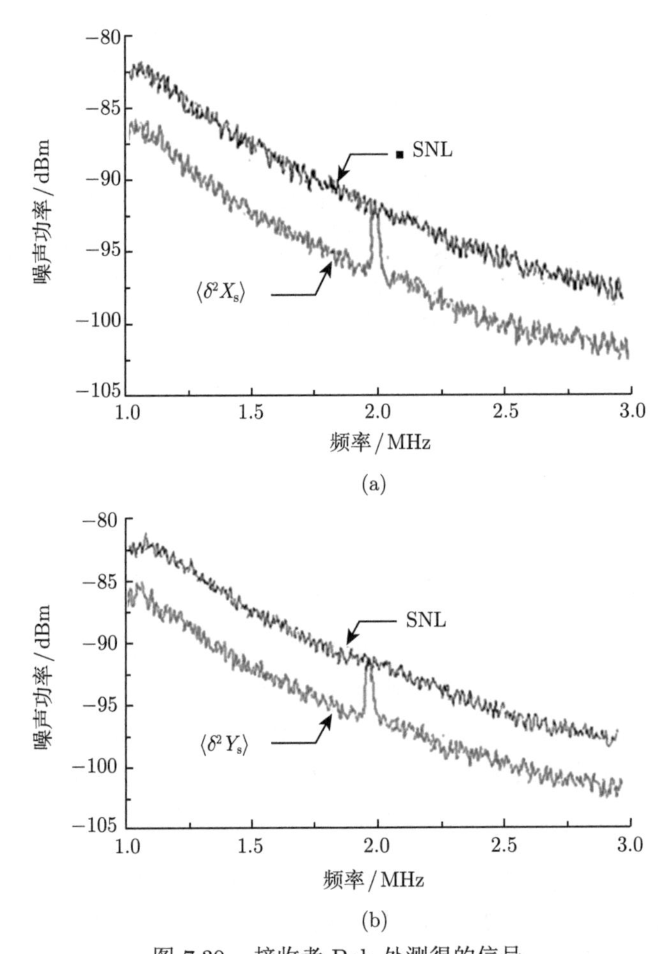

图 7.30 接收者 Bob 处测得的信号

(a) 是正交振幅信号，(b) 是正交相位信号。其中，SNL 是散粒噪声极限；频谱分析仪分析频率是 1～3 MHz；分辨率带宽（RBW）是 30 kHz；视频带宽（VBW）是 0.1 kHz；电子学噪声低于散粒噪声极限约 8 dB

挡掉闲置光 a_2，则偏振棱镜 P3 两臂输出的光电流的和与差的起伏方差分别为 $\langle\delta^2 i_+(\omega)\rangle = \langle a_1 {a_1}^+\rangle\langle\delta^2[X_{\rm s}(\omega)+X_1(\omega)]\rangle$ 与 $\langle\delta^2 i_-(\omega)\rangle = \langle a_1 {a_1}^+\rangle\langle\delta^2 X_{\rm v}(\omega)\rangle$，($\langle\delta^2 X_{\rm v}(\omega)\rangle$ 为真空模正交振幅分量的起伏)，分别对应携带信号的信号模的正交振幅分量 $X_1^{'} = X_{\rm s} + X_1$ 的起伏 $\langle\delta^2 X_1'(\omega)\rangle = \langle\delta^2[X_{\rm s}(\omega)+X_1(\omega)]\rangle$ 和相应的散粒噪声极限。测量结果如图 7.31 所示。可以看出，携带信号的信号模的正交振幅分量的起伏 $\langle\delta^2 X_1'\rangle$ 高于散粒噪声极限 4 dB，记入电子学噪声，则高于散粒噪声极限 5 dB，被传送的正交振幅信号被淹没在噪声中。也就是说，如果不利用 a_1 与 a_2 之间的 EPR 纠缠进行关联测量，则难以提取信息。

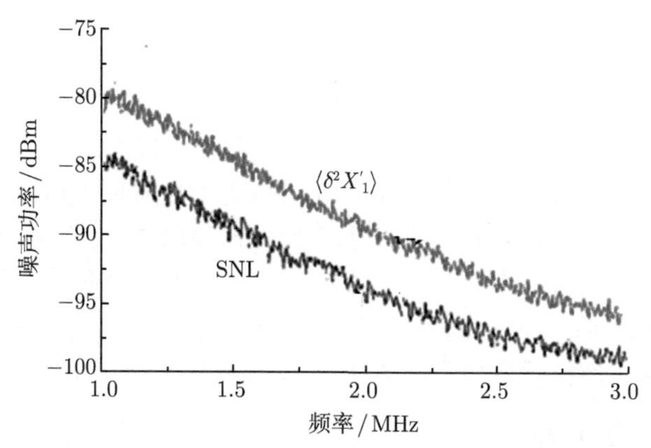

图 7.31 没有闲置模 a_2 协助解调时，Bob 接收到的信号

其中，SNL 是散粒噪声极限；频谱分析仪分析频率是 1～3 MHz；RBW 是 30 kHz；VBW 是 0.1 kHz；电子学噪声低于散粒噪声极限约 5.6 dB

实验中平均光子数 $\bar{n} \gg 1$。假设被传送信号 $M_\alpha(\sigma_\alpha^2)$ 的正交振幅与相位分量的方差分别为 σ_x^2 和 σ_y^2，且 $2\sigma_x^2 = 2\sigma_y^2 = \sigma_\alpha^2$；相干光正交振幅与相位分量的起伏均为 $\sigma_0^2 = 1$；接收者 Bob 处的噪声基底，即测量到的信号模与闲置模正交振幅分量和以及正交相位分量差的起伏分别为 $\left\langle\delta[X_1(\omega)+X_2(\omega)]^2\right\rangle = 2{\rm e}^{-2r}$ 和 $\left\langle\delta[Y_1(\omega)-Y_2(\omega)]^2\right\rangle = 2{\rm e}^{-2r}$。由高斯加信道的信道容量式 $C = \dfrac{1}{2}\ln(1+{\rm SNR})$ 可以求得量子密集编码的信道容量为

$$
\begin{aligned}
C^{\text{实验}} &= \frac{1}{2}\ln(1+{\rm SNR}_x) + \frac{1}{2}\ln(1+{\rm SNR}_y) \\
&= \frac{1}{2}\ln\left(1+\frac{\sigma_\alpha^2}{4{\rm e}^{-2r}}\right) + \frac{1}{2}\ln\left(1+\frac{\sigma_\alpha^2}{4{\rm e}^{-2r}}\right) \\
&= \frac{1}{2}\ln\left(1+\frac{\sigma_\alpha^2}{1.15}\right) + \frac{1}{2}\ln\left(1+\frac{\sigma_\alpha^2}{1.32}\right)
\end{aligned}
\tag{7.43}
$$

其中，SNR_x 和 SNR_y 分别为接收者 Bob 处正交振幅与相位信号的信噪比。

若用相干光代替实验中的明亮 EPR 光束，由差拍探测的方法也可在接收者 Bob 处同时测量被传送信号的正交振幅与相位分量，则信道容量为

$$C^{\text{相干}} = \frac{1}{2}\ln(1+\text{SNR}_x) + \frac{1}{2}\ln(1+\text{SNR}_y) = \frac{1}{2}\ln\left(1+\frac{\sigma_\alpha^2}{4}\right) + \frac{1}{2}\ln\left(1+\frac{\sigma_\alpha^2}{4}\right) \tag{7.44}$$

比较式 (7.43) 与式 (7.44)，可以看出，尽管将被传送信号编码在相干光上，也可以在接收者 Bob 处同时测得被传送信号的正交振幅与相位分量，但信噪比却不如密集编码的高，也就是说，其信道容量小于用明亮 EPR 实现的量子密集编码的信道容量。

利用 NOPA 工作在参量反放大状态时得到的高质量的明亮 EPR 光束，首次实现了连续变量的量子密集编码。实验中，贝尔态的联合测量由两个光电探测器和两个射频分束器完成；在接收者 Bob 处获得的正交振幅和相位分量同时低于散粒噪声极限的测量，噪声基底分别低于散粒噪声极限 5.4 dB 和 4.8 dB，即信噪比比利用相干光编码时分别提高了 5.4 dB 和 4.8 dB，表明量子密集编码提高了信道容量；当没有 EPR 光束的另一半协助解调时，携带信号的 EPR 光束的正交振幅分量的起伏比散粒噪声极限高 5 dB，即信噪比下降了 5 dB。

7.3.3 受控量子密集编码

随着通信网络的发展，人们对多用户的量子通信网络提出了需求。利用多组分纠缠态光场可以建立多用户受控量子通信网络。山西大学光电研究所提出并实验实现了一种基于连续变量三组分纠缠态的确定性密集编码方案 [7]。原理如图 7.32 所示，把具有非局域关联的三个光场分别发送到三个参与者 Alice，Bob 和 Claire。Alice 在所拥有的光束上调制两个经典信号 (振幅和相位)，并把被调制的光束传送给 Bob，Bob 利用一套贝尔态直接探测系统 (BDM) 对信号进行解调，可以以一定的信噪比得到信号。但是如果第三方 Claire 与他们合作，利用三束光之间的非局域关联，把 Claire 探测的信号传送给 Bob，则 Bob 处的信噪比将得到改善，从而提高了 Alice 和 Bob 之间通信的信道容量。也就是实现了第三方对于两个子系统之间量子通信信道容量的控制。这样就组建了具有三方通信的简单量子网络，其原理和方法可推广至利用更多组分的纠缠态，发展具有更多子系统的量子通信网络。

实验装置如图 7.33 所示。因为制备的纠缠态在 2 MHz 处纠缠度最高，所以选择将 2 MHz 的信号调制在被传送的信号光束上。图 7.34 是可控密集编码的信道容量与相干态和压缩态通信信道容量的比较。$C_{\text{n-c}}^{\text{dense}}$ 和 $C_{\text{c}}^{\text{dense}}$ 分别为 Claire 不传送和传送 Claire 所探测到的光电流给 Bob 时，量子密集编码通信的信道容量。

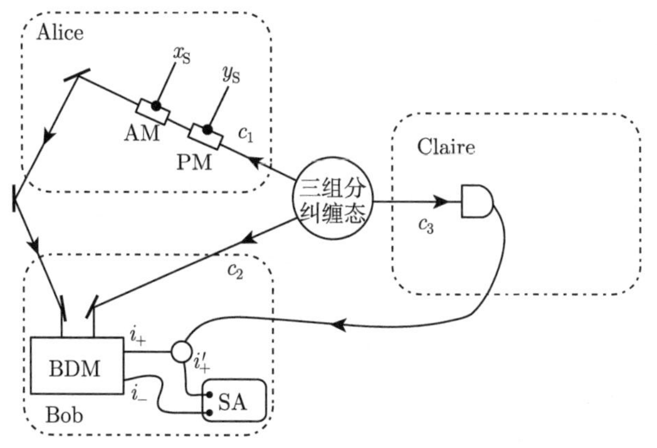

图 7.32 可控密集编码的原理图

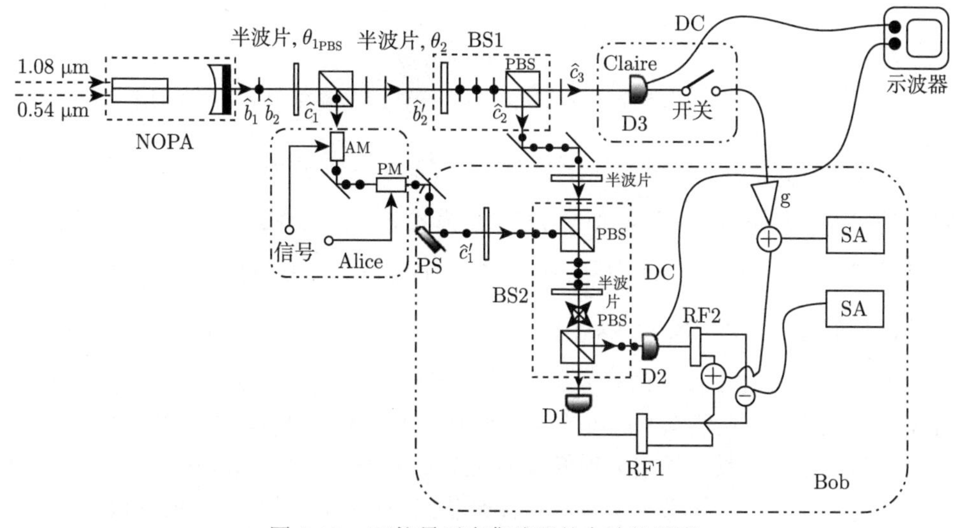

图 7.33 可控量子密集编码的实验装置图

显然，后者总是高于前者，这是三光束之间纠缠的必然结果。当平均光子数 $\bar{n} > 1.00$ 时，$C_{\mathrm{c}}^{\mathrm{dense}}$ 将超过相干态外差通信信道容量 C_{ch}；当 $\bar{n} > 10.52$ 时，$C_{\mathrm{c}}^{\mathrm{dense}}$ 将会超过压缩态零差通信的信道容量 C_{sh}。也就是说，Claire 可以通过选择是否与 Alice 和 Bob 合作来控制 Alice 和 Bob 之间通信的信道容量，例如，当平均光子数 $\bar{n} = 11$ 时，Claire 可以控制 Alice 和 Bob 之间通信的信道容量在 2.91 和 3.14 之间变换。

实验中利用 NOPA 和两套玻片棱镜组合产生三组分纠缠光场 $\hat{c}_1$，$\hat{c}_2$ 和 $\hat{c}_3$。三组分纠缠的三个子模分别被发送给 Alice，Bob 和 Claire。Alice 利用调制器在她的纠缠子模上加载调制信号 a_{s} 后将其发送到 Bob，Bob 对自己的纠缠子模和

Alice 传送的光场进行联合测量。同时 Claire 测量他得到的纠缠子模的正交振幅，并将测量结果传递给 Bob。Bob 利用这些结果解码信息即可以实现连续变量密集编码。

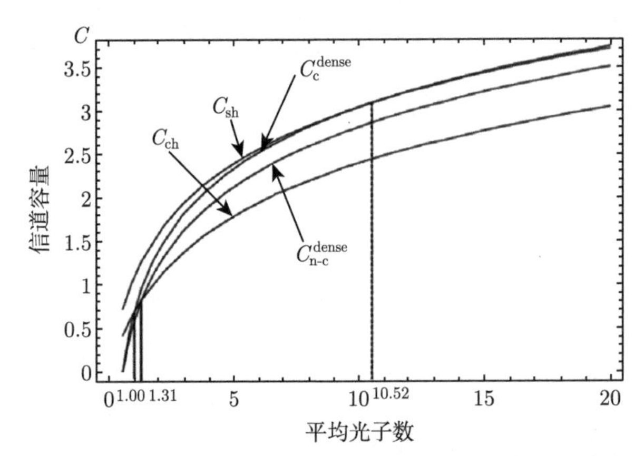

图 7.34　可控密集编码的信道容量与相干态和压缩态通信信道容量的比较

图 7.35(a) 显示了测量到的正交振幅和 $\left\langle\delta^2\hat{l}'_+\right\rangle$(轨迹 3) 和 $\left\langle\delta^2\hat{l}_+\right\rangle$(轨迹 2) 的噪声功率谱。调制的正交振幅信号 (X_s) 在模式 $\hat{c}_1$ 上 2 MHz 处的峰值比背景噪声 $\left\langle\delta^2\hat{l}'_+\right\rangle$(轨迹 3) 高 1.46 dB。尽管在模式 $\hat{c}_1$ 上的调制信号包括 $\left\langle\delta^2\hat{l}'_+\right\rangle$ 和 $\left\langle\delta^2\hat{l}_+\right\rangle$ 而且信号的峰值高度 (约 96.88 dBm) 相同，在轨迹 2 中由于 $\left\langle\delta^2\hat{l}_+\right\rangle$ 的本底噪声 (约 96.77 dBm) 高于调制信号的高度，因此调制信号本身被淹没在本底噪声中并且无法被观测到。在校准本底噪声 (轨迹 4) 之后 $(\hat{X}_{c1}+\hat{X}_{c2}+\hat{X}_{c3})$ 和 $(\hat{X}_{c1}+\hat{X}_{c2})$ 的噪声相比于散粒噪声极限分别低 3.28 dB 和 1.19 dB。图 7.35(b) 中的轨迹 2 是测量到的 $(\hat{Y}_{c1}-\hat{Y}_{c2})$ 的噪声功率，并且比散粒噪声极限 (轨迹 1) 低 2.66 dB。考虑到电子学噪声 (轨迹 3)，它实际上比散粒噪声极限低 3.18 dB。图 7.35(a) 和 (b) 显示了 $\left\langle\delta^2\hat{l}'_+\right\rangle$ 和 $\left\langle\delta^2\hat{l}_-\right\rangle$ 即 $(\hat{X}_{c1}+\hat{X}_{c2}+\hat{X}_{c3})$ 和 $(\hat{Y}_{c1}-\hat{Y}_{c2})$ 的噪声功率谱以及对应的散粒噪声极限。通过上述的连续变量类 GHZ 纠缠态的判据，模式 $\hat{c}_1$，$\hat{c}_2$ 和 $\hat{c}_3$ 构成了三组分纠缠。

该实验证明了纠缠态光场对于提高量子通道中经典信号通信信道容量的作用。通过分析得知：实验所得密集编码的信道容量在光子数大于 0.99、1.11、2.06 时将分别超过相干态双零差通信的信道容量、相干态零差通信的信道容量、压缩态零差通信的信道容量；当 $\bar{n}>11.302$ 时能够突破单通道通信极限，即 Fock 态通信信道容量 C_{Fork}。也就是说，随着平均光子数的增加 (信号强度增加)，密集编码的信道容量将会超过所有单通道通信信道容量，该实验已经实现了无条件连续变量量子密集编码。

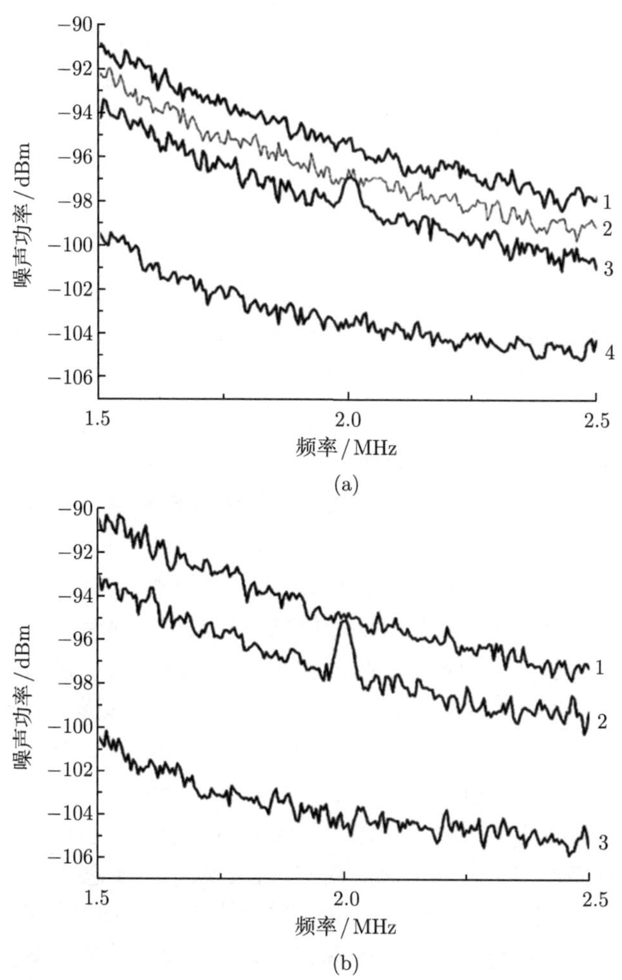

图 7.35 (a) 正交振幅和与 (b) 正交相位差的噪声功率谱

曲线 1 是散粒噪声极限，曲线 2 是 $\left\langle \delta^2 \hat{l}_+ \right\rangle$，曲线 3 是 $\left\langle \delta^2 \hat{l}'_+ \right\rangle$，曲线 4 是电子学噪声

7.4 量子秘密共享

在多用户通信网络中，秘密共享可以实现安全通信，只有一半以上的用户协同解码才能够获得秘密信息。秘密共享是当今计算机科学中的重要技术，可以实现几个认证用户之间的秘密共享，并且为安全信息网络和分布式计算提供了一个重要方法。秘密共享是一种加密信息的网络传送方式，目的是在一个群体中分发

一个秘密信息。一个秘密共享协议应该允许授权方的子集，称为访问结构，安全地重现秘密信息；而其他未授权方，称为敌对结构，无法得到任何秘密信息。经典信息通过数学变换来编码，如果信道是安全的，即使对手有无限的超强计算能力，也不可能得到任何秘密信息的相关内容 [34,35]。根据秘密共享协议，分发者通过特定的条件将秘密信息分发给 n 个用户。只有在 $k\left(\dfrac{n}{2}<k\leqslant n\right)$ 个用户合作的情况下，才能提取出秘密信息，这 k 个用户就成为合作者，剩余 $n-k$ 个用户即使合作也无法得到任何信息，称为敌对者。

量子秘密共享利用纠缠态光场之间的量子关联，可以安全地将经典信息或者量子信息传送给需求用户，可以增强秘密共享网络中信息的安全传送速率。因为参与的用户都是空间分离的，而光学系统又具有很好的移动性，所以光学系统是实现量子秘密共享的最佳系统。量子秘密共享利用各种量子资源构建的光学系统可以实现量子秘密共享，增强了通信的安全性 [36]。在量子秘密共享机制中，分享的秘密信息可以是一个经典的字符串，也可以是一个量子态。为了和前者区分开，后者经常叫作量子态共享。然而，多用户的量子秘密共享光学系统的构建是极具挑战性的任务。

在分离变量领域，利用四光子纠缠已经实现了四用户之间的量子秘密共享，这四个用户中，任意一个都可以充当秘密信息的分发者，剩余的三个用户自然构成了合作者来提取信息 [37]。同时，连续变量纠缠态光场也可以作为实现量子秘密共享的量子资源。澳大利亚国立大学 Lam 研究组利用连续变量三组分 GHZ 态对相干态光场进行编码，实现了三用户之间的量子秘密共享 [38]。把一个秘密的相干态通过分束器编码于一个三组分纠缠态上，然后将它分配给三个参与者，在理想纠缠的情况下，任意的两个参与者合作都能恢复出秘密相干态，而单独一个参与者则无法获得任何秘密相干态的信息。用户 1、2 恢复量子态的过程实际上就是编码过程的逆过程，不依赖于纠缠态的纠缠度。用户 1、3 或者用户 2、3 恢复量子态需要利用一个 50:50 分束器和一个前馈回路，恢复出的量子态的保真度依赖于纠缠态的纠缠度。为了构建更多用户、更加复杂的量子信息网络，需要制备更多组分的纠缠源。理论上已经证明了利用不同类型的量子资源可以构建不同的量子秘密共享系统。将束缚纠缠态光场纠缠特性应用于量子秘密共享，可以提高通信的安全性和灵活性。为构建更多用户的量子秘密共享网络，山西大学光电研究所利用四组分束缚纠缠态光场实验实现了四用户的确定性量子秘密共享 [8]。以下将以此系统为例，介绍连续变量量子秘密共享的原理与实验方法。

连续变量量子秘密共享的实验原理图如图 7.36 所示。为了实现量子秘密共享，分发者将秘密信息 $\left(a_{\mathrm{s}}=\dfrac{x_{\mathrm{s}}+\mathrm{i}y_{\mathrm{s}}}{2}\right)$ 通过振幅（相位）调制器加载到 EPR 纠缠光束（$\hat{a}_{\mathrm{EPR1}}$ $\hat{a}_{\mathrm{EPR2}}$）中，然后将加载秘密信息的束缚纠缠态的四个模式分别分

发给四个用户（Player1 ~ Player4），这四个用户接收到的态分别可以表示为

$$\begin{cases} \hat{b}_1 = \dfrac{1}{\sqrt{2}}(\hat{a}_{\mathrm{EPR1}} + \hat{v}_1^{\mathrm{T}} + a_{\mathrm{s}}) \\ \hat{b}_2 = \dfrac{1}{\sqrt{2}}(\hat{a}_{\mathrm{EPR1}} - \hat{v}_1^{\mathrm{T}} + a_{\mathrm{s}}) \\ \hat{b}_3 = \dfrac{1}{\sqrt{2}}(\hat{a}_{\mathrm{EPR2}} + \hat{v}_2^{\mathrm{T}} + a_{\mathrm{s}}^*) \\ \hat{b}_4 = \dfrac{1}{\sqrt{2}}(\hat{a}_{\mathrm{EPR2}} - \hat{v}_2^{\mathrm{T}} + a_{\mathrm{s}}^*) \end{cases} \tag{7.45}$$

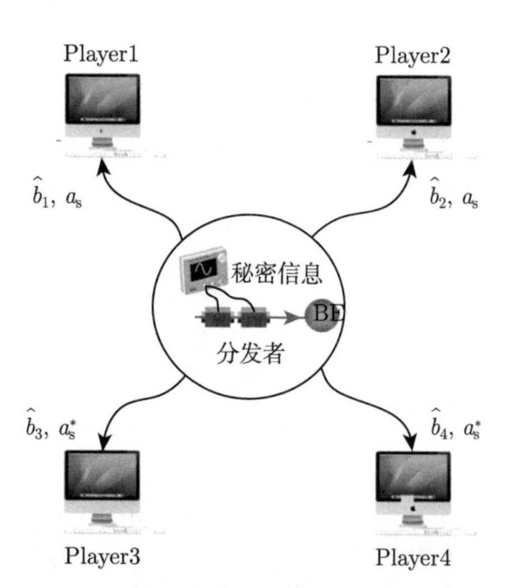

图 7.36 连续变量量子秘密共享的实验原理图

Player1~ Player4-空间分离的四个用户；$\hat{b}_1$，$\hat{b}_2$，$\hat{b}_3$，$\hat{b}_4$-束缚纠缠态的四个子模；a_{s}，a_{s}^*-振幅分量相等，相位分量相差 180° 的秘密信息

结合以上式子，这里分别对振幅分量以及相位分量的关联噪声求解，计算不同用户之间的关联噪声。单个用户的量子噪声为

$$\begin{cases} \left\langle \delta^2 \hat{x}(\hat{p})_{b_1} \right\rangle = \dfrac{1}{4}[\mathrm{e}^{2(r+r')} + \mathrm{e}^{-2r}] + \dfrac{1}{2}\left\langle \delta^2 \hat{x}(\hat{p})_{v_1^{\mathrm{T}}} \right\rangle + \dfrac{1}{2}V_{x(p)\mathrm{s}} \\ \left\langle \delta^2 \hat{x}(\hat{p})_{b_2} \right\rangle = \dfrac{1}{4}[\mathrm{e}^{2(r+r')} + \mathrm{e}^{-2r}] + \dfrac{1}{2}\left\langle \delta^2 \hat{x}(\hat{p})_{v_1^{\mathrm{T}}} \right\rangle + \dfrac{1}{2}V_{x(p)\mathrm{s}} \\ \left\langle \delta^2 \hat{x}(\hat{p})_{b_3} \right\rangle = \dfrac{1}{4}[\mathrm{e}^{2(r+r')} + \mathrm{e}^{-2r}] + \dfrac{1}{2}\left\langle \delta^2 \hat{x}(\hat{p})_{v_2^{\mathrm{T}}} \right\rangle + \dfrac{1}{2}V_{x(p)\mathrm{s}} \\ \left\langle \delta^2 \hat{x}(\hat{p})_{b_4} \right\rangle = \dfrac{1}{4}[\mathrm{e}^{2(r+r')} + \mathrm{e}^{-2r}] + \dfrac{1}{2}\left\langle \delta^2 \hat{x}(\hat{p})_{v_2^{\mathrm{T}}} \right\rangle + \dfrac{1}{2}V_{x(p)\mathrm{s}} \end{cases} \tag{7.46}$$

两用户之间的关联噪声为

$$\left\{\begin{array}{l}\left\langle\delta^2\left(\hat{x}_{b_1}+\hat{x}_{b_2}\right)\right\rangle=\mathrm{e}^{2(r+r')}+\mathrm{e}^{-2r}+2V_{xs}\\\left\langle\delta^2\left(\hat{x}_{b_{1(2)}}+\hat{x}_{b_{3(4)}}\right)\right\rangle=\mathrm{e}^{-2r}+\left\langle\delta^2\hat{x}_{\upsilon^{\mathrm{T}}}\right\rangle+2V_{xs}\\\left\langle\delta^2\left(\hat{x}_{b_3}+\hat{x}_{b_4}\right)\right\rangle=\mathrm{e}^{2(r+r')}+\mathrm{e}^{-2r}+2V_{xs}\end{array}\right.\tag{7.47}$$

$$\left\{\begin{array}{l}\left\langle\delta^2\left(\hat{p}_{b_1}+\hat{p}_{b_2}\right)\right\rangle=\mathrm{e}^{2(r+r')}+\mathrm{e}^{-2r}+2V_{ps}\\\left\langle\delta^2\left(\hat{p}_{b_{1(2)}}-\hat{p}_{b_{3(4)}}\right)\right\rangle=\mathrm{e}^{-2r}+\left\langle\delta^2\hat{p}_{\upsilon^{\mathrm{T}}}\right\rangle+2V_{ps}\\\left\langle\delta^2\left(\hat{p}_{b_3}+\hat{p}_{b_4}\right)\right\rangle=\mathrm{e}^{2(r+r')}+\mathrm{e}^{-2r}+2V_{ps}\end{array}\right.\tag{7.48}$$

三用户之间的关联噪声为

$$\left\{\begin{array}{l}\left\langle\delta^2\left(g_1^x\hat{x}_{b_1}+g_2^x\hat{x}_{b_2}+\hat{x}_{b_{3(4)}}\right)\right\rangle=\dfrac{\left(g_1^x+g_2^x-1\right)^2\mathrm{e}^{2\left(r+r'\right)}+\left(g_1^x+g_2^x+1\right)^2\mathrm{e}^{-2r}}{4}\\\qquad+\dfrac{\left(g_1^x+g_2^x+1\right)^2}{2}V_{xs}+\dfrac{\left(g_1^x-g_2^x\right)^2+1}{2}\left\langle\delta^2\widehat{x}_{\upsilon^{\mathrm{T}}}\right\rangle\\\left\langle\delta^2\left(\hat{x}_{b_{1(2)}}+g_3^x\hat{x}_{b_3}+g_4^x\hat{x}_{b_4}\right)\right\rangle=\dfrac{\left(g_3^x+g_4^x-1\right)^2\mathrm{e}^{2\left(r+r'\right)}+\left(g_3^x+g_4^x+1\right)^2\mathrm{e}^{-2r}}{4}\\\qquad+\dfrac{\left(g_3^x+g_4^x+1\right)^2}{2}V_{xs}+\dfrac{\left(g_3^x-g_4^x\right)^2+1}{2}\left\langle\delta^2\hat{x}_{\upsilon^{\mathrm{T}}}\right\rangle\end{array}\right.\tag{7.49}$$

$$\left\{\begin{array}{l}\left\langle\delta^2\left(g_1^p\hat{p}_{b_1}+g_2^p\hat{p}_{b_2}-\hat{p}_{b_{3(4)}}\right)\right\rangle=\dfrac{(g_1^p+g_2^p-1)^2\mathrm{e}^{2\left(r+r'\right)}+(g_1^p+g_2^p+1)^2\mathrm{e}^{-2r}}{4}\\\qquad+\dfrac{(g_1^p+g_2^p+1)^2}{2}V_{ps}+\dfrac{(g_1^p-g_2^p)^2+1}{2}\left\langle\delta^2\hat{p}_{\upsilon^{\mathrm{T}}}\right\rangle\\\left\langle\delta^2\left(\hat{p}_{b_{1(2)}}-g_3^p\hat{p}_{b_3}-g_4^p\hat{p}_{b_4}\right)\right\rangle=\dfrac{(g_3^p+g_4^p-1)^2\mathrm{e}^{2\left(r+r'\right)}+(g_3^p+g_4^p+1)^2\mathrm{e}^{-2r}}{4}\\\qquad+\dfrac{(g_3^p+g_4^p+1)^2}{2}V_{ps}+\dfrac{(g_3^p-g_4^p)^2+1}{2}\left\langle\delta^2\hat{p}_{\upsilon^{\mathrm{T}}}\right\rangle\end{array}\right.\tag{7.50}$$

其中, $g_i^{x(p)}$ 是使三组分量子噪声达到最小值的增益因子, 即最佳增益因子 $g_i^{x(p)\mathrm{opt}}$。通过计算表达式 (7.49) 和式 (7.50) 的最小值，可以得到最佳增益:

$$\begin{aligned}g_1^{x\mathrm{opt}}&=g_2^{x\mathrm{opt}}=g_3^{x\mathrm{opt}}=g_4^{x\mathrm{opt}}=g_1^{p\mathrm{opt}}=g_2^{p\mathrm{opt}}\\&=g_3^{p\mathrm{opt}}=g_4^{p\mathrm{opt}}=\frac{\mathrm{e}^{2\left(r+r'\right)}-\mathrm{e}^{-2r}}{2\left[\mathrm{e}^{2(r+r')}+\mathrm{e}^{-2r}\right]}\end{aligned}\tag{7.51}$$

四用户之间的关联噪声为

$$\left\{\begin{array}{l}\left\langle\delta^2\left(\hat{x}_{b_1}+\hat{x}_{b_2}+\hat{x}_{b_3}+\hat{x}_{b_4}\right)\right\rangle=4\mathrm{e}^{-2r}+8V_{xs}\\\left\langle\delta^2\left(\hat{p}_{b_1}+\hat{p}_{b_2}-\hat{p}_{b_3}-\hat{p}_{b_4}\right)\right\rangle=4\mathrm{e}^{-2r}+8V_{ps}\end{array}\right.\tag{7.52}$$

安全密钥速率通常可以表示为最大的秘密共享速率：

$$K = I(D:A) - I(D:E) \tag{7.53}$$

其中，$I(D:A)$ 表示分发者与合作者之间的经典交互信息量，定义如下：

$$I(D:A) = H(A) - H(A \mid D) \tag{7.54}$$

式中，$H(A)$ 表示合作者测量结果的 Shannon 熵；$H(A \mid D)$ 表示合作者在已知秘密信息前提下的 Shannon 熵。由于束缚纠缠态的噪声和调制信号都是高斯分布的，分发者与合作者之间的最大交互信息量可以通过计算同与之相对应的信噪比有关的式 $\left(I(D:A) = \dfrac{1}{2}\log_2(1+\mathrm{SNR})\right)$ 来得到。$I(D:E)$ 表示敌对方所能获得信息的上界，定义为

$$I(D:E) = S(\hat{\rho}) - \int P_D(s) S_D\left(\hat{\rho}_{E|D}(s)\right) \mathrm{d}s \tag{7.55}$$

其中，$S(\hat{\rho})$ 表示 von Neumann 熵；$\hat{\rho}_{E|D}$ 表示信息分发者在分发信息的情况下，敌对者获得的量子态；$\hat{\rho}_E$ 表示敌对者获得的量子态。高斯态的 von Neumann 熵可以通过它们的协方差矩阵 V_{G} 来进行计算，其矩阵元被定义为 $V_{ij} := \dfrac{\langle\{\Delta x_i, \Delta x_j\}\rangle}{2}$。von Neumann 熵写为

$$S(\hat{\rho}) = \sum_{i}^{r} g(\upsilon_k) \tag{7.56}$$

其中，υ_k 是矩阵 $\mathrm{i}\Omega V_{\mathrm{G}}$ 的辛本征值，$\Omega = \oplus_N^{k=1}\omega$，$\omega = \begin{pmatrix} 0 & 1 \\ -1 & 0 \end{pmatrix}$，$g(\upsilon) = \left(\upsilon + \dfrac{1}{2}\right) \times \log\left(\upsilon + \dfrac{1}{2}\right) - \left(\upsilon - \dfrac{1}{2}\right)\log\left(\upsilon - \dfrac{1}{2}\right)$。这种情况下，$\hat{\rho}_E$ 和 $\hat{\rho}_{E|D}$ 的协方差矩阵都是不受调制信息制约的，它们的 von Neumann 熵也独立于信息而存在，因此，Holevo 界可以简化为 $I(D:E) \leqslant S(\hat{\rho}_E) - S\left(\hat{\rho}_{E|D}\right)$。

在 (4,4) 阈值的量子秘密共享机制中，合作者是四个用户，没有信息窃听者，安全密钥速率等于四用户之间的经典互信息量；在 (3,4) 阈值的量子秘密共享机制中，合作者是四个用户中的任意三个，则剩余的一方就是信息窃听者。根据秘密共享协议，在包含四个用户的量子秘密共享机制中，任何两用户即使合作也不可能得到任何的秘密信息。这里通过计算，得到了不同量子秘密共享机制中的安全密钥速率与压缩因子 r 之间的曲线关系图，如图 7.37 所示。在该物理模型中，根据实验的实际数据，取反压缩因子 r' 与压缩因子 r 之间的关系为 $r' = \dfrac{2r}{3}$，秘

密信号的大小为 10。图中蓝色的线和红色的线分别表示四个用户合作和三个用户合作时的量子密钥速率 K_4、K_3；粉色的曲线表示两个用户 ($\{1(2),3(4)\}$) 合作时的量子密钥速率 $K_2^{\{1(2),3(4)\}}$；黑色的曲线表示两个用户 ($\{1,2\}$、$\{3,4\}$) 合作时的量子密钥速率 $K_2^{\{1,2\}} = K_2^{\{3,4\}}$。由曲线可以看出，两用户合作的任何情况，量子密钥速率都是小于 0 的；对于三用户合作的情况，当 $r < 0.12$ 时，量子密钥速率 K_3 也是小于 0 的；但是当四用户合作时，量子密钥速率 K_4 随着压缩因子 r 的增加而迅速增长，也就是说，四用户之间的量子秘密共享可以利用量子关联度较高的束缚纠缠态来实现。

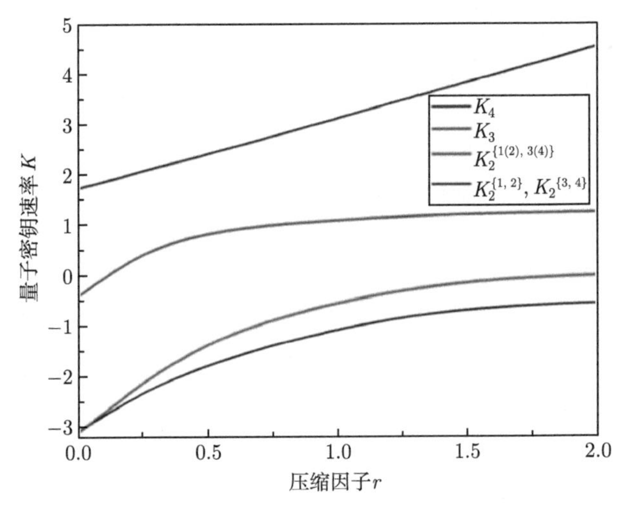

图 7.37　不同用户合作时的量子密钥速率与压缩因子 r 之间的关系曲线

具体的实验装置如图 7.38 所示，首先利用含有楔角 Ⅱ 类 KTP 晶体的 NOPA 腔 (与产生 8.4 dB 的 EPR 纠缠态光场的装置完全相同) 产生一对 EPR 纠缠态光场（$\hat{a}_{\mathrm{EPR1}}$、$\hat{a}_{\mathrm{EPR2}}$），然后分别在两束相干态光场的振幅调制器（AM1，AM2）和相位调制器（PM1，PM2）上加载高斯分布的热光场（$\hat{\upsilon}_1^{\mathrm{T}}$，$\hat{\upsilon}_2^{\mathrm{T}}$）。最后将这对 EPR 纠缠态光场与两束高斯分布的热光场分别在 50:50 分束器上耦合，并且将 EPR 纠缠光场和热光场之间的相对相位锁在 0 相位上，结合理论计算，使得热光场的噪声起伏满足 $\left\langle \delta^2 \hat{x}_{\upsilon^{\mathrm{T}}} \right\rangle = \left\langle \delta^2 \hat{p}_{\upsilon^{\mathrm{T}}} \right\rangle = 3.5$ 时即可制备出符合条件的四组分束缚纠缠态光场。为了实现秘密共享，分发者将一个秘密信息 $a_{\mathrm{s}} = \dfrac{x_{\mathrm{s}} + \mathrm{i}y_{\mathrm{s}}}{2}$ (2.25 MHz 的正弦波) 通过调制器（AM3，PM3）和（AM4，PM4）分别加载在 EPR 纠缠光束的两个子模 $\hat{a}_{\mathrm{EPR1}}$、$\hat{a}_{\mathrm{EPR2}}$ 上，然后将携带信息的束缚纠缠态的四个子模分别分发给量子信息网络中空间分离的四个独立用户 Player1~Player4。最后通过 BHD1~BHD4 对不同用户合作时的关联噪声进行测量。

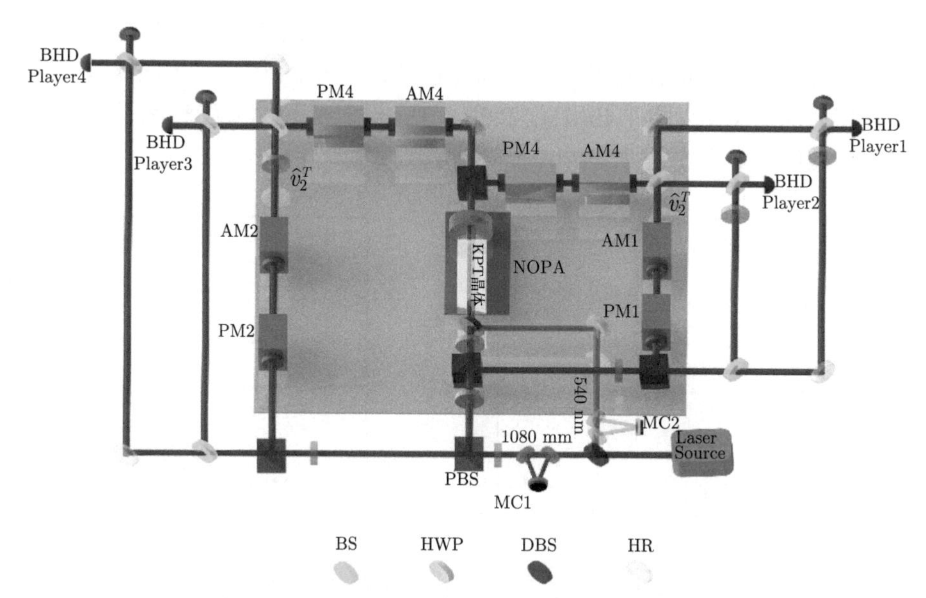

图 7.38　实现经典信息量子秘密共享的实验装置图

各光学器件的具体代号含义如下：Laser Source-激光器（Nd:YAP/LBO）；MC1/MC2-红外模式清洁器/绿光（泵浦光）清洁器；PBS-偏振分束器；PM-相位调制器；AM-振幅调制器；NOPA-含楔角 Ⅱ 类 KTP 晶体的非简并光学参量放大器；BHD-平衡零拍探测器；Player1～Player4-空间分离的四个用户

图 7.39(a)、(b) 表示秘密信息的幅度为 0.44 V 时测量到的正交振幅（相位）分量的结果图，蓝色的线表示四个子模之间的关联噪声，低于散粒噪声极限 7.8 dB，红色的线表示在最佳增益因子取 0.493 时任意三个子模之间的关联噪声，高于散粒噪声极限 1 dB，粉色的线和黑色的线分别表示两用户 {1(2),3(4)} 和 {1,3}、{2,4} 合作时的关联噪声，分别高于散粒噪声极限 4.0 dB 和 10.8 dB。这种情况下，只有四个用户合作时才能够提取出分发者的秘密信息，否则秘密信息都会被淹没在较大的背景噪声中。这样就实现了 (4,4) 阈值的量子秘密共享。如果分发者想要实现 (3,4) 阈值的量子秘密共享，就需要将所分发信号的强度增加到 1.52 V，测量到的正交振幅 (相位) 分量的结果如图 7.39(c)、(d) 所示，由于秘密信号的增强，四个用户合作或者是三个用户合作都能提取出一定量的秘密信息，而两用户合作时不能得到任何信息，因此实现了 (3,4) 阈值的量子秘密共享。但是不管是哪种情况，两个用户合作都不可能得到任何的信息。

为了使该秘密共享信息网络更切合实际，将分发者所分发的信息强度在 0～5 ms 内随机变换，如图 7.40(a) 所示，较大的信息幅度为 1.52 V，较小的信息幅度为 0.44 V，最小的信息幅度为 0。图 7.40(b)、(c) 分别表示在 (4,4) 以及 (3,4) 阈值量子秘密共享机制下的测量结果图，图 7.40(d) 表示两个用户合作时测量到的关联噪声。很明显，四个用户合作时，所有强度的信息都可以被提取出来 (图 7.40(b))，三个用户之间合作只能恢复强度较大的秘密信息 (图 7.40(b))，两个用户合作则得不到任何的信息量 (图 7.40(d))。2.25 MHz 调制信号的持续时间是 0.444 ms，秘密共享通信速率大约是 2.25 kbit/s。

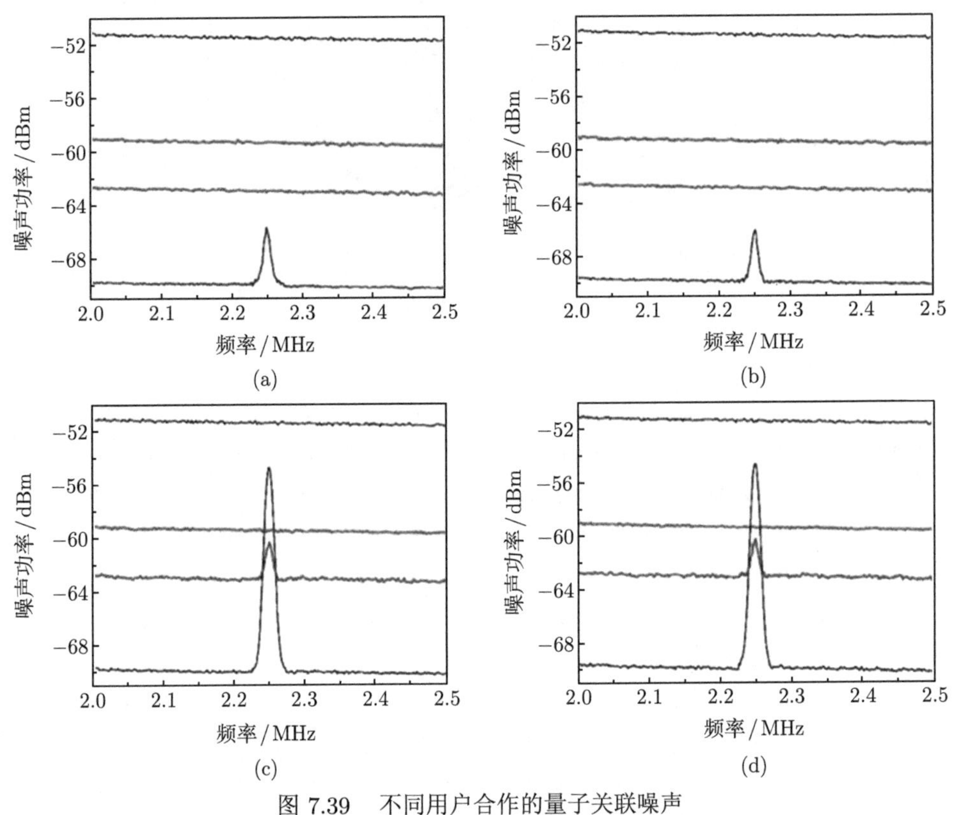

图 7.39　不同用户合作的量子关联噪声

这里利用连续变量四组分束缚纠缠态光场，在实验上实现了 (4,4) 和 (3,4) 阈值的连续变量量子秘密共享。相较于之前的秘密共享方案，可以通过控制分发者分发信息的强度来控制实现 (4,4) 还是 (3,4) 阈值的量子秘密共享方案。利用连续变量明亮束缚纠缠态实现量子秘密共享的实验中，理想的单光子源和量子记忆是不必要的。目前量子秘密共享机制中的大多数通信技术与经典的秘密共享是相兼容的，这为量子秘密共享的应用打开了一个方便而有利的途径。如果能实现宽带纠缠态光场，量子秘密共享机制的通信速率将会被进一步提高。

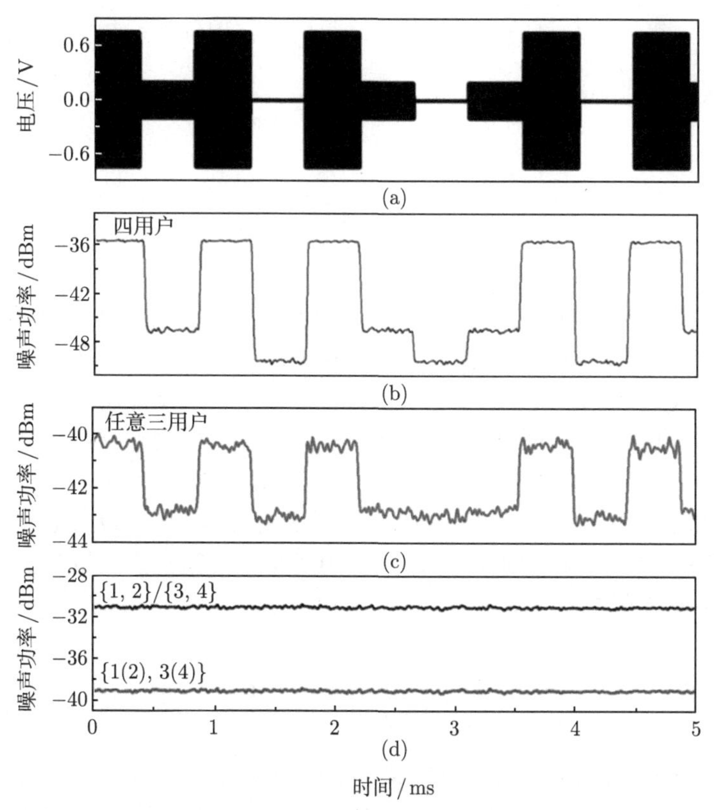

图 7.40　量子秘密字符串共享

(a) 表示调制的秘密字符串；(b) 和 (c) 分别表示四用户和任意三用户合作时的测量结果；(d) 表示两用户合作时的测量结果。频谱分析仪的测量参数设置为：RBW 是 300 kHz，VBW 是 100 kHz

7.5　类量子非破坏测量

7.5.1　量子非破坏测量原理

海森伯 (Heisenberg) 不确定性原理限制了精密测量的精确度。然而，量子非破坏测量通过设计可观测量和测量仪器的相互作用，可以克服测量过程中的反作用干扰，实现任意精度的重复测量 [39]。比如，当人们测量一个沿 X 轴做自由运动的电子（质量为 m）位置时，假设第一次测量的不确定程度为 δX_{m1}，根据海森伯不确定性原理 $\delta X_{m1}\delta p_{\mathrm{add}} \geqslant \hbar/2$，即这次测量对其共轭分量——动量 p 将产生一个扰动，扰动 δp_{add} 的最小值为 $\dfrac{\hbar}{2\delta X_{m1}}$。经过时间 τ 后，这一扰动又以速度起伏 $(\delta p_{\mathrm{add}}/m)$ 的形式反作用回来，使第二次测量的不确定性（方差）增加到

$$(\delta X_{m2})^2 = (\delta X_{m1})^2 + \left(\frac{\hbar\tau}{2\delta X_{m1}m}\right)^2 \tag{7.57}$$

由此可看出，第一次测量的精度越高，动量的反作用程度就越大，从而使第二次测量的结果也就越不准确。当 $(\delta X_{m1})^2 = \left(\dfrac{\hbar\tau}{2\delta X_{m1}m}\right)^2$ 时，第二次测量的不确定性达到最小：

$$\delta X_{m2}\Bigg|\mathrm{min}|\left(\frac{\hbar\tau}{m}\right)^{\frac{1}{2}} \tag{7.58}$$

这就是连续测量某一粒子的位置时所能达到的最精确程度，称为散粒噪声极限。当待测信号远高于散粒量子极限时，测量引入的噪声可以忽略不计，人们可以准确地探测到该信号。若信号弱到低于散粒量子极限，就不能用通常的方法把它测量出来，引力波就是这样的信号。据天文学家估算，引力波仅能使目前的探测天线——Weber bars 两端相对位移 $\delta X = 10^{-19}$ cm，它的振荡周期 $\tau = 10^{-3}$ s。若使用目前最重的 Weber bars（m =10t）测量引力波信号，假设人们初次测量的位移精度 $\delta X \leqslant 10^{-19}$ cm，则在时间 $\tau = 10^{-3}$ s 后，第一次测量产生的动量扰动将使它偏离最初位置：

$$\delta X_{\mathrm{add}} \approx \frac{\hbar\tau}{2\delta X_{m1}m} = 5\times 10^{-19}\ \mathrm{cm} \tag{7.59}$$

当人们第二次测量时，就无法判断 Weber bars 两端的位移是由引力波信号引起的，还是由第一次测量扰动引起的。这种由测量反作用引入噪声的测量是量子破坏性测量，它基于量子力学不确定性原理，不可能通过一般技术手段消除。为了解决这一问题，V. B. Braginsky 等在 20 世纪 70 年代提出了量子非破坏测量这一概念 [39]。其主要思想是：合理选择系统的待测力学量和与之相互作用的测量仪器，克服测量过程中共轭分量的反作用干扰，使人们能以任意精度进行重复测量。C. M. Caves 的判定准则较直观清晰，易于在实验上操作。它由两个条件组成，如下所述。

1. 量子非破坏可观测量条件

若一系统 S 的哈密顿量 (Hamiltonian) 为 H_0，其某一力学量 A 在 S 自由运转时不随时间改变，即满足条件

$$\frac{\mathrm{d}A}{\mathrm{d}t} = \frac{1}{\mathrm{i}\hbar}[A, H_0] = 0 \tag{7.60}$$

则 A 称为量子非破坏可观测量。在量子系统中, 有少数力学量是量子非破坏可观测量。下面举例说明。

一个沿 X 轴自由运动的微观粒子，假设其质量为 m，动量为 $\hat{p}$，其位置算符 $\hat{X}$ 的运动方程为

$$\frac{\mathrm{d}\hat{X}}{\mathrm{d}t}=\frac{1}{\mathrm{i}\hbar}\left[\hat{X},H_0\right]=\frac{\hat{p}}{m} \tag{7.61}$$

故位置变量不是量子非破坏可观测量。而其动量 $\hat{p}$ 的运动方程为

$$\frac{\mathrm{d}\hat{p}}{\mathrm{d}t}=\frac{1}{\mathrm{i}\hbar}\left[\hat{p},H_0\right]=0 \tag{7.62}$$

故动量是量子非破坏可观测量。

对于弹性谐振子系统，其哈密顿量

$$H_0=\frac{\hat{p}^2}{2m}+\frac{1}{2}m\omega^2\hat{X}^2=\left(\hat{n}+\frac{1}{2}\right)\hbar\omega \tag{7.63}$$

显然，系统的量子数算符 $\hat{n}$ 是量子非破坏可观测量。其位置和动量的运动方程分别为

$$\frac{\mathrm{d}\hat{X}(t)}{\mathrm{d}t}=\frac{1}{\mathrm{i}\hbar}\left[\hat{X}(t),H_0\right]=\frac{\hat{p}(t)}{m} \tag{7.64}$$

$$\frac{\mathrm{d}\hat{p}(t)}{\mathrm{d}t}=\frac{1}{\mathrm{i}\hbar}\left[\hat{p}(t),H_0\right]=-m\omega^2\hat{X}(t) \tag{7.65}$$

故动量和位置不是量子非破坏可观测量。然而，对于谐振子的两正交相位振幅算符 $\hat{x}_1$，$\hat{x}_2$：

$$\hat{x}_1=\left[\hat{X}(t)\cos\omega t-\frac{\hat{p}(t)}{m\omega}\sin\omega t\right] \tag{7.66a}$$

$$\hat{x}_2=\left[\hat{X}(t)\sin\omega t+\frac{\hat{p}(t)}{m\omega}\cos\omega t\right] \tag{7.66b}$$

其运动方程分别为

$$\begin{aligned}\frac{\mathrm{d}x_1}{\mathrm{d}t}&=0\\ \frac{\mathrm{d}x_2}{\mathrm{d}t}&=0\end{aligned} \tag{7.67}$$

因此, $\hat{x}_1$，$\hat{x}_2$ 是时间无关的常量，它们由动量和位置的初始值决定，是量子非破坏可观测量。

2. 量子非破坏相互作用条件

量子非破坏测量要求，测量仪器 M 在与系统 S 相互作用时，测量仪器 M 对被测力学量 A 的测量应是间接测量；M 与 S 的相互作用哈密顿量 H_{int} 不能干扰、改变被测力学量 A，即满足条件

$$[A, H_{\text{in}}] = 0 \tag{7.68}$$

事实上，当 A 与 H_{in} 相互对易时，仪器在测量力学量 A 的过程中，并不对其产生反作用噪声，因此这一条件也称为反作用逃逸 (back-action-evading，BAE) 测量条件，简写为 BAE 条件。

若系统 S 的某个力学量 A 是量子非破坏可观测量，测量仪器 M 在测量 A 的过程中又满足反作用逃逸测量条件，则可以称该测量是量子非破坏测量。

量子非破坏测量与传统的测量方法不同，是一种超越 SNL 的测量技术，在高科技迅速发展的今天，量子非破坏测量有着十分广泛而重要的用途，因为它能有效地使人们去感受那些淹没在噪声海洋中的微弱信息，从而弄清自然界更深层次的真实面貌。

最初，量子非破坏思想被用于探测引力波的天线——Weber bars 的设计上，但所设计的装置遇到了技术上的困难, 因此量子非破坏测量的研究开始转向其他领域。20 世纪 80 年代中期，量子光学领域在理论和实验研究上取得了很多重要进展，不少量子光学专家意识到，量子非破坏测量适用于该领域的实验研究。

在量子光学中，把单模光场进行量子化，其光子数算符 N 量子化为光子数算符 $\hat{n}$, 正交振幅和相位算符 A、P 量子化后为正交相位振幅算符 X_1X_2，因此 N、A 和 P 都是量子非破坏可观测量，均可作为量子非破坏待测力学量。量子非破坏测量装置原理如图 7.41 所示, 量子非破坏耦合放大器作测量仪器 Meter，用探测器作读出器。信号输入场 S^{in} 相当于系统 S，其待测力学量 X_{s}^{in}（光强 N 或正交振幅分量 A）作为量子非破坏可观测量。Meter 输入场 M^{in}(也称为探针输入场) 的可观测变量是 X_{m}^{in}。

在实际测量中，通常将一调制信号加在信号输入场 X_{s}^{in} 上，作为待测信息。在调制幅度和调制频率远小于光场平均振幅和光频的情况下，量子非破坏可观测量 X_{s}^{in} 可以表示为如下线性关系式：

$$X_{\text{s}}^{\text{in}}(t) = \overline{X}_{\text{s}}^{\text{in}} + \overline{X}_{\text{s}}^{\text{in}}(t) + \delta X_{\text{s}}^{\text{in}}(t) \tag{7.69}$$

其中，$\overline{X}_{\text{s}}^{\text{in}}$ 表示 $X_{\text{s}}^{\text{in}}(t)$ 的稳态值；$\overline{X}_{\text{s}}^{\text{in}}(t)$ 表示 $X_{\text{s}}^{\text{in}}(t)$ 所携带的相干调制信号；$\delta X_{\text{s}}^{\text{in}}(t)$ 表示 $X_{\text{s}}^{\text{in}}(t)$ 的量子噪声。目前，量子光学领域内进行的量子非破坏测量中，正交振幅分量的量子噪声均远小于其平均值，因此，可以把测量仪器 (Meter)

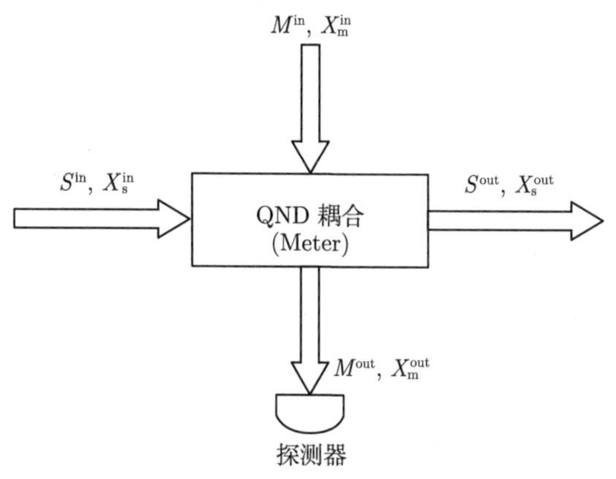

图 7.41 量子非破坏测量原理示意图

当作线性放大器处理。信号输入光进入测量仪器后，与探针输入场进行量子非破坏耦合，将 $X_{\rm s}^{\rm in}$ 的调制信息 $\overline{X}_{\rm s}^{\rm in}(t)$ 和量子噪声 $\delta X_{\rm s}^{\rm in}(t)$ 完全复制到探针场的变量 $X_{\rm m}$ 上, 使输出的探针场 $X_{\rm m}^{\rm out}(t)$ 携带有 $X_{\rm s}^{\rm in}$ 的全部信息，并将测量中引起的噪声反作用到探针场 $X_{\rm m}$ 的共轭分量上，保持量子非破坏可观测量 $X_{\rm s}^{\rm in}$(包括调制信息 $\overline{X}_{\rm s}^{\rm in}(t)$ 和量子噪声 $\delta X_{\rm s}^{\rm in}(t)$) 在测量前后不变。由探测器检测探针输出场 $X_{\rm m}^{\rm out}$ 信息即可测出 $X_{\rm s}^{\rm in}$ 的信息。这样的测量是理想的量子非破坏测量，其输入–输出关系式可表示为

$$X_{\rm s}^{\rm out} = X_{\rm s}^{\rm in} \tag{7.70a}$$

$$X_{\rm m}^{\rm out} = GX_{\rm s}^{\rm in} \tag{7.70b}$$

其中，G 是测量仪器的增益；$X_{\rm s}^{\rm out} = X_{\rm s}^{\rm in}$ 表示在测量前后，信号输入光中的量子非破坏可观测量的本征值保持不变，即 $\dfrac{{\rm d}X_{\rm s}^{\rm in}}{{\rm d}t} = 0$, 因此满足 C. M. Caves 给出的反作用逃逸测量条件。

满足理想原则的量子非破坏测量完全可以克服由不确定性关系引入的量子噪声，但这样苛刻的条件在实验中往往难以一次完成，但可以用实验实现非理想的量子非破坏测量。为了定量评价非理想量子非破坏测量的性能，最有效的方法是考虑实际测量过程中的输入–输出关系。

考虑到实际测量中额外噪声的影响,在频域空间,信号通道的输入–输出关系为

$$\overline{X}_{\rm s}^{\rm out}(\varOmega) = g_{\rm s}\overline{X}_{\rm s}^{\rm in}(\varOmega) \tag{7.71a}$$

$$\delta X_{\rm s}^{\rm out}(\varOmega) = g_{\rm s}\delta X_{\rm s}^{\rm in}(\varOmega) + B_{\rm s}^{\rm add}(\varOmega) \tag{7.71b}$$

其中，Ω 是谱分析频率。对于探针场，人们关心的是耦合了 X_s^{in} 信息和量子噪声的可观测量 X_m^{out}，其输入–输出关系式为

$$\overline{X}_m^{out}(\Omega) = g_m \overline{X}_s^{in}(\Omega) \tag{7.72a}$$

$$\delta X_m^{out}(\Omega) = g_m \delta X_s^{in}(\Omega) + B_m^{add}(\Omega) \tag{7.72b}$$

其中，$\overline{X}_s^{in}(\Omega)$ 是调制信号 $\overline{X}_s^{in}(t)$ 的傅里叶频谱分量，它等于信号输入场 $X_s^{in}(t)$ 在调制频率处的平均强度；$\overline{X}_s^{out}(\Omega)$ 和 $\overline{X}_m^{out}(\Omega)$ 分别表示信号和探针输出场的傅里叶频谱分量；g_s、g_m 分别表示信号通道和探针通道的放大倍数，它们对信号输入场的调制信息与量子噪声的放大倍数要相同；B_s^{add}、B_m^{add} 分别是测量过程中未消除的反作用噪声和由损耗引起的额外噪声，它们与量子非破坏可观测量的量子噪声 δX_s^{in} 是不相关的，即

$$\begin{aligned} \left\langle \delta X_s^{in}(\Omega) B_s^{add}(\Omega) \right\rangle = 0 \\ \left\langle \delta X_s^{in}(\Omega) B_m^{add}(\Omega) \right\rangle = 0 \end{aligned} \tag{7.73}$$

正是这种额外噪声破坏了输入–输出关系的量子相关性，使理想量子非破坏测量变为部分量子非破坏测量。

为了定量评价部分量子非破坏测量系统的质量优劣，1990 年，新西兰科学家 M. J. Holland 和 D. F. Walls 从理论上提出了量子非破坏测量的三个判据。

1) 输入与输出信号场的相关程度

测量仪器在测量过程中从多大程度上消除了测量所带来的反作用噪声对被测力学量的干扰，测量对被测力学量的破坏程度有多大，这是由输出与输入信号场可观测量 X_s^{out}、X_s^{in} 之间的量子关联系数 C_s^2 决定的，C_s^2 定义为

$$C_s^2 = \frac{\left|\left\langle \delta X_s^{in}(\Omega) \delta X_s^{out}(\Omega) \right\rangle\right|^2}{\left\langle \left|\delta X_s^{in}(\Omega)\right| \right\rangle^2 \left\langle \left|\delta X_s^{out}(\Omega)\right| \right\rangle^2} \tag{7.74}$$

C_s^2 越大，δX_s^{out}、δX_s^{in} 的量子关联性就越好，测量的破坏程度就越小。理想的量子非破坏测量不干扰被测力学量，$C_s^2 = 1$。

2) 输入信号场与输出探针场的相关度

作为一个测量仪器，应该考虑在其探针输出场中，可观测量 X_m^{out} 多大程度耦合和放大了待测力学量 X_s^{in}，其间引入的额外噪声有多大, 换句话说, 测量仪器的准确程度如何，是由输出探针场与输入信号场的可观测量 X_m^{out}、X_s^{in} 之间的量子关联系数 C_m^2 决定的，C_m^2 定义为

$$C_m^2 = \frac{\left|\left\langle \delta X_s^{in}(\Omega) \delta X_m^{out}(\Omega) \right\rangle\right|^2}{\left\langle \left|\delta X_s^{in}(\Omega)\right| \right\rangle^2 \left\langle \left|\delta X_m^{out}(\Omega)\right| \right\rangle^2} \tag{7.75}$$

C_{m}^2 越大, 则测量的准确程度越高。对于理想的量子非破坏测量，$C_{\mathrm{m}}^2=1$。

3) 量子态制备能力

量子非破坏测量的另一个重要特性就是量子态制备能力，它描述在测得探针输出场 $X_{\mathrm{m}}^{\mathrm{out}}$ 的结果后，可以在多大程度上确定信号输出场的可观测量 $X_{\mathrm{s}}^{\mathrm{out}}$，也就是说，量子非破坏测量的可预测性如何。量子非破坏测量的量子态制备能力用条件方差 $V_{\mathrm{s/m}}$ 表征：

$$V_{\mathrm{s/m}}=V_{\mathrm{s}}^{\mathrm{out}}\left(\Omega\right)\left(1-C_{\mathrm{s,m}}^2\right) \tag{7.76}$$

其中，$C_{\mathrm{s,m}}^2$ 表示信号输出场与探针输出场之间的量子关联系数；$V_{\mathrm{s}}^{\mathrm{out}}(\Omega)$ 表示信号输出场可观测量 $\delta X_{\mathrm{s}}^{\mathrm{out}}$ 的归一化噪声谱。其表示式分别为

$$V_{\mathrm{s}}^{\mathrm{out}}(\Omega)=\frac{\left\langle\left|\delta X_{\mathrm{s}}^{\mathrm{out}}(\Omega)\right|^2\right\rangle}{\bar{I}_{\mathrm{s}}^{\mathrm{out}}} \tag{7.77}$$

$$C_{\mathrm{s,m}}^2=\frac{\left|\left\langle\delta X_{\mathrm{s}}^{\mathrm{out}}\left(\Omega\right)\delta X_{\mathrm{m}}^{\mathrm{out}}\left(\Omega\right)\right\rangle\right|^2}{\left\langle\left|\delta X_{\mathrm{s}}^{\mathrm{out}}\left(\Omega\right)\right|^2\right\rangle\left\langle\left|\delta X_{\mathrm{m}}^{\mathrm{out}}\left(\Omega\right)\right|^2\right\rangle} \tag{7.78}$$

这里，$\bar{I}_{\mathrm{s}}^{\mathrm{out}}$ 表示信号输出场的平均光强。

从本质上来看，条件方差表示信号输出场通过使用探针输出场的相关信息修正后的量子噪声，是一种条件压缩。$V_{\mathrm{s/m}}$ 越小，信号输出场与探针输出场之间的量子关联程度越高，量子非破坏测量的可预测性也越高，量子非破坏测量的量子态制备能力越好，对于理想的量子非破坏测量，$V_{\mathrm{s/m}}=0$。

在给定信号、探针输入–输出关系的条件下，可以从理论上计算出 C_{s}^2、C_{m}^2 和 $V_{\mathrm{s/m}}$ 的数据。对于线性的量子非破坏耦合放大器，将式 (7.71b) 、式 (7.72b) 代入 C_{s}^2、C_{m}^2 的表达式，可以求得

$$C_{\mathrm{s}}^2=\frac{\left\langle\left|\delta X_{\mathrm{s}}^{\mathrm{in}}\left(\Omega\right)\right|^2\right\rangle}{\left\langle\left|\delta X_{\mathrm{s}}^{\mathrm{in}}(\Omega)\right|^2\right\rangle+\left\langle\left[\frac{\left|B_{\mathrm{s}}^{\mathrm{add}}(\Omega)\right|}{g_{\mathrm{s}}}\right]^2\right\rangle} \tag{7.79}$$

$$C_{\mathrm{m}}^2=\frac{\left\langle\left|\delta X_{\mathrm{s}}^{\mathrm{in}}(\Omega)\right|^2\right\rangle}{\left\langle\left|\delta X_{\mathrm{s}}^{\mathrm{in}}(\Omega)\right|^2\right\rangle+\left\langle\left[\frac{\left|B_{\mathrm{m}}^{\mathrm{add}}(\Omega)\right|}{g_{\mathrm{m}}}\right]^2\right\rangle} \tag{7.80}$$

上述判据适合于理论计算，但不能直接由实验测定。1992 年，法国科学家 P. Grangier 提出了可以进行直接实验检测的量子非破坏测量判据，即传送系数 T_{s}

和 T_{m}，它们定义分别为

$$
\begin{aligned}
T_{\mathrm{s}} &= \frac{\mathrm{SNR}_{\mathrm{s}}^{\mathrm{out}}}{\mathrm{SNR}_{\mathrm{s}}^{\mathrm{in}}} \\
T_{\mathrm{m}} &= \frac{\mathrm{SNR}_{\mathrm{m}}^{\mathrm{out}}}{\mathrm{SNR}_{\mathrm{s}}^{\mathrm{in}}}
\end{aligned} \tag{7.81}
$$

其中，SNR 表示信噪比, 为某一可观测量在给定频率 Ω 处的平均信号强度与其量子噪声功率之比，即

$$
\begin{aligned}
\mathrm{SNR}_{\mathrm{s}}^{\mathrm{in}} &= \frac{\left|\overline{X}_{\mathrm{s}}^{\mathrm{in}}(\Omega)\right|^2}{\left\langle\left|\delta X_{\mathrm{s}}^{\mathrm{in}}(\Omega)\right|^2\right\rangle} \\
\mathrm{SNR}_{\mathrm{s}}^{\mathrm{out}} &= \frac{\left|\overline{X}_{\mathrm{s}}^{\mathrm{out}}(\Omega)\right|^2}{\left\langle\left|\delta X_{\mathrm{s}}^{\mathrm{out}}(\Omega)\right|^2\right\rangle} \\
\mathrm{SNR}_{\mathrm{m}}^{\mathrm{out}} &= \frac{\left|\overline{X}_{\mathrm{m}}^{\mathrm{out}}(\Omega)\right|^2}{\left\langle\left|\delta X_{\mathrm{m}}^{\mathrm{out}}(\Omega)\right|^2\right\rangle}
\end{aligned} \tag{7.82}
$$

传送系数 T_{m} 描述测量装置读出信号的有效性，T_{s} 描述测量装置传送信息的非破坏性, 实际上它们反映了输入与输出场的量子关联程度。由式 (7.71)、式 (7.72) 及式 (7.81)、式 (7.82) 可以证明

$$
T_{\mathrm{s}} = \frac{\left\langle\left|\delta X_{s}^{\mathrm{in}}(\Omega)\right|^2\right\rangle}{\left\langle\left|\delta X_{\mathrm{s}}^{\mathrm{in}}(\Omega)\right|^2\right\rangle + \left\langle\left[\frac{\left|B_{\mathrm{s}}^{\mathrm{add}}(\Omega)\right|}{g_{\mathrm{s}}}\right]^2\right\rangle} \tag{7.83a}
$$

$$
T_{\mathrm{m}} = \frac{\left\langle\left|\delta X_{\mathrm{s}}^{\mathrm{in}}(\Omega)\right|^2\right\rangle}{\left\langle\left|\delta X_{\mathrm{s}}^{\mathrm{in}}(\Omega)\right|^2\right\rangle + \left\langle\left[\frac{\left|B_{\mathrm{m}}^{\mathrm{add}}(\Omega)\right|}{g_{\mathrm{m}}}\right]^2\right\rangle} \tag{7.83b}
$$

对比式（7.79），得到 $T_{\mathrm{s}}= C_{\mathrm{s}}^2$，$T_{\mathrm{m}}= C_{\mathrm{m}}^2$。也就是说，对于量子非破坏测量，M. J. Holland 引入的关联系数判据与 P. Grangier 提出的传送系数判据是等价的。

实验中，条件方差 $V_{\mathrm{s/m}}$ 用电子学方法测量。如图 7.42 所示，信号输入场 S^{in} 和探针输入场 M^{in} 经量子非破坏耦合后，输出信号光 S^{out} 和探针光 M^{out}，分别由平衡零拍探测器 D1 和 D2 探测，i_1、i_2 分别表示 D1 和 D2 输出的光电流强度，在这里，假设它们的相位相同。探针通道输出的光电流 i_2 经过电子学衰减后，

再与信号通道输出的光电流 i_1 相减，输出组合电流 (i_1-gi_2)，其起伏方差为

$$V(g)=\left\langle(\delta i_1-g\delta i_2)^2\right\rangle=\left\langle\delta i_1^2\right\rangle+g^2\left\langle\delta i_2^2\right\rangle-2g\left\langle\delta i_1\delta i_2\right\rangle \tag{7.84}$$

其中，g 是电子学衰减 (或放大) 系数，当 $g=\langle\delta i_1\delta i_2\rangle\Big/\left\langle\delta i_2^2\right\rangle$ 时，函数 $V(g)$ 取最小值:

$$V(g)|_{\min}=\left\langle\delta i_1^2\right\rangle\left(1-\langle(\delta i_1\delta i_2)\rangle^2\Big/\left\langle\delta i_1^2\right\rangle\left\langle\delta i_2^2\right\rangle\right) \tag{7.85}$$

电流起伏 δi_1、δi_2 分别与可观测变量 $X_{\rm s}^{\rm out}$、$X_{\rm m}^{\rm out}$ 成正比，即 $\delta i_1\propto e\delta X_{\rm s}^{\rm out}$，$\delta i_2\propto e\delta X_{\rm m}^{\rm out}$，这里 e 是电子电荷，代入式 (7.85)，并归一化，得

$$V(g)|_{\min}=V_{\rm s}^{\rm out}(\varOmega)\left(1-C_{\rm s,m}^2\right)=V_{\rm s/m} \tag{7.86}$$

上式表明，当电流方差 $V(g)$ 达到最小时，恰好就是条件方差 $V_{\rm s/m}$。由于信号和探针输出场存在着量子关联（$1>C_{\rm s,m}^2>0$），则在电子学衰减（或增益）合适的情况下，可使 $(\delta i_1-g\delta i_2)$ 的噪声功率低于信号输出自身的噪声起伏 $V_{\rm s}^{\rm out}(\varOmega)$。极小值 $V(g)|_{\min}$ 正是由输出信号与输出探针之间的量子相关性所导致的最佳压缩。

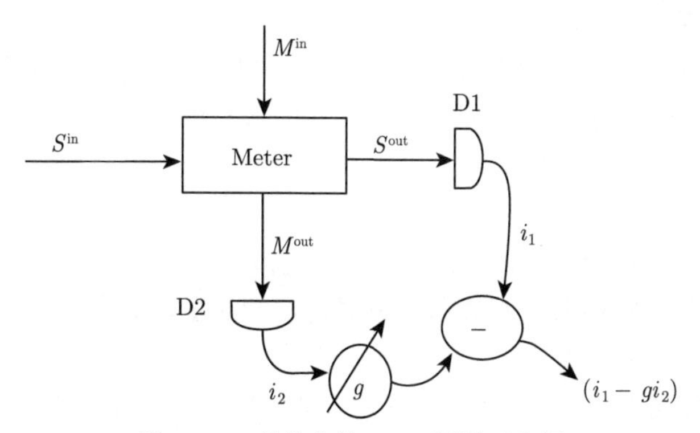

图 7.42 条件方差 $V_{\rm s/m}$ 测量示意图

根据 P. Grangier 的方法，一个测量仪器的运转区域可以用图 7.43 表示出来。按照传送系数之和 $(T_{\rm s}+T_{\rm m})$ 与条件方差 $V_{\rm s/m}$ 的不同，测量可以分为四个区域。

1) 量子非破坏区域

当测量仪器满足条件 $T_{\rm s}+T_{\rm m}>1$，$V_{\rm s/m}<1$ 时，就认为它运转在量子非破坏区域。特别是当 $T_{\rm s}=1$，$T_{\rm m}=1$，$V_{\rm s/m}=0$ 时，信号输出场、探针输出场与信号输入场完全关联，信号输出场与探针输出场也完全关联，这样的测量就是理想的量子非破坏测量。

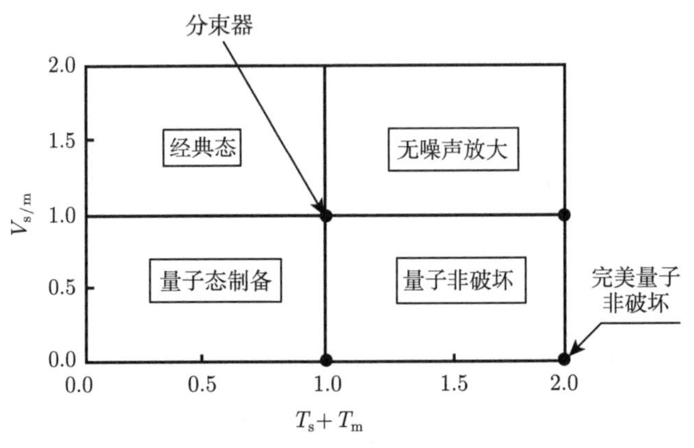

图 7.43　量子非破坏运转区域

2) 无噪声放大区域

满足条件 $T_s+T_m \geqslant 1$，$V_{s/m}> 1$ 的测量仪器, 对信号输入场进行了低噪声（甚至是无噪声）的放大，被认为是运转在无噪声放大（noiseless amplifier）区域内, 这样的测量仪器也称为无量子噪声光学信息提取器（quantum noiseless optical tap）。

3) 量子态制备区域

满足条件 $T_s+T_m \leqslant 1$，$V_{s/m}< 1$ 的测量仪器, 在测量出探针输出场可观测量的情况下，信号输出场的可观测量具有一定的（甚至是完全的）可确定性，被认为是运转在量子态制备区域。

4) 经典区域

满足条件 $T_s+T_m \leqslant 1$，$V_{s/m}> 1$ 的测量仪器, 运转在经典区域。一般来说，所进行的测量都是经典测量，例如用分束器进行的测量，其最好的结果处于经典与量子非破坏测量的分界点。

此外，还需要指出, 当一个测量满足条件 $T_s + T_m > 1$，$V_{s/m} < 1$ 时, 不一定就是原始意义上的量子非破坏测量, 原始意义上的量子非破坏测量要求信号经过测量后，其大小不变。对于线性量子非破坏耦合装置，只有当增益 $g_s = 1$ 时，信号场的可观测量才保持不变，这样的测量才可以认为是符合原始量子非破坏思想的测量；否则就是“类量子非破坏”量子测量。

概括而言，判断一个测量系统是否运转在量子非破坏区域的步骤是：确定测量过程的输入–输出关系式；通过量子光学理论，计算出关联系数，确定其是否满足量子非破坏测量的两个条件；用实验方法检验其传送系数和态制备能力是否落在量子非破坏运转区域。检查其信号通道的增益 g_s 是否为 1，确定该系统是原始意义上的量子非破坏测量，还是“类量子非破坏”量子测量。

7.5.2 基于强度差压缩态的类量子非破坏测量

作为类量子非破坏测量系统的一个例子，这里介绍由山西大学光电研究所于 1999 年利用强度差压缩态完成的光学类量子非破坏测量 [40]。在量子光学领域内，量子噪声极限易于获得，再加上有成熟的非线性光学技术，使得量子非破坏研究工作在该领域迅速发展。利用二阶和三阶非线性效应可以实现不同类型的量子非破坏测量。通过非简并参量振荡腔的参量放大作用，将输入信号耦合到探针输出上，通过对探针光的测量能够推知待测物理量。

分束器是最简单的耦合装置，利用正交振幅压缩光填补分束器的真空通道，可以实现正交振幅分量的量子测量 [41]。山西大学光电研究所利用强度差压缩态实现了类量子非破坏测量 [40]。与正交相位压缩光相比，具有强度差起伏压缩特性的量子相关孪生光束更易于获得，如果用孪生光束填补分束器的真空通道，进行强度差量子非破坏测量，则实验仅涉及强度的测量，装置相对简单。

用分束器进行强度差起伏的量子测量原理如图 7.44 所示，信号输入光 S^{in} 和探针输入光 M^{in} 均由两偏振相互垂直、平均振幅相等的模 S 和 P 组成。S^{in} 和 M^{in} 中的两 S 偏振模和两 P 偏振模的光场相位和频率分别相等。对于 S^{in} 光场，可用正交振幅和相位算符表示为

$$E_{\text{s},1}^{\text{in}}(t) = A_{\text{s},1}^{\text{in}}(t)\cos(\omega_1 t + \theta_{\text{s}1}) + P_{\text{s},1}^{\text{in}}(t)\sin(\omega_1 t + \theta_{\text{s}1}) \tag{7.87a}$$

$$E_{\text{s},2}^{\text{in}}(t) = A_{\text{s},2}^{\text{in}}(t)\cos(\omega_2 t + \theta_{\text{s}2}) + P_{\text{s},2}^{\text{in}}(t)\sin(\omega_2 t + \theta_{\text{s}2}) \tag{7.87b}$$

对于 M^{in} 光场：

$$E_{\text{m},1}^{\text{in}}(t) = A_{\text{m},1}^{\text{in}}(t)\cos(\omega_1 t + \theta_{\text{m}1}) + P_{\text{m},1}^{\text{in}}(t)\sin(\omega_1 t + \theta_{\text{m}1}) \tag{7.88a}$$

$$E_{\text{m},2}^{\text{in}}(t) = A_{\text{m},2}^{\text{in}}(t)\cos(\omega_2 t + \theta_{\text{m}2}) + P_{\text{m},2}^{\text{in}}(t)\sin(\omega_2 t + \theta_{\text{m}2}) \tag{7.88b}$$

其中，下标 s、m 分别表示信号光和探针光，1、2 分别代表 S 和 P 偏振模；上标 in 表示输入光，out 表示输出光；$A(t)$、$P(t)$ 分别表示正交振幅和相位算符。对于探针输入光，S（P）偏振模的正交振幅算符为

$$A_{\text{m},1(2)}^{\text{in}}(t) = \bar{A}_{\text{m}}^{\text{in}} + \delta A_{\text{m},1(2)}^{\text{in}}(t) \tag{7.89}$$

其中，$\bar{A}_{\text{m}}^{\text{in}}$ 表示探针输入光中 S、P 偏振模正交振幅的平均值，即

$$\bar{A}_{\text{m}}^{\text{in}} = \left\langle A_{\text{m},1}^{\text{in}}(t)\right\rangle = \left\langle A_{\text{m},2}^{\text{in}}(t)\right\rangle \tag{7.90}$$

对于信号输入光，S（P）偏振模的正交振幅算符可以表示为

$$A_{\text{s},1(2)}^{\text{in}}(t) = \left\langle A_{\text{s},1(2)}^{\text{in}}(t)\right\rangle + \delta A_{\text{s},1(2)}^{\text{in}}(t) \tag{7.91}$$

其中，$\delta A_{s,1}^{in}(t)$、$\delta A_{s,2}^{in}(t)$ 分别表示 S、P 两偏振模振幅分量的量子噪声；$\left\langle A_{s,1}^{in}(t)\right\rangle$、$\left\langle A_{s,2}^{in}(t)\right\rangle$ 分别表示信号输入光 S、P 两偏振模振幅分量的平均值。在进行量子非破坏测量时，两偏振模的振幅进行一个很小的调制，$\left\langle A_{s,1}^{in}(t)\right\rangle$、$\left\langle A_{s,2}^{in}(t)\right\rangle$ 可分解为直流分量和交流调制两部分：

$$\left\langle A_{s,1}^{in}(t)\right\rangle=\bar{A}_{s}^{in}+\bar{A}_{s,1}^{in}(t),\quad \left\langle A_{s,2}^{in}(t)\right\rangle=\bar{A}_{s}^{in}+\bar{A}_{s,2}^{in}(t) \tag{7.92}$$

其中，$\bar{A}_{s}^{in}$ 表示 S、P 两偏振模振幅分量在零频处的平均值，这里已选取两者相等；$\bar{A}_{s,1}^{in}(t)$、$\bar{A}_{s,2}^{in}(t)$ 分别表示 S、P 两偏振模的振幅调制信号，在实验中，对两偏振模调制的频率（ω_{m}）和深度相等，相位相反，因此有

$$\bar{A}_{s,1}^{in}(t)=-\bar{A}_{s,2}^{in}(t)=\bar{A}_{s}^{in}\left(\omega_{m}\right)\sin\omega_{m}t \tag{7.93}$$

式中，$\bar{A}_{s}^{in}(\omega_{m})$ 是调制信号的平均振幅，$\bar{A}_{s}^{in}\left(\omega_{m}\right)\ll\bar{A}_{s}^{in}$。

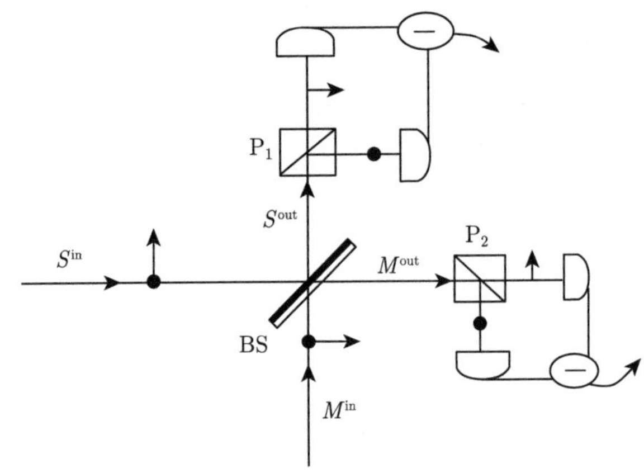

图 7.44　用分束器进行强度差“类量子非破坏”测量原理示意图

量子非破坏可观测量定义为信号输入光两正交偏振模的强度差 $X_{s}^{in}(t)$：

$$X_{s}^{in}(t)=I_{s,1}^{in}(t)-I_{s,2}^{in}(t) \tag{7.94}$$

式中，$I_{s,1}^{in}(t)$、$I_{s,2}^{in}(t)$ 分别表示信号输入光中 S 和 P 偏振模的强度：

$$I_{s,1(2)}^{in}(t)=\frac{\left[A_{s,1(2)}^{in}(t)\right]^{2}+\left[P_{s,1(2)}^{in}(t)\right]^{2}}{4} \tag{7.95}$$

容易求得，量子非破坏可观测量 $X_{s}^{in}(t)$ 的平均信号为

$$\bar{X}_{s}^{in}(t)=\overline{I_{s,1}^{in}(t)}-\overline{I_{s,2}^{in}(t)}=\bar{A}_{s}^{in}\bar{A}_{s}^{in}\left(\omega_{m}\right)\sin\omega_{m}t \tag{7.96}$$

量子噪声为

$$\delta X_{\mathrm{s}}^{\mathrm{in}}(t)=\frac{\bar{A}_{s}^{\mathrm{in}}\delta\left[A_{\mathrm{s},1}^{\mathrm{in}}(t)-A_{\mathrm{s},2}^{\mathrm{in}}(t)\right]}{2}=\frac{\sqrt{2}\bar{A}_{\mathrm{s}}^{\mathrm{in}}\delta r_{\mathrm{s}}^{\mathrm{in}}(t)}{2} \tag{7.97}$$

式中，$\delta r_{\mathrm{s}}^{\mathrm{in}}(t)$ 表示信号输入光两正交偏振模的振幅差起伏，即

$$\delta r_{\mathrm{s}}^{\mathrm{in}}(t)=\frac{\delta\left[A_{\mathrm{s},1}^{\mathrm{in}}(t)-A_{\mathrm{s},2}^{\mathrm{in}}(t)\right]}{\sqrt{2}} \tag{7.98}$$

相应的探针输入光的可观测变量 $X_{\mathrm{m}}^{\mathrm{in}}(t)$ 定义为

$$X_{\mathrm{m}}^{\mathrm{in}}(t)=I_{\mathrm{m},1}^{\mathrm{in}}(t)-I_{\mathrm{m},2}^{\mathrm{in}}(t) \tag{7.99}$$

这里，$I_{\mathrm{m},1}^{\mathrm{in}}(t)$、$I_{\mathrm{m},2}^{\mathrm{in}}(t)$ 分别是探针输入光中 S 和 P 偏振模的强度。由于未对探针输入光进行调制，故 $X_{\mathrm{m}}^{\mathrm{in}}(t)$ 的信号平均值 $\bar{X}_{\mathrm{m}}^{\mathrm{in}}(t)=0$。$X_{\mathrm{m}}^{\mathrm{in}}(t)$ 的量子噪声为

$$\delta X_{\mathrm{m}}^{\mathrm{in}}(t)=\frac{\bar{A}_{\mathrm{m}}^{\mathrm{in}}\delta\left[A_{\mathrm{m},1}^{\mathrm{in}}(t)-A_{\mathrm{m},2}^{\mathrm{in}}(t)\right]}{2}=\frac{\sqrt{2}\bar{A}_{\mathrm{m}}^{\mathrm{in}}\delta r_{\mathrm{m}}^{\mathrm{in}}(t)}{2} \tag{7.100}$$

这里，$\delta r_{\mathrm{m}}^{\mathrm{in}}(t)$ 表示探针输入光两正交偏振模的振幅差起伏：

$$\delta r_{\mathrm{m}}^{\mathrm{in}}(t)=\frac{\delta\left[A_{\mathrm{m},1}^{\mathrm{in}}(t)-A_{\mathrm{m},2}^{\mathrm{in}}(t)\right]}{\sqrt{2}} \tag{7.101}$$

S^{in} 和 M^{in} 在分束器处混合，输出信号光 S^{out} 和探针光 M^{out}，S^{out} 和 M^{out} 均包含 S、P 两正交偏振模，信号 (探针) 输出光的可观测变量定义为

$$X_{\mathrm{s(m)}}^{\mathrm{out}}=I_{\mathrm{s(m)},1}^{\mathrm{out}}(t)-I_{\mathrm{s(m)},2}^{\mathrm{out}}(t) \tag{7.102}$$

量子噪声为

$$\delta X_{\mathrm{s(m)}}^{\mathrm{out}}=\delta\left[I_{\mathrm{s(m)},1}^{\mathrm{out}}(t)-I_{\mathrm{s(m)},2}^{\mathrm{out}}(t)\right]=\frac{\bar{A}_{\mathrm{s(m)}}^{\mathrm{out}}\delta\left[A_{\mathrm{s(m)},1}^{\mathrm{out}}(t)-A_{\mathrm{s(m)},2}^{\mathrm{out}}(t)\right]}{2} \tag{7.103}$$

假设分束器对 S 偏振光和 P 偏振光的反射率相同，在不考虑其额外损耗的情况下，由分束器的透反射原理，可以求得信号输出光 S^{out} 两偏振模的表达式：

$$E_{\mathrm{s},1(2)}^{\mathrm{out}}(t)=-\sqrt{R}E_{\mathrm{s},1(2)}^{\mathrm{in}}(t)+\sqrt{T}E_{\mathrm{m},1(2)}^{\mathrm{in}}(t) \tag{7.104}$$

以及探针输出光 M^{out} 两偏振模的表达式：

$$E_{\mathrm{m},1(2)}^{\mathrm{out}}(t)=\sqrt{T}E_{\mathrm{s},1(2)}^{\mathrm{in}}(t)+\sqrt{R}E_{\mathrm{m},1(2)}^{\mathrm{in}}(t) \tag{7.105}$$

将场强的表达式 (7.88) 代入以上两式，在信号输入光和探针输入光初相位相同的情况下 ($\theta_{s1}=\theta_{m1},\theta_{s2}=\theta_{m2}$)，得到信号输出光中 S、P 偏振模正交振幅分量的表达式：

$$A_{s,1(2)}^{out}(t)=-\sqrt{R}A_{s,1(2)}^{in}(t)+\sqrt{T}A_{m,1(2)}^{in}(t) \tag{7.106}$$

探针输出光中 S、P 偏振模正交振幅分量的表达式为

$$A_{m,1(2)}^{out}(t)=\sqrt{T}A_{s,1(2)}^{in}(t)+\sqrt{R}A_{m,1(2)}^{in}(t) \tag{7.107}$$

其中，T 和 $R=1-T$ 分别是分束器的透射率和反射率。由可观测量 $X_s^{out}(t)$、$X_m^{out}(t)$ 的定义式，以及式 (7.106)、式 (7.107)，可以求得信号输出光和探针输出光可观测量 $X_s^{out}(t)$、$X_m^{out}(t)$ 的平均信号：

$$\bar{X}_s^{out}(t)=-\sqrt{R}\bar{A}_s^{out}\ \bar{A}_s^{in}\ (\omega_m)\sin\omega_m t \tag{7.108a}$$

$$\bar{X}_m^{out}(t)=\sqrt{T}\bar{A}_m^{out}\ \bar{A}_s^{in}\ (\omega_m)\sin\omega_m t \tag{7.108b}$$

量子噪声：

$$\delta X_s^{out}\ (t)=\frac{\sqrt{2}}{2}\bar{A}_s^{out}\ \left[-\sqrt{R}\delta r_s^{in}\ (t)+\sqrt{T}\delta r_m^{in}\ (t)\right] \tag{7.109a}$$

$$\delta X_m^{out}\ (t)=\frac{\sqrt{2}}{2}\bar{A}_m^{out}\ \left[\sqrt{T}\delta r_s^{in}\ (t)+\sqrt{R}\delta r_m^{in}\ (t)\right] \tag{7.109b}$$

其中，$\bar{A}_s^{out}$，$\bar{A}_m^{out}$ 分别表示信号和探针输出场的平均振幅：

$$\bar{A}_s^{out}\ =-\sqrt{R}\bar{A}_s^{in}\ +\sqrt{T}\bar{A}_m^{in}\ ,\quad \bar{A}_m^{out}\ =\sqrt{T}\bar{A}_s^{in}\ +\sqrt{R}\bar{A}_m^{in} \tag{7.110}$$

将信号场、探针场可观测量的平均信号 ($\bar{X}_s^{in}(t)$、$\bar{X}_s^{out}(t)$、$\bar{X}_m^{in}(t)$) 和量子噪声 ($\delta X_s^{in}(t)$、$\delta X_s^{out}(t)$、$\delta X_m^{in}(t)$) 分别进行傅里叶变换，容易求得在非理想探测系统中分束器测量装置在频域空间上的输入–输出关系式。对于信号通道，

$$\bar{X}_s^{out}\ (\varOmega)=g_s\bar{X}_s^{in}\ (\varOmega) \tag{7.111a}$$

$$\delta X_s^{out}\ (\varOmega)=g_s\delta X_s^{in}\ (\varOmega)+B_s^{add}(\varOmega) \tag{7.111b}$$

对于探针通道，

$$\bar{X}_m^{out}(\varOmega)=g_m\bar{X}_s^{in}\ (\varOmega) \tag{7.112a}$$

$$\delta X_m^{out}\ (\varOmega)=g_m\delta X_s^{in}\ (\varOmega)+B_m^{add}\ (\varOmega) \tag{7.112b}$$

其中，g_s 和 g_m 分别表示测量仪器的信号通道和探针通道的放大倍数：

$$g_s=\sqrt{R}(\sqrt{R}-k\sqrt{T}),\quad g_m=\sqrt{T}(\sqrt{T}+k\sqrt{R})\left(k=\bar{A}_m^{in}/\bar{A}_s^{in}\right) \tag{7.113}$$

由式 (7.111)、式 (7.112) 可知，分束器对信号输入光的调制信息与量子噪声的放大倍数相同，满足线性量子非破坏放大器的要求。$B_{\mathrm{s}}^{\mathrm{add}}$ 和 $B_{\mathrm{m}}^{\mathrm{add}}$ 分别表示信号通道和探针通道附加的额外噪声：

$$B_{\mathrm{s}}^{\mathrm{add}}(\Omega)=\sqrt{T}\left(-k^{-1}\sqrt{R}+\sqrt{T}\right)\delta X_{\mathrm{m}}^{\mathrm{in}}(\Omega) \tag{7.114}$$

$$B_{\mathrm{m}}^{\mathrm{add}}(\Omega)=\sqrt{R}\left(k^{-1}\sqrt{T}+\sqrt{R}\right)\delta X_{\mathrm{m}}^{\mathrm{in}}(\Omega) \tag{7.115}$$

是测量中由分束器探针通道输入的噪声，即测量“反作用”噪声，正是这一噪声的存在，限制了测量灵敏度的进一步提高。

将式 (7.108) 进行傅里叶变换，可以得到

$$\delta X_{\mathrm{s}}^{\mathrm{out}}(\Omega)=\frac{\sqrt{2}}{2}\bar{A}_{\mathrm{s}}^{\mathrm{out}}\left[-\sqrt{R}\delta r_{\mathrm{s}}^{\mathrm{in}}(\Omega)+\sqrt{T}\delta r_{\mathrm{m}}^{\mathrm{in}}(\Omega)\right] \tag{7.116a}$$

$$\delta X_{\mathrm{m}}^{\mathrm{out}}(\Omega)=\frac{\sqrt{2}}{2}\bar{A}_{\mathrm{m}}^{\mathrm{out}}\left[\sqrt{T}\delta r_{\mathrm{s}}^{\mathrm{in}}(\Omega)+\sqrt{R}\delta r_{\mathrm{m}}^{\mathrm{in}}(\Omega)\right] \tag{7.116b}$$

通常的量子非破坏测量中，信号输入光是相干光。在测量中，信号输入光是两偏振无量子相关的相干光，其振幅差噪声谱为 $\left\langle\left|\delta r_{\mathrm{s}}^{\mathrm{in}}(\Omega)\right|^{2}\right\rangle=1$，根据 Holland 引入的量子非破坏判据的定义式，得到用分束器进行强度差变量量子非破坏测量的传送系数及条件方差：

$$T_{\mathrm{s}}=\frac{R}{R+T\left\langle\left|\delta r_{\mathrm{m}}^{\mathrm{in}}(\Omega)\right|^{2}\right\rangle} \tag{7.117a}$$

$$T_{\mathrm{m}}=\frac{T}{T+R\left\langle\left|\delta r_{\mathrm{m}}^{\mathrm{in}}(\Omega)\right|^{2}\right\rangle} \tag{7.117b}$$

$$V_{\mathrm{s/m}}=\frac{\left\langle\left|\delta r_{\mathrm{m}}^{\mathrm{in}}(\Omega)\right|^{2}\right\rangle}{T+R\left\langle\left|\delta r_{\mathrm{m}}^{\mathrm{in}}(\Omega)\right|^{2}\right\rangle} \tag{7.118}$$

若探针输入光的两偏振模是无量子相关的相干光或真空态光场 (即 $\left\langle\left|\delta r_{\mathrm{m}}^{\mathrm{in}}(\Omega)\right|^{2}\right\rangle=1$)，则可以求得分束器的传送系数和条件方差 $T_{\mathrm{s}}=R$、$T_{\mathrm{m}}=T$、$V_{\mathrm{s/m}}=1$。图 7.45 给出了分束器的传送系数与其透射率 T 的关系曲线。随着透射率 T 的增大，探针通道的传送系数 T_{m} 变大，信号通道的传送系数 T_{s} 变小，也就是说，第一次测量的结果越准确，对量子非破坏可观测量的干扰程度就越大。这样的测量是破坏性测量，从分束器额外噪声 $B_{\mathrm{s(m)}}^{\mathrm{add}}$ 的表达式中可以看出，测量噪声是由分束器探针通道的输入场引入的，用经典的方法无法消除这种测量噪声的反作用，只有用压缩光填补分束器的“暗通道”(即探针输入通道)，才能使分束器测量进入量子非破坏区域。

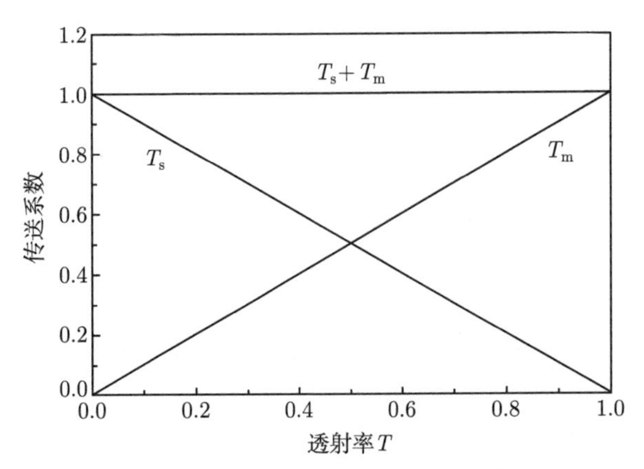

图 7.45　分束器的传送系数与透射率 T 的关系曲线

若探针输入光的两偏振模是量子完全相关的孪生光束，则其振幅差噪声谱 $\left\langle\left|\delta r_{\mathrm{m}}^{\mathrm{in}}(\Omega)\right|^2\right\rangle = 0$，相位差噪声谱 $\left\langle\left|\delta s_{\mathrm{m}}^{\mathrm{in}}(\Omega)\right|^2\right\rangle \to \infty$。在分束器量子非破坏测量中，所测量的力学量 $X_{\mathrm{s}}^{\mathrm{in}}(t)$ 将不受测量反作用噪声的干扰（$B_{\mathrm{s(m)}}^{\mathrm{add}} = 0$），在测量中始终保持不变。测量噪声完全耦合到了 $X_{\mathrm{s}}^{\mathrm{out}}(t)$ 的共轭量——相位差分量上。这样的测量可以完全消除测量反作用噪声的干扰，达到理想的量子非破坏测量标准 $T_{\mathrm{s}} = 1$、$T_{\mathrm{m}} = 1$；$V_{\mathrm{s/m}} = 0$。

若探针输入光是非理想的孪生光束，则这时进行的测量是部分量子非破坏测量。使用目前最好的孪生光束，强度差起伏噪声功率可以压缩到 SNL 的 20%左右，即 $\left\langle\left|\delta r_{\mathrm{m}}^{\mathrm{in}}(\Omega)\right|^2\right\rangle = 0.20$，可以得出量子非破坏关联系数随分束器透射率 T 的变化曲线，结果如图 7.46 和图 7.47 所示。传送系数之和在分束器透射率 T =50% 时最大，达到 1.6。这时，条件方差 $V_{\mathrm{s/m}} = 0.35$，已进入量子非破坏工作区域。

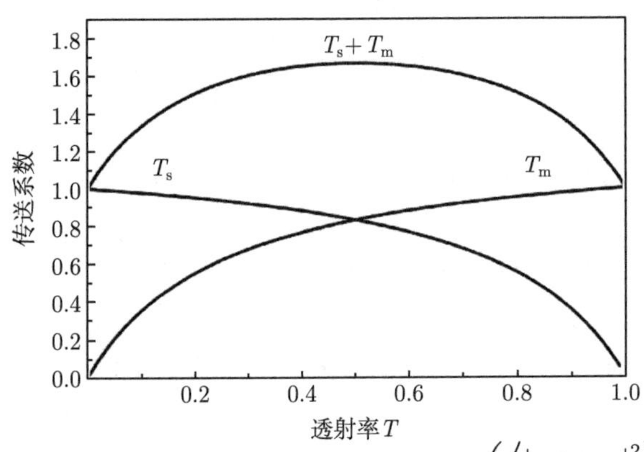

图 7.46　传送系数随分束器透射率变化的关系曲线 $\left(\left\langle\left|\delta r_{\mathrm{m}}^{\mathrm{in}}(\Omega)\right|^2\right\rangle = 0.20\right)$

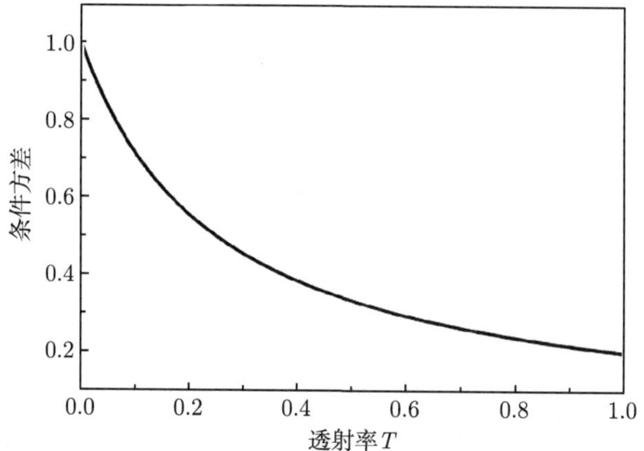

图 7.47 条件方差 $V_{\mathrm{s/m}}$ 随分束器透射率变化的关系曲线 $\left(\left\langle\left|\delta r_{\mathrm{m}}^{\mathrm{in}}(\varOmega)\right|^{2}\right\rangle=0.20\right)$

在实际测量中，分束器输出的信号光和探针光经过零拍探测器（包括偏振分束器、透镜）后到达光电探测器，光学元件的透射损耗及光电探测器量子效率的不完善，将使信号输出光和探针输出光中耦合的输入信号衰减，同时引入附加真空起伏，这将会使输入与输出可观测变量之间的关联系数降低，则实际测量的结果应该考虑光学损耗的影响。假设零拍探测器的总探测效率为 η，则光场正交振幅分量的输入–输出关系由式 (7.106)、式 (7.107) 变为

$$A_{\mathrm{s},1(2)}^{\mathrm{out}}(t)=\sqrt{\eta}\left(-\sqrt{R}A_{\mathrm{s},1(2)}^{\mathrm{in}}(t)+\sqrt{T}A_{\mathrm{m},1(2)}^{\mathrm{in}}(t)\right)+\sqrt{(1-\eta)}U_{\mathrm{s},1(2)}(t) \quad (7.119\mathrm{a})$$

$$A_{\mathrm{m},1(2)}^{\mathrm{out}}(t)=\sqrt{\eta}\left(\sqrt{T}A_{\mathrm{s},1(2)}^{\mathrm{in}}(t)+\sqrt{R}A_{\mathrm{m},1(2)}^{\mathrm{in}}(t)\right)+\sqrt{1-\eta}U_{\mathrm{m},1(2)}(t) \quad (7.119\mathrm{b})$$

$U_{\mathrm{s},1(2)}(t)$ 和 $U_{\mathrm{m},1(2)}(t)$ 分别表示因损耗而在信号和探针输出光中引入的真空起伏场，它们的噪声起伏谱分别为

$$\left\langle\left|\delta U_{\mathrm{s},1(2)}(\varOmega)\right|^{2}\right\rangle=1, \quad \left\langle\left|\delta U_{\mathrm{m},1(2)}(\varOmega)\right|^{2}\right\rangle=1 \quad (7.120)$$

由信号和探针输出光可观测变量的定义式及式 (7.119)，可以得到，使用非理想的探测系统，信号、探针输出光可观测量 $X_{\mathrm{s}}^{\mathrm{out}}(t)$、$X_{\mathrm{m}}^{\mathrm{out}}(t)$ 的平均信号分别为

$$\bar{X}_{\mathrm{s}}^{\mathrm{out}}(t)=-\eta\sqrt{R}\bar{A}_{\mathrm{s}}^{\mathrm{out}}\bar{A}_{\mathrm{s}}^{\mathrm{in}}(\omega_{\mathrm{m}})\sin\omega_{\mathrm{m}}t \quad (7.121\mathrm{a})$$

$$\bar{X}_{\mathrm{m}}^{\mathrm{out}}(t)=\eta\sqrt{T}\bar{A}_{\mathrm{m}}^{\mathrm{out}}\bar{A}_{\mathrm{s}}^{\mathrm{in}}(\omega_{\mathrm{m}})\sin\omega_{\mathrm{m}}t \quad (7.121\mathrm{b})$$

量子噪声分别为

$$\delta X_{\mathrm{s}}^{\mathrm{out}}(t)=\frac{\sqrt{2\eta}}{2}\bar{A}_{\mathrm{s}}^{\mathrm{out}}\left\{\sqrt{\eta}\left[-\sqrt{R}\delta r_{\mathrm{s}}^{\mathrm{in}}(t)+\sqrt{T}\delta r_{\mathrm{m}}^{\mathrm{in}}(t)\right]+\sqrt{1-\eta}\delta U_{\mathrm{s}}(t)\right\} \tag{7.122a}$$

$$\delta X_{\mathrm{m}}^{\mathrm{out}}(t)=\frac{\sqrt{2\eta}}{2}\bar{A}_{\mathrm{m}}^{\mathrm{out}}\left\{\sqrt{\eta}\left[\sqrt{T}\delta r_{\mathrm{s}}^{\mathrm{in}}(t)+\sqrt{R}\delta r_{\mathrm{m}}^{\mathrm{in}}(t)\right]+\sqrt{1+\eta}\delta U_{\mathrm{m}}(t)\right\} \tag{7.122b}$$

其中, $\bar{A}_{\mathrm{s}}^{\mathrm{out}}$, $\bar{A}_{\mathrm{m}}^{\mathrm{out}}$ 分别表示信号和探针输出场的平均振幅, 其表达式已由式 (7.119) 给出；$\delta U_{\mathrm{s}}(t)$，$\delta U_{\mathrm{m}}(t)$ 分别表示信号输出场和探针输出场中的真空耦合模：

$$\delta U_{\mathrm{s}}(t)=\frac{\delta U_{\mathrm{s},1}(t)-\delta U_{\mathrm{s},2}(t)}{\sqrt{2}},\quad \delta U_{\mathrm{m}}(t)=\frac{\delta U_{\mathrm{m},1}(t)-\delta U_{\mathrm{m},2}(t)}{\sqrt{2}} \tag{7.123}$$

其噪声谱分别为

$$\left\langle\left|\delta U_{\mathrm{s}}(\Omega)\right|^{2}\right\rangle=1,\quad \left\langle\left|\delta U_{\mathrm{m}}(\Omega)\right|^{2}\right\rangle=1 \tag{7.124}$$

将信号场、探针场可观测量 $X_{\mathrm{s}}^{\mathrm{in}}(t)$、$X_{\mathrm{m}}^{\mathrm{out}}(t)$、$X_{\mathrm{s}}^{\mathrm{out}}(t)$ 的平均信号和量子噪声分别进行傅里叶变换，容易求得在非理想探测系统中分束器测量装置在频域空间上的输入–输出关系式。对于信号通道：

$$\bar{X}_{\mathrm{s}}^{\mathrm{out}}(\Omega)=g_{\mathrm{s}}'\bar{X}_{\mathrm{s}}^{\mathrm{in}}(\Omega) \tag{7.125a}$$

$$\delta X_{\mathrm{s}}^{\mathrm{out}}(\Omega)=g_{\mathrm{s}}'\delta X_{\mathrm{s}}^{\mathrm{in}}(\Omega)+B_{\mathrm{s}}'^{\,\mathrm{add}}(\Omega) \tag{7.125b}$$

对于探针通道：

$$\bar{X}_{\mathrm{m}}^{\mathrm{out}}(\Omega)=g_{\mathrm{m}}'\bar{X}_{\mathrm{s}}^{\mathrm{in}}(\Omega) \tag{7.126a}$$

$$\delta X_{\mathrm{m}}^{\mathrm{out}}(\Omega)=g_{\mathrm{m}}'\delta X_{\mathrm{s}}^{\mathrm{in}}(\Omega)+B_{\mathrm{s}}'^{\,\mathrm{add}}(\Omega) \tag{7.126b}$$

其中，信号和探针通道的放大倍数分别为

$$\begin{aligned} g_{\mathrm{s}}'&=\eta\sqrt{R}\left(\sqrt{R}-k\sqrt{T}\right)\\ g_{\mathrm{m}}'&=\eta\sqrt{T}\left(\sqrt{T}+k\sqrt{R}\right)\end{aligned} \tag{7.127}$$

降低到以前的 η 倍。但是, 测量仪器对信号输入光调制信号和量子噪声的放大倍数保持一致，这符合线性量子非破坏测量装置的要求。在测量过程中引入的额外

噪声为

$$B_{\mathrm{s}}=\sqrt{T}\left(-k^{-1}\sqrt{R}+\sqrt{T}\right)\delta X_{\mathrm{m}}^{\mathrm{in}}(\Omega)+\sqrt{\eta(1-\eta)}\bar{A}_{\mathrm{s}}^{\mathrm{out}}\ \delta U_{\mathrm{s}}(\Omega)/2 \tag{7.128a}$$

$$B_{\mathrm{m}}=\sqrt{R}\left(k^{-1}\sqrt{T}+\sqrt{R}\right)\delta X_{\mathrm{m}}^{\mathrm{in}}(\Omega)+\sqrt{\eta(1-\eta)}\bar{A}_{\mathrm{m}}^{\mathrm{out}}\delta U_{\mathrm{m}}(\Omega)/2 \tag{7.128b}$$

比以前增加了一真空起伏项。因此，由于探测系统的不完善，测量仪器的传送系数和条件方差将变坏。

容易求得分束器的传送系数和条件方差：

$$T_{\mathrm{s}}=\frac{R}{R+T\left\langle\left|\delta r_{\mathrm{m}}^{\mathrm{in}}(\Omega)\right|^2\right\rangle+(1-\eta)/\eta} \tag{7.129}$$

$$T_{\mathrm{m}}=\frac{T}{T+R\left\langle\left|\delta r_{\mathrm{m}}^{\mathrm{in}}(\Omega)\right|^2\right\rangle+(1-\eta)/\eta} \tag{7.130}$$

$$V_{\mathrm{s/m}}=\frac{(1-\eta)+\eta\left\langle\left|\delta r_{\mathrm{m}}^{\mathrm{in}}(\Omega)\right|^2\right\rangle}{\left[T+R\left\langle\left|\delta r_{\mathrm{m}}^{\mathrm{in}}(\Omega)\right|^2\right\rangle\right]\eta+1-\eta} \tag{7.131}$$

由式 (7.109) 还可得到测量装置噪声功率的输入–输出关系式：

$$V_{\mathrm{s}}^{\mathrm{out}}=\eta\left(RV_{\mathrm{s}}^{\mathrm{in}}+TV_{\mathrm{m}}^{\mathrm{in}}\right)+(1-\eta),\quad V_{\mathrm{m}}^{\mathrm{out}}=\eta\left(TV_{\mathrm{s}}^{\mathrm{in}}+RV_{\mathrm{m}}^{\mathrm{in}}\right)+(1-\eta) \tag{7.132}$$

其中，$V_{\mathrm{s(m)}}^{\mathrm{in(out)}}$ 分别表示信号、探针场可观测变量归一化的噪声功率谱：

$$V_{\mathrm{s(m)}}^{\mathrm{in\ (out)}}=\left\langle\left|\delta X_{\mathrm{s(m)}}^{\mathrm{in\ (out)}}(\Omega)\right|^2\right\rangle/2\bar{I}_{\mathrm{s(m)}}^{\mathrm{in(out)}}=\left\langle\left|\delta r_{\mathrm{s(m)}}^{\mathrm{in\ (out)}}(\Omega)\right|^2\right\rangle \tag{7.133}$$

其中，$\bar{I}_{\mathrm{s(m)}}^{\mathrm{in(out)}}=\left\langle I_{\mathrm{s(m)},1}^{\mathrm{in(\ out\ )}}(t)\right\rangle=\left\langle I_{\mathrm{s(m)},2}^{\mathrm{in\ (\ out\ )}}(t)\right\rangle$。由此看到，可观测变量归一化的噪声功率谱等于其相应的振幅差噪声谱。式 (7.132) 表明，$V_{\mathrm{s}}^{\mathrm{out}}$ 等于信号输入光和探针输入光的强度差噪声起伏的权重之和，再加损耗修正项 $(1-\eta)$。

通过数值计算, 可以获得传送系数和条件方差随分束器透射率和注入孪生光束的强度差压缩度变化的函数关系, 为量子非破坏测量装置的设计提供依据。

图 7.48 是传送系数随透射率 T 变化的关系曲线，对于不同的探测器效率 η，当 T =50%时，传送系数之和 $T_{\mathrm{s}}+T_{\mathrm{m}}$ 达到最大。图中阴影部分是满足量子非破坏测量条件 $T_{\mathrm{s}}+T_{\mathrm{m}}>1$ 的区域。

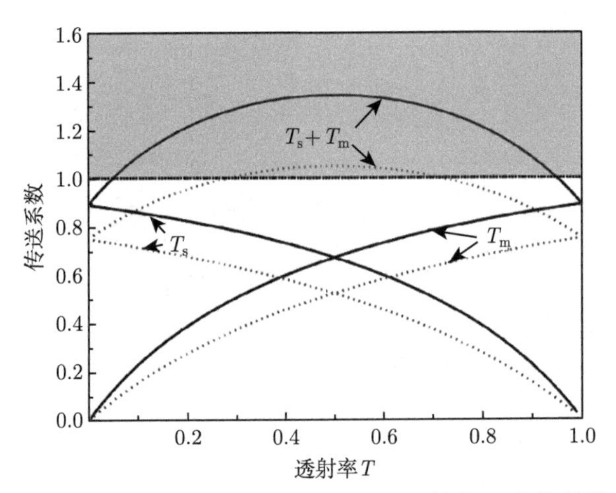

图 7.48　传送系数 (T_s、T_m 及 T_s+T_m) 随透射率 T 变化的关系曲线

探针输入场振幅差噪声谱 $\left\langle\left|\delta r_{\rm m}^{\rm in}(\Omega)\right|^2\right\rangle=0.24$。$\eta=0.75$，$\eta=0.89$

图 7.49 表示在分束器透射率 T =50%时，传送系数之和 T_s+T_m 随 BHD 探测效率 η 的变化曲线，当 $\eta>72.4\%$(图中阴影部分) 时，$T_s+T_m>1$。

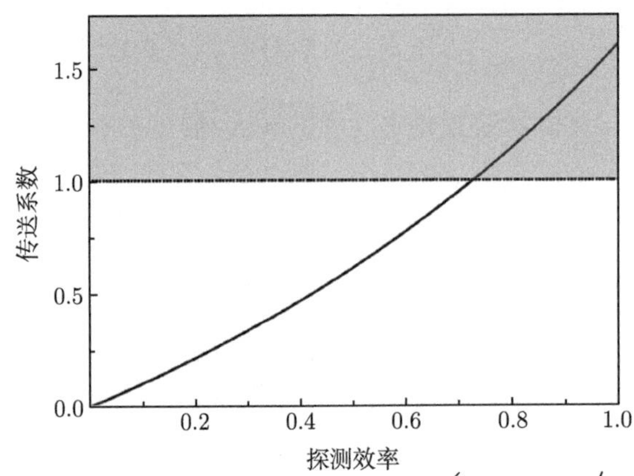

图 7.49　传送系数 T_s+T_m 与探测效率 η 的关系曲线 $\left(T=50\ ;\ \left\langle\left|\delta r_{\rm m}^{\rm in}(\Omega)\right|^2\right\rangle=0.24\right)$

图 7.50 是条件方差随透射率 T 的变化曲线，由图可看出，在探针输入场强度差压缩 $\left\langle\left|\delta r_{\rm m}^{\rm in}(\Omega)\right|^2\right\rangle=0.24$ 的条件下，除了探测效率 $\eta=0$ 和透射率 $T=0$ 两种情况，测量仪器均运转在量子态制备区域 (图中阴影部分)，η 越高，则 T 越大，态制备能力越好。

比较图 7.48 和图 7.49，可以看到，在探针场强度差压缩度一定的情况下，T =50%时可以得到最高的传送系数，但 $V_{\rm s/m}$ 不是最小，即器件可以作为一种好的无量子噪声光学信息提取器，但量子态制备能力不是最强。如果人们希望将系统作为量子态制备器件使用，则应提高分束器的透射率，使之趋近于 1，此时 $V_{\mathrm{s/m}}$ 达到极小，系统的量子态制备能力最强。

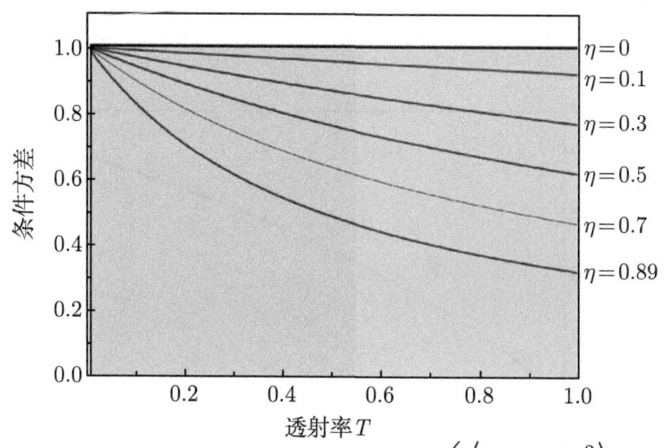

图 7.50 条件方差随透射率 T 的变化曲线 $\left(\left\langle\left|\delta r_{\mathrm{m}}^{\mathrm{in}}(\Omega)\right|^2\right\rangle=0.24\right)$

图 7.51 和图 7.52 分别给出了分束器透射率 T =50%，探测器效率 $\eta=0.89$ 和 $\eta=1$ 两种情况下，传送系数 $(T_{\mathrm{s}}+T_{\mathrm{m}})$ 及条件方差 $(V_{\mathrm{s/m}})$ 随输入探针场强度差噪声功率 $(\left\langle\left|\delta r_{\mathrm{m}}^{\mathrm{in}}(\Omega)\right|^2\right\rangle)$ 的变化关系曲线。当噪声功率趋近于零时，传送系数之和达到最大：$\eta=1$，$T_{\mathrm{s}}+T_{\mathrm{m}}=2$；$\eta=0.89$，$T_{\mathrm{s}}+T_{\mathrm{m}}=1.6$。而 $V_{\mathrm{s/m}}$ 达到最小：$\eta=1$，$V_{\mathrm{s/m}}=0$；$\eta=0.89$，$V_{\mathrm{s/m}}=0.2$。

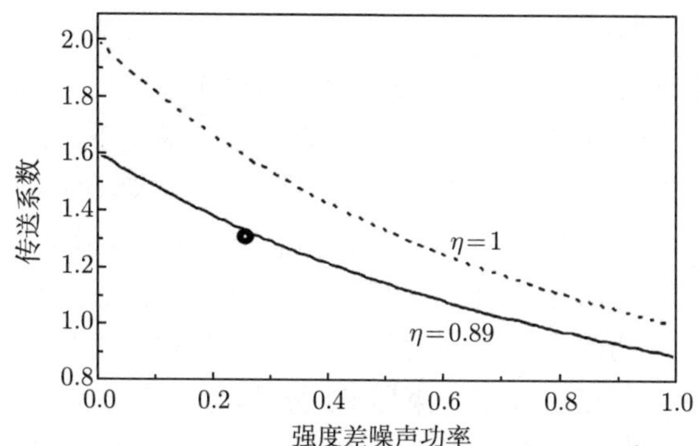

图 7.51 传送系数 $T_{\mathrm{s}}+T_{\mathrm{m}}$ 随输入探针场强度差噪声功率 (归一化)$\left\langle\left|\delta r_{\mathrm{m}}^{\mathrm{in}}(\Omega)\right|^2\right\rangle$ 变化的曲线

透射率 T =50%

总体来说，在理想情况下，即输入探针场强度差压缩度接近于 100%$\left(\left\langle\left|\delta r_{\mathrm{m}}^{\mathrm{in}}(\Omega)\right|^2\right\rangle\right.$ $\left.\to 0\right)$且探测效率 η 接近 1 时，$T_{\mathrm{s}}+T_{\mathrm{m}}\to 2$ 及 $V_{\mathrm{s/m}}\to 0$，而且这个结果与分束器

透射率无关，系统为理想的量子测量器件。但当压缩度为有限值时，器件性质依赖于分束器透射率，设计时应根据器件的应用要求选择合适的透射率。提高器件量子非破坏测量功能的关键因素是提高 BHD 的探测效率和提高输入探针场孪生光束的强度差压缩度。就目前的实验技术水平，η 高于 0.96 和强度差压缩度高于 90%已比较容易实现，因此该装置可以发展成一类具有实际意义的量子测量器件。

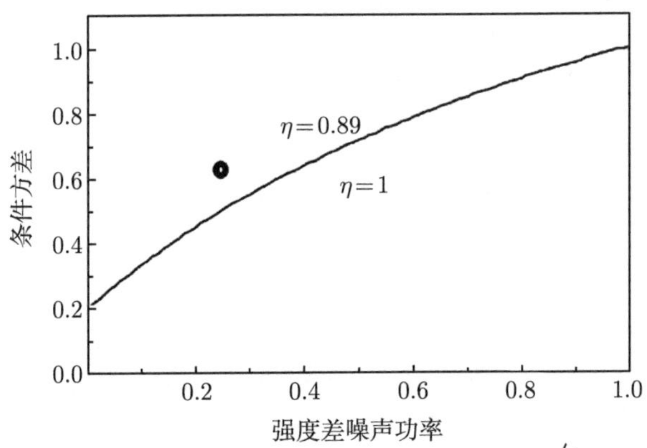

图 7.52　条件方差 $V_{\mathrm{s/m}}$ 随输入探针场强度差噪声功率 (归一化) $\left\langle\left|\delta r_{\mathrm{m}}^{\mathrm{in}}(\Omega)\right|^2\right\rangle$ 变化的曲线

透射率 T =50%

最后应该说明，尽管该测量装置满足量子非破坏测量条件 $T_{\mathrm{s}}+T_{\mathrm{m}}>1$ 与 $V_{\mathrm{s/m}}<1$。但由于待测信号经过分束器时，增益 g_{s} 不等于 1，故进行的测量不能称为真正的量子非破坏测量，而是一种“类量子非破坏”量子测量。

在以上理论分析的基础上，这里选用 50∶50 的分束器进行了强度差“类量子非破坏”量子测量。孪生光束由运转于阈值以上的非简并光学参量振荡腔产生，该腔红外输出耦合镜曲率半径为 50 mm，对红外透射率为 5%。在泵浦功率为 110 mW 时，输出孪生光束平均强度约为 36 mW。通常情况下，在 2~5 MHz 内，其强度差噪声功率较散粒噪声极限下降 7 dB(已扣除探测效率的影响)。

用一个反射率为 4%的镜子 M1 反射少量的孪生光束作信号光，96%的孪生光束透过 M1 后，作为探针光填补分束器的“暗通道”。由于光学损耗，则到达分束器时，探针输入光两偏振模的强度差噪声压缩度降低至 6.2 dB。

信号光两正交偏振模由偏振分束器 P1 分开，分别由振幅调制器 AM1 和 AM2 进行调制。它们的调制频率和深度相同，相位相反。三个半波片都使光的偏振方向旋转 90°。经过调制后，信号光 S、P 偏振模通过偏振分束器合为一束光。P2 后面的波片使信号输入光的 S、P 偏振模与探针输入光的 S、P 偏振模在分束器处的偏振方向分别一致，以保证它们之间的相干性。

平衡零拍探测器 HD1、HD2、HD3 分别由偏振分束器、两个聚焦透镜、两个光电探测器和一个减法器组成。平衡零拍探测器 HD1、HD2、HD3 输出的光电流的噪声起伏由谱仪记录，它们具有相同的探测效率 ($\eta = 90\%$)，分别探测信号输入、信号输出及探针输出可观测变量的噪声功率谱。

信号输入光经过 P2 后由半透半反镜 M3 (反射率 R =50.10%) 分成两束，反射光束由 HD1 检测，而透射光束就是信号输入光束，入射到分束器上。信号输入光的信噪比可由 $\mathrm{SNR_{HD1}}$ 推算得到：

$$\mathrm{SNR_s^{in}} = \frac{\mathrm{SNR_{HD1}}(1-R)}{R\eta} \tag{7.134}$$

信号输入光和探针输入光在分束器处混合。通过移动全反镜 M2 的距离，可使两光束从全反镜 M1 分开后到分束器处走过的距离相同。在实验中信号光与探针光光程差小于 5 mm。由于光程差极小，从而信号光与探针光模匹配的效率达 $M = 99\%$，同时还减小了下转换光频率漂移带来的影响。这里将光在镜子 M1、M3 和分束器处的入射角限制在 3° 左右，以保证 S、P 偏振模的反射率相同。实验测得 HD1 中两探测器输出的噪声电流之和与噪声电流之差相同，等于相应的散粒噪声水平。在进行量子非破坏特征判据测量之前，首先检验了 HD1 中两探测器输出的光电流之和有无调制信号，以保证调制器 AM1、AM2 的调制频率与调制深度相同，相位差 180°。

通过改变压电陶瓷 PZT1、PZT2 上的驱动电压，可以使信号输入光 S、P 偏振模与探针输入光 S、P 偏振模在分束器处同相位 ($\theta_{\mathrm{s1}} = \theta_{\mathrm{m1}}, \theta_{\mathrm{s2}} = \theta_{\mathrm{m2}}$)。进行量子测量时，将它们之间的相对相位锁定。图 7.53 中 (a)~(c) 分别表示频谱分析仪记录的平衡零拍探测器 HD1、HD2、HD3 对不同光场噪声功率谱的测量结果。由图 7.53 (a) 可知, $\mathrm{SNR'_{HD1}}$ =17.22 dB。入射到平衡零拍探测器 HD1 上的平均光强较低 (0.6 mW)，电子学噪声基底对散粒噪声水平有影响，需进行修正。修正后的信噪比 $\mathrm{SNR_{HD1}}$ =17.25 dB。由式 (7.134) 可求得，信号输入光的信噪比 $\mathrm{SNR_s^{in}}$ =17.74 dB。由图 7.53(b)、(c) 可知，$\mathrm{SNR_s^{out}}$ =15.96 dB,$\mathrm{SNR_m^{out}}$ =15.85 dB,由此得到传送系数：$T_{\mathrm{s}} = \mathrm{SNR_s^{out}}/\mathrm{SNR_s^{in}} = 0.90$，$T_{\mathrm{m}} = \mathrm{SNR_m^{out}}/\mathrm{SNR_s^{in}} = 0.89$。传送系数之和 $T_{\mathrm{s}} + T_{\mathrm{m}} = 1.79$，满足量子非破坏测量的判据。由图 7.53(a) 可以看到，实测的 $T_{\mathrm{s}} + T_{\mathrm{m}}$(图中圆圈为实验点) 接近理论计算值。

图 7.54 表示条件方差 $V_{\mathrm{s/m}}$ 的测量结果。曲线 (1) 是信号输出光的散粒噪声极限 (SNL)，该基准可通过将非简并光学参量振荡腔后的半波片相对于偏振分束器 P1 的偏振通光方向转 22.5° 获得。曲线 (2) 是组合电流 $(\delta i_1 - g\mathrm{e}^{\mathrm{i}\varphi}\delta i_2)$ 的噪声功率谱，其中 δi_1 表示平衡零拍探测器 HD2 输出的光电流起伏，δi_2 表示平衡零拍探测器 HD3 输出的光电流起伏，g 表示衰减系数，φ 表示相移。通过选择合适的相移 φ，使 δi_1 和 δi_2 同相位 (理论计算表明，δi_1 和 δi_2 相位相差 π，但在

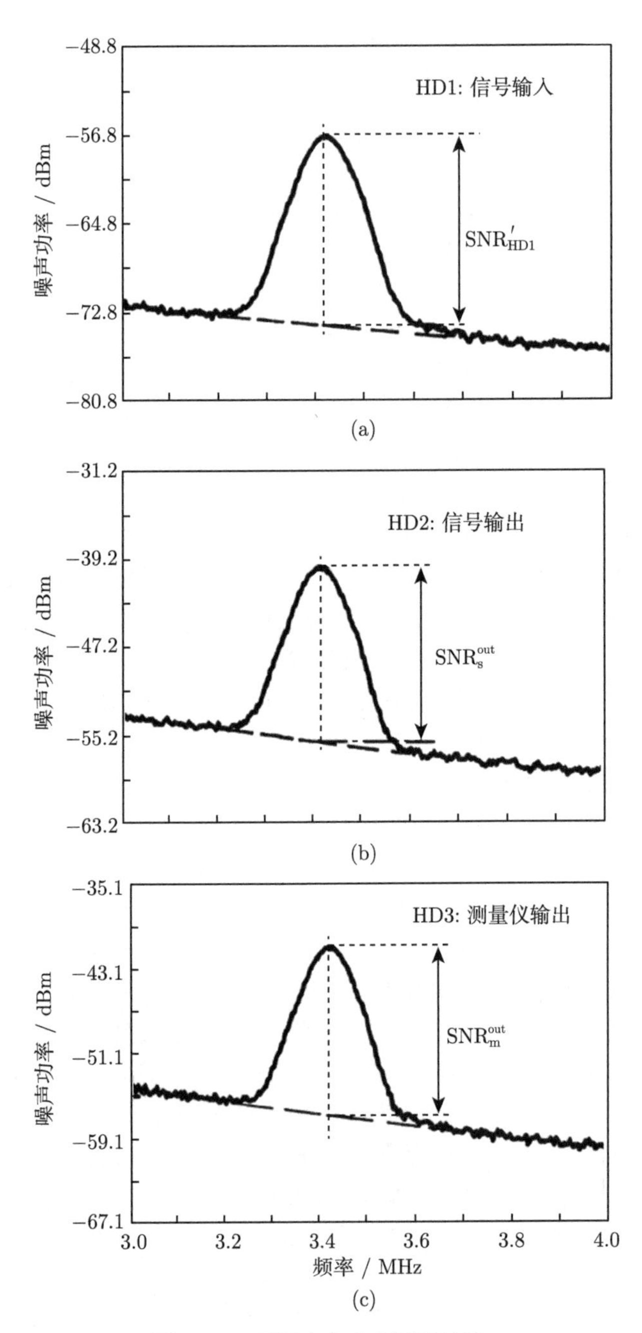

图 7.53　不同光束噪声测量结果

实际的探测系统中，由于电子放大线路的移相作用，δi_1 和 δi_2 的相位与理论值略有偏离)。调节衰减系数 g，可使光电流 $(i_1 - g\mathrm{e}^{\mathrm{i}\varphi} i_2)$ 的起伏谱达到最小。在衰减

系数 $g=-7$ dB 的情况下，得到了组合电流 $(i_1-g\mathrm{e}^{\mathrm{i}\varphi}i_2)$ 的噪声功率较 SNL 下降 2.1 dB 的结果，即 $V_{\mathrm{s/m}}=-2.1$ dB(相应于 $V_{\mathrm{s/m}}=0.62<1$)。由图 7.52 可以看到，实测结果高于理论值（图中圆圈为实验点），这是由于在实验中，探测系统的电子学衰减 (g) 和相移装置不能精确连续调节，故所测得的 $V_{\mathrm{s/m}}$ 未能达到真正的最小值。

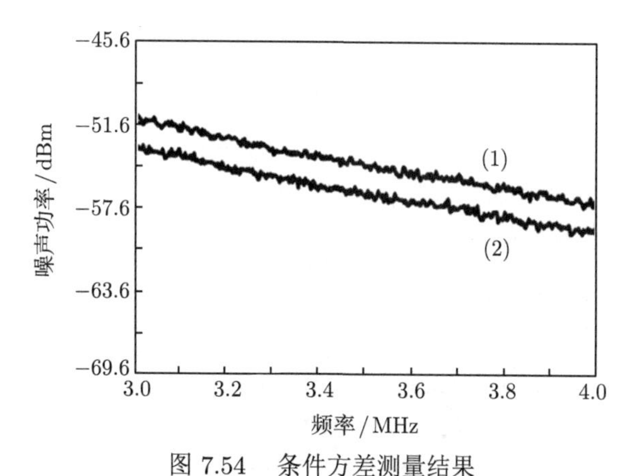

图 7.54 条件方差测量结果

曲线 (1) 是信号光散粒噪声极限，曲线 (2) 是条件方差测量结果

7.6 量子干涉仪测量

精密测量可以使被测量的值更加准确可靠。随着科学技术的不断发展完善，测量的精度也在不断地提高。天文望远镜由测量地月距离，到探测天体的频谱、偏振，甚至是探测宇宙中的引力波，测量精度不断提高，推动了人们对自然的深入认识。干涉仪是一种精密测量工具，通过利用线性分束器对光场进行分束与合束，实现对相位的测量。两束光场的干涉包含了两束光场的相位信息，因此光的干涉效应成了精密测量中不可或缺的测量方法。

迈克耳孙 (Michelson) 干涉仪和 M-Z 干涉仪是常见的光学干涉仪，其通过光学分束器实现光束的分束和干涉，在精密测量中有着广泛的应用。19 世纪末，人们利用迈克耳孙干涉仪得到了光速恒定的结论，动摇了“以太”假说，促进了相对论的建立。激光干涉引力波观测站是由迈克耳孙干涉仪组成的，如图 7.55 所示。在激光引力波观测站中，当引力波经过干涉仪时会使反射镜前移或后移，引起干涉路径的变化，使干涉仪内光程差变化，进而引起探测输出端的信息发生变化，得到了引力波信号。自爱因斯坦提出引力波的存在以来，科学家们经过整整一个世纪的探索，利用迈克耳孙干涉仪测到了两个黑洞和双中子星并合的引力波信号 [10]，这是人类历史上首次观测到引力波信号。

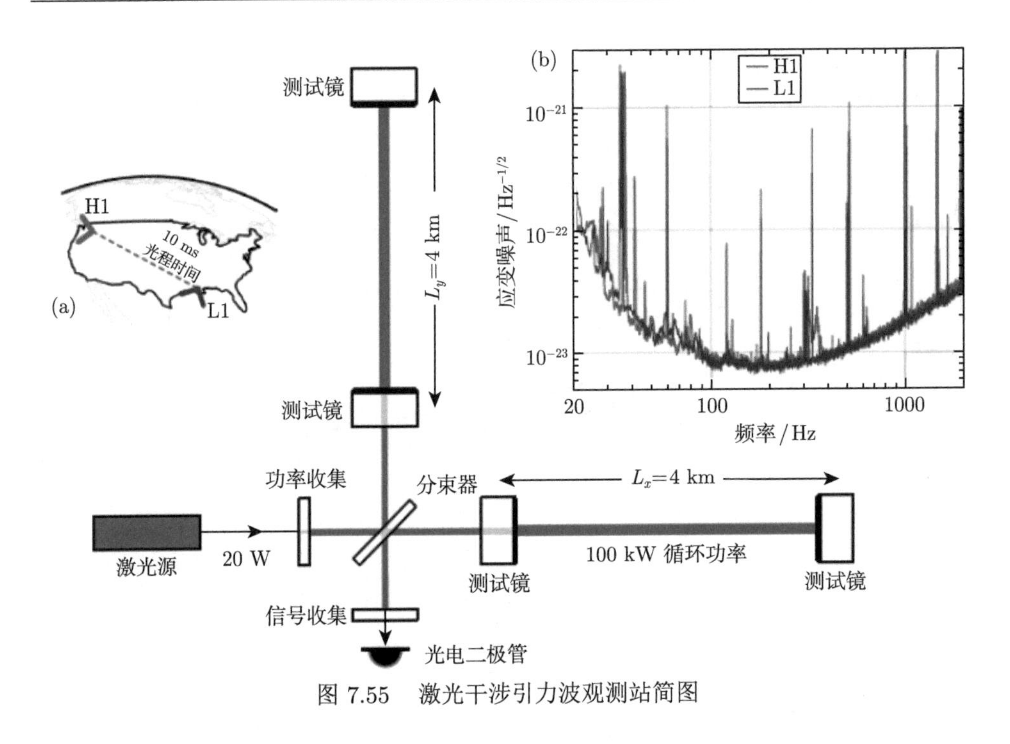

图 7.55 激光干涉引力波观测站简图

随着测量技术的不断发展，经典噪声被不断消除，量子噪声成为限制干涉仪灵敏度的主要因素，这个限制称为 SNL。人们无法用经典光学的方法来消除这个限制，虽然使探测光场的光子数增加可以提高测量灵敏度，但在生物等测量系统中提高光子数时将破坏生物体。因此，研究者另辟蹊径，采用量子技术，在干涉仪中应用亚 SNL 的量子化光场突破精密测量的 SNL，实现量子精密测量。

量子精密测量利用量子态提高测量的灵敏度，以突破经典极限的精度限制。不同类型的量子态已经被应用于精密测量系统，例如光子数最大纠缠态（NOON 态）应用于干涉仪测量，其中相位信号增强 N 倍，灵敏度已提高到可以超越经典极限。在玻色–爱因斯坦凝聚体中，使用纠缠态通过量子相消干涉消除量子噪声，已经突破了经典极限的限制。在一些测量仪器中，通过利用压缩态，光场的真空涨落得到显著抑制，从而实现了超越 SNL 的测量灵敏度，将压缩态经干涉仪的闲置端口耦合进激光干涉引力波探测器，可以进一步提高引力波探测的灵敏度 [42]。

除传统的光学干涉仪外，新型结构的干涉仪为实现高精度相位传感提供了另一种途径，例如利用光学参量过程已经构建了量子干涉仪 [43]。利用四波混频过程代替线性分束器对光场进行分束和合束，形成了灵敏度很高的 SU(1,1) 干涉仪，其中与相位变化相关的信号得到增强，而噪声水平保持在 SNL 附近。在存在损耗的情况下，光学参量放大器也被耦合到基于单光子的干涉仪中，使得基于单光子探针的干涉测量灵敏度得到了提高，并且仍保持在 SNL 的尺度。众所周知，由

具有非线性系数 $\chi^{(2)}$ 的非线性晶体和光学谐振腔组成的光学参量放大器是一种稳定的固体量子器件，可降低光场的量子噪声。由于噪声压缩和信号放大的有利特性，光学参量放大器应该是一种很好的量子光学资源，可用于构建灵敏度超过 SNL 的量子干涉仪。山西大学光电研究所将两个光学参量放大器耦合到 M-Z 干涉仪的两臂中，构建了突破 SNL 的干涉仪 [43]。

对于两束光场的干涉测量，相敏光场强度与干涉仪的灵敏度相关，相敏光场强度越高，干涉的灵敏度越高。然而，灵敏度的最终限制是相敏光场的量子噪声。因此，为了实现精确的干涉测量，需要具有更高强度和尽可能低噪声的相敏光场。为了在 M-Z 干涉仪内实现量子噪声的压缩和相敏光场强度的放大，两个光学参量放大器分别耦合进干涉仪的两个臂中。由光学参量放大器中的参量过程产生的压缩态被直接用作基于光学参量放大器的 M-Z 干涉仪中的相位感应量子态。由于有效利用了光学参量放大器的量子噪声压缩和参数放大的特性，干涉仪的灵敏度得到了确定性的提高，并且可以实现超越 SNL 的灵敏度。与压缩态注入方案相比，当光学参量放大器耦合进干涉仪内部时，产生的压缩态光场直接用作探测光束，从而完全避免了传送和注入损耗对压缩度的影响。实验结果表明，相敏光场强度从 5 μW 放大到 75.3 μW。与经典 M-Z 干涉仪相比，信噪比提高了 (4.86±0.24)dB。测量结果在低相敏光场强度下达到了海森伯尺度的精度。使用所提出的系统，只要通过简单地操纵光学参量放大器的功率增益，就能实现最佳相位灵敏度。在所提出的基于光学参量放大器的 M-Z 干涉仪中，相敏光场强度的相消干涉的输出端作为 BHD 测量的信号场。在这种情况下，测量的强度足够低，从而克服了功率饱和的问题，提高了检测灵敏度。该系统不受 BHD 信号场的功率限制，不仅可用于微观相位传感强度的测量，还可用于更高相位传感强度的测量，例如与引力波系统干涉仪相结合。因此，干涉仪能够以对样本的最小干扰来提取最大量的相位信息。

图 7.56 是包含两个简并光学参量放大器的 M-Z 干涉仪示意图。首先，将相干态光场 $\hat{a}_{\text{in}}$ 与真空态 $\hat{b}_{\text{in}}$ 一起注入干涉仪，并通过线性 50:50 分束器 BS1 分为 $\hat{A}$,$\hat{B}$ 两种模式。然后，模式 $\hat{A}$,$\hat{B}$ 被两个简并光学参量放大器分别放大为模式 $\hat{C}$ 和 $\hat{D}$。模式通过待测样品，这将导致 $\hat{D}$ 的相位变化 δ。接下来，两个光束 $\hat{C}$ 和 $\hat{D}$ 由线性 50:50 分束器 BS2 重新组合，以产生输出模式 $\hat{a}_{\text{out}}$ 和 $\hat{b}_{\text{out}}$。所得干涉信号 $\hat{b}_{\text{out}}$ 对相位变化 δ 敏感，通过 BHD 测量 $\hat{b}_{\text{out}}$ 的正交相位 $\hat{P}$，以获得与相位变化 δ 相关的信号。在测量处理中，电子噪声淹没了微弱的信号，这就是暗计数问题。在 BHD 中，采用强本地光来放大信号场弱边带模式的正交分量。因此，使用 BHD 可以克服暗计数问题，并且可以测量真空和明亮压缩态的弱相消干涉输出的边带模式的正交分量。干涉仪中两臂光路之间的相对相位保持为 $(2k+1)\pi$ (k 为整数)，输出场 $\hat{b}_{\text{out}}$ 的正交相位 $\hat{P}$ 由 BHD 检测，其中相位变化 δ 被记录下来。

量子干涉仪的灵敏度以单个相位测量的不确定性为特征，即最小可检测相移 $\Delta\varphi$。

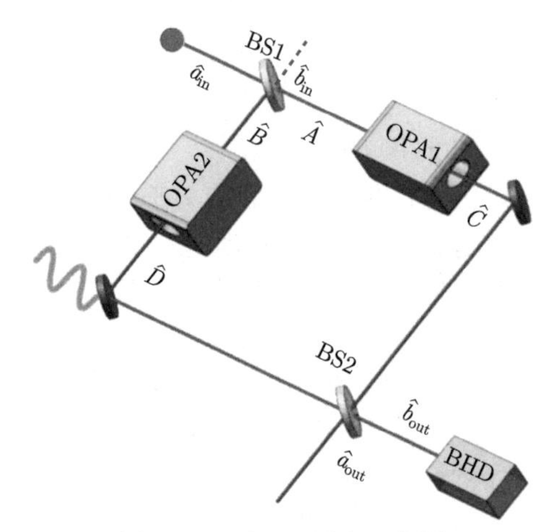

图 7.56 量子干涉仪示意图

在量子干涉仪中，干涉仪中第一个 50:50 分束器的输入–输出关系由下式给出：

$$\hat{A} = \frac{\hat{a}_{\text{in}} - \hat{b}_{\text{in}}}{\sqrt{2}} \tag{7.135}$$

$$\hat{B} = \frac{\hat{a}_{\text{in}} + \hat{b}_{\text{in}}}{\sqrt{2}} \tag{7.136}$$

其中，$\hat{a}_{\text{in}}$、$\hat{b}_{\text{in}}$ 和 $\hat{A}$、$\hat{B}$ 分别是线性 50:50 分束器 BS1 的输入和输出光场。干涉仪中的光场 $\hat{A}$ 和 $\hat{B}$ 被两个简并光学参量放大器分别放大为 $\hat{C}$ 和 $\hat{D}$，描述如下：

$$\hat{C} = G\hat{A} + g\mathrm{e}^{\mathrm{i}\varphi_{\mathrm{p}}}\hat{A}^{\dagger} \tag{7.137}$$

$$\hat{D} = G\hat{B} + g\mathrm{e}^{\mathrm{i}\varphi_{\mathrm{p}}}\hat{B}^{\dagger} \tag{7.138}$$

当简并光学参量放大器在参量放大条件下工作时，泵浦场和信号场之间的相位差 φ_{p} 选择为 $\varphi_{\mathrm{p}} = 0$。在模式 $\hat{D}$ 上引入相移 φ。线性 50:50 分束器 BS2 充当光束合束器以完成干涉仪。干涉仪的完整输入–输出关系表示为

$$\hat{b}_{\text{out}} = \frac{\hat{D}\mathrm{e}^{\mathrm{i}\varphi} - \hat{C}}{\sqrt{2}} = \cos\frac{\varphi}{2}\mathrm{e}^{\mathrm{i}\frac{\varphi}{2}}\left(G\hat{b}_{\text{in}} + g\hat{b}_{\text{in}}^{\dagger}\right) + \mathrm{i}\sin\frac{\varphi}{2}\mathrm{e}^{\mathrm{i}\frac{\varphi}{2}}\left(G\hat{a}_{\text{in}} + g\hat{a}_{\text{in}}^{\dagger}\right) \tag{7.139}$$

其中，$\hat{b}_{\text{out}}$ 是量子干涉仪的输出光场。干涉仪两臂之间的相对相位保持为 $\varphi = \pi + \delta(\delta \ll 1)$，其中 δ 为相位变化。用 BHD 输出光场，可以测得输出光场的正交

相位：

$$\begin{aligned}\left\langle\hat{P}_{b_{\text{out}}}^{2}\right\rangle=&\cos^{2}\frac{\varphi}{2}\left\langle\left[G\hat{P}_{b_{\text{in}}}\left(\frac{\varphi}{2}\right)-g\hat{P}_{b_{\text{in}}}\left(-\frac{\varphi}{2}\right)\right]^{2}\right\rangle\\&+\sin^{2}\frac{\varphi}{2}\left\langle\left[G\hat{X}_{a_{\text{in}}}\left(\frac{\varphi}{2}\right)+g\hat{X}_{a_{\text{in}}}\left(-\frac{\varphi}{2}\right)\right]^{2}\right\rangle\\\approx&(G-g)^{2}+2\left(I_{\text{ps}}-g^{2}\right)\delta^{2}\end{aligned}\tag{7.140}$$

其中，$I_{\text{ps}}=\left\langle\hat{D}^{+}\hat{D}\right\rangle=\frac{1}{2}(G+g)^{2}I_{0}+g^{2}$ 为与样品相互作用并产生相位变化的相位感应场，也称作相敏光场强度，这里 I_0 为干涉仪输入场的强度；$\hat{P}_{b_{\text{in}}}\left(\pm\frac{\varphi}{2}\right)=-\text{i}\text{e}^{\pm\text{i}\frac{\varphi}{2}}\hat{b}_{\text{in}}+\text{i}\text{e}^{\mp\text{i}\frac{\varphi}{2}}\hat{b}_{\text{in}}^{\dagger},\hat{X}_{a_{\text{in}}}\left(\pm\frac{\varphi}{2}\right)=\text{e}^{\pm\text{i}\frac{\varphi}{2}}\hat{a}_{\text{in}}+\text{e}^{\mp\text{i}\frac{\varphi}{2}}\hat{a}_{\text{in}}^{\dagger}$。当干涉仪的两臂中没有耦合简并光学参量放大器时，即为经典的 M-Z 干涉仪，此时 $G=1$，$g=0$，式 (7.140) 变为

$$\left\langle\hat{P}_{b_{\text{out}}}^{2}\right\rangle\approx1+2I_{\text{ps}}\delta^{2}\tag{7.141}$$

则 $I_{\text{ps}}=\left\langle\hat{B}^{\dagger}\hat{B}\right\rangle=\frac{1}{2}I_{0}$，因此易知量子干涉仪放大了相敏光场强度。

经典 M-Z 干涉仪的信噪比为 1 时，可以得到其灵敏度 $\Delta\phi_{\text{SNL}}$ 为

$$\Delta\phi_{\text{SNL}}=\sqrt{\frac{1}{2I_{\text{ps}}}}\tag{7.142}$$

通常将经典干涉仪的灵敏度作为 SNL。由经典 M-Z 干涉仪的灵敏度公式可知，灵敏度随相敏光场强度的变化而变化，相敏光场强度越强则干涉仪越灵敏。所以灵敏度的提高值需要在相同相敏光场强度下比较才有意义。同理可得量子干涉仪的灵敏度为

$$\Delta\phi=\sqrt{\frac{(G-g)^{2}}{2\left(I_{\text{ps}}-g\right)^{2}}}\approx\sqrt{\frac{1}{2I_{\text{ps}}(G+g)^{2}}}\approx\frac{1}{2G}\sqrt{\frac{1}{2I_{\text{ps}}}}\tag{7.143}$$

对于式 (7.143)，这里做了以下近似：$I_{\text{gs}}\gg g^{2}$，$G\gg1$，即认为干涉仪的注入光子数至少在 $10^{10}\ \text{s}^{-1}$ 量级。在相同相敏光场强度下，量子干涉仪的灵敏度可以超越 SNL。在弱光 $(I_{\text{ps}}=2g^{2},g^{2}\gg1)$ 的条件下，即认为干涉仪的注入光子数在 $10^{1}\ \text{s}^{-1}$ 量级，量子干涉仪的最佳灵敏度可以近似为 $1/I_{\text{ps}}$，量子干涉仪的灵敏度可以达到海森伯极限。

对于实际操作中的量子干涉仪，总是存在不可避免的各种损耗。接下来考虑简并光学参量放大器的内腔损耗 L_0、干涉仪的内部传送损耗 L_1 和干涉仪的外部总损耗 L_3 对干涉仪灵敏度的影响。干涉仪外部总损耗包括干涉仪的外部传送损耗 L_2、光电二极管的量子效率 η 以及平衡零拍的探测效率 ξ。

通过考虑光学参量放大器腔内的损耗，光学参量放大器的输出场 $\hat{C}'$ 和 $\hat{D}'$ 可以分别写为

$$\begin{aligned}\hat{C}' &= G_1\hat{A} + g_1\hat{A}^{\dagger} + G_2\hat{A}_0 + g_2\hat{A}_0^{\dagger} \\ \hat{D}' &= G_1\hat{B} + g_1\hat{B}^{\dagger} + G_2\hat{B}_0 + g_2\hat{B}_0^{\dagger}\end{aligned} \tag{7.144}$$

其中，$\hat{A}_0$、$\hat{B}_0$ 为由简并光学参量放大器内腔损耗引入的真空噪声；G_1、g_1、G_2、g_2 的表达式如式 (7.137) 和式 (7.138) 所示。干涉仪内部传送损耗为 L_1 时，光场模式 $\hat{C}^L$ 和 $\hat{D}^L$ 分别表示为

$$\begin{aligned}\hat{C}^L &= \sqrt{(1-L_1)}\hat{C}' + \sqrt{L_1}\hat{C}_0 \\ \hat{D}^L &= \sqrt{(1-L_1)}\hat{D}' + \sqrt{L_1}\hat{D}_0\end{aligned} \tag{7.145}$$

干涉仪的外部总传送损耗为 $L_3 = 1-(1-L_2)\,\eta\xi^2$ 时，量子干涉仪输出光场 $\hat{b}_{\text{out}}^L$ 为

$$\hat{b}_{\text{out}}^L = \frac{\sqrt{1-L_3}\left(\sqrt{\xi^2}\hat{D}^L\mathrm{e}^{\mathrm{i}\varphi} - \hat{C}^L\right)}{\sqrt{2}} + \sqrt{1-\xi^2}\hat{E}_0) + \sqrt{L_3}\hat{F}_0 \tag{7.146}$$

其中，$\hat{C}_0$、$\hat{D}_0$、$\hat{F}_0$ 为由干涉仪的内外部传送损耗引入的真空噪声；$\hat{E}_0$ 为由干涉仪的干涉损耗引入的真空噪声；ξ 为量子干涉仪的干涉效率。则量子干涉仪输出场的噪声起伏为

$$\left\langle \Delta^2\hat{P}_{\text{out}}^L \right\rangle = 1 + (1-L_1)\,(1-L_3)\,\xi^2\left[(G_1-g_1)^2 + (G_2-g_2)^2 - 1\right] \tag{7.147}$$

将式 (7.147) 与式 (7.140) 对比，不难发现，量子干涉仪输出场的噪声起伏与简并光学参量放大器的压缩谱有直接关系，其为考虑干涉仪内外部损耗、干涉仪的干涉效率后的简并光学参量放大器的压缩度。

考虑损耗后的量子干涉仪的灵敏度为

$$\Delta\phi^L = \sqrt{\frac{1 + (1-L_1)\,(1-L_3)\,\xi^2\left[(G_1-g_1)^2 + (G_2-g_2)^2 - 1\right]}{2\,(1-L_1)\,(1-L_3)\left(I'_{\text{ps}} - g_1^2 - g_2^2\right)\xi^2}} \tag{7.148}$$

其中，相敏光场强度 $I'_{\mathrm{ps}}=\left\langle \hat{D}'^{\dagger}\hat{D}'\right\rangle=\dfrac{1}{2G_{\mathrm{p}}I_0}+{g_1}^2+{g_2}^2, G_{\mathrm{p}}=\left(\dfrac{1}{1-\sqrt{P/P_{\mathrm{th}}}}\right)^2$，这里 P 为注入简并光学参量放大器的泵浦功率，P_{th} 为能注入简并光学参量放大器的泵浦功率的最大值，也称为简并光学参量放大器的阈值。为了能更直观地描述量子干涉仪的性能，这里用与干涉仪灵敏度有关的信噪比提高值（SNRI）来表述量子干涉仪的优势：

$$\mathrm{SNRI}=\mathrm{SNR_Q}-\mathrm{SNR_C}=-20\log_{10}\frac{\Delta\phi^L}{\Delta\phi_{\mathrm{SNL}}} \tag{7.149}$$

干涉仪输入功率为 10 μW 时，量子干涉仪的信噪比提高值对功率增益和光学参量放大器的功率增益 G_{p} 腔内损耗 L_0 的依赖关系如图 7.57 所示。理论计算表明，在光学参量放大器的功率增益和内腔损耗较大的范围内，信噪比提高值的特性有可能得到明显改善。当功率增益较大且腔内损耗较小时，信噪比提高值的性能将显著增强。当功率增益较大时，灵敏度随着功率增益的增加而提高的效果变得不明显，因此实验中选择的功率增益为 15。

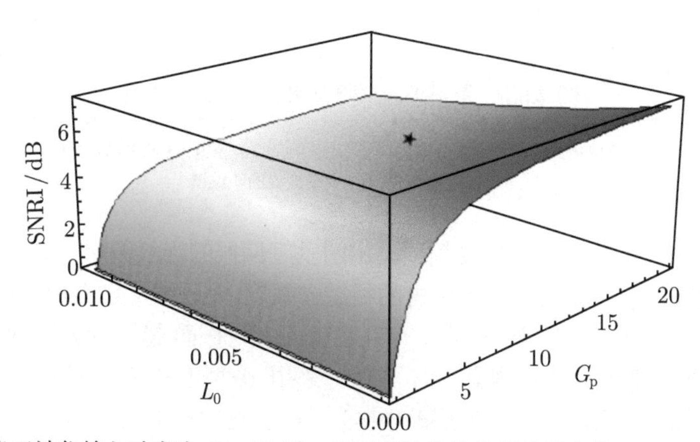

图 7.57 当干涉仪输入功率为 10 μW 时，量子干涉仪的信噪比提高值 (SNRI) 对干涉仪中 OPA 的功率增益 G_{p} 和内腔损耗 L_0 的依赖关系

黑星代表实验中测量的值

实验装置如图 7.58 所示，钛宝石激光器的输出光作为信号光场分别注入倍频腔、量子 M-Z 干涉仪和作为 BHD 的本地振荡光场。量子 M-Z 干涉仪的注入信号光场被第一个 50:50 线性分束器 BS1 分成两束分别注入两个光学参量放大器（OPA1，OPA2）中，光学参量放大器 OPA2 的输出光场经压电陶瓷 PZT4 加载 2 MHz 的正弦信号调制用来模拟相位变化，之后在第二个 50:50 分束器 BS2 处与 OPA1 的输出光场干涉。在测量信号和噪声时，采用基于 PDH 稳频技术的锁

相系统和压电陶瓷 PZT3，将干涉仪两臂的相对相位锁定在 $\pi+2k\pi$(k 为整数) 的位置。

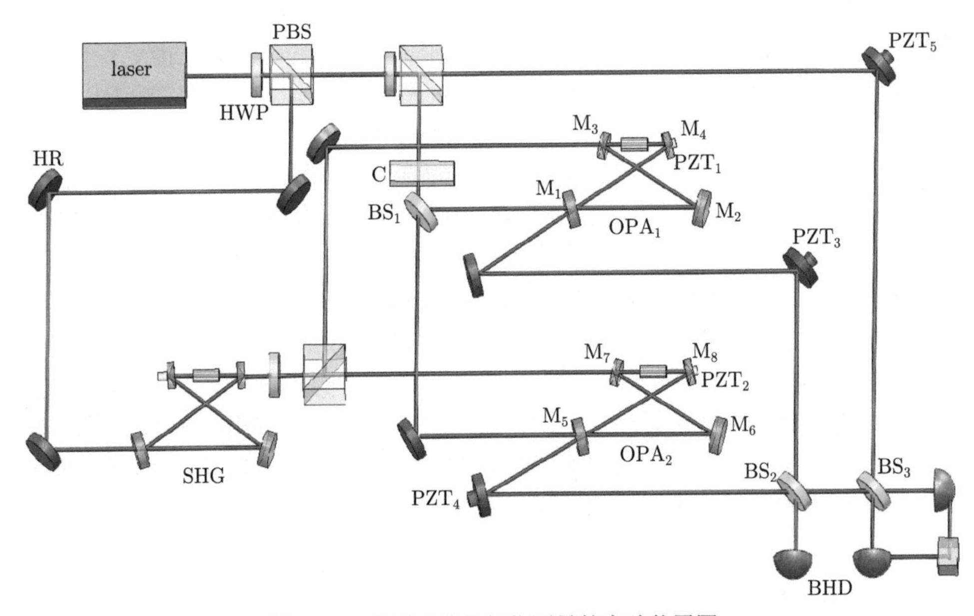

图 7.58　量子干涉仪相位测量的实验装置图

压电陶瓷 PZT4 模拟了相位变化。各光学器件的具体代号含义如下：laser-激光器；SHG-倍频腔；OPA-光参量放大器；BHD-平衡零拍探测；BS-50∶50 分束器；HR-高反镜；M-腔镜；HWP-半波片；PBS-偏振分束器；PZT-压电陶瓷；C-带衰减器的斩波器

当两个光学参量放大器被倍频腔输出的垂直偏振的连续波单频激光泵浦时，光学参量放大器分别被放大了干涉仪内的相敏光强度，并压缩了它们的相位噪声。两个光学参量放大器的结构相同，都是由两个平面镜和两个曲率半径为 50 mm 的球面镜组成的蝴蝶结型环形腔。采用 0 型准相位匹配周期性极化 PP-KTP 晶体，晶体放置在两个球面镜的中心。对于光学参量放大器 OPA1(2)，其中一个平面反射镜 M1(5) 对探针光处有一定的透射率，用作输入–输出耦合器；另一个平面反射镜 M2(6) 在探针光处是高反射镜。球面镜 M3(7) 和 M4(8) 在探针光处有高反射涂层，在泵浦光处有减反射涂层。压电陶瓷 PZT1(2) 被安装在球面反射镜 M4(8) 上，以主动扫描光学参量放大器的腔长度，或根据需要，用注入的种子光将其锁定在共振状态上。BHD 系统由一个 50∶50 分束器 BS3、两个光电二极管和一个减法器组成。这里利用激光器产生的相干光作为本振光，测量了干涉仪输出场的正交相位噪声功率。实验中的激光噪声在分析频率为 2 MHz 时已达到 SNL。当光学参量放大器增益为 15 时，在 2 MHz 的分析频率下获得了 5.57 dB 的压缩。

在量子干涉仪的输入场中采用带衰减器的斩波器，实现与相位变化相关的信号场和所需的相敏光场强度的开关，并稳定锁定量子干涉仪。在每个周期的开始，激光通过光学斩波器开启持续锁定光学参量放大器腔的长度、信号光场和泵浦光场的相对相位、干涉仪的两个光学路径左右臂的相对相位，以及信号光和本地振荡光的相对相位。然后用斩波器关闭激光，并被衰减，作为探测光。

在分析频率为 2 MHz 时，基于光学参量放大器的干涉仪输出场的信号和噪声水平如图 7.59 所示。由于整体损耗、BHD 模式失配和干涉仪的缺陷，实验情况下灵敏度的表达式应该是式（7.151），这取决于实验参数。黑色曲线（i）是两个光学参量放大器工作在光学参量放大器增益为 15 时的参数放大情况下测量的量子干涉仪输出场噪声功率。当两个光学参量放大器的泵浦光场关闭并注入一个无损的相同相敏场强的相干态信号场时，测量 SNL，即红色曲线（ii）。压缩使散粒噪声水平降低到 SNL 以下，使得对淹没在噪声海洋中的微小相位变化的检测成为可能。相敏光场强度从 5 μW 放大到 75.3 μW 时，直接测量基于光学参量放大器的干涉仪输出端的压缩值为 (5.57±0.19) dB。在实际测量时，由于不可避免的 0.71 dB 的损耗，信号的强度略有降低，因此与理想 SNL 相比，信噪比的增强程度降低到 (4.86±0.24) dB。

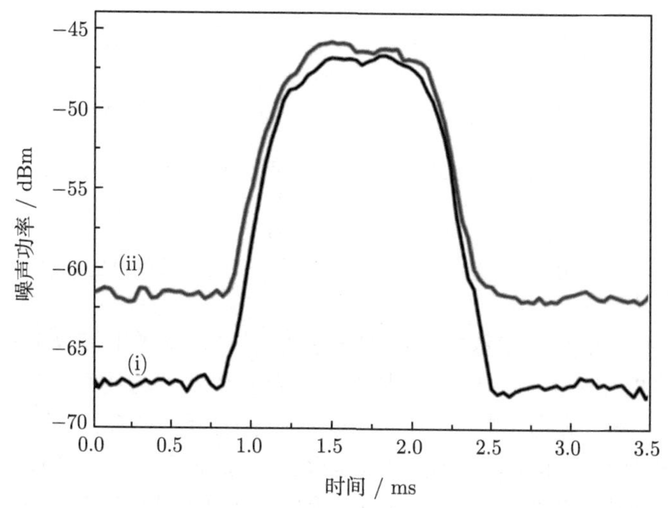

图 7.59 量子干涉仪输出场的 2 MHz 分析频率信号和噪声水平

图 7.60 所示是注入干涉仪的功率为 10.0 μW 时，量子干涉仪灵敏度随光学参量放大器增益的变化关系，曲线 (i) 是 SNL，曲线 (ii) 是实验条件下的量子干涉仪灵敏度 (式 (7.151))，曲线 (iii) 是理想情况下的量子干涉仪灵敏度 (式 (7.146))，曲线 (iv) 是量子克拉默–拉奥 (Cramer-Rao) 边界。曲线 (i)~(iv) 均为理论曲线，可以看到，量子干涉仪的灵敏度随光学参量放大器增益的增大而提高。

实验分别测得 G_{p} 为 5、7.5、10、12.5、15 时量子干涉仪的灵敏度相对于 SNL 的信噪比提高值，利用信噪比的提高值与相对灵敏度的关系得到如图 7.60 所示的黑色方块，测得的灵敏度值 (黑色方块) 分别为 4.1×10^{-8}、3.2×10^{-8}、2.7×10^{-8}、2.4×10^{-8} 和 2.2×10^{-8}。由于量子干涉仪中损耗的影响，黑色方块的实验测量值比曲线 (iii) 中的理想值差。当光学参量放大器增益为 15 时，相敏光场强度为 $3.4\times10^{14}\ \mathrm{s}^{-1}$，对应的 $\Delta\phi_{\mathrm{SNL}}$ 值为 3.8×10^{-8}。在无损情况下，$\Delta\phi$ 的计算值可以提高到 3.6×10^{-9}，是上述 SNL 的 10.6 倍。在无损干涉仪中，$\Delta\phi_{\mathrm{QCRB}}$ 的对应值为 2.8×10^{-9}，压缩参数 r 为 1.82。因此，无损情况下的干涉相位灵敏度将接近量子克拉默–拉奥界。克拉默–拉奥界是任意无偏差估计量的方差的下界，优化实验参数量子干涉仪的相位灵敏度可以接近量子克拉默–拉奥界，说明量子干涉仪具有很好的性能。

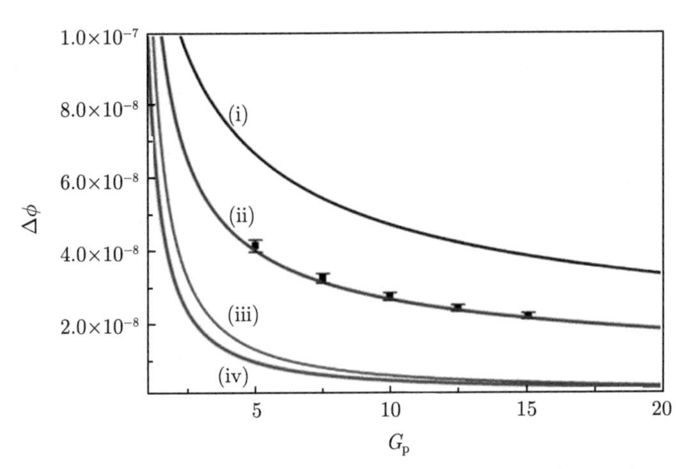

图 7.60　光学参量放大器增益对量子干涉仪灵敏度的影响

图 7.61 所示是光学参量放大器的增益为 5 时，量子干涉仪的相位灵敏度随相敏光场强度的变化关系，横坐标中的 α_{ps}^2 表示相敏光场强度的幅值，其相敏光场功率 P_{ps} 的表达式为 $\alpha_{\mathrm{ps}}^2=\lambda P_{\mathrm{ps}}/hc$。曲线 (i) 是 SNL，曲线 (ii) 是实验条件下的量子干涉仪灵敏度，曲线 (iii) 是理想情况下的量子干涉仪灵敏度，曲线 (iv) 是海森伯极限，曲线 (i)~(iv) 均为理论曲线，可以看到，量子干涉仪的灵敏度随相敏光场强度的增大而提高。实验分别测得相敏光场的光子数为 4.5、7.5、10、12.5、15 时量子干涉仪的灵敏度相对于 SNL 的信噪比提高值，利用信噪比的提高值与相对灵敏度的关系得到如图 7.61 所示的黑色圆圈，由于不可避免的损耗，它比理想值 (曲线 (iii)) 小。绿色曲线 (曲线 (iii)) 定义了优化情况下 (损耗降低到 $L_0=0.002,\eta=0.99$）量子干涉仪的灵敏度。在相敏光场强度为 $4.5\ \mathrm{s}^{-1}$ 的优化情况下 (相应的种子光 α_{in}^2 为 $0.9\ \mathrm{s}^{-1}$)，优化后的相位灵敏度为 0.22，用相同强

度的相敏光场计算形式上的海森伯极限的对应值是 0.22，则干涉仪可实现的相位灵敏度优于实验情况下的相位灵敏度，并接近形式上的海森伯极限。因此，量子干涉仪能够通过减少损耗来接近形式上的海森伯极限所允许的干涉灵敏度。量子干涉仪的灵敏度随相敏场强的增大而增大，优化实验参数，量子干涉仪的灵敏度可以达到海森伯极限，说明量子干涉仪的灵敏度可以达到最佳极限。

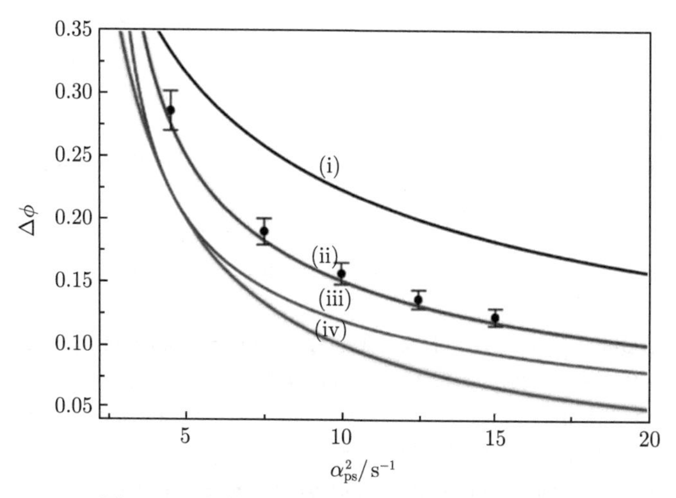

图 7.61 相敏场强对量子干涉仪灵敏度的影响

这里利用两个光学参量放大器，构建了具有确定性增强相位灵敏度的紧凑型量子干涉仪。干涉仪内产生的压缩态被用作相位感应量子态。由于相敏光场的量子噪声被确定性地压缩，并且它们的强度在光学参量放大器中的光学参数放大过程中被无条件地放大，因此确定性地增强了量子干涉仪的灵敏度。干涉仪的最小可检测相位变化低于任何现有的具有相同相敏光场强度的干涉仪。特别是作为高精度干涉仪的主要噪声源的量子噪声被显著压缩，由于放大的相敏光场强度和压缩噪声的双重作用，淹没在 SNL 中的微小相位变化可以被测量。在低相敏光场强度的测量中，相位灵敏度达到了海森伯尺度的精度。干涉仪内外的光损耗和光学参量放大器的腔内损耗限制了本系统的测量精度，这些损耗的减少将能够获得更好的相位检测能力。量子干涉仪可以与 SU(1,1) 干涉仪和压缩态注入系统兼容，用于干涉仪灵敏度的进一步提高。此外，在易损样品的干涉测量中，必须利用可能较低的相敏光场强度来保护样品免受损坏，在这种情况下，光场的压缩状态为直接测量淹没在量子噪声海洋中的微小信号提供了一种可靠的选择。干涉仪使用的波长在 895 nm 左右可调谐，不仅匹配铯原子能级跃迁 D1 线，还匹配生物组织，使干涉仪适用于量子生物传感和光谱学。除了在 M-Z 干涉仪两臂中的应用外，将光学参量放大器置于干涉仪中的方法提供了实现其他类型干涉仪 (如迈克

耳孙或萨尼亚克 (Sagnac) 干涉仪) 灵敏度提高的潜在方法，使这些干涉仪具有光学参量放大器的量子优势。这里所提出的方法可以对任何相位相关的微小信号进行无条件的量子增强精密计量。

参 考 文 献

[1] Einstein A, Podolsky B, Rosen N. Can quantum-mechanical description of physical reality be considered complete? Phys. Rev., 1935, 47(10): 777-780.

[2] Furusawa A, Sorensen J L, Braunstein S L, et al. Unconditional quantum teleportation. Science, 1998, 282(5389): 706-709.

[3] Zhang T, Goh K, Chou C, et al. Quantum teleportation of light beams. Phys. Rev. A, 2003, 67:033802.

[4] Jia X J, Su X L, Pan Q, et al. Experimental demonstration of unconditional entanglement swapping for continuous variables. Phys. Rev. Lett., 2004, 93(25): 250503.

[5] Huo M R, Qin J L, Cheng J L, et al. Deterministic quantum teleportation through fiber channels. Sci. Adv., 2018, 4(10): eaas9401.

[6] Li X, Pan Q, Jing J, et al. Quantum dense coding exploiting a bright Einstein-Podolsky-Rosen beam. Phys. Rev. Lett., 2002, 88(4): 047904.

[7] Jing J T, Zhang J, Yan Y, et al. Experimental demonstration of tripartite entanglement and controlled dense coding for continuous variables. Phys. Rev. Lett., 2003, 90(16): 167903.

[8] Zhou Y Y, Yu J, Yan Z H, et al. Quantum secret sharing among four players using multipartite bound entanglement of an optical field. Phys. Rev. Lett., 2018, 121(15): 150502.

[9] Caves C M, Thorne K S, Drever R W P, et al. On the measurement of a weak classical force coupled to a quantum-mechanical oscillator. I. Issues of principle. Rev. Mod. Phys., 1980, 52(2): 341.

[10] Abbott B P, Abbott R, Abbott T D, et al. Observation of gravitational waves from a binary black hole merger. Phys. Rev. Lett., 2016, 116(6): 061102.

[11] Caves C M. Quantum-mechanical noise in an interferometer. Phys. Rev. D, 1981, 23(8): 1693-1708.

[12] Anderson U L, Neergaard-Nielsen J S, uan Loock P, et al. Hybrid discrete- and continuous-variable quantum information. Nature Physics, 2015, 11: 713-719.

[13] Bell J S. On the Einstein Podolsky Rosen paradox. Physics Physique Fizika, 1964, 1(3): 195-200.

[14] Clauser J F, Horne M A, Shimony A, et al. Proposed experiment to test local hidden-variable theories. Phys. Rev. Lett., 1969, 23(15): 880-884.

[15] Freedman S J, Clauser J F. Experimental test of local hidden-variable theories. Phys. Rev. Lett., 1972, 28(14): 938.

[16] Aspect A, Dalibard J, Roger G. Experimental test of Bell's inequalities using time-varying analyzers. Phys. Rev. Lett., 1982, 49(25): 1804-1807.

[17] Weihs G, Jennewein T, Simon C, et al. Violation of Bell's inequality under strict Einstein locality conditions. Phys. Rev. Lett., 1998, 81(23): 5039-5043.

[18] Bouwmeester D, Pan J W, Mattle K, et al. Experimental quantum teleportation. Nature, 1997, 390(6660): 575-579.

[19] 崔廉相, 许康，张芃，等. 贝尔不等式的量子违背及其实验检验——兼议 2022 年诺贝尔物理学奖. 物理, 2023, 52(1): 1-17.

[20] Reid M D, Drummond P D. Quantum correlations of phase in nondegenerate parametric oscillation. Phys. Rev. Lett., 1988, 60(26): 2731-2733.

[21] Pereira S F, Peng K C, Kimble J. Squeezed state generation and nonclassical correlations in nondegenerate parametric down conversion. Coherence and Quantum Optics, 1990, 263: 3663.

[22] Ou Z Y, Pereira S F, Kimble H J, et al. Realization of the Einstein-Podolsky-Rosen paradox for continuous variables. Phys. Rev. Lett., 1992, 68: 3663.

[23] Bennett C H, Brassard G, Crépeau C, et al. Teleporting an unknown quantum state via dual classical and Einstein-Podolsky-Rosen channels. Phys. Rev. Lett., 1993, 70(13): 1895-1899.

[24] Vaidman L. Teleportation of quantum states. Phys. Rev. A, 1994, 49(2): 1473-1476.

[25] Zhang J, Peng K C. Quantum teleportation and dense coding by means of bright amplitude-squeezed light and direct measurement of a Bell state. Phys. Rev. A, 2000, 62(6): 064302.

[26] Braunstein S L, Fuchs C A, Kimble H J, et al. Quantum versus classical domains for teleportation with continuous variables. Phys. Rev. A, 2001, 64(2): 022321.

[27] Zukowski M, Zeilinger A, Horne M A, et al. "Event-ready-detectors" Bell experiment via entanglement swapping. Phys. Rev. Lett., 1993, 71(26): 4287-4290.

[28] Polkinghorne R E S, Ralph T C. Continuous variable entanglement swapping. Phys. Rev. Lett., 1999, 83(11): 2095-2099.

[29] van Loock P, Braunstein S L. Unconditional teleportation of continuous-variable entanglement. Phys. Rev. A, 1999, 61(1): 010302.

[30] Ren J G, Xu P, Yong H L, et al. Ground-to-satellite quantum teleportation. Nature, 2017, 549(7670): 70-73.

[31] Shannon C E. A mathematical theory of communication. The Bell System Technical Journal, 1948, 27(3): 379-423.

[32] Ralph T C, Huntington E H. Unconditional continuous-variable dense coding. Phys. Rev. A, 2002, 66(4): 042321.

[33] Ban M. Quantum dense coding via a two-mode squeezed-vacuum state. J. Opt. B: Quantum Semiclass., 1999, 1: L9.

[34] Shamir A. How to share a secret. Communications of the ACM, 1979, 22(11): 612-613.

[35] Blakley G R. Safeguarding cryptographic keys//International Workshop on Managing Requirements Knowledge. IEEE Computer Society, 1979: 313.
[36] Hillery M, Bužek V, Berthiaume A. Quantum secret sharing. Phys. Rev. A, 1999, 59(3): 1829-1834.
[37] Gaertner S, Kurtsiefer C, Bourennane M, et al. Experimental demonstration of four-party quantum secret sharing. Phys. Rev. Lett., 2007, 98(2): 020503.
[38] Tittel W, Zbinden H, Gisin N. Experimental demonstration of quantum secret sharing. Phys. Rev. A, 2001, 63(4): 042301.
[39] Wheeler J A, Zurek W H. Quantum Theory and Measurement. Princeton: Princeton University Press, 1983.
[40] Wang H, Zhang Y, Pan Q, et al. Experimental realization of a quantum measurement for intensity difference fluctuation using a beam splitter. Phys. Rev. Lett., 1999, 82(7): 1414-1417.
[41] Bruckmeier R, Hansen H, Schiller S, et al. Realization of a paradigm for quantum measurements: the squeezed light beam splitter. Phys. Rev. Lett., 1997, 79(1): 43-46.
[42] Hudelist F, Kong J, Liu C, et al. Quantum metrology with parametric amplifier-based photon correlation interferometers. Nature Communications, 2014, 5: 3049.
[43] Zuo X J, Yan Z H, Feng Y N, et al. Quantum interferometer combining squeezing and parametric amplification. Phys. Rev. Lett., 2020, 124(17): 173602.

结 束 语

压缩态光场的噪声和纠缠态光场的关联噪声均可以突破散粒噪声极限，是重要的量子资源。光场量子态不仅可以用来研究基本的量子物理问题，而且能够应用于量子通信、量子计算及量子精密测量的诸多领域。

光学参量过程是获得高质量压缩态光场及两组分纠缠态光场的有效途径，并且将压缩态光场在光学分束器网络耦合可以得到多组分纠缠态光场。利用制备的光场量子态，可以开展突破经典极限的量子信息研究。非局域性实验验证利用光场连续变量的关联测量，证明非定域量子关联的存在。量子隐形传态利用 EPR 纠缠态光场，能够将任意未知量子态从一个位置传送到另外一个位置；通过对纠缠态的量子隐形传态可以实现量子纠缠交换，在没有直接相互作用的两个系统之间建立了量子纠缠。量子密集编码利用纠缠态能够增强经典信道容量，同时实现两个正交分量编码信息的安全传送。量子秘密共享可以利用量子资源实现信息的安全共享。

利用光量子资源可以实现量子非破坏测量和突破散粒噪声极限的精密测量。随着光场量子态制备和应用研究的不断深入，基于光场量子态的量子信息的实用化会有较大进展。光场量子态的制备和应用为实现突破散粒噪声极限的量子精密测量带来了可能。1916 年，爱因斯坦根据广义相对论预言了引力波的存在，其表现为时空中的涟漪。由于引力波非常微弱，科学家经过长期的探索，直到 2015 年，利用激光干涉仪首次直接观测到两个黑洞并合产生的引力波信号。然而，激光干涉仪的最终灵敏度受限于量子噪声。用压缩态光场填补激光干涉仪的真空通道，可提高其灵敏度，进而探测到更微弱、更多的引力波信号，这为研究人员更深入地探索和了解引力波提供了重要手段。